"十二五"职业教育国家规划教材
经全国职业教育教材审定委员会审定

"十四五"职业教育河南省规划教材

水工建筑物基础

（第二版）

主　编　郭振宇　李梅华
副主编　陈　诚
主　审　杨道富

中国水利水电出版社
www.waterpub.com.cn

内 容 提 要

本书是根据教育部、财政部《关于实施国家示范性高等职业院校建设计划 加快高等职业教育改革与发展的意见》（教高［2006］14号）和《关于全面提高高等职业教育教学质量的若干意见》（教高［2006］16号）等文件精神进行编写的。全书内容共十三章，包括：水资源与水利工程，洪灾及其控制，水利枢纽，重力坝，拱坝，土石坝，河岸溢洪道，水工隧洞，水闸，橡胶坝，过坝建筑物，渠系建筑物，大坝安全管理等。

本书可供高职高专院校水利水电建筑工程、工程监理、水利工程、工程造价等专业及相近专业教学使用，也可供水利水电工程技术人员阅读参考。

本书配有电子教案，读者可从中国水利水电出版社“行水云课”平台免费下载，同时也可扫描书后二维码查看。

图书在版编目（CIP）数据

水工建筑物基础 / 郭振宇，李梅华主编. -- 2版
. -- 北京 : 中国水利水电出版社，2015.1(2023.4重印)
“十二五”职业教育国家规划教材
ISBN 978-7-5170-2929-8

Ⅰ. ①水… Ⅱ. ①郭… ②李… Ⅲ. ①水工建筑物—高等职业教育—教材 Ⅳ. ①TV6

中国版本图书馆CIP数据核字(2015)第025742号

书 名	“十二五”职业教育国家规划教材 **水工建筑物基础（第二版）**
作 者	主编 郭振宇 李梅华 副主编 陈诚 主审 杨道富
出版发行	中国水利水电出版社 （北京市海淀区玉渊潭南路1号D座 100038） 网址：www.waterpub.com.cn E-mail：sales@mwr.gov.cn 电话：（010）68545888（营销中心）
经 售	北京科水图书销售有限公司 电话：（010）68545874、63202643 全国各地新华书店和相关出版物销售网点
排 版	中国水利水电出版社微机排版中心
印 刷	清淞永业（天津）印刷有限公司
规 格	184mm×260mm 16开本 18.5印张 439千字
版 次	2011年1月第1版 2011年1月第1次印刷 2015年1月第2版 2023年4月第5次印刷
印 数	11001—14000册
定 价	**55.00元**

第二版前言

本书是根据教育部、财政部《关于实施国家示范性高等职业院校建设计划　加快高等职业教育改革与发展的意见》（教高［2006］14号）和《关于全面提高高等职业教育教学质量的若干意见》（教高［2006］16号）等文件精神，结合示范性高等职业院校教学改革的实践经验进行编写的。

本书在第一版的基础上，针对高等职业技术教育的特点，在编写过程中，按照突出实用性、实出理论知识的应用和有利于职业技能培养的原则，在以下方面进行了修订：体现水利水电工程中出现的新材料、新技术和新方法；增加了一些插图、重点提示、知识链接等方面的内容；为体现职业性，以介绍水工建筑物特点、结构、形式为主；立足于使学生掌握基本知识和技能，并能运用这些基本技能去解决实际问题，对本书的内容进行组织和调整；围绕职业岗位能力要求遵循“岗、课、证”融通的原则，将“施工员”“监理员”职业资格考证的要求和相关内容融入到教材当中；为使教材更符合生产实际，教材的编写全方位、全过程与企业一线专家合作进行；教材每一章最后增设实际工程案例作为实训内容。

本书由黄河水利职业技术学院郭振宇、李梅华任主编，杨道富教授任主审。本书的第一章、第二章、第三章由郭振宇编写，第四章的第一节至第五节由王智阳编写，第五章由赵海滨编写，第六章由李梅华编写，第七章由耿会涛编写，第八章由方琳编写，第九章由陈诚编写，第十章、第十一章及第四章的第六节、第七节由温国利编写，第十二章由丁秀英编写，第十三章由张鹏旋、赵留香编写，案例部分由赵海滨编写。

在本书的编写过程中，中国水利水电建设集团第七工程局的王石连、赵文华、朱洪强、林勇，第八工程局的吕小平，第十三工程局的李猛、盖青等同志以及山东临沂水利总公司、山东恒泰水利总公司等单位技术人员对于本书的编写提出了中肯的意见，在此表示感谢。

对书中存在的缺点和疏漏，恳请广大读者批评指正。

编者

2013年11月

第一版前言

本书是根据教育部、财政部《关于实施国家示范性高等职业院校建设计划　加快高等职业教育改革与发展的意见》（教高［2006］14号）和《关于全面提高高等职业教育教学质量的若干意见》（教高［2006］16号）等文件精神进行编写的。

本书内容体现理论与实践有机结合，能完成专业教学要求，能应用于水电行业职业培训，能满足职业技能鉴定要求。本书内容能够反映工学结合的特点，突出实用性和实践性的原则，强化工程观念，有利于学生综合素质的形成和创新能力的培养；以整体培养规格为目标，加强内容整合，优化内容体系，贯彻以必需、够用为度的原则，为后续课程的学习和可持续教育打下坚实的基础。

本书由黄河水利职业技术学院郭振宇主编，杨道富教授主审。本书的第一章、第二章、第三章由郭振宇编写，第四章的第一节至第五节由王智阳编写，第五章由焦爱萍编写，第六章由李梅华编写，第七章、第八章由王卫编写，第九章由陈诚编写，第十章、第十一章及第一章的第六节、第七节由温国利编写，第十二章由丁秀英编写，第十三章由张鹏旋、赵留香、张营营编写，案例部分由赵海滨编写。

在本书的编写过程中，中国水利水电建设集团第七工程局的王石连、赵文华、朱洪强、林勇，第八工程局的吕小平，第十三工程局的李猛、盖青等同志以及山东临沂水利总公司、山东恒泰水利总公司等单位技术人员对于本书的编写提出了中肯的意见，在此表示感谢。

对书中存在的缺点和疏漏，恳请广大读者批评指正。

编者

2010年10月

目　　录

第一章 水资源与水利工程

第一节 水资源与水循环

一、水资源与水环境

水是大自然的重要组成物质，是生命的源泉，也是生态环境系统中最活跃和影响最广泛的因素，是国民经济中工、农、林、牧、副业等生产不可替代的重要资源。在世界人口不断增长、城市建设规模不断扩大和工农业生产迅速发展以及人民生活需求不断提高的形势下，各国都把水当作一种宝贵的资源去研究、开发、利用和保护。

水资源是指自然界水循环过程中，大气降水落到地面后形成径流，流入江河、湖泊、沼泽和水库中的地表水以及渗入地下的地下水。水资源在国民经济建设的各行各业中占有重要地位，没有水各项建设事业就没有发展前景。水既是生活资料，又是生产资料，工业生产、农业生产和生活供水都需要大量的水。因为水是推动人类进步和社会发展不可替代的资源，所以水资源的合理利用和科学管理，对人类生存和社会的发展至关重要。

天然水体中蕴藏有大量水能，采用工程措施可将天然水能转化为电能为人类服务。根据世界能源会议的资料，全世界水力资源理论蕴藏量为50.5亿kW，可供开发利用的达22.61亿kW。我国水能资源很丰富，理论蕴藏量为6.76亿kW，可以开发利用的达3.78亿kW，居世界首位。水能具有可再生、清洁和价廉等优点，因而被世界各国广泛利用。据1999年的统计资料，一些发达国家水能资源可开发程度已超过60%，而我国只达到19.3%，因此我国水能资源开发利用潜力巨大。

水既是重要资源又是环境要素，良好的水环境是维持生态平衡的基础条件。无论是自然因素还是人为影响，使水环境退化或恶化，都将引发生态破坏问题，如河湖萎缩、水体污染、地下水衰竭、水土流失、海水入侵以及生物物种减少等。实践证明，人类在对自然进行开发利用的同时，要重视水环境保护，学会与自然和谐相处，不然人类就要受到自然环境的惩罚。

二、地球上的水

地球上海洋水量为13.38亿km^3，占地球总储水量的96.5%。陆地水量仅为0.48亿km^3，占地球总储水量的3.5%，且大部分在北半球。

在陆地有限的水体中，淡水量只有0.35亿km^3，占陆地水储量的73%。其中大部分分布于冰川、多年积雪、南北两极和多年冻土中，真正便于人类利用的水只是其中一小部分，主要分布在湖泊、河流、土壤中以及600m深度以内的含水层中，见表1-1。

由此可见，地球上的淡水资源数量极为有限，需要人类珍惜，任何无节制的开发、利用都可能造成对我们生存环境的破坏。

表 1-1 地球上各种水体的储量

水体种类	水量		咸水		淡水	
	万亿 m^3	%	万亿 m^3	%	万亿 m^3	%
海洋水	1338000	96.54	1338000	99.04	0	0
地表水	24254.1	1.75	85.4	0.006	24168.7	69.0
冰川与冰盖	24064.1	1.736	0	0	24064.1	68.7
湖泊水	176.4	0.013	85.4	0.006	91.0	0.26
沼泽水	11.47	0.0008	0	0	11.47	0.033
河流水	2.12	0.0002	0	0	2.12	0.006
地下水	23700	1.71	12870	0.953	10830	30.92
重力水	23400	1.688	12870	0.953	10530	30.06
地下冰	300	0.022	0	0	300	0.86
土壤水	16.5	0.001	0	0	16.5	0.05
大气水	12.9	0.0009	0	0	12.9	0.04
生物水	1.12	0.0001	0	0	1.12	0.003
全球总储量	1385984.6	100	1350955.4	100	35029.2	100

三、水循环

气态水以雨、雪、雹、霰、露等形式降至陆地或海洋的现象，称为降水；江、河、湖、海及地表以下的水因太阳的热力作用而成气态水升入天空的现象，称为蒸发；地表水浸入土壤或岩层的现象，称为入渗；沿河川流动的水流，称为河川径流。降水、蒸发、径流、入渗等水文现象与市政工程、交通工程、环境工程、水利工程的建设以及人类的生存等关系密切。

地球表面的各种水体，在太阳的辐射作用下，从海洋和陆地表面蒸发上升到空中，并随空气流动，在一定的条件下，冷却凝结形成降水又回到地面，降水的一部分经地面、地下形成径流并通过江河流回海洋；一部分又重新蒸发到空中，继续重复上述过程。这种水分不断交替转移的现象称为水分循环，简称水循环，如图 1-1 所示。

水循环是地球上最重要、最活跃的物质循环之一，它对地球环境的形成、演化和人类生存都有着重大的作用和影响。正是由于水循环，才使得人类生产和生活中不可缺少的水资源具有可恢复性，使其有别于石油或天然气等不可再生的资源。地球上不会出现水源枯竭，而主要问题是水资源在时间和空间上的分配极不均匀，因此世界上不少地区已经出现水源不足和用水紧张的局面。

四、我国水循环的路径

我国位于欧亚大陆的东部，太平洋的西岸，地处西伯利亚干冷气团和太平洋暖湿气团进退交锋地区。因此，水汽主要来自太平洋，由东南季风和热带风暴将大量水汽吹向内陆形成降水，雨量自东南沿海向西北内陆递减，而相应的大多数河流则自西向东流入太平

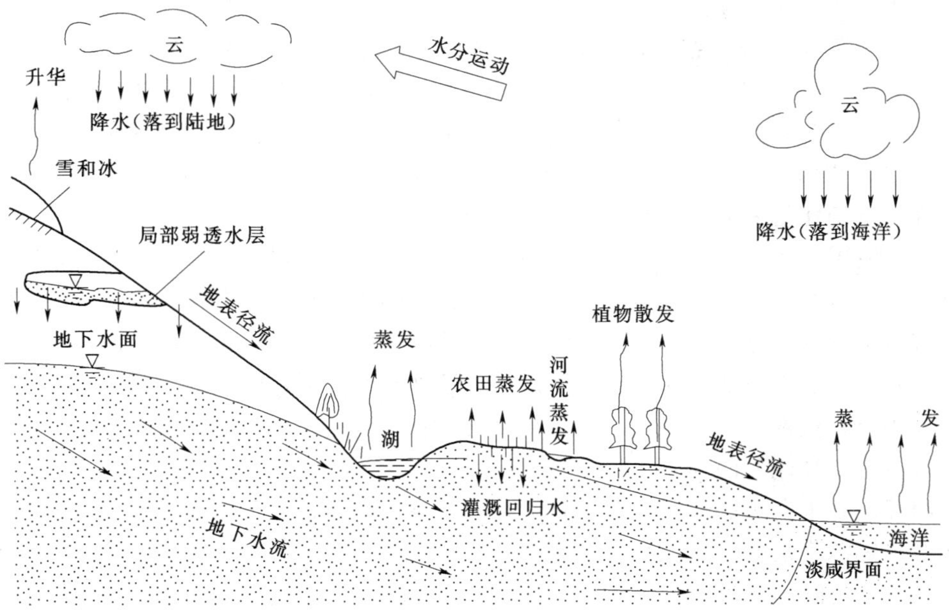

图 1－1　地球上水循环示意图

洋，如长江、黄河、珠江等。其次是印度洋水汽随西南季风进入我国西南、中南、华北以至河套地区，成为夏秋季降水的主要来源之一，径流的一部分自西南一些河流注入印度洋，如雅鲁藏布江等，另一部分流入太平洋。大西洋的少量水汽随盛行的西风环流东移，也能进入我国内陆腹地的水循环。北冰洋水汽借强盛的北风经西伯利亚和蒙古进入我国西北，风力大而稳定时，可越过两湖盆地直至珠江三角洲，但水汽含量少，引起的降水并不多，小部分经由额尔齐斯河注入北冰洋，大部分汇入太平洋。鄂霍茨克海和日本海的水汽随东北季风进入我国，对东北地区春夏季降水起着相当大的作用，其形成的径流注入太平洋。

我国河流与海洋相通的外流区域占全国总面积的 64%，河水不注入海洋而消失于内陆沙漠、沼泽和汇入内陆湖泊的内流区域占 36%。我国最大的内陆河是新疆的塔里木河。

五、我国水资源的特点

我国多年年平均水资源总量为 28124.4 亿 m^3，其中河川多年年平均年径流量为 27115.3 亿 m^3，居世界第六位。由于我国人口众多，按人口平均计算，水资源并不丰富，人均年占有水量为 2164m^3，仅相当于世界人均占有水量的 1/5。因此，我国是一个水资源贫乏的国家。

我国地域辽阔，由于南北纬度的差异，东西距海远近的悬殊，加之地形变化复杂，全国降水量的地区分布极不均匀，总的趋势是由东南向西北递减。秦岭、淮河以南年降水量一般在 800mm 以上，属于湿润和十分湿润地区，其中台湾东北部最大年降水量达 6569mm，是我国降水量最多的地区。秦岭、淮河以北年降水量一般小于 800mm，属于干旱和半干旱地区，其中新疆南部塔里木盆地和青海西部柴达木盆地年降水量不足 25mm，是我国降水量最少的地区。

我国由于受季风气候的影响，降水的年际变化很大，年内分配也很不均匀，且降水越少的地区，年际和年内的变化也越大。我国南部地区最大年降水量一般是最小年降水量的2～4倍，北部地区一般是3～6倍，且常有连续丰水年和连续枯水年出现。我国多数地区的雨季为4个月，南部在3～6月或4～7月，4个月的降水量占年降水量的50%～60%；北部雨季多为6～9月，4个月的降水量占年降水量的70%～80%。我国最大月降水量与最小月降水量的比值一般达十几或几十。

降水是我国河川径流最主要的补给来源。所以，我国河川径流量的时空分布和降水量的时空分布有着基本一致的规律和特点，河川径流的年际和年内变化与降水量的年际和年内变化有着十分密切的相应关系。降水量多的湿润地区，一般也是河川径流量充沛的丰水地区，降水量少的干旱地区往往也是河川径流量贫乏的缺水地区。南部地区最大年径流量一般为最小年径流量的2～4倍，北部地区一般为3～8倍。多数地区连续最大4个月的径流量一般占全年径流量的60%～80%。

我国降水和水资源的地区分布与我国人口和耕地的分布很不相应，形成南部水资源有余，北部水资源不足的不利局面，影响和制约着农业的布局和发展。长江及其以南各河流域，年径流量占全国径流总量的82%，但耕地面积只占全国总耕地面积的38%；而黄河、淮河、海河三大流域，年径流量只占全国径流总量的6.6%，但耕地面积却占全国总耕地面积的40%。我国华北和东北南部地区水资源紧缺，供不应求的矛盾日益突出。广大西北地区水资源贫乏，在经济有了较大发展后，水资源成为制约经济发展的重要因素。

我国降水量和水资源量年际变化悬殊和年内高度集中的特点，不仅给水资源的开发利用带来了困难，也是造成我国水旱灾害频繁发生的根本原因。据史料记载，公元前206年（西汉初）至1949年的2155年间，我国共发生过较大的水灾1029次，较大的旱灾1056次，几乎年年有灾。清光绪三年到五年（1877—1879年），晋、冀、鲁、豫地区连续3年大旱，仅饥饿而死者达1300万人。1928年的特大旱灾，影响到华北、西北和西南地区的13个省535个县，灾民约1.2亿人。在新中国成立后的60年中，每年水旱灾害受灾面积4亿多亩，占耕地面积的近30%。受灾面积超过4亿亩的严重旱灾平均每4年发生一次。对农业生产影响最大的连续干旱，如1959—1961年的连续3年干旱，每年受旱面积都在5亿亩以上。

我国每年水灾面积1亿多亩，主要发生在东部大江大河的中下游地区，其中以黄淮海地区和长江中下游地区最为严重，受灾面积约占全国的3/4以上。1931年夏季，长江流域普降暴雨，水灾遍及湘、鄂、浙、赣、豫、皖、苏7省206个县，淹没农田5000余万亩，灾民800多万人，其中被洪水夺去生命的约14.5万人，死于饥饿、瘟疫者不计其数。1998年我国长江中下游地区发生特大洪水，直接经济损失2000多亿元。

由于我国的水资源并不丰富，因此，无论是发展农业、工业，还是进行城市规划，都应首先考虑水资源的现状和开发的可能性，不能不顾水资源条件而盲目发展。对水资源的开发，一定要统一规划、综合治理、综合利用、综合经营，为整个国民经济的发展服务。对发电、防洪、灌溉、水运、给水等方面要统筹规划，全面安排，按照各部门的需要，制定最优开发方案，尽量减少它们之间的矛盾，最大限度地照顾各方要求，使水资源得到最有效的利用，使国民经济的总效益最大化。

第二节　水　利　工　程

一、水利工程的类型

水资源的开发利用应首先考虑水资源的现状和开发的可能性，做到统筹兼顾、综合治理、综合经营，为整个国民经济的发展服务。发电、灌溉、航运、供水、工业生产等用水部门，要制定合理方案，尽量减少各方矛盾，使水资源得到最有效的利用。

要对水资源进行开发利用必须建设水利工程。水利工程是指对自然界的地表水和地下水进行控制和调配，以达到除害兴利的目的而修建的工程。只有修建水利工程，才能控制水流，防止洪涝灾害，并进行水量的调节和分配，以满足人民生活和生产对水资源的需要。

1. 河道整治与防洪工程

河道整治主要是通过整治建筑物和其他措施，防止河道冲蚀、改道和淤积，使河流的外形和演变过程都能满足防洪与兴利等各方面的要求。一般防治洪水的措施是建设“上拦下排，两岸分滞”的工程体系。

“上拦”就是在河流上兴建水库。水库，作为一种蓄水工程，在汛期可以拦蓄洪水，削减洪峰，保护下游地区安全，拦蓄的水流还可以用来满足灌溉、发电、航运、供水和淡水养殖的需要。

水库的形成使库区内造成淹没，村镇、居民、工厂及交通等设施需要迁移重建；水库水位的升降可能引起岸坡大范围滑坡，造成库容减少甚至影响拦河坝的安全；在地震多发区，还可能诱发地震。

水库改变了河道的径流，下游河道流量发生了变化。在枯水期下泄的水流对航运、河道水质改善、维持生态平衡等方面均有利。如不放水，将使河道干涸，两岸地下水位降低，影响生态。

某些水库上游河道的入库处，由于流速降低，容易发生淤积，使河水下泄不畅，水库上游河道容易发生泛滥。

因此，应认真研究和合理解决这些问题，充分利用有利条件，使水库发挥最大效益。

“下排”就是疏浚河道，修筑堤防，提高河道泄洪能力，减轻洪水威胁。这是治标的办法，不能从根本上防治洪水。但是，在“上拦”工程没有完全控制洪水之前，筑堤防洪仍是一种重要有效的措施，而且要加强汛期河道的防护与管理工作，确保安全。

“两岸分滞”是在河道两岸适当位置，修建分洪闸、引洪道、滞洪区等，将超过河道安全泄量的洪峰流量，通过泄洪建筑物分流到该河道下游或其他水系，或者蓄于低洼地区（滞洪区），以保证河道两岸保护区的安全。滞洪区的规划与兴建应根据实际经济发展情况、人口因素、地理情况和国家的需要，由国家统筹安排。为了减少滞洪区的损失，必须做好通信、交通和安全措施等工作，并做好水文预报，只有万不得已时才运用分洪措施。

2. 农田水利工程

农业是国民经济的基础，通过建闸修渠等工程措施，形成良好的灌、排系统来调节和改变农田水分状况和地区水利条件，使之符合农业生产发展的需要。农田水利工程一般包括以下几种。

(1) 取水工程。从河流、湖泊、水库、地下水等水源适时适量地引取水量，用于农田灌溉的工程称之为取水工程。在河流中引水灌溉时，取水工程一般包括抬高水位的拦河坝(闸)、控制引水的进水闸、排沙用的冲沙闸和沉沙池等。当河流流量较大、水位较高，能满足引水灌溉要求时，可以不修建拦河坝（闸）。当河流水位较低又不宜修建坝（闸）时，可建提灌站，提水灌溉。

(2) 输水配水工程。将一定流量的水流输送并配置到田间的建筑物统称为输水配水工程。如各级固定渠道系统及渠道上的涵洞、渡槽、分水闸等工程。

(3) 排水工程。各级排水沟及沟道上的建筑物统称排水工程。其作用是将农田内多余水分排泄到一定范围以外，使农田水分保持适宜状态，满足植物根系水、肥、温、通气的需要，以适应农作物的正常生长，如排水沟、排水闸等。

3. 水力发电工程

将水能通过水轮机转换为机械能，再通过发电机将机械能转换为电能的工程称为水力发电工程，又称水电站。

水头和流量是水力发电的两个基本要素。为了有效地利用天然河道的水能，常采用工程措施，修建能集中落差和流量的水工建筑物，使水流符合水力发电的要求。在山区常用的水能开发方式是拦河筑坝，形成水库，它既可以调节径流又可以集中落差。在坡度很陡或有瀑布、急滩、弯道的河段，而上游又不允许淹没时，可以沿河岸修建引水建筑物（渠道、隧洞），以便集中落差和流量，修建水电站开发水能。

4. 给水和排水工程

给水是将水从天然水源中取出，经过净化、加压，用管网供给城市、工矿企业等用水部门；排水是排除工矿企业及城市废水、污水和地面雨水。城市供水对水质、水量及供水可靠性要求很高；排水必须符合国家规定的污水排放标准。

我国水源不足，现有供水、排水能力与科技和生产发展以及人民物质文化生活水平的不断提高不相适应，特别是城市供水与排水的要求越来越高；水污染问题不仅加剧了水资源的供需矛盾，而且污染环境，影响生态。

5. 水运工程

水运包括船运与筏运（也称木、竹浮运）。发展航运对物质交流、繁荣市场、促进经济和文化发展是很重要的。它运费低廉，运输量大。内河航运通道有天然水道（河流、湖泊等）和人工水道（运河、河网、水库、梯级船闸等）两种。

利用天然河道通航，必须进行疏浚、河床整治、改善河流的弯曲情况、设立航道标志，以建立稳定的航道。当河道通航深度不足时，可以通过拦河建闸、坝的措施抬高河道水位；或利用水库进行径流调节，改善水库下游的通航条件。人工水道开发，是人们为了改善航运条件开挖的人工运河、河网及相应的建筑物，以便缩短航程，节约人力、物力、财力。

水运航道上如建有闸、坝等拦水建筑物时，应同时修建通航建筑物。如果船舶不多、货运量不大，可以设中转码头；如果航线较为重要，运输任务较大，则宜采用升船机、船闸、过木道等建筑物，使船只、木排直接通过。例如，在三峡和葛洲坝水利枢纽中布置船闸来满足长江的通航需要。

6. 生态水利工程

生态水利工程是保护河流生态环境的工程。水利工程除了要满足人类社会生产和发展的需要外，还要能够维护河流生态系统稳定性和生物多样性的需求。传统的水利工程对生态环境会产生多种负面影响，包括建坝对河流的人工渠化、自然河流的非连续化、跨流域调水工程对水源调出区的影响等。生态水利工程从流域整体出发，把维护河流生态环境的健康与河流的开发利用统一起来，努力实现资源开发与生态环境效益两个目标最优化，从工程规划、设计、施工、运行各阶段采取措施减轻对河流生态环境的负面影响，在合理开发利用水力资源的同时，担负起生态环境保护的责任，做到经济效益与生态效益并重，人与环境和谐统一。

二、我国古代水利事业发展概况

我国从大禹治水开始，治水的历史已有几千年。几千年来，我国的水利建设绵延不断，在防洪治河、农田水利和航运方面都取得了突出的成就。古代劳动人民修建了郑国渠、都江堰、灵渠、京杭大运河等大批水利工程，在历史上对经济社会发展起过重要作用，有些工程至今仍发挥着效益，体现了中华民族的勤劳和智慧。

1. 防洪治河

我国黄河中下游是世界四大文明中心之一，是华夏文明的发源地，但由于流域内水土流失严重，黄河成为灾害频繁的河流，以“善淤、善决、善徙”著称。从春秋时期开始，在黄河下游沿岸修建的堤防，经历代整修加固，已形成1800多km的黄河大堤，为我国的治河防洪、堤防工程的建设与管理提供了丰富的经验。

江浙一带经常遭受海潮侵袭。我国早在晋代就开始修筑海塘，保护了滨海的广大农田。经过历代的完善和扩大，到11世纪已初见规模。多数海塘用巨石砌成，绵延数百里。明代时期不仅用来防潮，而且利用它抵御外患。

2. 灌溉

我国在春秋战国时期，就有了较为完善的灌溉系统。公元前597年修建的芍陂，是我国史书记载的最早的蓄水灌溉工程。秦代在川陕一带修建的都江堰、郑国渠等灌溉工程，对于促进当地农业的发展，发挥了重要的作用。如都江堰，建于公元前256年，是李冰为蜀太守时兴建的。工程完成后，使成都平原有水利而无水害，获得“天府之国”的美誉。都江堰工程已有2260多年的历史，经过历代的改建、维修、管理运用，至今依然为我国的农业发展发挥着巨大的效益。目前灌溉面积达1000多万亩。秦渠、汉渠、汉延渠及唐徕渠等灌溉工程，在当时促进了宁夏、内蒙古平原一带灌溉的发展，使宁夏、银川一带成为“塞外江南”，内蒙古河套一带有“黄河百害，唯富一套”之说。

3. 航运

我国是世界上最早开凿运河的国家。如灵渠，位于广西兴安县，又称兴安运河。秦始皇为了开发岭南，统一中国，解决运输军粮等问题，派史禄负责开凿灵渠，动员了几万民工，历时约5年，于公元前215年建成。运河建成后，连接了湘江和漓江，沟通了长江和珠江两大水系，畅通了长江沿岸地区与珠江两广地区的物资和文化交流。南北大运河的修建，早在战国时期吴国开始修建邗沟，即从江苏省邗江县瓜洲附近引长江水北上到淮安入淮河，沟通了江淮两大水系。以后又修建了鸿沟、白沟、平房渠等，进而将长江、淮河、黄河和海河等水系都联系起来。但是它们是在不同的目的要求下开凿的，整个水系没有统一考虑，规模大小不一，造成航运困难，已经满足不了隋朝统一全国后新的政治经济的要求。605～610年，在旧有水系的基础上，先后修通了通济渠、山阳渎、永济渠及江南运河，终于开通了一条南达余杭、北抵涿郡，全长2400km的水运通道，这就是隋代的大运河。元代建都北京后，于1289—1292年修建通惠河和会通河，构成了京杭大运河。京杭大运河全长1794km，是世界上最长的运河。大运河经过以后历代的修建和改善，船只可以从杭州到通州，为此后的南北交通发挥了重要作用。

三、新中国的水利建设成就

新中国成立60多年来，党和政府对水利高度重视，治水方略不断完善。毛泽东同志早在1934年就作出了“水利是农业的命脉”的论断，新中国成立后对江河治理作出许多重大决策，“要把黄河的事情办好”“一定要把淮河修好”“一定要根治海河”的号召，极大地鼓舞了全国人民的治水热情。经过60余年的艰苦奋斗，我国的水利事业取得了举世瞩目的巨大成就，成为我国历史上水利建设规模最大、效益最显著、成果最辉煌的时期。

1. 防洪体系有效减轻了洪水的灾害，保障了人民的生命财产安全

新中国成立后，按照“蓄泄兼筹”和“除害与兴利相结合”的方针，对大江大河进行了大规模的治理。到1998年底，全国累计修建、加固各类堤防25万多km、防潮堤2900km，建成大中小型水库8.6万多座，全国主要江河初步形成了以堤防、河道整治、水库、蓄滞洪区等为主的工程防洪体系，以及预测预报、防汛调度、洪泛区管理、抢险救灾等非工程防护体系，使我国主要江河的防洪能力有了明显的提高。60多年来，水利建设取得的成效在抵御历年发生的洪水中发挥了重要作用，大大减轻了灾害损失。

2. 农田水利事业的发展，有效地改善了农业生产条件

新中国成立60多年来，我国共兴建万亩以上灌区5579个，总面积3.37亿亩。全国有效灌溉面积由新中国成立初的2.4亿亩，增加到目前的8亿亩。节水灌溉从无到有，目前节水灌溉面积已达2.28亿亩。农田水利事业的发展，不仅提高了农业抗御水旱灾害的能力，促进了农业生产发展，还为林、牧、副、渔业的发展，为改善农村生活条件和生态环境，繁荣农村经济等方面起到了重要作用。

3. 供水事业有效地保障了城乡社会经济的发展和人民生活水平的提高

新中国成立60多年来，我国兴建了大量的蓄水、引水、提水工程，形成了比较完善的供水保障体系。为了满足城市迅速发展对水的需求，我国修建了许多远距离城市供水工程，如引滦入津、引滦入唐、引碧入连、引黄济青、西安黑河引水工程等，有效地解决了城市各行各业及人民生活对水的需求。

4. 水土保持有效地改善了生产条件和生态环境

新中国成立 60 多年来，全国累计治理水土流失面积 78 万 km^2。其中，修梯田、建坝地、治沙造田约 1.78 亿亩，栽植水土保持林、经济林和果林 6 亿亩，种草保土面积 6000 多万亩。兴建的水土保持设施每年可增加蓄水能力 250 亿 km^3，拦蓄泥沙15 亿 t。经过初步治理的地区，有效地保护了生态资源，减轻了对河道和水库的淤积，促进了当地经济的发展。采取的小流域为单元，山、水、田、林、路统一规划、综合治理措施，走出了一条开发性治理的路子，加快了治理步伐，改善了水土流失区的生产、生活条件，经济得到了较快的发展。

5. 水力发电已成为我国日益重要的能源供应

我国水能资源丰富，理论蕴藏量为 6.76 亿 kW，可开发资源为 3.78 亿 kW，均占世界第一位。经过 60 多年的开发建设，一大批举世闻名的水利工程已经建成或正在建设。到 1998 年底，全国已建水电站装机容量 6320 万 kW，年发电量 2080 亿 kW·h，在建规模约 4600 万 kW。

四、我国面临的水问题

60 多年来，尽管我国的水利建设已经取得了很大成就，但是由于我国特定的自然地理条件和社会经济条件，决定了水利建设的重要性、长期性、艰巨性和复杂性。随着经济社会发展对水利的要求越来越高，江河治理和水资源开发利用的难度越来越大，我们国家仍面临着严峻的水问题。

1. 总体防洪能力偏低，洪涝灾害损失严重

大江大河综合防洪体系还不完善，蓄滞洪区建设严重滞后，部分大江大河重要支流防洪能力偏低，主要易涝地区排涝能力严重不足，对山洪灾害缺乏有效的监测和防御措施，洪水防控尚待加强。汛期山丘区、沿海风暴潮地区人员伤亡多。每到汛期，大部分地区都有防洪任务，相当一部分人口和财产集中地区、工农业生产基地受到洪水的威胁。根据统计分析，“十五”期间，全国年均洪涝灾害损失约 1000 亿元，约占同期全国 GDP 的 0.71%，发生流域性大洪水的年份，洪涝灾害损失占同期全国 GDP 比例超过 1%。

2. 水资源短缺加剧，供需矛盾突出

我国水资源总量不足且时空分布极不均衡，北方大部分地区存在资源型缺水问题。按目前的正常供水需求，全国每年缺水 300 亿～400 亿 m^3；部分城市供水水源单一，供水水源保证率不高，干旱年份缺水严重；还有 3 亿多农村人口存在饮用水水质不合格或水量不足、取水不便等问题；农田受旱面积年均达 3 亿亩左右。部分流域和地区水资源开发利用程度已接近或超过水资源和水环境承载能力，靠大量挤占生态和环境用水维持经济社会发展用水需求；水资源相对丰沛的南方地区也出现了区域性甚至流域性缺水的现象。在缺水的同时，用水浪费、效率低的状况还十分普遍。

3. 水污染严重，全国水环境状况依然严峻

北方地区河流水体污染严重，在部分流域和地区，水污染已呈现出从支流向干流延伸、从城市向农村蔓延、从地表向地下渗透、从陆域向海域发展的趋势。全国以城市和农村井灌区为中心形成的地下水超采区数量已从 20 世纪 80 年代初的 56 个发展到目前的

164 个，超采区面积从 8.7 万 km^2 扩大到 18 万 km^2，已引起地面下沉、矿化度增高、海水倒灌等严重生态问题。

4. 水土流失和生态恶化趋势，尚未得到有效遏制

目前全国水土流失面积为 356 万 km^2，占国土面积的 37%，每年流失的土壤总量达 50 亿 t，人为水土流失加剧的趋势尚未得到有效遏制。严重的水土流失，导致土地贫瘠、生态恶化、河湖淤积，加剧了江河下游地区的洪涝灾害，防洪、供水、发电、航运等能力下降。一些地区水资源开发不合理，造成河流断流，湖泊干涸，湿地萎缩，绿洲消失，地下水位下降，对生态环境造成一系列严重影响。

5. 现有水利基础设施老化失修，存在严重安全隐患

目前全国病险水库约有 3 万多座，占水库总数的近 40%；一些河流堤防标准低、质量差，存在严重的防洪隐患。农田水利设施仍很不完善，402 处大型灌区的骨干建筑物损坏率近 40%，1505 处重点中型灌区干、支渠道及其建筑物损坏率分别为 51%和 50%；大型排灌泵站老化破损率达 75%左右。一些水利工程存在“重建设、轻管理”，“重工程、轻移民”，“重规模、轻效益”，“重骨干、轻配套”，“重经济、轻生态”等问题，以及水管体制不顺、机制不活、维护管理经费不足等现象，严重影响了水利基础设施的安全维护和良性运行。

6. 水资源可持续利用的体制和机制尚不完善

权威、协调、高效的水资源管理体制尚未完全形成，规划、政策、制度等仍待加强；经济社会发展布局与水资源分布不相匹配，一些水资源短缺的流域，上游过度开发，严重影响了下游的生产生活用水和生态环境。洪水管理工程体系和制度还不健全，防洪减灾社会化保障体系亟待完善，一些地区经济活动侵占河道和妨碍河道行洪的现象还时有发生；一些城乡建设和产业布局，尚未建立规避洪水风险的机制，造成洪水损失较大。水库移民政策法规的落实工作尚待加强，移民管理体制尚待理顺，水库移民中存在的一些遗留问题需要妥善解决。

7. 水利工程建设投入需进一步加强

水利投入缺乏多层次的稳定增长机制。近年来，南水北调工程、治淮工程、塔里木河流域综合治理等一些已经开工并以中央投资为主的工程，存在很大的资金缺口；地方水利投入也严重不足，部分已经开工的工程由于资金缺口问题，难以按照合理工期施工。由于水利工程移民占地补偿资金增加、工程建设造价提高等因素，水利工程建设成本提高，造成水利建设资金缺口进一步加大。

做好 21 世纪的中国水利，解决中国日益严重的水问题，尤其是解决干旱缺水和水生态环境恶化问题，实现江河安澜，国泰民安，水资源供需平衡，必须把水资源与国民经济和社会发展紧密联系起来，进行综合开发，科学管理，做好水资源的开发、利用、治理、配置、节约、保护六个方面的工作。21 世纪是充满生机和希望的世纪。中国的水利人将进一步弘扬伟大的抗洪精神，献身、负责、求实，努力拼搏，开拓进取，为中国水利谱写新的辉煌。

第二章 洪灾及其控制

第一节 河流基本知识

沿地表线形凹槽集中的经常性或周期性水流，称为河流。较大的叫河或江，较小的叫溪。虽然在地球上的各种水体中，河流的水面面积和水量都很小，但它是水分循环的一个重要组成部分，对气候和植被等都有重要的影响，与人类的生存关系却最为密切，是人类赖以生存的一种重要自然资源，在人类工农业生产活动和生活等方面发挥着巨大的作用。同时，河流管理不善也会给人类带来洪涝灾害。所以，河流是水利工程建设的主要场所。

一、干流、支流和水系

降水经过地面和地下向河流补给水源，由于重力作用，上游水流不断切割和冲蚀河床，使河床逐渐扩大加深。这样，使最初的小沟变成小溪、小河，最后汇集成为大江大河。

直接流入海洋、湖泊的江河称为干流。直接或间接流入干流的河流称为支流，在较大水系中，按水量和从属关系，可分为一级、二级、三级等。直接流入干流的河流，称为一级支流，流入一级支流的河流，称为二级支流，依次类推。

由大小不同的江河干流、支流、湖泊、沼泽和地下暗流等组成的脉络相通的水网系统称为水系，也叫河系或河网。水系一般以它的干流或以注入的湖泊、海洋名称命名，如长江水系、太湖水系、太平洋水系等。

二、河流的分段

河流可按其地貌特征及水力特性进行分段，一条发育完整的河流可分为河源、上游、中游、下游及河口等 5 个河段。

（1）河源。河流开始具有地面水流的地方。泉水、溪涧、沼泽和冰川通常是河流的源头。

（2）上游。直接连接河源的河流上段。其特点是河谷窄、坡度大、水流急、下切强烈，常有瀑布、急滩。河谷断面多呈 V 字形，河床多为基岩或砾石。

（3）中游。上游以下的河流中段。其特征是河流的比降较缓，下切力不大而侧蚀显著、流量较大、水位变幅较小，河谷断面多呈 U 字形，河床多为粗砂。

（4）下游。中游以下的河段。其特征是比降小、流速慢、水流无侵蚀力、淤积显著、流量大、水位变幅小、河谷宽广，河床多为细砂或淤泥。

（5）河口。河流的出水口。它是一条河流的终点，也是河流流入海洋、湖泊或其他河流的入口。其特点是流速骤减、断面开阔、泥沙大量淤积，往往形成沙洲。因沉积的沙洲平面呈扇形，常称为河口三角洲。

流入海洋的河流，称为入海河流。我国内陆地区许多河流由于沿途渗漏或蒸发损失，常在与其他河流汇合前就已枯竭而没有河口，称为内陆河，俗称为“瞎尾河”。我国新疆的塔里木河就是一条长度为中国第一、世界第二的内陆河。

三、河流的基本特征

河流的基本特征有河流长度、纵横断面、河床比降等，一般是实测或依据实测地形图计算而来的，是进行水利工程规划和水工建筑物设计的基本数据。

1. 河流长度

一条河流，自河源到河口的长度称为河长。由于河流蜿蜒曲折，不易直接量测。一般在河道地形图上按比例尺量出。可以行驶机船的河流，亦可用机船行驶的速度及航行的时间求得。

2. 河流的横断面

河流沿途经过的河道叫做河床，亦称河谷。枯水期水流所占河床称为主槽；汛期洪水泛滥所及部位，称为滩地。在枯水期和中水期水流经过的河床称为基本河床，在洪水期漫溢到两岸滩地所形成的河床称为洪水河床。一般上游为峡谷，中游有滩地，下游位于冲积层上。

河流的横断面，是指与河道主流方向垂直的断面，即河底线与水面线之间所包围的平面。河槽横断面是决定河槽输水能力、流速分布、流向的重要因素。当河水涨落变化时，过水断面的形状和面积也随之变化。河流各段的横断面如图 2-1 所示。

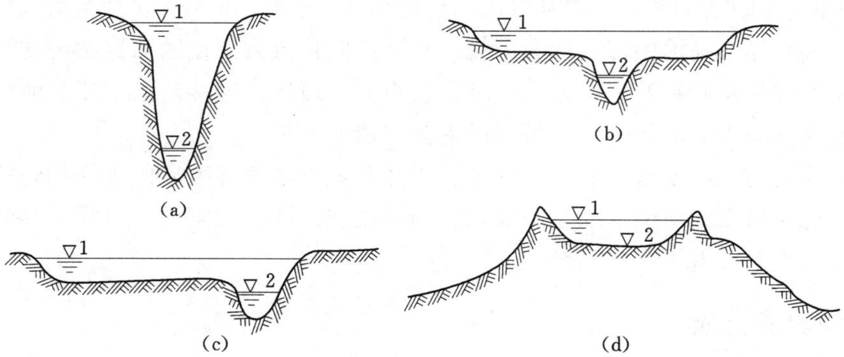

图 2-1 河流横断面示意图

(a) 上游；(b) 中游，两岸有滩地；(c) 中游，一岸有滩地；(d) 下游，有时形成地上悬河

1—洪水水位；2—枯水水位

3. 河流的纵断面

河流谷底最深处的连线称深泓线。沿河流深泓线切开的剖面叫河流纵断面。测出河槽底部转折点的高程，以河长为横坐标，高程为纵坐标，绘出纵断面图（图 2-2）。纵断面图表示出河流的纵坡和落差的沿程分布，这是推算水流特性和估计水能资源的主要依据。

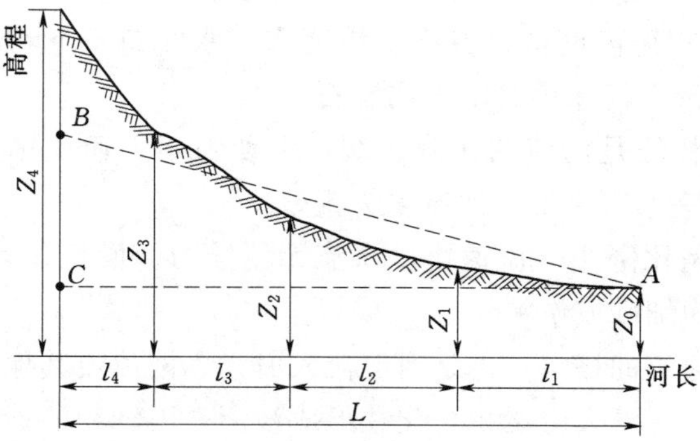

图 2-2 河槽纵断面

4. 河道纵比降

河段两端的河底高程之差称为河床

落差，河源与河口的河底高程之差为河床总落差。单位河长的河床落差称为河道纵比降，通常以千分数或小数表示。当河段纵断面近似为直线时，比降可按下式计算

$$J=\frac{Z_2-Z_1}{l_2}=\frac{\Delta Z}{l_2} \tag{2-1}$$

式中　J——河段的总比降；

Z_1、Z_2——河段上、下断面河底高程；

l_2——河段的长度。

四、河流的水文要素

河流的水文要素有水位、流量和含沙量等。

（一）水位

河流某断面某时刻的水位，是指该时刻某断面的水面对于该国规定的水准零点的高程，以 m 为单位。我国各河流的水准零点并不一致，如长江采用吴淞零点，黄河及华北各水系采用大沽零点，淮河采用废黄河零点，东北水系采用秦皇岛零点等。1956 年我国规定以黄海（青岛）多年平均海平面作为统一的高程零点基面，称为黄海绝对基面。1985 年开始启用"1985 年国家高程基准"（以 1952—1979 年青岛验潮站测定的平均海水面作为高程基准面）。

（二）流量

河流某断面某时刻的流量，是指在该时刻单位时间内流经该断面的水的体积，通常以 m^3/s 为单位。

（1）径流量 W。一定时段内通过河流某一断面的水量，称为该时段的径流总量，或简称为径流量，如月径流量、年径流量等，常用单位有 m^3 或万 m^3、亿 m^3 等。径流量与平均流量的关系如下

$$W=QT \tag{2-2}$$

式中　Q——时段平均流量，m^3/s；

T——计算时段，s。

（2）径流深 Y。将一定时段的径流总量平均铺在流域面积上所得到的水层深度，称为该时段的径流深，以 mm 计。

$$Y=\frac{W}{1000F} \tag{2-3}$$

式中　W——计算时段的径流量，m^3；

F——河流某断面以上的流域集水面积，km^2。

在水利水电工程规划设计中，年径流是一个很重要的数据。所谓年径流，是指在一个年度内通过河流某断面的水量，叫做该断面以上流域的年径流量。它可用年平均流量（m^3/s）、年径流深（mm）、年径流总量（万 m^3 或亿 m^3）或年径流模数［$m^3/(s\cdot km^2)$］表示。

我国《水文年鉴》中，年径流量是按日历年度统计的，而在水文水利计算中，年径流量通常是按水文年度或水利年度统计的。水文年度以水文现象的循环规律来划分，即从每年汛期开始时起到下一年汛期开始前止；对于北方春汛河流，则以融雪情况来划分水文年。水利年度是以水库蓄泄周期来划分的。水文年和水利年的起止日期划分各地不一，各地均有具体规定。

（三）含沙量

河流一般都或多或少地挟带着各种不同粒径的泥沙。河流泥沙主要来源于流域坡面上被风雨、径流侵蚀的土壤，以及河床被水流冲刷的砂砾。河流泥沙对水流的水情及河流的变迁有着重大的影响。泥沙能直接引起河床变化，引起水库、湖泊、渠道的淤积，给防洪、灌溉、供水、航运带来困难。泥沙也有有利的一面，如细泥沙适量地淤灌田地可以改良土壤，增加农田作物产量，河床粗砂砾还是一种常用的建筑材料。

河流向下游输送的不同粒径大小的泥沙总称为全沙。按照泥沙的运动方式，将河流全沙分为悬移质和推移质两种类型。悬移质又称悬沙，是指悬浮于水中随水流一起运动的泥沙。推移质又称底沙，是指在河床面上以滑动、滚动或跳跃的方式运动的泥沙。

在河流泥沙运动中，底沙、悬沙是相互联系、互相转化的。同一粒径的泥沙，在不同河段或同一河段的不同时间由于流速和水质的变化，可以做推移运动，也可以呈悬移状态下移。

河流中的泥沙可以用含沙量、输沙量等表示。含沙量是指单位体积浑水中所含泥沙的质量，用 ρ 表示，以 kg/m^3 计。输沙量是指某时段内通过河流某断面的泥沙质量，以 kg 或 t 计。

影响河流输沙量的因素有流域的自然地理特征、流域降水特性、河道外形、人类活动等。

1. 流域自然地理特征的影响

河流中挟带泥沙的多少，主要取决于地面径流对流域表面的冲刷作用及岩石的风化程度，因而流域表面的坡度、土壤结构、植被等情况都是影响河流含沙量的因素。例如黄河中上游覆盖大面积的黄土，结构疏松，抗侵蚀力差，植被稀少。一旦出现暴雨，则容易崩坍和滑塌，沟蚀强烈，因而发源及流经该地区的河流含沙量很大。

2. 流域降雨特性的影响

降雨强度和降雨量的大小对河流泥沙的含沙量影响很大，在久旱无雨的时期，土壤干燥，黏结力小，较易冲刷变成河流泥沙，岩土自然风化堆积物也在暴雨冲刷下变成河流泥沙。反之，如果地面原来土壤结构比较坚实，或由于土壤比较潮湿，则不易冲刷。南方河流泥沙较少就有这一方面的原因。降雨强度的大小，还可以反映在洪峰涨落的急缓上。降雨强度大，对地面冲刷强烈，故猛涨猛落的洪峰含沙量较大，涨落平缓的洪峰含沙量小。

3. 河道外形的影响

河床坡度越陡，水流切割河床的能量就越大。河道下游断面扩大，坡度平缓，流速减小，泥沙逐渐沉积，因此河流上游断面含沙量一般比下游大。此外，河段地形的变化，也常引起河段泥沙的局部冲淤，使含沙量发生变化。

4. 人类活动的影响

人类在生产活动过程中，可以使坡面得到治理和开发。采用不合理的耕作方式，砍伐森林或陡坡开荒，开矿修路，河道整治及水工建筑物的修建，均会引起含沙量的增减和冲淤变化。

五、流域

1. 流域与分水岭

流域是河流的集水区域，集水区域面积称为流域面积，根据出流断面来确定流域的大小，如图 2-3 所示，出流断面为Ⅰ时，其相应流域面积为 A（阴影部分），出流断面为Ⅱ时，其相应流域面积为 A 和 B，即虚线所包围的全部集水区域。河流某一断面以上的集水面积称为河流在该断面的流域面积，其单位为 km^2。当不指明断面时，流域是对河口断面而言的。一般可在适当比例尺的地形图上先勾绘出流域分水线，然后用求积仪或数方格的方法量出其面积，在数字化地形图上也可以用有关专业软件计量。

流域的边界称为分水岭、分水线或分水界。分水岭通常位于流域四周的山脊线上，有山岭的地形较容易划分。如秦岭是长江与黄河的分水岭，秦岭以北发生的径流汇入黄河，则秦岭以南的径流汇入长江。但两个流域的边界不一定是山岭，湖泊、沼泽、河堤甚至一些平坦的地区都可以成为分水岭。如黄河下游的南北大堤，便是淮河流域与海河流域的分水岭，南北大堤之间则属于黄河流域，辽河和松花江的流域分界是公主岭一带地区。

河流的水量由地面径流和地下径流组成，因而划分流域既要考虑地面分水线，也要考虑地下分水线，但两者不一定是重合的，这是因为地面起伏不一定与地质构造吻合（图 2-4）。一般以地面分水线为准划分流域。

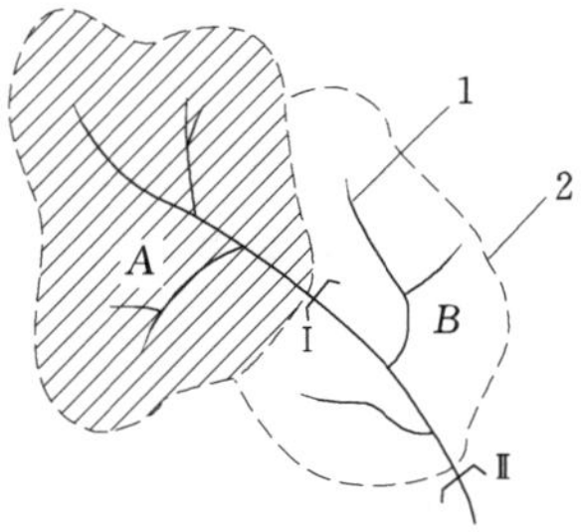

图 2-3　流域示意图
1—河道；2—分水界
Ⅰ、Ⅱ—出流断面

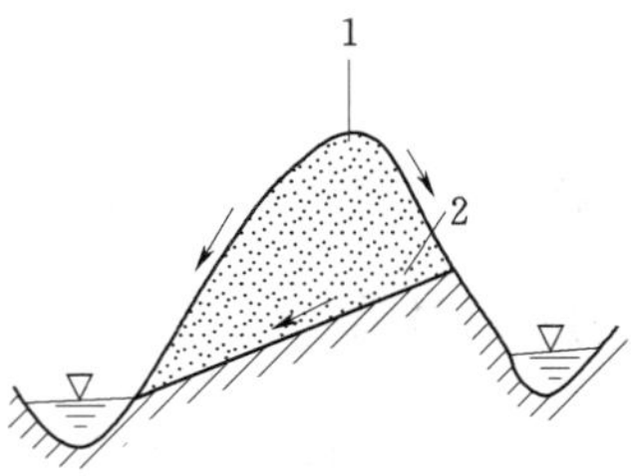

图 2-4　分水线示意图
1—地面分水线；2—地下分水线

2. 流域的自然地理特征

流域的自然地理特征包括流域的地理位置、气候条件、地形特征、地质构造、土壤性质、植被、湖泊、沼泽等。

（1）地理位置。主要指流域所处地球的区位、经纬度以及距离海洋的远近等。一般是低纬度和近海地区雨水多，高纬度地区和内陆地区降水少。如我国的东南沿海一带雨水就多，而华北、西北地区降水就少，尤其是新疆的沙漠地区更少。

（2）气候条件。主要包括降水、蒸发、温度、风等。其中对径流作用最大的是降水和蒸发。

（3）地形特征。流域的地形可分为高山、高原、丘陵、盆地和平原等，其特征可用流域平均高度和流域平均坡度来反映。同一地理区位，不同的地形特征将对降雨径流产生不同的影响。

（4）地质与土壤特性。流域地质构造、岩石和土壤的类型都将对降水形成的河川径流产生影响，同时也影响到流域的水土流失和河流泥沙。

（5）植被覆盖。流域内植被可以增大地面糙率，延长地面径流的汇流时间，同时加大下渗量，从而使地下径流增多，洪水过程变得平缓。另外，植被还能减少水土流失，降低河流泥沙含量，涵养水源；大面积的植被还可以调节流域小气候，改善生态环境等。植被的覆盖程度一般用植被率表示，是植被面积与流域面积的比值。

（6）湖泊、沼泽、水塘、水库。流域内的大面积水体对河川径流起调节作用，使其在时间上的变化趋于均匀；还能增大水面蒸发量，增强局部水分小循环，改善流域小气候。通常用湖沼塘库的水面面积与流域面积之比的湖沼率来表示。

以上流域各种特征因素，除气候因素外，都反映了流域的物理性质，它们承受降水并形成径流，直接影响河川径流的数量和变化，所以水文上习惯称为流域下垫面因素。当然，人类活动对流域的下垫面影响也越来越大，如人类在利用和改造自然的活动中修建了不少水库、塘堰、梯田，以及植树造林、城市绿化等，明显地改变了流域的下垫面条件，因而使河川径流发生变化，影响到水量与水质。在人类活动的影响中也有不利的一面，如造成水土流失、水质污染以及河流断流等。

第二节　洪水和水灾

洪水是指河流水位超过河滩地面出现的溢流现象的统称。当洪水超过江河的防洪能力时，洪水就会溢出或者冲垮河岸、湖岸，对人类生产和生活带来损害。

一、洪水的形成过程

流域发生一场降雨，经过流域的产流和汇流，在流域出口断面便形成一次洪水过程。通常在水文分析中用流量随时间的变化过程来表示，如图 2－5 所示。

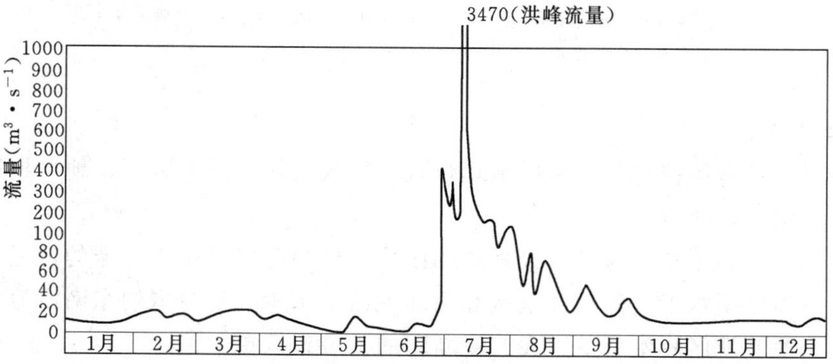

图 2－5　降雨及洪水流量过程线示意图

设计洪水是指符合设计标准的洪水，是堤防和水工建筑物设计的依据。设计洪水特性可以由3个控制性的要素来描述，即设计洪峰流量Q、设计洪水总量W和设计洪水过程线。

设计洪峰流量是指设计洪水的最大流量。对于堤防、桥梁、涵洞及调节性能小的水库等，一般可只推求设计洪峰流量。大型水库调节性能高，洪峰流量的作用就不显著，而洪水总量则起着决定防洪库容大小的重要作用。

在水利工程的规划设计时，一般应同时考虑洪峰和洪量的影响，要以峰和量同时控制为目标。设计洪水过程线包含了设计洪水的所有信息，是水库防洪规划设计时的重要洪水资料。

河流某一断面的洪峰流量各年不同。从多年的情况来看，较小的洪峰流量出现的机会较多，较大的洪峰流量出现的机会较少。洪峰流量出现的机会一般用重现期来表示。重现期是指平均多少年出现一次（或称多少年一遇），例如，100年一遇洪水的流量为$800m^3/s$，就是指平均100年可能出现一次等于或大于$800m^3/s$的洪水。洪水标准也可用频率来表示，常用重现期50年一遇、100年一遇、1000年一遇其相对应的频率分别为2%、1%、0.1%。降雨量、径流量等随机现象均可用频率表示。

工程设计中如果设计标准为$P=1\%$，就是说从长期来看，只有1%的机会出现这么大的洪峰流量；果真出现这样的洪峰流量，就叫出现设计洪水，按照此标准设计的工程应当承受它的考验。

二、洪水的危害

洪水灾害对中国的社会经济等影响十分严重，所造成的经济损失和人员伤亡在各种自然灾害中居第一位。洪水灾害的影响主要表现在以下两个方面。

（一）洪水灾害对国民经济的影响

1. 对农业的影响

严重的暴雨洪水常常造成大面积农田被淹、作物被毁，致使作物减产甚至绝收。1950～2000年的51年中，全国平均每年农田受灾面积937万hm^2，成灾523万hm^2。

2. 对交通运输的影响

铁路是国民经济的动脉。而中国不少铁路干线处于洪水威胁之下，在七大江河中下游地区，有京广、京沪、京九、陇海和沪杭等重要铁路干线，受洪水威胁的铁路长度1万多km，西南、西北地区铁路常受山洪、泥石流袭击，这些地区的铁路干线为山洪、泥石流高强度多发区。因洪灾造成铁路中断、停止行车的事故是很严重的，1954年大洪水中，作为南北大动脉的京广铁路就曾中断运行100天。

中国公路网络里程长，水灾造成公路运输中断的影响遍及全国城乡各地。随着公路建设的迅速发展，水毁公路里程也成倍增加，中国所有山区公路都不同程度地受山洪、泥石流的危害，西部10余条国家干线频繁受到泥石流、滑坡灾害的威胁。川藏公路沿线较大的泥石流沟就有157条，每年因泥石流、滑坡、雪灾的影响，全线通车时间不足半年。

3. 对城市和工业的影响

城市人口密集，工业产值中约有80%集中在城市。中国大中城市基本沿江河分布，受江河洪水威胁严重，有些依山傍水的城市还受山洪、泥石流等灾害的危害。中国600多座城市中，90%有防洪任务。20世纪90年代以来，中国城市化进程显著加快，大量人口从内地涌向沿海沿江城市，城市面积迅速扩张，新扩张的城区往往是洪水风险较高而防洪能力较低的区域。由于城市资产密度高，对供水、供电、供气、交通、通信等系统的依赖增大，一旦遭受洪水袭击，损失更为严重。

（二）洪水灾害对环境的影响

洪水灾害不仅带来巨大的经济损失，而且对人类的生存环境也会造成极大破坏。这种对环境的破坏主要表现在以下4个方面。

（1）对生态环境的破坏。水土流失问题是中国严重的生态环境问题之一，而暴雨山洪是主要的自然因素。至2000年，全国水土流失面积356万km^2，约占国土面积的37%，每年土壤流失量约50亿t，大量泥沙淤积在河、湖、水库中，同时带走大量氮、磷、钾等养分。水土流失危害不仅严重影响着山地丘陵区农业生产的发展，而且给国土整治、江河治理以及保持良好生态环境带来困难。

（2）对耕地的破坏。洪水灾害对耕地的破坏，主要是水冲沙压、破坏农田。如1963年海河大水，水冲沙压造成失去耕作条件的农田达13万余hm^2。黄河决口泛滥对土地的破坏更为严重，每次黄河泛滥决口都使大量泥沙覆盖沿河两岸富饶的土地，导致大片农田被毁。

（3）对河流水系的破坏。中国河流普遍多沙，洪水泛滥致使泥沙淤塞，对河道功能的破坏极其严重，尤其是黄河泛滥改道，对水系的破坏范围极广，影响深远。

（4）对水环境的污染。洪水泛滥对水环境的污染，主要是造成病菌蔓延和有毒物质扩散，直接危及人民的身体健康。

洪灾的严重程度与区域的人口、经济有关，洪水只有发生在有人类活动的区域并且带来危害时，才能称为洪灾。洪水发生的区域，人口越密集、经济越发达，损失就越严重。

三、洪灾形成的原因

1. 季风气候的影响

中国是世界季风气候最显著的国家之一，而且位于世界气候异常的脆弱带，冬夏季风的交替活动不稳定常常造成降水季节发生较大变化。4～6月雨带徘徊于华南地区，6月中下旬，雨带北跳至江淮流域，7月中旬至8月中旬，雨带北跳到华北地区，8月中旬后，随着副热带高压减弱、南移，雨带也迅速南移。1998年厄尔尼诺现象异常偏强，形成了6月底江南北部与华南西部地区的连续性暴雨。7月初北方进入雨季，然而自7月中旬开始雨带又突然南移至长江中下游上空，进入8月，长江上游出现长时间降水，洪水迭起，形成多次洪峰。长江流域的突发性强降水，长江上游的洪峰与中下游高水位相遇，使长江下游出现洪灾，引发闻名世界的“98”抗洪抢险事件。

中国的特殊地形地貌，加剧了季风气候带来的水灾。中国西高东低呈梯级分布，大江大河多在西部高原生成，东流入海。一旦发生大范围降水，上中游高处的雨水迅速流向下游，而下游多为经济发达、城市人口密集的平原。而平原地区水流较缓，易涝难排，就容易形成一次次较大的水灾。

中国是台风活动最活跃的国家之一，平均每年有10个左右的台风登陆。广东又是全国台风登陆最多的省份，平均每年有4个左右的台风登陆。台风引起飓风、暴雨、海潮等灾害，为水灾雪上加霜。

此外，强降水、冰雪融化、冰凌堵塞河道可以形成洪水，滑坡、泥石流堵塞河道也可以形成洪水。

2. 防洪抗灾建设滞后带来频繁洪涝灾害

新中国成立60多年来，我国防洪抗灾建设取得了巨大成绩，例如，在1998年的特大洪水面前，重要城市、重要交通干线能安然无恙，最大限度减轻了洪灾引起的重大经济损失，这与抗洪减灾能力的提高有直接关系，但在防洪抗灾建设总体上仍严重滞后，不少水利设施年久失修，河道淤塞，行洪能力差。目前我国大江大河防洪防涝标准都不高。例如长江中下游干流，防洪标准10～20年一遇，太湖防洪标准不到20年一遇。许多城市防洪标准偏低，有的甚至不设防，所以尽管每年都强调防大汛抗大涝，灾害依然频繁。

3. 洪灾与人口和经济发展成正比

许多洪灾发生频繁的地方也是人口密集、经济活跃的地方，使人们在与自然的斗争中回旋余地较小。首先，由于人口增加，需要大量增加粮食和农副产品供应，需要围湖、围海造田、开发房地产等。人类对流域内植被的破坏，乱砍滥伐，大规模的围湖造田使湖泊对洪水的调节作用减弱，占据河道的建筑物降低了河道排水的速度，这些都加剧了洪水的灾害。例如，洞庭湖围垦了1/5，泄洪能力也减少了1/5；广东八大出海口因盲目围垦已越来越狭窄，调蓄能力大幅度下降，相应的防洪能力也下降，水情比过去严峻了。如1994年的洪水，上游是50年一遇，到了出海处就变成200年一遇。其次，在不宜搞生产的地方搞生产。例如，毁林开垦，一遇连续暴雨就容易造成山洪暴发，水土流失严重，大量的泥沙涌入江河、水库，抬高河床、库面，即使水量不大也会形成较高的水位。新中国成立以来长江流域的水土流失面积增加了40%～50%。此外，人为占用河道开辟耕地、修建房屋，对江河自然生态造成了破坏，阻碍了江河水的流动，埋下了洪灾的隐患。

洪灾具有双重属性，既有自然属性，又有社会属性。它的形成必须具备两方面条件：

（1）自然条件。洪水是形成洪水灾害的直接原因。只有当洪水强度达到一定标准，才可能出现灾害。主要影响因素有地理位置、气候条件和地形地势。

（2）社会经济条件。只有当洪水发生在有人类活动的地方才能成灾。受洪水威胁最大的地区往往是江河中下游地区，而中下游地区因其水源丰富、土地平坦又常常是经济发达地区。

四、洪灾的防治

洪灾的防治有利于提高经济效益，有利于社会的稳定和发展。洪灾的防治工作包括两个方面：①减少洪灾发生的可能性；②尽可能使已发生的洪灾的损失降到最低。可以采取以下措施。

1. 工程措施

（1）兴建水库，退耕还林还湖，提高对洪水的调蓄能力。

（2）修筑堤坝，防止洪水漫溢。

(3) 疏浚河道，加快泄洪速度。

(4) 开辟分洪区，开挖分洪道，降低洪水水位。

2. 非工程措施

(1) 增强人们对灾害问题的认识，提高人们防灾减灾的意识。

(2) 严格控制乱砍滥伐林木，逐步提高林草植被覆盖率，减少水土流失。

(3) 构建统一的减灾防灾管理体系。

(4) 建立统一的抗洪抢险指挥管理系统。

(5) 加强灾前预防、水利设施投入与科研投入。

五、防洪减灾认识和对策的转变

江河洪水是一种自然现象，而洪水灾害则是由于人类在开发江河以及冲积平原的过程中，进入洪水泛滥高风险区而产生的问题。因为洪水灾害是人类社会与自然环境共同作用的产物，因此，防洪减灾是人类社会发展的主题之一。

受自然地理气候条件的影响，加之中国适于人类开发利用的地区主要集中在江河流域的中下游平原，因此，如何处理好防洪减灾问题贯穿于整个中华民族的发展史。回顾中国防洪减灾历史，大致可划分为以下 3 个阶段：

第一阶段，以解决人类生存安全和基本生活需求为主要目标的原始水利阶段。在原始阶段人们临水而居，但为躲避洪水的危害，不得不“择丘陵而处之”，住在洪水一般淹不到的高处。这一时期人类生产力低下，对洪水灾害的控制能力较低，把洪水灾害看作为人力无法抗拒的天的意志，不得不乞求上苍的保佑。在这个阶段里，人与水的关系以人主动适应水或自觉地服从自然为主要特征，也可以称之为人类被动适应自然的阶段，其间长达几十万年。

第二阶段，以建设工程来改造河川、调蓄洪水、制止洪水危害的传统治水阶段。自战国时期自然科学有了很大的进步，人们利用和改造自然的能力有所提高，对治水防灾也有了新的认识，主张发挥人的主观努力去控制和利用自然。这一时期工程措施成为防洪的主要技术手段，人类和洪水的关系进了一步，可以“水来土掩”，限制水的泛滥。这一阶段是以改造自然的能力提高和无度地向自然索取为主要特征。

第三阶段，以“人与自然相和谐”为主要特征的现代治水阶段。当主要依靠工程技术措施治水出现困境时，迫使人们转换思路，开始思考其中的原因和解决途径。“相和谐”不是主张一味向洪水退让，而是强调科学地规划国土资源。例如，加强环境建设，调整经济布局与产业结构等，使之与洪水规律相适应。讲和谐也不是降低工程技术措施的作用，而是更合理地规划、建设、管理好防洪工程体系，通过科学调度以充分发挥其功能。可见，“人与自然相和谐”不是抽象的哲学概念，而是现实的可持续发展之路。新阶段的治水方略将实现由战胜洪水到设法减轻水灾损失的转变。到 20 世纪 90 年代后期，特别是在 1998 年大洪水之后，中国的治水理念发生了根本性改变，积极倡导和实践由控制洪水向洪水管理转变。在防洪减灾实践中，在充分利用当今高度发达的科学技术的同时，更加注重人水和谐，实现人类社会可持续发展。

第三章　水　利　枢　纽

第一节　水利枢纽的作用、类型和标准

一、水利枢纽的作用

为了综合利用水资源，达到防洪、灌溉、发电、供水、航运等目的，需要修建几种不同类型的建筑物，以控制和支配水流，满足国民经济发展的需要，这些建筑物统称为水工建筑物。组合在一起协同工作的建筑物群称为水利枢纽。

水利枢纽有不同的修建目的，其作用也不同，依据修建的目的分以下 3 种：①水力发电枢纽，其作用是集中河流的落差，将水的势能转化为动能，通过水轮发电机转化为电能；②水运枢纽，其作用是抬高河流的水位，增加航道的水深，减小河道的流速，以改善内河航运条件；③引水枢纽，其作用是保证从河流中引出具有一定水位和足够流量的水流，以满足工农业用水的需要。

水利枢纽的作用可以是单目标的，但根据河流综合利用原则，水利枢纽一般是多目标的，但有主次之分，如淮河上的南湾水库、薄山水库等是以防洪为主、兼有灌溉与发电的功能。

二、水利枢纽的类型

水利枢纽依据作用水头的高低可以分为蓄水枢纽和引水枢纽两种类型。

（一）蓄水枢纽

蓄水枢纽多修建在山区峡谷河流上，形成水库，蓄河流丰水时期多余水量以满足枯水时期工农业用水的要求。蓄水枢纽必须具有 3 个基本建筑物（图 3－1）：①挡水建筑物——各种拦河坝；②泄水建筑物——溢洪道及泄水隧洞等；③引水建筑物——水电站进水口或输水隧洞等。此外还有一些附属水工建筑物，如水电站厂房、通航、过木及过鱼建筑物等。这类枢纽一般修建在河流上游的高山峡谷之中，通常可形成具有一定调节能力的水库。当枢纽兼有防洪、发电和通航等多项综合任务时，尤其是洪峰高、装机规模大和过船吨位大的情况，枢纽布置必须妥善处理好泄洪、发电、导流和通航等建筑物之间的相互关系，以免互相干扰。

修建水库可以保证农业灌溉、工业和城市供水、水力发电的需要，而且可以减少下游的洪水灾害，所以修建水库可以达到综合利用的目的。

（二）引水枢纽

引水枢纽多建于平原河流上，枢纽中有较低的壅水坝或水闸、水电站厂房、通航和引

水等建筑物。一般是位于河床坡度平缓、河谷宽阔的河段上，其主要建筑物是拦河闸（坝），由于其上下游水头差不大，称作中、低水头水利枢纽。由于地形开阔，通常是将挡水建筑物、过坝建筑物、泄水建筑物和电站厂房一字摆开。枢纽布置的关键问题是妥善处理好泄洪、消能及防淤、排沙等问题。

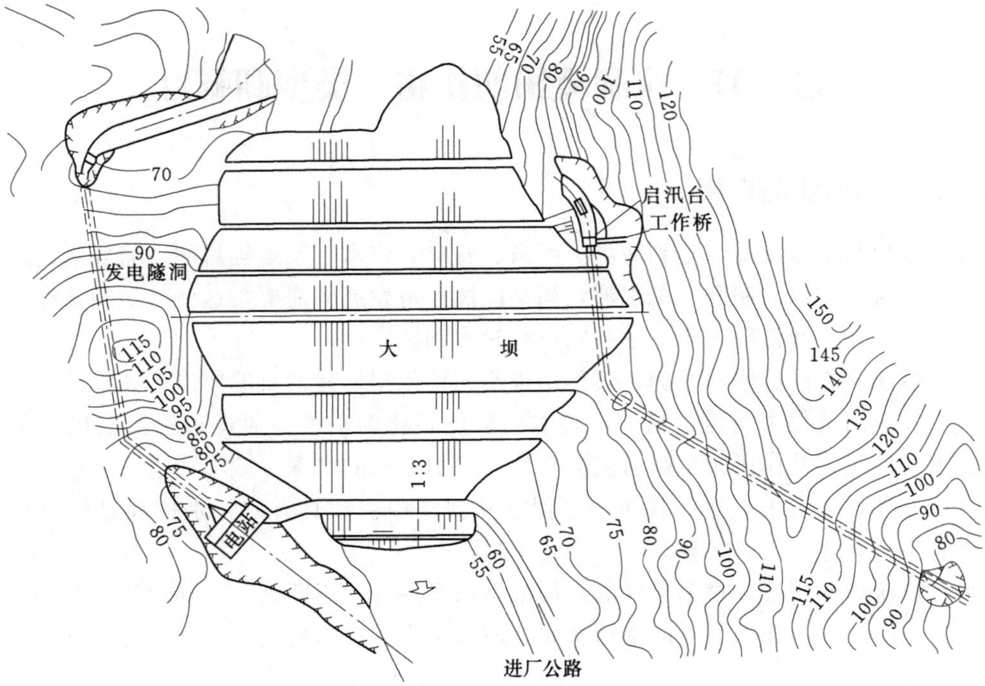

图 3-1 蓄水枢纽示意图

1. 无坝引水枢纽

无坝引水是从河流中自流引水，是最简单、最常用的方法。一般用于河道比较开阔、流量较大的平原河流。引水枢纽的水工建筑物有进水闸、冲沙闸、沉沙池及上下游整治建筑物等（图 3-2）。

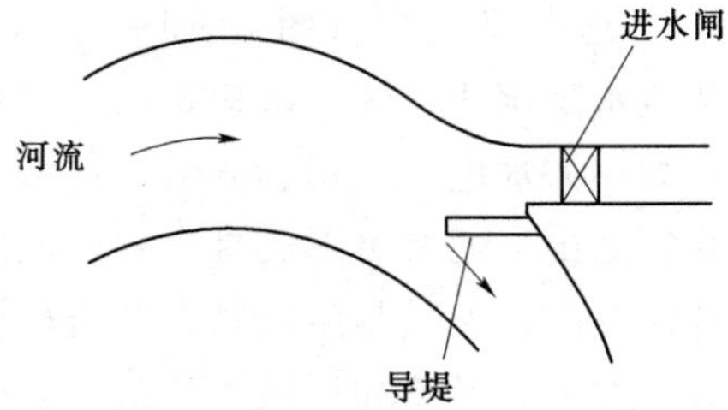

图 3-2 无坝引水枢纽工程示意图

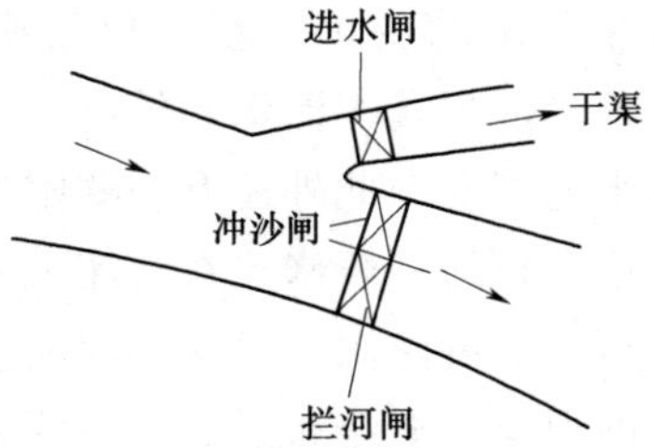

图 3-3 有坝引水枢纽工程示意图

无坝引水枢纽的优点是工程简单、投资少、施工容易、工期短及收效快，而且不影响航运、发电及渔业，对河床演变影响小。其缺点是受河道的水位变化影响大，枯水期引水保证率低；在多泥沙河流上引水时，还会引入大量的泥沙，使渠道发生淤积现象，影响渠道正常工作；当河床变迁时，一旦主流脱离引水口，就会导致引水不畅，甚至引水口被泥沙淤塞而报废。

2. 有坝引水枢纽

当河流枯水位较低不能满足引水要求时，可筑坝（闸）抬高水位以便引水。枢纽由进水闸、抬高水位和宣泄洪水的拦河坝（闸）和冲刷淤积于进水闸前的泥沙的冲沙闸等三部分组成（图 3－3）。

有坝引水枢纽优点是引水保证率高，而且引水不受限制。缺点是工程量大、造价高，且破坏了天然河道的自然状态，改变了水流、泥沙运动的规律，尤其是在多泥沙河流上，会引起渠首附近上下游河道的变形，影响渠首的正常运行。

三、水利水电枢纽的标准

洪水泛滥造成的洪灾是自然灾害中最重要的一种，它给城市、乡村、工矿企业、交通运输、水利水电工程、动力设施、通信设施及文物古迹以及旅游设施等带来巨大的损失。为保证防护对象的防洪安全，需投入资金进行防洪工程建设并维持其正常运行。防洪标准高，工程规模及投资运行费用大，工程风险就小，防洪效益大；相反，防洪标准低，工程规模小，工程投资少，所承担的风险就大，防洪效益小。因此，选定防洪标准的原则在很大程度上是如何处理好防洪安全和经济的关系，应经过认真的分析论证，考虑安全和经济的统一。

为了贯彻执行国家的经济和技术政策，达到既安全又经济的目的，应把水利水电枢纽工程按其规模、效益及其在国民经济中的重要性分等。SL 252—2000《水利水电工程等级划分及洪水标准》规定，水利水电枢纽工程的等别按表 3－1 确定。综合利用的水利水电枢纽工程，当按其各项用途分别确定的等别不同时，应按其中的最高等别确定整个工程的等别。

表 3－1　　水利水电枢纽工程等别

工程等别	工程规模	水库总库容 /$10^8 m^3$	防洪		治涝	灌溉	供水	发电
			保护城镇及工矿企业的重要性	保护农田 /10^4 亩	治涝面积 /10^4 亩	灌溉面积 /10^4 亩	供水对象重要性	装机容量 /10^4kW
Ⅰ	大（1）型	≥10	特别重要	≥500	≥200	≥150	特别重要	≥120
Ⅱ	大（2）型	10～1	重要	500～100	200～60	150～50	重要	120～30
Ⅲ	中型	1.0～0.10	中等	100～30	60～15	50～5	中等	30～5
Ⅳ	小（1）型	0.10～0.01	一般	30～5	15～3	5～0.5	一般	5～1
Ⅴ	小（2）型	0.01～0.001		<5	<3	<0.5		<1

注 1. 总库容指水库最高水位以下的静库容。
2. 治涝面积和灌溉面积均指设计面积。

不同等别的枢纽工程，其所属建筑物的设计、施工标准亦不同，以达到既安全又经济的目的。由于水工建筑物工程量大，设计和施工标准稍有差异，所需的劳力、投资和设备就会有很大的增减。设计标准稍高，势必造成大量浪费；标准低又可能对安全不利。

第二节 蓄水枢纽

一、水库的作用

我国河川径流的特性是在年内和年际间的分配都很不均匀。汛期或丰水期，水量丰沛，一般超过用水量，通常会造成洪涝灾害；而枯水期或枯水年的水量，往往又不够用。如华北地区河流在春季作物需水灌溉时正是枯水季节，河流水量不能满足灌溉需要；但当夏季洪水出现时，又会淹没农田，危害农作物。显然，河流的天然来水同人类的生产、生活用水要求存在矛盾，而建造水库调节来水和用水之间的矛盾是一种普遍的、有效的工程措施。通过拦河筑坝，在坝上游形成水库，将洪水季节的余水蓄存起来，以补枯水季节的不足。

按照工农业生产的需要，用人工方法重新分配河流天然径流，称为河川径流调节。径流调节按照调节期的长短可分为年调节（将一年内的天然径流加以重新分配）和多年调节（将丰、枯水年之间的天然径流加以重新分配）。进行年调节和多年调节的水库称为年调节和多年调节水库。

二、水库特性曲线

水库的水面高程称为库水位，库水位以下的蓄水容积称为库容。一般情况下，坝筑得越高，库容就越大。但在不同的河流上，即使坝高相同，其库容一般却不相同，这主要与库区内的地形及河流的比降等特性有关。如库区内地形开阔，则库容较大，如为一峡谷，则库容较小。河流比降小，库容就大；比降大，库容就小。根据库区河谷形状，水库有河道型和湖泊型两种。

对于一座水库来讲，水位越高则水库面积越大，库容越大。不同水位有相应的水库面积和库容。在设计时，必须先作出水库水位—面积以及水库水位—库容关系曲线（图 3－4），这两者是最主要的水库特性资料。

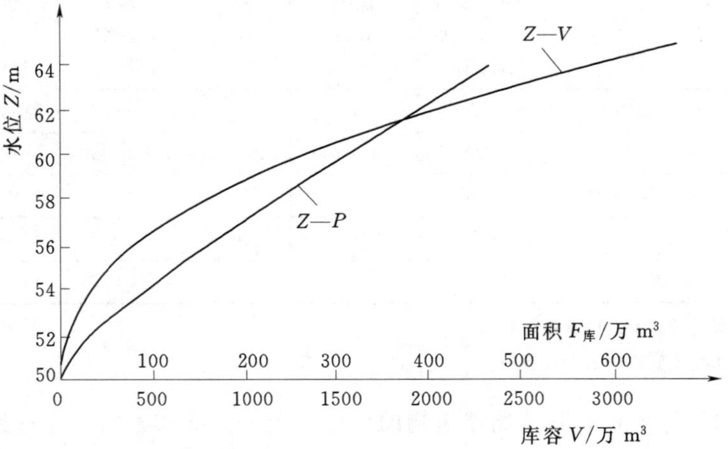

图 3－4 水库特性曲线

为绘制水库水位—面积以及水库水位—库容关系曲线，一般可根据 1/10000～1/5000 比例尺的地形图，用求积仪或数方格等方法，求得不同高程（高程的间隔可用 1～2m 或 5m）时水库的面积和容积。然后以水库水位为纵坐标，水库面积和容积为横坐标，绘制水库水位—面积关系曲线和水位—库容关系曲线。水库面积特性曲线是研究水库库容、淹没范围和计算水库蒸发损失的依据。

三、水库特征水位和库容

水库的总库容可分为死库容、兴利库容和防洪库容三部分，由水库特征水位划分（图 3-5）。水库的特征水位和库容各有其特定的任务和作用，体现着水库利用和正常工作的各种特定要求。它们也是规划设计阶段确定主要水工建筑物的尺寸（如坝高和溢洪道大小），估算工程投资、效益的基本依据。

（一）死水位

水库建成后，并不是全部库容都可用来进行径流调节的。首先，泥沙的沉积迟早会将部分库容淤填；自流灌溉、发电、航运、渔业以及旅游等用水部门，也要求水库水位不能低于某一高程。死水位是指在正常运用情况下，允许水库降低的最低水位。死水位以下的库容称为死库容。水库正常运行时一般不低于死水位。除非特殊干旱年份或其他特殊情况，如战备要求、地震等，为保证紧要用水、安全等要求，经慎重研究，才允许低于死水位。

确定死水位应考虑以下主要因素：

(1) 保证水库有足够的、发挥正常效用的使用年限（俗称水库寿命）。主要是考虑留部分库容以备泥沙淤积的需要。

(2) 保证水电站所需要的最低水头和自流灌溉必要的引水高程。水电站水轮机的选择，都有一个允许的水头变化范围，其取水口的高程也要求库水位始终保持在某一高程以上。自流灌溉要求库水位不低于灌区地面高程加上引水水头损失值。死水位愈高，则自流灌溉的控制面积也愈大；在抽水灌溉时，也可使抽水的扬程减小。

(3) 库区航运和渔业的要求。当水库回水尾端有浅滩，影响库尾水体的流速和航道尺寸，或库区有港口，为维持最小航深，均要求死水位不能低于上述相应的水位。水库的建造，为发展渔业提供了优良的条件。因此，死库容的大小，必须要求水库水位降到最低时，尚有足够的水面面积和水库容积，以维持鱼群生存的需要。对于北方地区的水库，因冬季有冰冻现象，尚应考虑在死水位冰层以下，仍能保留足够的容积供鱼群栖息。

水库在供水期末，可以放空到死水位，以便能充分利用水库库容和河川来水，而死水位以下，则应视为运行禁区。但在过去一段时期，不少地区因供水、供电紧张，常强制水库不断泄放死库容中的存水，致使水库长期处于低水位的不正常状态。这种“死水位不死”的不合理调度，不仅大大降低了水资源利用的效率，导致恶性循环，也使机组设备的损坏加剧。

（二）正常蓄水位

在正常运行条件下，为了满足兴利部门枯水期的正常用水，水库在正常情况下应蓄到的最高水位，称为正常蓄水位，又称正常高水位。正常蓄水位到死水位之间的库容，是水库实际可用于径流调节的库容，称为兴利库容（图 3－5）。正常蓄水位与死水位之间的深度，称为消落深度，又称工作深度。

溢洪道无闸门时，正常蓄水位就是溢洪道堰顶的高程；当溢洪道有操作闸门时，多数情况下正常蓄水位也就是闸门关闭时的门顶高程。

正常蓄水位是水库最重要的特征水位之一。因为它直接关系到一些主要水工建筑物的大小、规模、投资、淹没、综合利用效益及其他指标，所以大坝的强度和稳定性计算、结构设计也主要以它为依据。

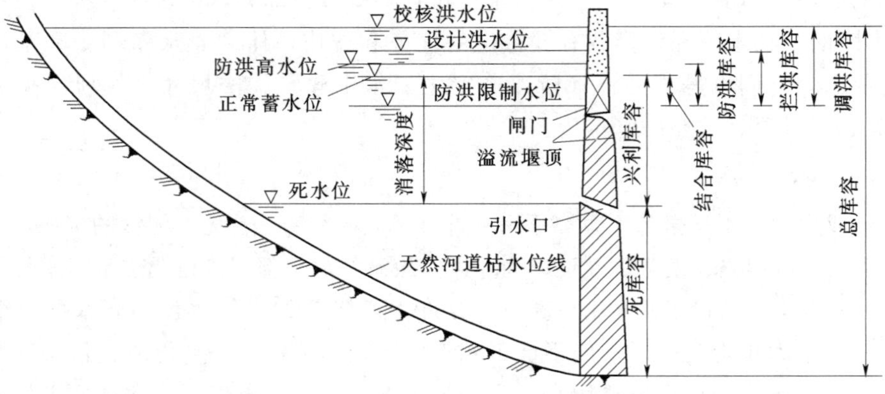

图 3－5　水库特征水位及其相应库容示意图

大中型水库正常蓄水位的选择是一个重要问题，往往涉及技术、经济、政治、社会环境影响等方面，需要全面考虑、综合分析确定。原则考虑以下几点：

（1）根据兴利的实际需要。即从水库要负担的综合利用任务和对天然来水的调节程度要求，以及可能投资的多少等来考虑水库规模和正常蓄水位的高低。

（2）考虑淹没和浸没情况。如果库区的重要城镇、工矿企业、重要交通线路、大片耕地、名胜古迹等淹没，使水库淹没损失过大或安置移民困难较大时，则必须限制正常蓄水位的提高。

（3）考虑坝址及库区的地形地质条件。例如坝基及两岸地基的承载能力、库区周边的地形地貌、岩体结构和分水岭的高程等。当库水位达某一高程后，可能由于地形的突然开阔或坝肩出现垭口等，将使大坝工程量明显增大而不经济，或可能引起水库大量渗漏而限制库水位的抬高。

（4）考虑河段上下游已建和拟建水库枢纽情况。主要是梯级水库水头的合理衔接问题，以及不影响已建工程的效益等。

正常蓄水位是一个重要的设计数据。因此，在水库建成运行时，必须严格遵守设计规定，才能保证工程效能的正常发挥，满足对用户正常供水、供电的需要。有些水库一度出现的“正常蓄水位不正常”的现象，或任意超高蓄水，加重淹没，或水库多年达不到正常蓄水位设计要求，这些都是不符合水库管理规定的。

（三）防洪限制水位

水库在汛期允许兴利蓄水的上限水位，称为防洪限制水位，又称为汛期限制水位。兴建水库后，为了汛期安全泄洪和减少泄洪设备，常要求有一部分库容作为拦蓄洪水和削减洪峰之用。这个水位以上的库容就是作为滞蓄洪水的库容。只有在出现洪水时，水库水位才允许超过防洪限制水位。当洪水消退时，水库水位应回降到防洪限制水位。

在我国，防洪限制水位是个很重要的参数，它比死水位更重要，它涉及的面更广，如库尾淹没问题就常取决于这个水位的高低。防洪限制水位，可根据洪水特性、防洪要求和水文预报条件，在汛期不同时段分期拟定。例如按主汛期、非主汛期，或按分期设计洪水分别拟定不同的防洪限制水位。防洪限制水位应尽可能定在正常蓄水位以下，以减少专门的防洪库容，特别是当水库溢洪道设有闸门时，一般闸门顶高程与正常蓄水位齐平，而防洪限制水位就常定在正常蓄水位之下。防洪限制水位与正常蓄水位之间的库容，称为结合库容，又称共用库容或重叠库容。因为它在汛期是防洪库容的一部分，在汛后又是兴利库容的一部分。

（四）防洪高水位

当水库下游有防洪要求时，遇到下游防护对象的设计标准洪水时，经水库调洪后，在坝前达到的最高水位，称为防洪高水位。防洪高水位与防洪限制水位之间的水库容积称为防洪库容。

（五）设计洪水位

当遇到大坝设计标准洪水时，经水库调洪，在坝前达到的最高水位，称为设计洪水位。设计洪水位与防洪限制水位之间的水库容积称为拦洪库容。

设计洪水位是水库的重要参数之一，它决定了设计洪水情况下的上游洪水淹没范围，它同时又与泄洪建筑物的规模大小有关，而泄洪方式（包括溢流堰、泄洪孔、泄洪隧洞）的选择，则应根据工程的枢纽布置特点、地形地质条件和坝型等因素拟定，并应注意以下几点：

（1）如拦河坝为不允许溢流的土坝、堆石坝等当地材料坝，则除有专门论证外，应设置开敞式溢洪道。

（2）为增加水库运用的灵活性，尤其是有下游防洪任务的水库，一般均宜设置部分泄洪底孔和中孔。泄洪底孔要尽可能与排沙、放空底孔相结合。

（3）泄洪方式的选择，应考虑经济性和技术可靠性。当在河床布置有困难时，可研究在河岸布置溢洪道和泄洪隧洞。

（4）泄洪闸门类型和启闭设备的选择，应满足洪水调度等方面的要求。

（六）校核洪水位

当遇到大坝校核标准洪水时，经水库调洪后，在坝前达到的最高水位，称为校核洪水位。校核洪水位与防洪限制水位间的水库容积称为调洪库容。

校核洪水位以下的全部水库容积就是水库的总库容。校核洪水位至死水位之间的库容称为有效库容。总库容是水库最主要的一个指标。

在规划、设计水库时，上述的各特征水位按设计指标均已拟定。但水库运用后，由于积累了经验和水文资料逐年增加，设计洪水值必然有改变，从而影响调洪库容；由于兴利用水计划逐年也有改变，兴利库容也有变化。因此，要根据实际情况，对各特征水位作必要的修正。

1975 年 8 月淮河流域发生特大暴雨，造成板桥水库的垮坝事故，发生严重水害。有鉴于此，水文方面提出各地可能出现的最大暴雨值。如果这种暴雨出现，所发生的洪水不应危害拦河坝的安全，这种洪水叫做保坝洪水。为此，要求一些重要的水库进行改建，改建方式有两种：一种是增加坝高，加大库容；另一种是加大泄量，增加泄洪设施。具体方案应根据地形条件和坝型来定。

四、水库对周围环境的影响

（一）水库对上游的影响

1. 淹没与移民

每座水库都要在不同程度上淹没一部分土地，迁移一些库区移民。国家要安排好迁移的居民生活。但淹没区如有重要矿产、城镇、工业设施或有保护价值的古迹，就值得研究水位的标准是否合适。如辽宁省某水库因原定设计蓄水位影响本溪煤矿的煤区生产，只好降低水位采用低坝方案。对有纪念性的古迹建筑物可以加以保护和迁移，如河北省岗南水库回水影响了平山县西柏坡村。为保证工程效益，已确定的水库规模不变，只是将西柏坡村有纪念性的建筑物向高处迁移。

按淹没情况不同，可分为永久淹没区和临时淹没区。一般设计蓄水位以下的区域叫永久淹没区；以上至校核洪水位叫临时淹没区。永久淹没区的居民、生产企业等必须迁移，而在临时淹没区则应采取一定的防洪措施。这样，可以考虑分期、分批地迁移居民和生产企业。也有的将临时淹没区改种小麦，洪水来之前已收割。

2. 地下水

水库蓄水以后，上游地下水位随之上升，为上游利用地下水灌溉创造了有利的条件，但也可能带来下列影响：

（1）由于地下水位的上升，可能引起耕地的盐碱化，导致农作物减产以致土地荒废。

（2）房屋地基被地下水浸润，可能发生下陷，房屋倒塌。

（3）当地下水露出时，使地表洼地成为沼泽，易造成农田渍害、孳生蚊虫。

针对这种情况，需要对设计方案进行综合优化论证。

3. 岸坡坍塌

水库蓄水以后，在库区周边，由于浸润，加上风浪、冰凌的撞击、沿岸水流的冲刷，土质岸坡可能坍塌，有的水库岸坡坍塌宽度达数十米。这不但增加了水库的淤积，也威胁了岸坡附近的生产企业和居民点的安全。

一般土质的岸坡坍塌以后，岸坡变缓，可逐渐趋向稳定。

4. 水库淤积

挟带泥沙的水流进入水库后，流速减小，挟沙能力减弱，泥沙颗粒会逐渐下沉，形成淤积。泥沙淤积将带来以下后果：

（1）库容损失，效益降低。大量的泥沙不仅淤积在死库容内，有时会侵占兴利库容，使水库的效益大大降低。

（2）淤积上延、水库“翘尾巴”。泥沙淤积有时上延超过水库的回水末端，这种现象称为“翘尾巴”。“翘尾巴”会引起河道水位抬高，回水延长，因而扩大了淹没范围。

（3）淤积航道、影响航运。水库泥沙淤积于通航建筑物上下游引航道或回水变动库段航道内，影响航运。

（4）进水口堵塞和过流部件磨损。水库淤积发展到一定程度，洪水带来的大量泥沙和水草在坝前造成进水口堵塞。泥沙还会使水轮机、金属闸门等过流部件严重磨损。

黄河三门峡水库由于淤积过快，以致不能按设计进行发电。黄河潼关附近泥沙淤 5m 厚，在渭河入库处形成拦门沙，坡降由约 0.02%变为 0.002%。自 1960 年以后渭河大堤不得不加高 4 次，共计 10m 多。

（二）水库对下游的影响

1. 下游滩地的改善

由于水库控制了径流，使下游河流的洪涝灾害大为减轻，促使农业增产。另外一些常遭受洪涝灾害的河滩地、沼泽地会变成高产的农田。如丹江口水利枢纽修建后，虽然淹没了大片土地，但也使下游增加了一些新的可耕地。这种现象在修建大型水库时颇为显著。

2. 下游河床的变形

由于水库对来水中的泥沙有澄清作用，水库下泄水流几乎不含泥沙或很少含泥沙。这样的清水有很强的冲刷能力，所以在坝下游很长一段河道内会受到强烈的冲刷，造成水位下降。下游水位下降可能引起以下后果：

（1）河水位下降，附近地区内的地下水位随之下降，土地干燥，甚至水井干涸，取水困难。

（2）原来的护岸工程及桥梁基础受到淘刷，影响临河建筑物的安全。

（3）原来的下游引水工程，由于水头降低，流量减少，不能取得足够的水量。

（4）水库水电站的尾水位降低，可能引起水轮机的汽蚀。

有的下游河道，即使无通航要求，也不应该使之干涸。在必要时，水库应放出一定的水量，维持生态平衡，保证鱼类生存。

3. 下游流量的变化

水电站一般都负担电网峰荷，所以流量经常变化，以至造成下游水位暴涨暴落，严重时会影响下游的通航条件。

第三节　水工建筑物的设计标准

一、水工建筑物的分类

（一）按建筑物用途划分

水工建筑物按其用途可分为一般性建筑物与专门性建筑物。不仅为某一水利事业服务的水工建筑物称为一般性建筑物。仅为一个水利事业服务的水工建筑物称为专门性建筑物。

1. 一般性水工建筑物

（1）挡水建筑物。用以拦截江河，形成水库或壅高水位。如各种闸坝类建筑物，以及为抗御洪水或挡潮，而沿江河、海岸修建的堤防、海塘等。

(2) 泄水建筑物。用以宣泄在各种情况下，特别是洪水期宣泄多余的入库和河道水量，确保大坝和其他建筑物的安全。如溢流坝、溢洪道、泄洪洞、泄洪闸等。

(3) 输水建筑物。为灌溉、发电和供水的需要从上游向下游输水用的建筑物，如输水洞、引水管、渠道、渡槽等。

(4) 取水建筑物。布置在输水建筑物的首部，如进水闸、扬水站等。

(5) 整治建筑物。用以整治河道，改善河道的水流条件的建筑物，如丁坝、顺坝、导流堤、护岸等。

2. 专门性水工建筑物

专门为灌溉、发电、供水、过坝需要而修建的建筑物，如电站厂房、沉沙池、船闸、升船机、鱼道、筏道等。

(二) 按建筑物使用时间划分

水工建筑物按使用的时间长短分为永久性建筑物和临时性建筑物两类。

(1) 永久性建筑物。这种建筑物在运用期长期使用，根据其在枢纽工程中的重要性又分为主要建筑物和次要建筑物。主要建筑物是指该建筑物失事后将造成下游灾害或严重影响工程效益的建筑物，如闸、坝、泄水、输水建筑物及水电站厂房等；次要建筑物是指失事后不致造成下游灾害和对工程效益影响不大且易于检修的建筑物，如挡土墙、导流墙、工作桥及护岸等。

(2) 临时性建筑物。这种建筑物仅在工程施工期间使用，如围堰、浮桥、导流建筑物等。

有些水工建筑物的作用并不是单一的，如溢流坝既能挡水，又能泄水；水闸既可挡水，又能泄水，还可作取水之用。

二、水工建筑物的特点

水工建筑物与其他建筑物相比，除了工程量大、投资多、工期较长之外，还具有以下几个方面的特点。

1. 工作条件复杂

由于水的作用形成了水工建筑物特殊的工作条件：挡水建筑物蓄水以后，除承受一般的地震力和风压力等水平推力外，还承受很大的水压力、浪压力、冰压力、动水压力等荷载，对建筑物的稳定性影响极大；通过水工建筑物和地基的渗流，对建筑物和地基产生渗透压力，还可能产生侵蚀和渗透破坏；当水流通过水工建筑物下泄时，高速水流可能引起建筑物的空蚀、振动以及对下游河床和两岸的冲刷；对于特殊的地质条件，水库蓄水后可能诱发地震，进一步恶化建筑物的工作条件。

水工建筑物因其本身结构问题而损坏的比较少，因地质问题而发生事故的却屡见不鲜。由于水工建筑物的自身重量很大，基础又在水下浸泡，发生问题难以处理，所以对地质条件要求较高，只有充分了解地质条件后，才能选择合理的建筑物型式和正确的地基处理措施。

2. 施工条件复杂

水工建筑物的施工条件复杂，体现在以下几个方面：①需要解决好施工导流问题，施工期间，在保证建筑物安全的前提下，河水除应能顺利下泄，还应满足必要的通航、过木等要求，这是水利工程设计和施工中的一个重要课题；②工程进度紧迫，截流、度汛需要抢时间、争进度，否则将导致工期拖延；③施工技术复杂，水工建筑物的施工受气候、环境影响较大，如：大体积混凝土的温度控制和复杂的地基比较难以处理，填土工程要求一定的含水量和较高的压实度，在雨季施工会有很大的困难；④地下、水下工程多，排水施工难度比较大；⑤交通运输比较困难，在高山峡谷地区此问题更为突出等。

3. 对国民经济的影响巨大

水利枢纽工程和单项的水工建筑物可以承担防洪、灌溉、发电、航运等任务，同时又可以绿化环境，改良土壤和植被，发展旅游，甚至建成优美的城市等，但是，如果处理不当也可能产生不利的影响。如：水库蓄水越多，则效益越高，淹没损失也越大，不仅导致大量移民和建筑物搬迁，还可能引起库区周围地下水位的变化，直接影响到工农业生产，甚至影响生态平衡和环境恶化；库尾的泥沙淤积，可能会使航道变浅。堤坝等挡水建筑物万一失事或决口，将会给下游人民的生命财产和国民经济带来灾难性的损失。1975 年 8 月我国河南省遭遇特大洪水，造成板桥水库、石漫滩水库两座水库垮坝，使下游约 1100 万亩农田受淹，京广铁路中断，死亡约 9 万余人。

三、水工建筑物的级别划分

水利枢纽用工程等别划分，建筑物按级别划分。水利枢纽中的不同建筑物通常按其所属工程的等别和重要性进行建筑物级别划分。级别高的建筑物，对设计及施工的要求也高，级别低的建筑物则可以适当降低。单项用途的永久性水工建筑物，应根据其用途相应的等别和其本身的重要性按表 3-2 确定级别。多用途的水工建筑物，应根据其相应的等别中最高者和其本身的重要性按表 3-2 确定级别。

失事后损失巨大或影响十分严重的水利水电枢纽工程，经论证并报主管部门批准，其 2～4 级主要建筑物可提高一级设计，并可按提高后的级别确定洪水标准；失事后造成损失不大的水利水电枢纽工程，经论证并报主管部门批准，其 1～4 级主要水工建筑物可降低一级设计，并按降低后的级别确定洪水标准。水利水电枢纽工程挡水建筑物高度超过表 3-3 数值者，2、3 级建筑物可提高一级设计，但洪水标准不予提高。

表 3-2　水利水电工程永久性建筑物级别

工程等别	主要建筑物级别	次要建筑物级别
Ⅰ	1	3
Ⅱ	2	3
Ⅲ	3	4
Ⅳ	4	5
Ⅴ	5	5

表 3-3　水利水电枢纽工程挡水建筑物提级指标

坝型	坝的原级别	
	2	3
	坝高/m	
土石坝	90	70
混凝土坝、浆砌石坝	130	100

当水工建筑物为实践经验较少的新型结构、其基础的地质条件复杂时，2～5 级建筑物可提高一级设计，但洪水标准不予提高。

四、永久性水工建筑物洪水标准

设计永久性建筑物所采用的洪水标准分为正常运用（设计情况）和非常运用（校核情况）两种情况。

（一）正常运用情况

设计永久性水工建筑物所采用的正常运用洪水标准，应根据工程规模、重要性和基本资料等情况，按表 3-4 规定的洪水标准范围内分析确定。

表 3-4　水工建筑物设计正常运用洪水标准

建筑物级别	1	2	3	4	5
洪水重现期/a	2000～500	500～100	100～50	50～30	30～20

（二）非常运用情况

设计永久性水工建筑物所采用的非常运用洪水标准，按下列原则确定：

（1）失事后对下游将造成较大灾害的大型水库、重要的中型水库以及特别重要的小型水库的大坝，当采用土石坝时，应以可能最大洪水作为非常运用洪水标准；当采用混凝土坝、浆砌石坝时，根据工程特性、结构形式、地质条件等，其非常运用标准较土石坝可适当降低。

（2）失事后不致对下游造成较大灾害的水利枢纽工程的大坝和其他影响水库安全的水工建筑物，其非常运用洪水标准应根据工程规模、重要性及基本资料等情况，按不低于表 3-5 规定的数值分析确定。

（3）水利枢纽工程中不影响水库安全的建筑物，如引水式、坝后式水电站的厂房等，其非常运用洪水标准可按表 3-5 规定的数值适当降低。

表 3-5　永久性水工建筑物非常运用的洪水标准（洪水重现期）下限值　单位：a

不同坝型的枢纽工程	建筑物级别				
	1	2	3	4	5
土坝、堆石坝、干砌石坝	10000	2000	1000	500	300
混凝土坝、浆砌石坝及其他水工建筑物	5000	1000	500	300	200

（4）水利枢纽工程的泄洪设施，必须满足非常运用时的泄洪要求。在有条件时泄洪设施应尽量分为正常和非常泄洪设施两部分。其中，正常泄洪设施的泄洪能力应不小于正常运用时的泄洪要求；而非常泄洪设施根据工程特性、洪水标准、枢纽布置、坝型及地质条件，可全部或部分适当简化，以降低造价。

（5）当非常泄洪设施规模较大或具有两个以上的非常泄洪设施时，应考虑能够部分启用或先后启用，以控制下泄流量。

工　程　案　例

丹江口水利枢纽

1. 工程概述

丹江口水利枢纽位于湖北省丹江口市、汉江与丹江交汇口以下 800m 处，是开发汉江的第一个控制性大型骨干工程，具有防洪、引水、灌溉、航运、养殖等综合效益。枢纽分为两期开发，第一期正常蓄水位 157.0m，总库容 290.5 亿 m^3。平均每年可向华北调水 145 亿 m^3 以上。坝址河谷宽 500～600m，河床中部和左部有一条深槽。河床覆盖层一般厚度 2～5m，最大厚度 22m（深槽处）。坝址出露的地层主要为元古界片岩（左岸）和岩浆岩（河床和右岸）。断裂构造极为发育，较大断裂带多与坝轴线斜交，工程地质条件复杂。各类完整新鲜的变质岩浆岩平均极限抗压强度为 87～148MPa，弹性模量 72400～74300MPa。地震烈度Ⅵ度，大坝按Ⅷ度地震设防。

坝址控制流域面积 95217km^2，多年平均径流量 378 亿 m^3，多年平均流量 1200m^3/s。按千年一遇设计，万年一遇校核。设计洪水流量 64900m^3/s，初期规模时相应的库水位 159.8m；校核洪水流量 82300m^3/s，相应库水位 161.4m，相应总库容 209.7 亿 m^3。1978 年改为按万年一遇洪水加 20％洪量作为保坝标准，相应库水位 164m，因此已将两岸土石坝顶加高至 165.2m，两岸混凝土坝有 19 个坝段需结合后期加高要求进行加固。

丹江口水库初期和后期主要特征指标见表 3－6。

表 3－6　　丹江口水库主要特征指标表

指　　标	初　　期	后　　期
坝顶高程/m	162	176.6
正常蓄水位/m	157	170
相应库容/亿 m^3	174.5	290.5
死水位/m	140	150
死库容/亿 m^3	76.5	126.9
极限消落水位/m	139	145
相应库容/亿 m^3	72.3	100
夏汛限制水位/m	149	160
预留防洪库容/亿 m^3	76.7	110

2. 枢纽布置和主要建筑物

丹江口水利枢纽由混凝土坝、土石坝、泄洪建筑物及坝后式厂房等建筑物组成，如图 3－6 所示。

河床布置混凝土坝、泄洪建筑物及坝后式厂房，左右两岸为土石坝、通航建筑物及坝后式厂房。坝顶高程 162m 时，挡水建筑物总长 2494m，其中混凝土坝长 1141m，左岸土坝 1223m，右岸土坝 130m。

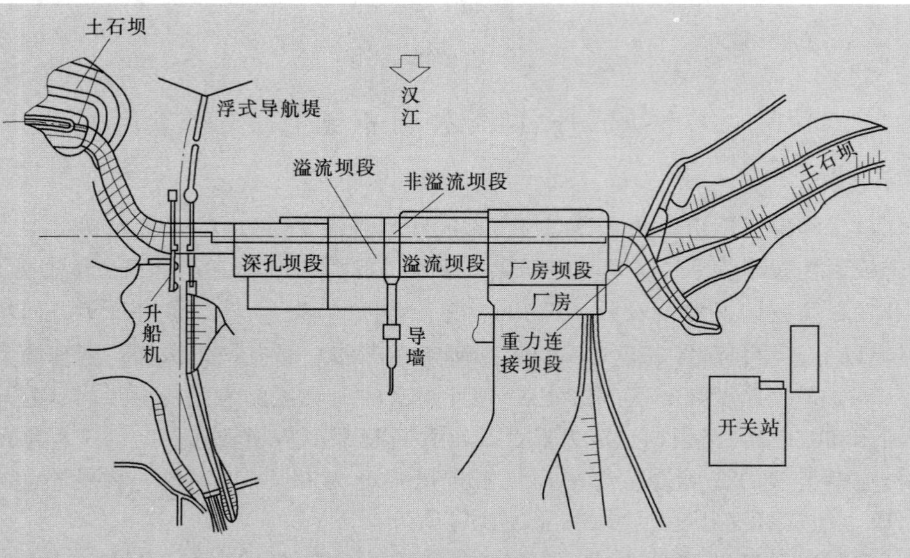

图 3-6 丹江口水利枢纽平面布置图

泄洪建筑物包括泄洪深孔和溢流坝两部分，泄洪深孔位于河床右部，设置 12 个宽 5m、高 6m 的深孔，孔底高程 113m，供泄放中、小流量兼作放空、排沙之用（其中 1 孔在 1990 年被备用电源电站占用），最大泄流量 9680m³/s。溢流坝位于河床中部，总长 264m，设有 20 个宽 8.5m、堰顶高程 138m 的开敞式溢流孔，中间有一个坝段布置成隔墙（由施工时纵向围堰改建而成），将溢流坝分割成两部分，只有在洪水超过 1935 年的洪量时，才开始运用左部分（共 12 孔），以保护电厂尾水少受泄洪干扰，最大泄量 39900m³/s。

坝后式厂房位于河床左部，厂房坝段长 174m，安装 6 台单机容量为 15 万 kW 的竖轴混流式水轮发电机组，转轮直径 5.5m，额定转速 100r/min，额定出力 15.4 万 kW，最高效率 92.8%。初期单独运转时，最大水头 71.5m，最小水头 44m，设计水头 63.0m；后期运转时最大水头 81.5m，最小水头 45.4m，设计水头 63.5m。机组最大过流量 275m³/s 和 277m³/s。发电机为伞式空冷型，额定电压 15.75kV，额定容量 17.65 万 kVA，额定功率因数 0.85，定子铁芯内径 12.8m，转子重 572t 和 490t。引水压力钢管直径 7.5m，埋设在坝内，进口高程 115m。

左岸土石坝全长 1223m，最大坝高 56m，为黏土心墙及黏土斜墙、砂砾料坝壳土石混合坝。左岸土石坝与河床混凝土坝之间的左岸连接段长 220m，为实体重力坝。为避开片岩区，混凝土坝轴线向下游转弯。左岸土石坝在连接段混凝土坝上游面与其正交连接。连接处设有上、下游挡土墙。

右岸土石坝坝长 130m，为黏土心墙土石混合坝。右岸连接段长 339m，为实体重力坝。

通航建筑物布置在右岸，越过右岸混凝土连接坝段，采用垂直升船机与斜面升船机相结合的形式。全线由上游导航防护建筑物、垂直升船机、中间隧道、斜面升船机和下游引航道等 5 部分组成，中心线成一折线，总长 1093m。垂直升船机为干式，包括承重结构、桥式提升机、提升架和直流电器控制设备等部分。最大提升高度 45m（远景 59m），最大提升重量 450t，提升速度 8m/min，平移速度 30m/min。中间渠道长 410m。斜面升船机包括斜坡道、斜架车、提升绞车、摩擦驱动装置和直流电器控制系统等部分。斜坡道全长 395.5m，坡度 1∶7。过船时间分别为：垂直升船机单向运船时，干运 24.2min，湿运 26.2min；双向运行时，干运 33.8min，湿运 37.8min；斜面升船机单向运行时，干运 28.5min，湿运 30.5min；双向运行时干运 38.1min，湿运 42.1min。设计的年单向通过能力：下水为 82.38 万 t；上水为 73.55 万 t。

在坝址上游左岸 30km 处已建两座灌溉取水渠首。陶岔渠首，引水流量 $500m^3/s$，无压隧洞宽 7m、高 7m、长 6775m，进口高程 143m。清泉沟渠首，引水流量 $100m^3/s$。

第四章 重　力　坝

第一节 概　　述

重力坝多建在岩基上，是依靠坝体自身重力产生的抗滑力来维持自身稳定的建筑物，常用混凝土或浆砌石材料修建，属于大体积挡水建筑物，如图 4－1 所示。重力坝一般做成上游面铅直的、近似于三角形的断面，以便承受上游强大水压力的作用。

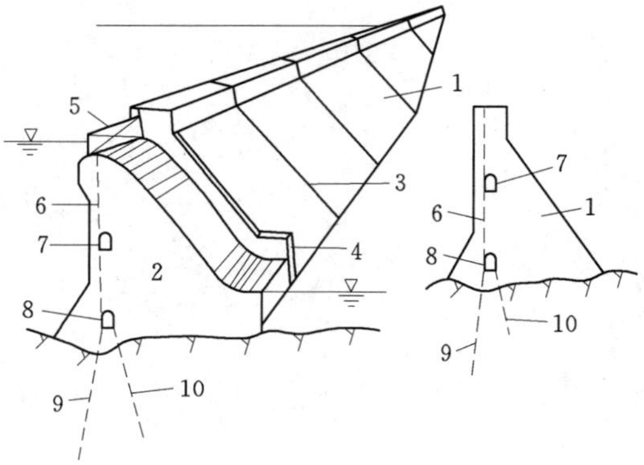

图 4－1　重力坝示意图

1—非溢流重力坝；2—溢流重力坝；3—横缝；4—导墙；5—闸门；6—坝体排水管；7—交通、检查和坝体排水廊道；8—坝基灌浆、排水廊道；9—防渗帷幕；10—坝基排水孔幕

一、重力坝的特点

(1) 便于泄洪和导流。重力坝所用的材料抗冲能力强，剖面尺寸较大，适于坝顶溢流或在坝体内设置泄水孔，施工期可以利用坝体分期导流。

(2) 混凝土重力坝施工时需要温控散热措施。重力坝体积大，水泥用量多，水泥水化热量大，需要必要的温控散热措施，否则会产生温度裂缝，影响坝体的整体性、耐久性及外观等。

(3) 材料的强度不能充分发挥。重力坝材料的允许压应力相对较大，而坝体内部和上部的实际应力较小，因此坝体不同区域应采用不同强度等级和耐久性要求的材料。

(4) 受扬压力影响大。重力坝的坝体和坝基有一定的透水性，在较大的水头差作用下，产生渗透压力。渗透压力和浮托力合称扬压力，它会减轻坝体的有效重量，对坝体的稳定不利，因此要采取有效措施减小扬压力。

(5) 对地形、地质条件适应性好。几乎任何形状的河谷断面都可修建重力坝，重力坝对坝基地质条件的要求虽然比土石坝高，但由于横缝的存在，能很好地适应各种非均质的地基，一般强度的、无重大缺陷的岩基均能满足建坝要求。

二、重力坝的类型

(1) 重力坝按坝体高度分为高坝、中坝和低坝。坝高大于 70m 的为高坝，小于 30m 的为低坝，介于两者之间的为中坝。坝高指坝基底面（不包括局部深槽、深井等）至坝顶路面的高度。

（2）重力坝按筑坝材料分为混凝土重力坝和浆砌石重力坝。

（3）重力坝按泄水条件分为溢流重力坝和非溢流重力坝。

（4）重力坝按坝体的结构可分为实体重力坝、空腹重力坝和宽缝重力坝（图 4-2）。

（5）重力坝按施工方法分为浇筑混凝土重力坝和碾压混凝土重力坝。

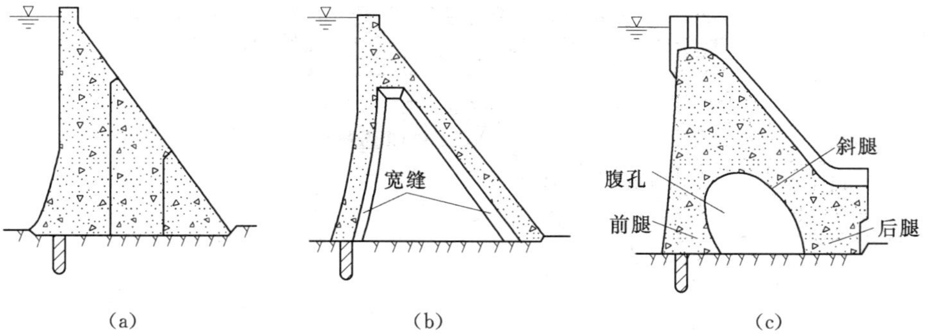

图 4-2　重力坝的形式

（a）实体重力坝；（b）宽缝重力坝；（c）空腹重力坝

三、重力坝的组成及布置

重力坝通常由非溢流坝段、溢流坝段和相应的附属建筑物组成。重力坝附属建筑物包括导墙、闸墩、交通桥、廊道、泄水孔、取水管道等，如图 4-3 所示。

在进行坝体布置时，由于坝体是枢纽建筑物的一部分，故需结合枢纽特点全面、合理地安排坝体上各种建筑物，以便满足泄洪、发电、灌溉、供水、航运、排沙、过木、过鱼等的要求，尽量避免互相干扰。

重力坝坝址一般宜选在狭窄河谷处，以节省工程量。但有些水利工程为了能在河床中布置溢流坝、水电站厂房和通航建筑物等，有时选择在较宽的河谷处布置枢纽，如长江三峡水利枢纽工程。重力坝的坝轴线一般是直线，与河流流向近于正交。有时为了使坝体布置在更好的岩基上或其他原因，坝轴线也可布置成折线或弯度不大的曲线或与河流流向斜交，但交角不宜太小。溢流坝段通常布置在河床主流位置，两端采用非溢流坝段与岸坡相连。

由于施工能力的限制，以及不均匀沉降和温度应力控制的要求，混凝土坝体常沿轴线方向用垂直于坝轴线的永久性横缝分为许多坝段，各坝段的外形应尽量协调一致。当地形、地质及运用等条件有显著差别时，应尽量使上游面保持齐平，下游面可按不同情况分别采用不同的下游边坡，使各坝段均达到安全经济的目的。

溢流坝坝顶布置有闸墩、工作桥、交通桥等坝顶建筑物。溢流坝的尾部应根据坝高、坝基及下游河床和两岸地形地质条件设置适当的消能建筑物。如果有排沙要求，或采用泄水孔泄洪更有利时，应考虑布置泄洪孔。当坝址地质条件较差，或下游有重要城市需保护时，常需要降低或放空库水，此时需布置放水孔。当需布置一些其他建筑物时，应根据地形、地质、施工及运行条件，妥善地进行安排。

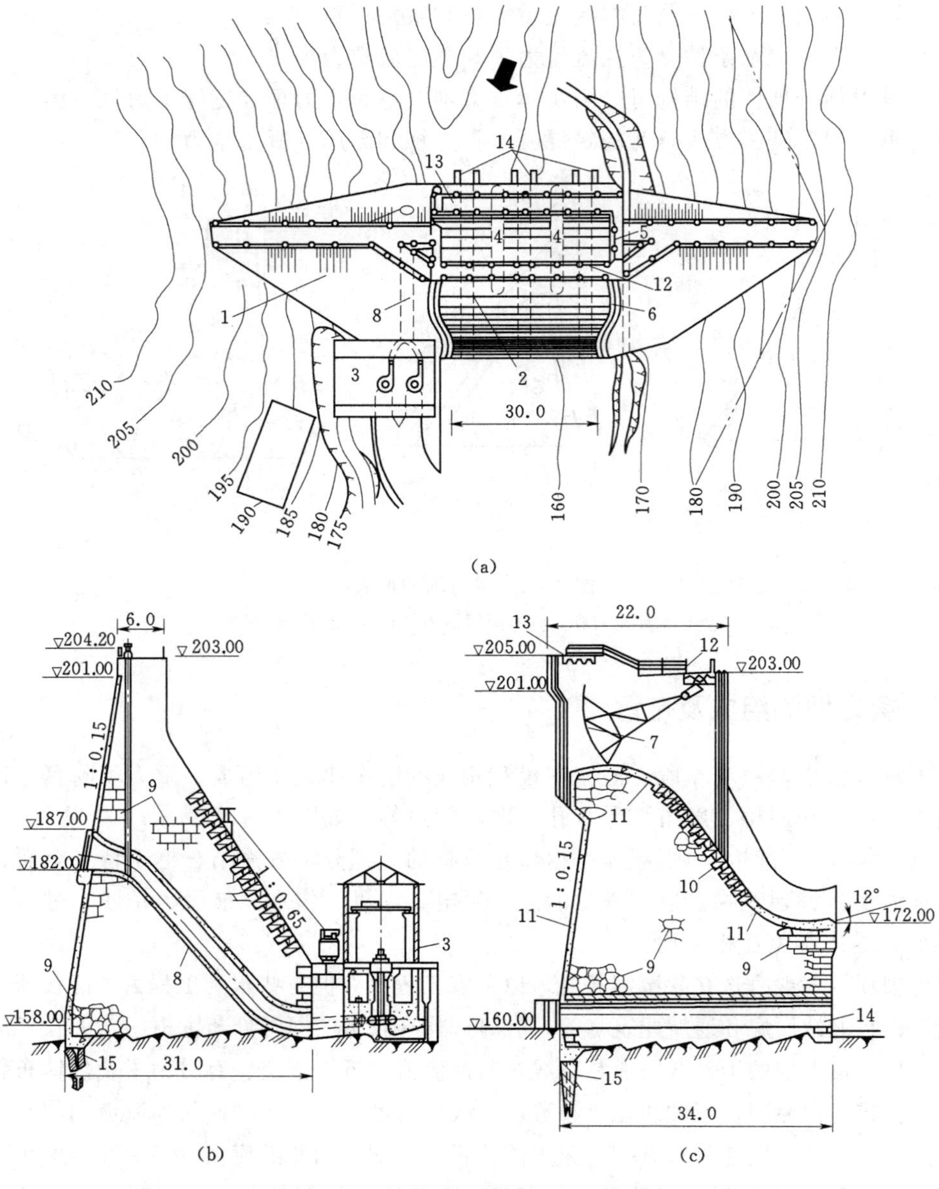

图 4-3 重力坝的布置及重力坝剖面（单位：m）

（a）平面图；（b）非溢流坝剖面；（c）溢流坝剖面

1—非溢流坝段；2—溢流坝段；3—水电站厂房；4—闸墩；5—边墩；6—导墙；7—弧形门；8—输水管；9—浆砌块石；10—浆砌条石；11—混凝土；12—交通桥；13—工作桥；14—导流底孔；15—灌浆帷幕

第二节 重力坝的剖面

一、非溢流重力坝的剖面

非溢流坝的剖面形式、尺寸影响荷载的计算、稳定和应力分析，因此，非溢流坝剖面的设计以及其他相关结构的布置，是重力坝设计的关键步骤。

（一）剖面设计的原则与步骤

非溢流坝剖面设计的基本原则是：①满足稳定和强度要求，保证大坝安全；②工程量小，造价低；③结构合理，运用方便；④方便施工，利于维修。

剖面拟定的步骤为：首先拟定基本剖面；其次根据运用以及其他要求，将三角形基本剖面修改成实用剖面；最后对实用剖面进行应力分析和稳定验算，按规范要求，经过几次反复修正和计算后，得到合理的设计剖面。

（二）非溢流重力坝的基本剖面

重力坝承受的主要荷载是静水压力和自重，控制剖面尺寸的主要指标是稳定和强度要求，因为作用于上游面的水平水压力呈三角形分布，而且三角形剖面外形简单，底面和基础接触面积大，稳定性好，所以非溢流重力坝的基本剖面是上游近于垂直的三角形，如图 4-4 所示。

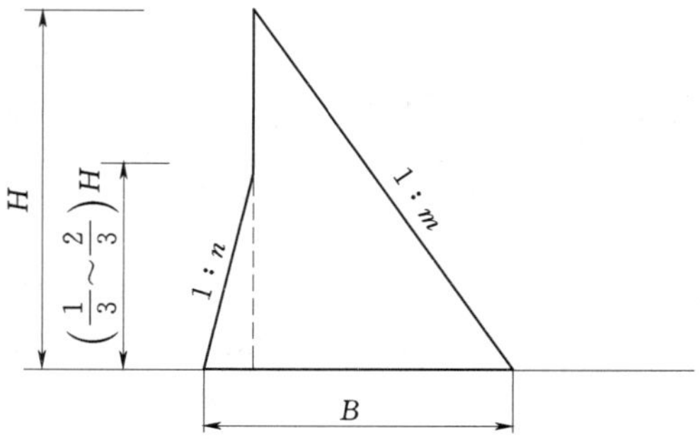

图 4-4　非溢流重力坝的基本剖面

基本剖面的拟定，采用工程经验确定具体尺寸，简便合理。根据工程实践，上游坝坡系数常采用 $n=0\sim0.2$，下游坝坡系数常采用 $m=0.6\sim0.8$，坝底宽约为 $B=(0.7\sim0.9)H$（H 为坝高或最大挡水深度）。混凝土重力坝上游面可做成折坡，折坡点一般位于 1/3～2/3 坝高处，以便利用上游坝面水重增加坝体的稳定性。

（三）非溢流重力坝的实用剖面

基本剖面拟定后，要进一步根据作用在坝体上的全部荷载（如静水压力、浪压力等）以及运用条件，如防浪墙布置、坝顶设备布置、交通需要、施工和检修要求等，把基本剖面进行修改成为实用剖面。

1. 坝顶宽度

为了满足设备布置、运行、检修、施工、交通、抗震、险情时抢护等的需要，坝顶必须有一定的宽度。考虑坝体各部分尺寸协调美观，一般情况坝顶宽度可采用最大坝高的 8%～10%，且不小于 3m；碾压混凝土坝坝顶宽不小于 5m；当有交通要求时，应按交通要求确定；当坝顶布置移动式启闭设施时，坝顶宽度要满足安装门机轨道的要求。

2. 坝顶布置

坝顶结构布置的原则是安全、经济、合理、实用。其布置有下列形式：①坝顶部分伸向上游；②坝顶建成矩形实体结构，必要时为移动式启闭机铺设轨道；③坝顶部分伸向下游，并做成拱桥或桥梁结构形式。坝顶排水一般都排向上游。坝顶常设防浪墙，高度一般为 1.2m，厚度应能抵抗波浪及漂浮物的冲击，与坝体牢固地连在一起，防浪墙在坝体分缝处也必须留伸缩缝，缝内设止水，如图 4-5 所示。

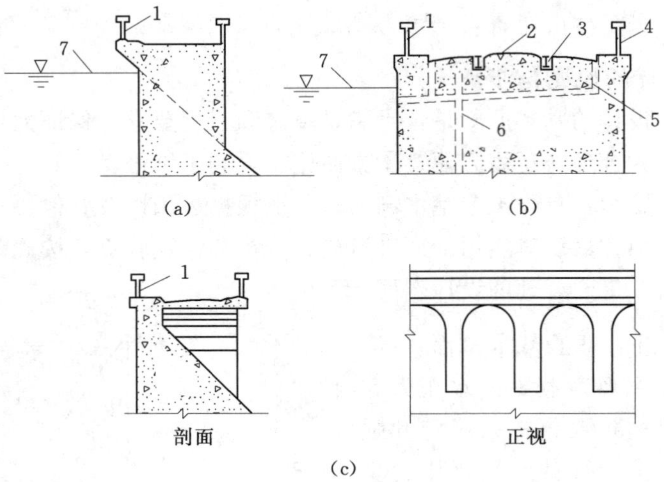

图 4-5 坝顶结构布置

(a) 防浪墙示意图；(b) 坝顶构造图；(c) 坝顶剖面图及下游正视图

1—防浪墙；2—公路；3—起重机轨道；4—人行道；

5—坝顶排水管；6—坝体排水管；7—最高水位

3. 坝顶高程

为了交通和运用管理的安全，非溢流重力坝的坝顶应高于校核洪水位。当坝顶上游设防浪墙时，坝顶高程不得低于相应的静水位（图 4-6）。

坝顶或防浪墙顶高程=水库静水位+超高

超高为波浪高度、波浪中心线高出正常蓄水位或校核洪水位的高度、安全超高三项之和，计算结果取设计情况和校核情况的较大值。

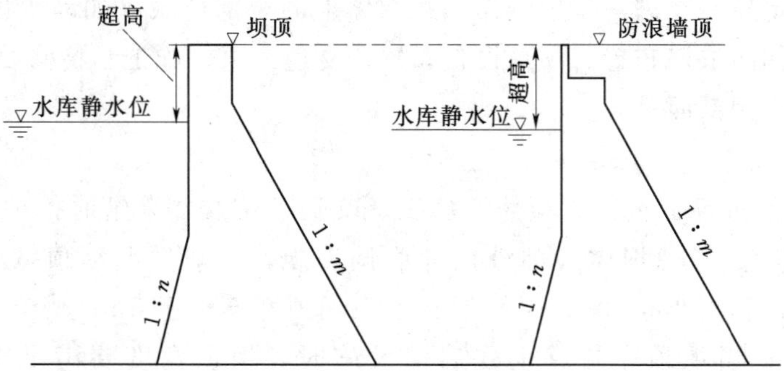

图 4-6 重力坝的坝顶高程

4. 实用剖面形式

坝顶的宽度和高程确定以后，可以得出所需要的实用剖面，坝体实用剖面常采用以下三种形式（图 4-7）：①铅直坝面，上游坝面为铅直面，便于施工，利于布置进水口、闸门和拦污设备，但是可能会使下游坝面产生拉应力，此时可修改下游坝坡系数 m 值；②斜坡坝面，当坝基条件较差时，可利用斜面上的水重，提高坝体的稳定性；③折坡坝面，是最常用的实用剖面，既可利用上游坝面的水重增加稳定，又可利用折坡点以上的铅直面布置进水口，还可以避免空库时下游坝面产生拉应力。坝底一般应按规定置于坚硬新鲜岩基上。

实用剖面应该以剖面的基本参数为依据，以强度和稳定为约束条件，建立坝体工程量最小的目标函数，进行优化设计，确定最终的设计方案和相应尺寸。

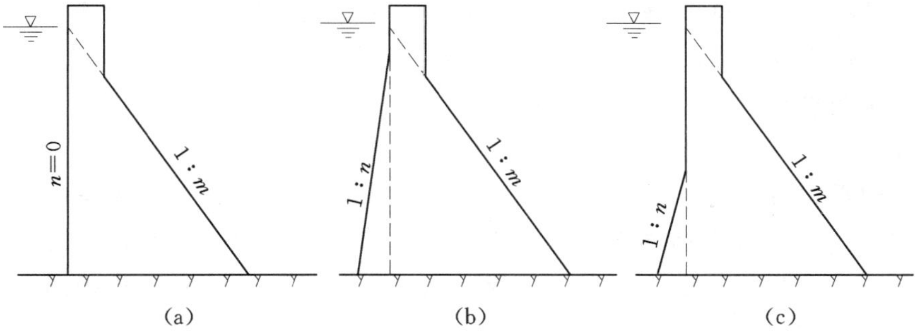

图 4-7　非溢流坝剖面形式

二、溢流重力坝的剖面

溢流重力坝简称溢流坝，既是挡水建筑物，又是泄水建筑物。因此，确定坝体剖面除要满足稳定和强度要求外，还要满足泄水的要求，同时要考虑下游的消能问题。

（一）对溢流坝的要求

溢流坝是枢纽中最重要的泄水建筑物之一，将水库所不能容纳的大部分洪水经坝顶泄向下游，以确保大坝安全。溢流坝的设计应满足以下要求：

（1）有足够的孔口尺寸、良好的孔口体形和泄水时具有较大的流量系数。

（2）使水流平顺地通过坝体，不允许产生不利的负压和振动，避免发生空蚀现象。

（3）保证下游河床不产生危及坝体安全的坍塌和冲刷。

（4）溢流坝段在枢纽中的位置，应使下游流态平顺，不产生折冲水流，不影响枢纽中其他建筑物的正常运行。

（5）有灵活控制水流下泄的设备，如闸门、启闭机等。

溢流坝的确定，既有结构问题，也有水力学问题，如冲刷、空蚀、脉动、掺气、消能等。对这些问题的研究，近年来虽然在试验和计算方面都取得了很大的进展，但在很多方面仍有待深入研究。

（二）溢流坝的泄水方式

溢流坝的泄水方式有堰顶开敞溢流式和孔口溢流式两种。

1. 堰顶开敞溢流式

根据运用要求，堰顶可以设闸门，也可以不设闸门。

不设闸门时，堰顶高程等于水库的正常蓄水位，泄水时，靠壅高库内水位增加下泄量，这种情况增加了库内的淹没损失和非溢流坝的坝顶高程和坝体工程量。坝顶溢流不仅可以用于排泄洪水，还可以用于排泄其他漂浮物。它结构简单，可自动泄洪，管理方便，适用于洪水流量较小、淹没损失不大的中、小型水库。

当堰顶设有闸门［图 4-8（a）］时，闸门顶高程虽高于水库正常蓄水位，但堰顶高程较低，可利用闸门不同开启度调节库内水位和下泄流量，减少上游淹没损失和非溢流坝的高度及坝体的工程量。与深孔闸门比较，堰顶闸门承受的水头较小，其孔口尺寸较大，由于闸门安装在堰顶，操作、检修均比深孔闸门方便。当闸门全开时，下泄流量与堰上水头 H_0 的 3/2 次方成正比。随着库水位的升高，下泄流量增加较快，具有较大的超泄能力。在大、中型水库工程中得到广泛的应用。

2. 孔口溢流式

在闸墩上部设置胸墙［图 4-8（b）］，既可利用胸墙挡水，又可减少闸门的高度和降低堰顶高程。它可以根据洪水预报提前放水，腾出较大的防洪库容，提高水库的调洪能力。当库水位低于胸墙下缘时，下泄水流流态与堰顶开敞溢流式相同；当库水位高于孔口一定高度时，呈大孔口出流。胸墙多为钢筋混凝土结构，常固接在闸墩上，也有做成活动式的。遇特大洪水时可将胸墙吊起，以加大泄洪能力，利于排放漂浮物［图 4-8（c）］。

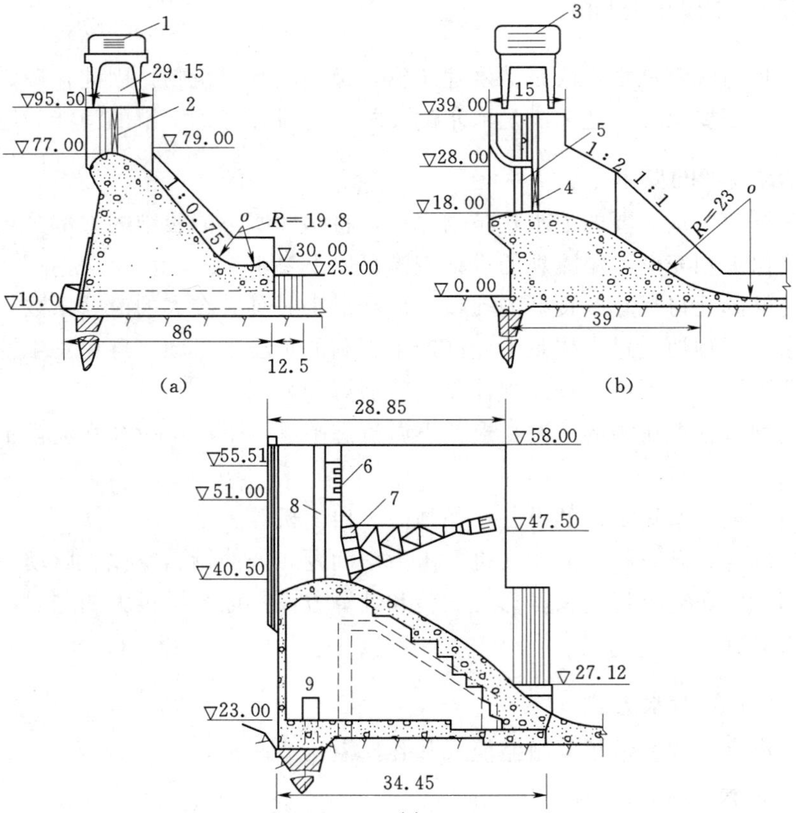

图 4-8 溢流坝泄水方式（单位：m）

（a）坝顶溢流式；（b）大孔口溢流式；（c）具有活动胸墙的大孔口

1、3—门机；2—工作闸门；4—定轮闸门；5—检修门槽；6—活动胸墙；

7—弧形闸门；8—检修门槽；9—预制混凝土块安装区

（三）溢流坝的剖面

溢流坝的基本剖面也呈三角形。上游坝面可以做成铅直面，也可以做成折坡面。溢流面由顶部曲线段、中间直线段和底部反弧段三部分组成，如图 4－9 所示。设计要求是：①有较高的流量系数，泄流能力大；②水流平顺，不产生不利的负压和空蚀破坏；③形体简单、造价低、便于施工等。

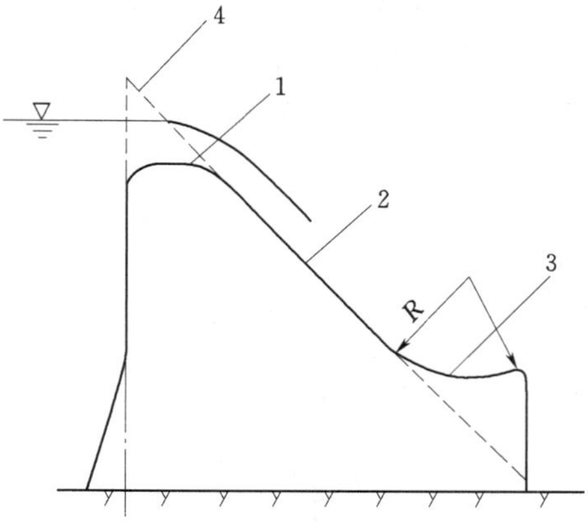

图 4－9　溢流坝剖面
1—顶部溢流段；2—直线段；3—反弧段；4—基本剖面

1. 顶部曲线段

顶部曲线又称溢流堰面曲线，常采用非真空剖面曲线。采用较广泛的非真空剖面曲线有克—奥曲线和幂曲线（或称 WES 曲线）两种。当采用开敞式溢流孔时可采用幂曲线；当设有胸墙时，可采用抛物线。

选择溢流坝的堰面曲线时，堰顶附近允许出现一定的负压，一般当通过设计洪水时，允许出现不超过 3×9.81kPa 的负压，通过校核洪水时允许出现不超过 6×9.81kPa 的负压。

2. 中间直线段

中间直线段的上端与堰顶曲线相切，下端与反弧段相切，坡度与非溢流坝段的下游坡相同。

3. 底部反弧段

在溢流坝面设置反弧段可以使沿溢流面下泄的水流平顺转向，通常采用圆弧曲线，圆弧半径$R=(4\sim10)h$（h 为校核洪水闸门全开时反弧最低点的水深）。反弧最低点的流速愈大，要求反弧半径愈大。当流速小于 16m/s 时，取下限；流速大时，宜采用较大值。当采用底流消能，反弧段与护坦相连时，宜采用上限值。

挑流消能采用圆弧曲线，结构简单、施工方便，但容易发生空蚀破坏，为此，许多人开展了探求合理新型反弧曲线的研究，如球面、变宽度曲面、差动曲面等。

（四）溢流坝剖面设计的两种情况

溢流坝的实用剖面，是在三角形基本剖面的基础上，按堰面曲线的形状修改而成，在剖面设计时往往会出现以下两种情况。

1. 溢流坝堰面曲线超出基本三角形剖面

如图 4－10（a）所示，在坚固完好的岩基上，会出现这种情况，设计时需对基本剖面进行修正。先绘出非溢流坝三角形基本剖面△102，再绘出堰面曲线 $ABCD$，将基本三角形△012 平移至△0′1′2′位置，使下游边 0′2′与溢流坝面的切线重合，坝上游阴影部分可以省去。

2. 溢流堰面曲线落在三角形基本剖面以内

如图 4－10（b）所示，当坝基摩擦系数较大时，会出现这种情况。为了满足与基本剖面协调的要求，可将失去的部分坝体体积补上，通常是在溢流坝顶加一斜直线 AA'，使之与溢流曲线相切于 A 点，增加上游阴影部分坝体体积，同时可满足坝体稳定和强度要求。

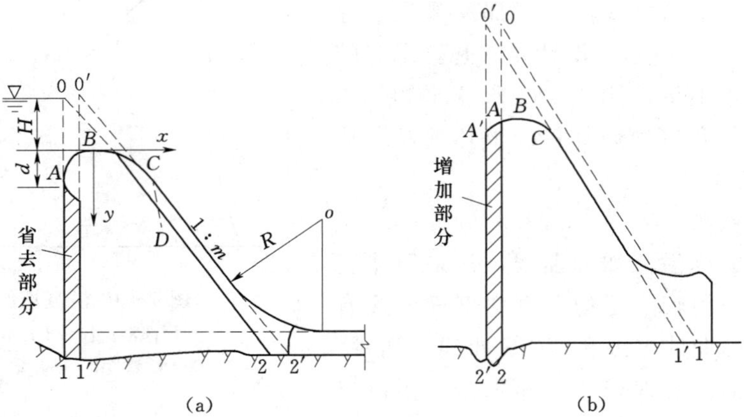

图 4-10 溢流坝剖面

(a) 反弧与护坦连接；(b) 反弧与挑流鼻坎连接

(五) 溢流坝的上部结构

1. 闸墩和工作桥

闸墩的作用是用来分隔闸孔、承受闸门传来的水压力，支撑工作桥和交通桥等，如图 4-11 所示。

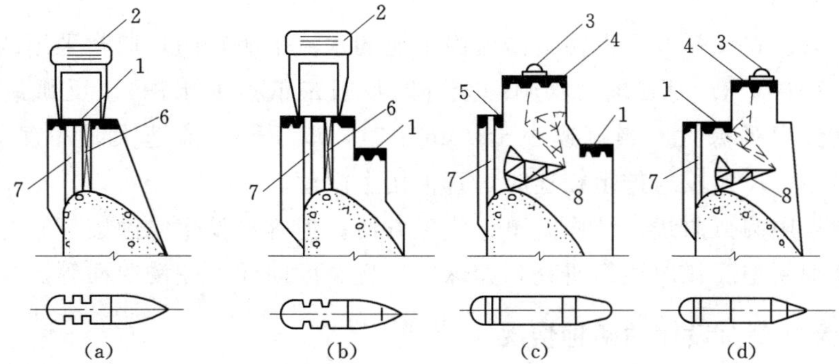

图 4-11 溢流坝顶布置图

(a)、(b) 坝顶及流线型闸墩；(c) 坝顶及复合型闸墩；(d) 坝顶及折线型闸墩

1—公路桥；2—门机；3—启闭机；4—工作桥；5—便桥；

6—工作闸门；7—检修闸门槽；8—弧形闸门

闸墩的断面形状应使水流平顺，减小孔口的侧收缩，其上游墩头断面常采用半圆形、椭圆形或流线型，下游断面则多采用逐渐收缩的流线型，有时也采用宽尾墩。

闸墩上游墩头可与坝体上游面齐平，也可外悬于坝顶，以满足上部结构布置的要求。

闸墩厚度与闸门形式有关。采用平面闸门时需设闸门槽，工作闸门槽深 0.5～2.0m，宽1～4m，门槽处的闸墩厚度不得小于1～1.5m，以保证有足够的强度。弧形闸门闸墩的最小厚度为1.5～2.0m。如果是缝墩，墩厚要增加0.5～1.0m。由于闸墩较薄，需要配置受力钢筋和温度钢筋。

闸墩的长度和高度，应满足布置闸门、工作桥、交通桥和启闭机械的要求。平面闸门多用活动式启闭机，轨距一般在10m左右。当交通要求不高时，工作桥可兼做交通桥使用，否则需另设交通桥。门机高度应能将闸门吊出门槽。在正常运用中，闸门提起后可用锁定装置挂在闸墩上。弧形闸门一般采用固定式启门机，要求闸门吊至溢流水面以上，工作桥应有相应的高度。交通桥则要求与非溢流坝坝顶齐平。为了改善水流条件，闸墩需向上游伸出一定长度，并将这部分做到溢流坝顶以下约一半堰顶水深处。

溢流坝两侧设边墩，一方面起闸墩的作用，同时也起分隔溢流段和非溢流段的作用，如图4-12所示。边墩从坝顶延伸到坝址，边墩高度由溢流水深决定，导墙应考虑溢流面上由水流冲击波和掺气所引起的水深增高，一般高出水面1～1.5m。当采用底流式消能时，导墙需延长到消力池末端。当溢流坝与水电站并列时，导墙长度要延伸到厂房后一定的范围，以减少尾水对电站运行的影响。为防止温度裂缝，在导墙上每隔15m左右做一道伸缩缝。

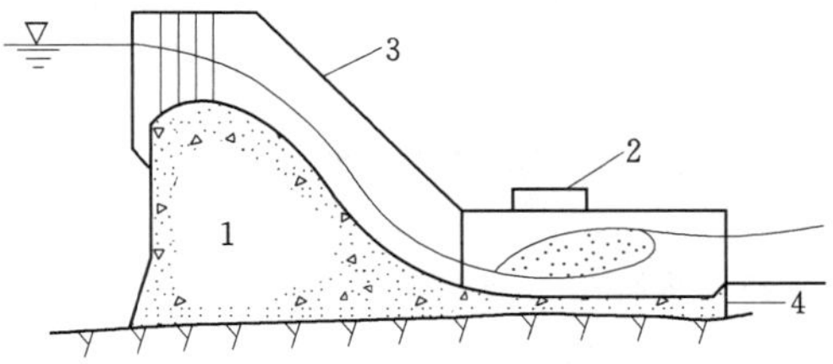

图4-12 边墩和导墙

1—溢流坝；2—水电站；3—边墩；4—护坦

2. 闸门和启闭机

有关闸门和启闭机的内容详见第九章。

（六）溢流坝孔口尺寸的布置

溢流坝的孔口尺寸布置，主要指对溢流坝上设几个闸孔，每孔多宽，不包括闸墩在内的总净宽和不包括边墩在内的总宽度的拟定。这些拟定好的孔口尺寸是否能通过相应的流量还要进行校核。

溢流坝孔口尺寸的布置涉及很多因素，如洪水设计标准、下游防洪要求、库水位壅高的限制、泄水方式、堰面曲线以及枢纽所在地段的地形、地质条件等。设计时，先选定泄水方式，拟定若干个泄水布置方案（除堰面溢流外，还可配合坝身泄水孔或泄洪隧洞泄流），初步确定孔口尺寸，按规定的洪水设计标准进行调洪演算，求出各方案的防洪库容、设计和校核洪水位及相应的下泄流量，然后估算淹没损失和枢纽造价，进行综合比较，选出最优方案。

（七）溢流坝的消能防冲

因为溢流坝下泄的水流具有很大的动能，常高达几百万甚至几千万千瓦，若不妥善进行处理，势必导致下游河床被严重冲刷，甚至造成岸坡坍塌和大坝失事。所以，消能措施的合理选择和设计，对枢纽布置、大坝安全及工程造价都有重要意义。

通过溢流坝下泄水流的能量主要消耗在3个方面：①水流内部的互相撞击和摩擦；②下泄水体与空气之间的掺气摩阻；③下泄水流与固体边界（如坝面、护坦、岸坡、河床）之间的摩擦和撞击。

常用的消能方式有底流消能、挑流消能、面流消能和消力戽消能等。消能形式的选择主要取决于水利枢纽的具体条件，根据水头及单宽流量的大小、下游水深及其变幅、坝基地质、地形条件以及枢纽布置情况等，经技术经济比较后选定。

1. 底流消能

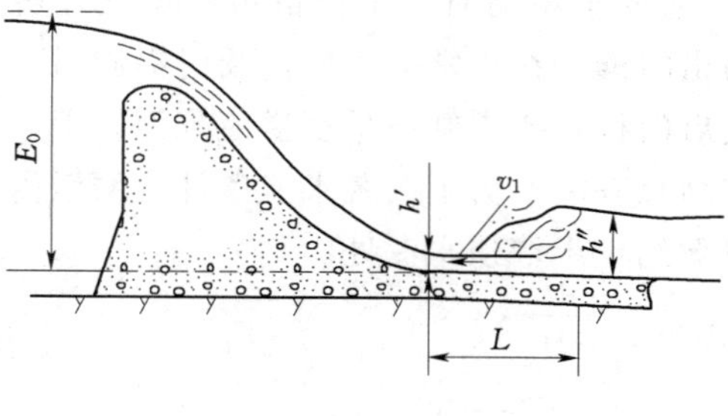

图 4-13 底流水跃消能图

底流消能是在坝下设置消力池、消力坎或综合式消力池和其他辅助消能设施，促使下泄水流在限定的范围内产生水跃（图 4-13）。主要通过水流内部的旋滚、摩擦、掺气和撞击达到消能的目的，以减轻对下游河床的冲刷。底流消能工作可靠，但工程量较大，多用于低水头、大流量的溢流重力坝。有关底流式水跃消能防冲设计，可参考本教材第九章有关部分。

2. 挑流消能

挑流消能是利用溢流坝下游反弧段的鼻坎，将下泄的高速水流挑射抛向空中，抛射水流在掺入大量空气时消耗部分能量，而后落到距坝较远的下游河床水垫中产生强烈的漩滚，并冲刷河床形成冲坑，随着冲坑的逐渐加深，大量能量消耗在水流漩滚的摩擦之中，冲坑也逐渐趋于稳定。鼻坎挑流消能一般适用于基岩比较坚固的中、高溢流重力坝。

挑流鼻坎形式有连续式、差动式、窄缝式和扭曲式等形式，前两种较为常用。

(1) 连续式挑流鼻坎（图 4-14）。连续式挑流鼻坎构造简单、射程较远，鼻坎上水流平顺，不易产生空蚀。

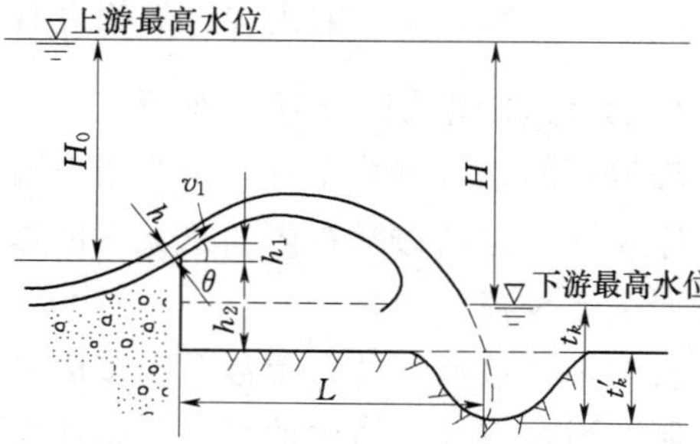

图 4-14 连续式挑流鼻坎

鼻坎挑射角度，一般情况下取 $\theta=20°\sim25°$，对于深水河槽以选用 $\theta=15°\sim20°$ 为宜。加大挑射角，虽然可以增加挑射距离，但由于水舌入水角（水舌与下游水面的交角）加大，使冲坑加深。

鼻坎反弧半径一般采用 $(4\sim10)h$，h 为反弧最低点处的水深。反弧半径太小时鼻坎水流转向不顺畅；反弧半径过大时，将迫使鼻坎向下延伸太长，增加了鼻坎工程量。鼻坎反弧也可采用抛物线，曲率半径由大到小，这样，既可以获得较大的挑射角 θ，又不增加鼻坎工程量，但鼻坎施工复杂，在实际运用中受到限制。

鼻坎高程应高于鼻坎下游最高水位 1～2m。

挑流消能水舌在空中扩散，使附近地区雾化，高水头溢流坝，雾化区可延伸数百米或更远，设计时应注意将变电站、桥梁和生活区布置在雾化区以外或采取可靠的防护措施。

(2) 差动式挑流鼻坎（图 4-15）。与连续式挑流鼻坎不同之处在于鼻坎末端设有齿坎，挑流时射流分别经齿台和凹槽挑出，形成两股具有不同挑射角的水流，两股水流除在垂直面上有较大扩散外，在侧向也有一定的扩散，加上高低水流在空中相互撞击，使掺气现象加剧，增加了空中的消能效果，同时也增加了水舌的入水范围，减小了河床的冲刷深度。据试验和原型观测，设计良好的差动式挑流鼻坎下游的冲刷深度比在连续式挑流情况下要减小35%～50%。

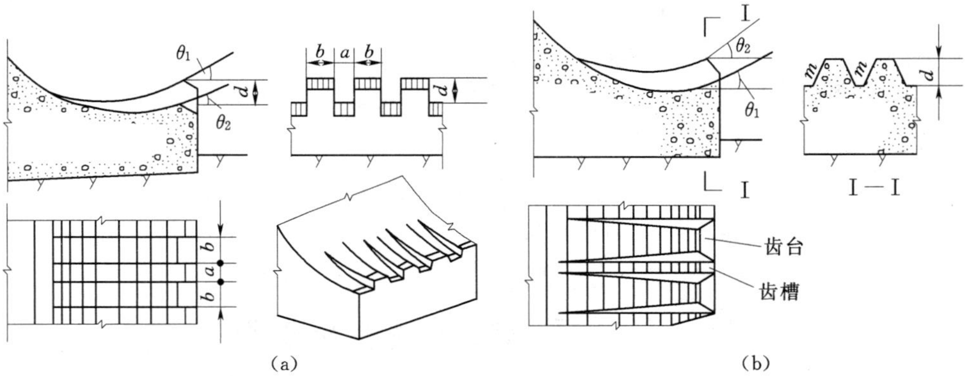

图4-15　差动式挑流鼻坎

(a) 矩形差动式鼻坎；(b) 梯形差动式鼻坎

3. 面流消能

如图4-16所示，面流消能利用鼻坎将高速水流挑至尾水表面，在主流表面与河床之间形成反向漩滚，使高速水流与河床隔开，避免了对临近坝趾处河床的冲刷。

面流消能适用于下游尾水较深（大于跃后水深），水位变幅不大，下泄流量变化范围不大以及河床和两岸有较高的抗冲能力的情况。它的缺点是对下游水位和下泄流量变幅有严格的限制，下游水流波动较大，在较长距离内不够平稳，影响发电和航运。

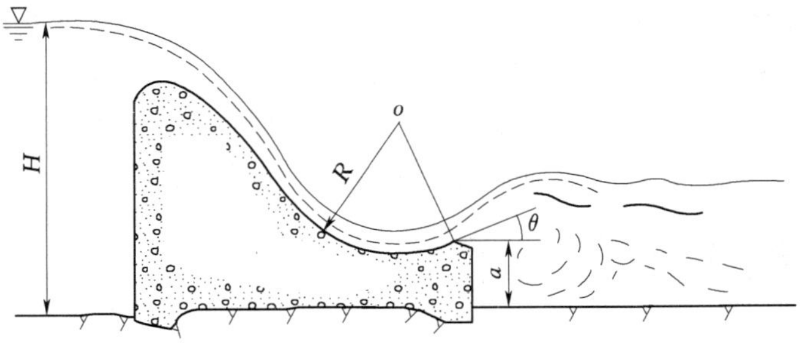

图4-16　面流消能示意图

4. 消力戽消能

如图4-17所示，消力戽的构造类似于挑流消能设施，但其鼻坎潜没在水下，下泄水流在被鼻坎挑到水面的同时，还在消力戽内、消力戽下游的水流底部以及消力戽下游的水流表面形成三个漩滚，即所谓“一浪三滚”。消力戽的作用主要在于使戽内的漩滚消耗大量能量；并将高速水流挑至水面，以减轻对河床的冲刷。

消力戽下游的两个漩滚也有一定的消能作用。由于高速主流在水流表面，故不需做护坦。消力戽消能如同面流消能那样，要求下游尾水较深（大于跃后水深），而且下游水位和下泄流量的变幅较小，其缺点也和面流消能大体相同。

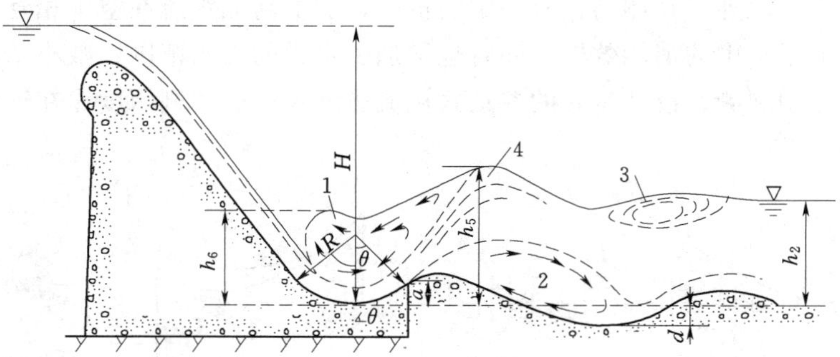

图 4-17 消力戽消能示意图

1—戽内漩滚；2—戽后底部漩滚；3—下游表面漩滚；4—戽后涌浪

第三节 重力坝的材料及构造

重力坝挡水后，上游的水将通过坝体和坝基向下游渗透，渗流不仅引起漏水，还会产生渗透压力。渗透压力会使坝体应力恶化，坝基渗透压力则更会减小坝的有效重力，从而降低坝的稳定性。渗流还会对坝体材料和坝基产生侵蚀，对坝体或坝基造成破坏，影响坝的安全。水面以上的坝面因大气的影响，会受到风化、冰冻等的作用；库水位变化范围内的坝面会受到湿胀、干缩和温度变化的影响。溢流坝溢流面会受到高速水流及所挟带杂物的冲击、空蚀、磨损等的作用。重力坝的建筑材料主要是混凝土。对于水工混凝土，除强度外还应按其所处的部位和工作条件，在抗渗、抗冻、抗冲刷、抗侵蚀、低热、抗裂性能方面提出不同的要求。

重力坝的坝体材料除应具有必要的强度外，尚应具有抗水侵蚀性能，上游水位以下的坝面材料还须有较高的抗渗性能，以降低坝内的渗透压力，防止漏水；长期露天的坝面，应具有抗冻、抗风化的性能；库水位变化范围内的坝面，需兼有抗冻、抗渗以及抗湿胀、干缩等的性能；对于溢流面，要求有良好的耐磨、抗冲刷性能等。

一、混凝土重力坝的材料

1. 混凝土的强度等级

坝体常态混凝土强度标准值的龄期一般为 90d，碾压混凝土可采用 180d 龄期，因此在规定混凝土强度设计值时，应同时规定设计龄期。

大坝常用混凝土强度等级有 C7.5、C10、C15、C20、C25、C30。高于 C30 的混凝土用于重要构件和部位。大坝混凝土的强度标准值可采用 90d 龄期强度，保证率 80%，其轴心抗压强度的标准值见表 4-1。

2. 混凝土的耐久性

（1）抗渗性。对于大坝的上游面，基础层和下游水位以下的坝面均为防渗部位。其混凝土应具有抵抗压力水渗透的能力。抗渗性能通常用 P 即抗渗等级表示。GB 50164《混凝土质量控制标准》根据混凝土试件在抗渗试验时所能承受的最大水压力，混凝土的抗渗等级划分为P4、P6、P8、P10、P12等5个等级。相应表示混凝土抗渗试验时一组6个试件中4个试件未出现渗水时不同的最大水压力。

大坝混凝土抗渗等级应根据所在部位和水力坡降，按表4-2采用。

表4-1　　大坝混凝土强度标准值

强度种类	符号	大坝混凝土（或碾压混凝土）强度等级						
		C5	C7.5	C10	C15	C20	C25	C30
常态混凝土轴心抗压/MPa	f_{ck}		7.6	9.8	14.3	18.5	22.4	26.2
碾压混凝土轴心抗压/MPa	f_{ck}	7.2	10.4	13.5	19.6	25.4	31.0	

注　混凝土强度等级和标准值可内插使用。

表4-2　　大坝抗渗等级的最小允许值

项　次	部　位	水力坡降	抗渗等级
1	坝体内部		P4
2	坝体其他部位按水力坡降考虑时	$i<10$	P6
		$10\leqslant i<30$	P8
		$30\leqslant i<50$	P10
		$i\geqslant 50$	P12

注　1. 表中 i 为水力坡降。

2. 承受侵蚀水作用的建筑物，其抗渗等级应进行专门的试验研究，但不得低于P6。

3. 抗渗等级是以28d龄期的标准试件，按标准试验方法进行试验时所能承受的最大水压力来确定的。

（2）抗冻性。混凝土的抗冻性能指混凝土在饱和状态下，经多次冻融循环而不破坏且不严重降低强度的性能。通常用F即抗冻等级来表示。抗冻等级一般应视气候分区、冻融循环次数、表面局部小气候条件、水分饱和程度、结构构件重要性和检修的难易程度，由表4-3查取。

表4-3　　大坝抗冻等级

序号	气　候　分　区	严寒		寒冷		温和
	年冻融循环次数/次	≥100	<100	≥100	<100	
1	受冻严重且难于检修部位：流速大于25m/s、过冰、多沙或多推移质过坝的溢流坝、深孔或其他输水部位的过水面及二期混凝土	F300	F300	F300	F200	F100
2	受冻严重部位：混凝土重力坝上游面冬季水位变化区；流速小于25m/s的溢流坝、泄水孔的过水面	F300	F200	F200	F150	F50
3	受冻较重部位：混凝土重力坝外露阴面部位	F200	F200	F150	F150	F50
4	受冻较轻部位：混凝土重力坝外露阳面部位	F200	F150	F100	F100	F50
5	重力坝下部位或内部混凝土	F50	F50	F50	F50	F50

注　1. 混凝土抗冻等级应按一定的快冻试验方法确定，也可采用90d龄期的试件测定。

2. 气候分区按最冷月平均气温 T_1 值作如下划分：严寒 $T_1<-10℃$；寒冷 $-10℃\leqslant T_1<-3℃$；温和 $T_1>-3℃$。

3. 年冻融循环次数分别按一年内气温从+3℃以上降至-3℃以下期间设计预定水位的涨落次数统计，并取其中的大值。

4. 冬季水位变化区指运行期内可能遇到的冬季最低水位以下0.5～1.0m，冬季最高水位以上1.0m（阳面）、2.0m（阴面）、4.0m（水电站尾水区）。

5. 阳面指冬季大多为晴天，平均每天有4h以上阳光照射，不受山体或建筑物遮挡的表面，否则均按阴面考虑。

（3）抗磨性。指抵抗高速水流或挟砂水流的冲刷、磨损的能力。目前，尚未制定出定量的技术标准，一般而言，对于有抗磨要求的混凝土，应采用高强度混凝土或高强硅粉混凝土，其抗压强度等级不应低于C20，要求高的则不应低于C30。

（4）抗侵蚀性。指抵抗环境水的侵蚀性能。当环境水具有侵蚀性时，应选用适宜的水泥，尽量提高混凝土的密实性，且外部水位变动区及水下混凝土的水灰比可参照表4-4减少。

表4-4　　最 大 水 灰 比

气候分区	大坝分区					
	Ⅰ	Ⅱ	Ⅲ	Ⅳ	Ⅴ	Ⅵ
严寒和寒冷地区	0.55	0.45	0.50	0.50	0.65	0.45
温和地区	0.65	0.50	0.55	0.55	0.65	0.45

（5）抗裂性。为防止大体积混凝土结构产生温度裂缝，除采用合理分缝、分块和温控措施外，应选用发热量低的水泥、合理的掺合料，减少水泥用量，提高混凝土的抗裂性能。

二、混凝土重力坝的材料分区

由于坝体各部分的工作条件不同，因而对混凝土强度等级、抗掺、抗冻、抗冲刷、抗裂等性能要求也不同，为了节省和合理使用水泥，通常将坝体不同部位按不同工作条件分区，采用不同等级的混凝土，图4-18所示为重力坝的三种坝段分区情况。

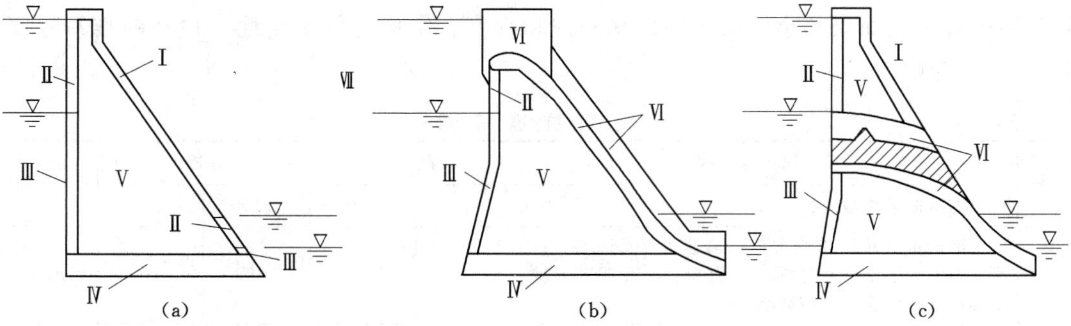

图4-18　坝体分区示意图

(a) 非溢流坝；(b) 溢流坝；(c) 坝身泄水孔

Ⅰ区为上、下游水位以上坝体外部表面混凝土，Ⅱ区为上、下游水位变动区的坝体外部表面混凝土，Ⅲ区为上、下游水位以下坝体外部表面混凝土，Ⅳ区为坝体基础，Ⅴ区为坝体内部，Ⅵ区为抗冲刷部位（例如溢洪道溢流面、泄水孔、导墙和闸墩等）。分区性能见表4-5。

坝体为常态混凝土的强度等级不应低于C7.5，碾压混凝土强度等级不应低于C5。同一浇块中混凝土强度等级不宜超过两种，分区厚度尺寸最少为2～3m。

表 4-5　　大坝分区性能

分区	强度	抗渗	抗冻	抗冲刷	抗侵蚀	低热	最大水灰比	选择各分区的主要因素
Ⅰ	+	−	++	−	−	+	+	抗冻
Ⅱ	+	+	++	−	+	+	+	抗冻、抗裂
Ⅲ	++	++	+	−	+	+	+	抗渗、抗裂
Ⅳ	++	+	+	−	+	++	+	抗裂
Ⅴ	++	+	+	−	−	++	+	
Ⅵ	++	−	++	++	++	+	+	抗冲耐磨

注　表中有"++"的项目为选择各区等级的主要控制因素，有"+"的项目为需要提出要求的，有"−"的项目为不需提出要求的。

三、重力坝坝体的防渗与排水设施

1. 坝体防渗

在混凝土重力坝坝体上游面和下游面最高水位以下部分，多采用一层具有防渗、抗冻、抗侵蚀的混凝土作为坝体防渗设施，防渗指标根据水头和防渗要求而定，防渗厚度一般为水头的 1/10～1/20，但不小于 2m。

2. 坝体排水设施

靠近上游坝面设置排水管幕，以减小坝体渗透压力。排水管幕距上游坝面的距离一般为作用水头的 1/15～1/25，且不小于 2.0m。排水管间距为 2～3m，管径约为 15～20m。排水管幕沿坝轴线一字排列，管孔铅直，与纵向排水、检查廊道相通，上下端与坝顶和廊道直通，便于清洗、检查和排水，如图 4-19（a）所示。

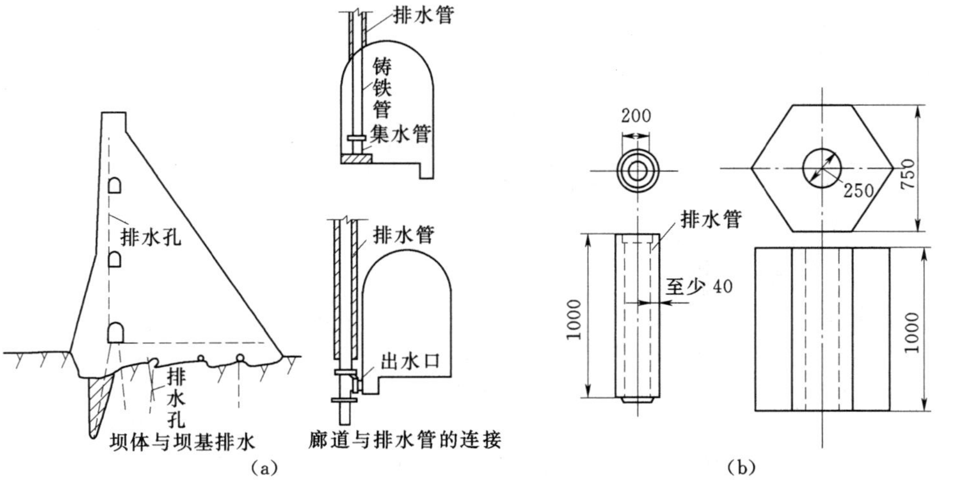

图 4-19　重力坝内部排水构造（单位：mm）
（a）坝内排水；（b）排水管

排水管一般用无砂混凝土管，可预制成圆筒形和空心多棱柱形，如图 4-19（b）所示，在浇筑坝体混凝土时，应保护好排水管，防止水泥浆漏入排水管内，阻塞排水管道。

四、重力坝的分缝与止水

为了满足运用和施工的要求，防止温度变化和地基不均匀沉降导致坝体开裂，需要合理分缝。常见的有横缝、纵缝、施工缝。

（一）横缝

垂直于坝轴线，将坝体分成若干个坝段的缝为横缝，一般沿坝轴线每15～20m设一道横缝，缝宽的大小主要取决于河谷地形、地基特性、结构布置、温度变化、浇筑能力等，一般为1～2cm。横缝分永久性和临时性两种。

1. 永久性横缝

为了使各坝段独立工作而设置的与坝轴线垂直的铅直缝面，缝内不设键槽、不灌浆，但要设置止水，缝宽应大于该地区最大温差引起膨胀的极限值1cm。夏季施工和冬季施工时所留的缝宽是不相同的。

（1）止水片（带）。止水片常用的有紫铜片、塑料带、橡胶带等。紫铜片一般1.0～1.6mm厚，做成可伸缩的“⌐⌒¬”形状，每侧埋入混凝土的长度为20～25cm，距坝面1～2m，应保证接头焊接良好，深入基岩30～50cm。重力坝横缝内的止水与坝的级别和高度有关，一般高坝，应采用两道金属止水片，中间设沥青井；中低坝可以适当简化，其第一道止水应为紫铜片，对第二道止水及低坝的止水，在气候温和地区可采用塑料止水片，在寒冷地区可采用橡胶止水带，如图4-20（a）、（b）、（c）所示。

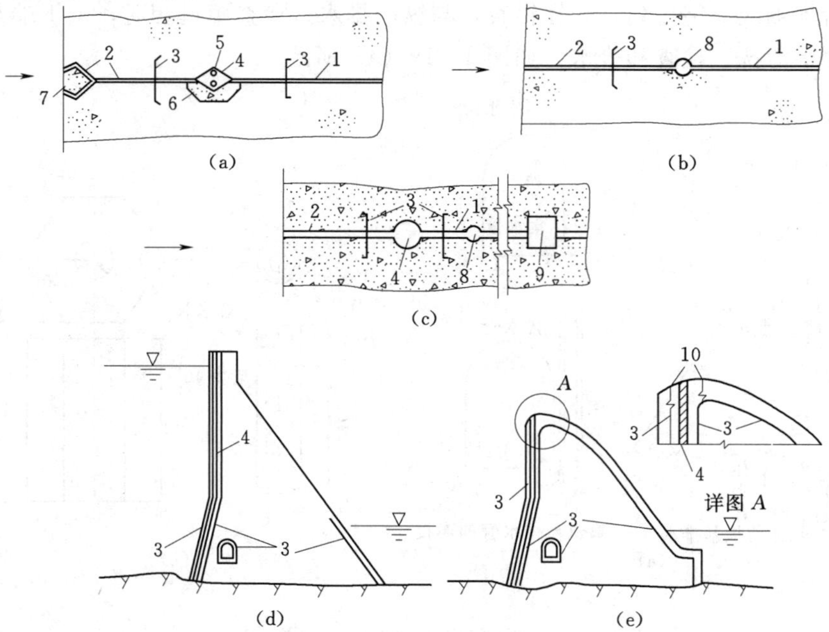

图4-20　横缝止水

（a）紫铜片止水与沥青止水；（b）紫铜片止水；（c）多道止水系统；（d）非溢流坝止水布置；（e）溢流坝止水布置

1—横缝；2—沥青油毡；3—止水片；4—沥青井；5—加热电极；6—预制块；

7—钢筋混凝土塞；8—排水井；9—检查井；10—闸门底槛预埋件

（2）止水沥青井。沥青井位于两止水片中间，有方形和圆形两种，边长和直径大约为20～30cm，井内灌注Ⅱ号（或Ⅲ号）石油沥青、水泥和石棉粉组成的填料。井内设加热电极，沥青老化时，加热电极将老化沥青从井底排出，重填新沥青料。

（3）缝间填料。缝间可填充软木板、沥青油毡等。缝口用聚氯乙烯胶泥、混凝土塞、沥青等封堵。

（4）排水井。在横缝止水之后宜设排水井。必要时检查井和排水井合二为一，断面尺寸约1.2m×0.8m，井内设爬梯和休息平台，与检查廊道相连通。

2. 临时性横缝

临时性横缝在缝面设置键槽，埋设灌浆系统，施工后灌浆连接成整体。临时横缝主要用于以下几种情况：①对横缝的防渗要求很高时；②陡坡上的重力坝段，即岸坡较陡，将各坝段连成整体，改善岸坡坝段的稳定性；③不良坝基上的重力坝，即软弱破碎带上的各坝段，横缝灌浆后连成了整体，增加坝体刚度；④强地震区（设计烈度在Ⅷ度以上）的坝体。即强地震区将坝段连成整体，可提高坝体的抗震性。当岸坡坝基开挖成台阶状时，坡度陡于1：1时，应按临时性横缝处理。

（二）纵缝

平行于坝轴线的缝称纵缝，设置纵缝的目的，在于适应混凝土的浇筑能力和减少施工期的温度应力，待温度正常之后进行接缝灌浆。

纵缝按结构布置形式可分为：①铅直纵缝；②斜缝；③错缝。如图4-21所示。

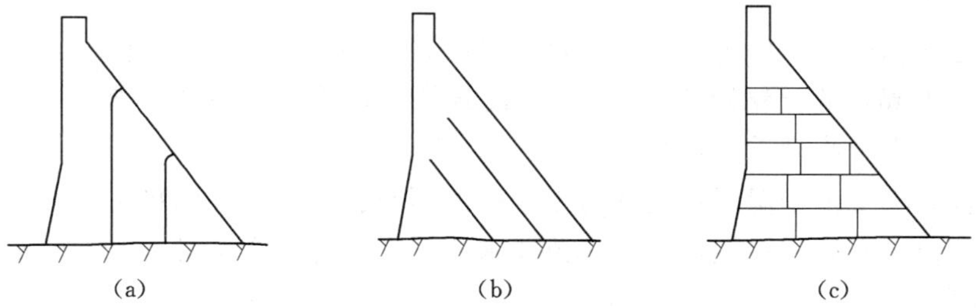

图4-21　纵缝形式

（a）铅直纵缝；（b）斜缝；（c）错缝

1. 铅直纵缝

纵缝方向是铅直的为铅直纵缝，是最常用的一种形式，缝的间距根据混凝土的浇筑能力和温度控制要求确定，缝距一般为15～30m，纵缝不宜过多。

为了很好地传递压力和剪力，纵缝面上设呈三角形的键槽，槽面与主应力方向垂直，在缝面上布置灌浆系统，如图4-22所示。

待坝体温度稳定，缝张开到0.5mm以上时进行灌浆。灌浆沿高度10～15m分区，缝体四周设置止浆片，止浆片用镀锌铁片或塑料片（厚1～1.5cm，宽24cm）。严格控制灌浆压力为0.35～0.45MPa，回浆压力为0.2～0.25MPa，压力太高会在坝块底部造成过大拉应力而破坏，压力太低不能保证质量。

纵缝两侧坝块的浇筑应均衡上升，一般高差控制在5～10m，以防止温度变化、干缩变形造成缝面挤压剪切，键槽出现剪切裂缝。

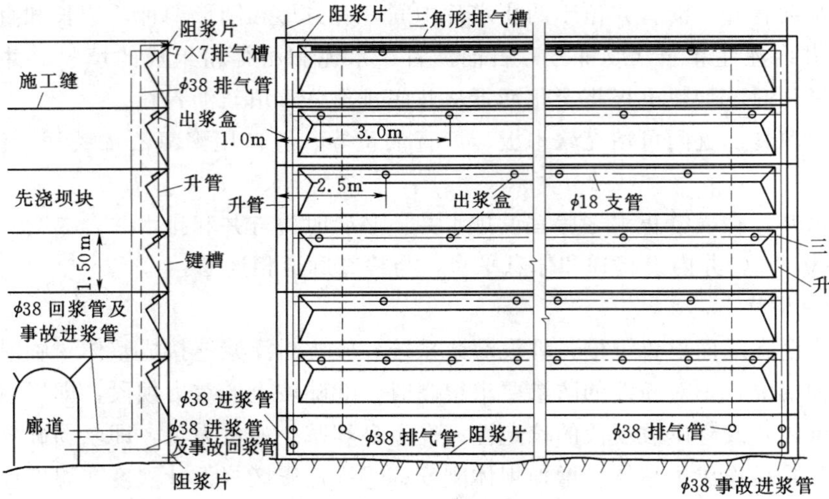

图 4-22　纵缝灌浆系统布置图

2. 斜缝

斜缝大致按满库时的最大主应力方向布置，因缝面剪应力小，不需要灌浆。中国的安砂坝成功地采用了这种方法，斜缝在距上游坝面一定距离处终止，并采取并缝措施，如布置垂直缝面的钢筋、并缝廊道等。斜缝的缺点是：施工干扰大，相邻坝块的浇筑间歇时间及温度控制均有较严格的限制，故目前中高坝中较少采用。

3. 错缝

浇筑块之间如砌砖一样把缝错开，每块厚度 3～4m，(基岩面附近减至 1.5～2m)，错缝间距为 10～15m，缝位错距为 1/3～1/2 浇筑块的厚度。错缝不需要灌浆，施工简便，整体性差，可用于中小型重力坝中。

近年来世界坝工由于温度控制和施工水平的不断提高，发展趋势是不设纵缝，通仓浇筑，施工进度快，坝体整体性好。但规范要求高坝利用通仓浇筑必须有专门论证。

（三）水平施工缝

坝体上下层浇筑块之间的结合面称水平施工缝。一般浇筑块厚度为 1.5～4.0m，靠近基岩面用 0.75～1.0m 的薄层浇筑，利于散热、减少温升，防止开裂。纵缝两侧相邻坝块水平施工缝不宜设在同一高程，以增强水平截面的抗剪强度。上、下层浇筑间歇 3～7d，上层混凝土浇筑前，必须对下层混凝土凿毛，冲洗干净，铺 2～3cm 强度较高的水泥砂浆后浇筑。水平施工缝的处理应高度重视，施工质量关系到大坝的强度、整体性和防渗性，否则将成为坝体的薄弱层面。

五、重力坝的坝内廊道系统

重力坝的坝体内部，为了满足灌浆、排水、观测、检查和交通等要求，在坝体内需设置不同用途的廊道，这些廊道相互连通，构成了重力坝坝体内部廊道系统，如图 4-23 所示。

1. 基础灌浆廊道

在坝内靠近上游坝踵部位设基础（帷幕）灌浆廊道。为了保证灌浆质量，提高灌浆压力，要求距上游面应有 0.05～0.1 倍作用水头，且不小于 4～5m；距基岩面不小于 1.5 倍

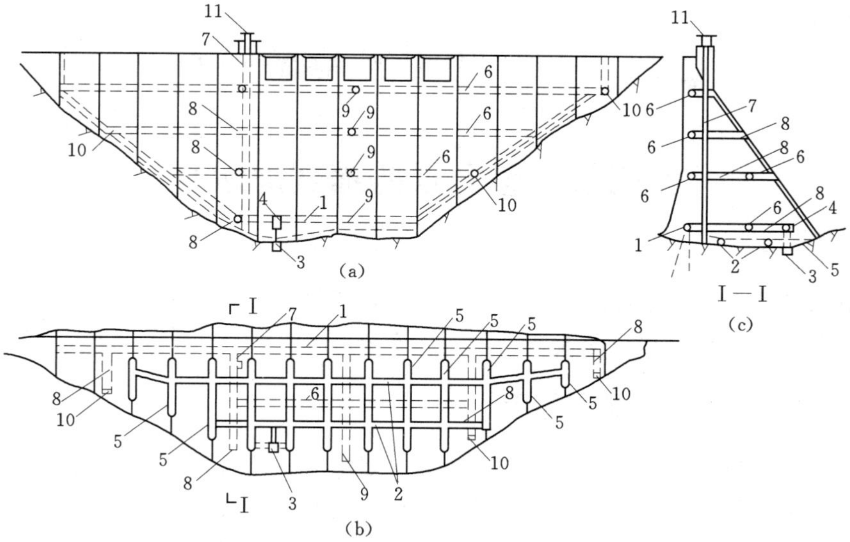

图 4-23　坝内廊道系统图

(a) 立面图；(b) 水平剖面图；(c) 横剖面图

1—坝基灌浆排水廊道；2—基面排水廊道；3—集水井；4—水泵室；5—横向排水廊道；6—检查廊道；7—电梯井；8—交通廊道；9—观测廊道；10—进出口；11—电梯塔

廊道宽度，一般取 5m 以上。廊道断面为城门洞形，宽度为 2.5～3m，高度 3～3.5m，以便满足灌浆作业的要求。廊道上游侧设排水沟，下游侧设排水孔及扬压力观测孔，在廊道最低处设集水井，以便自流或抽排坝体渗水。

灌浆廊道随坝基面由河床向两岸逐渐升高。坡度不宜陡于 45°，以便钻孔、灌浆及其设备的搬运。当两岸坡度陡于 45°时，基础灌浆廊道可分层布置，并用竖井连接。当岸坡较长时，每隔适当的距离设一段平洞，为了灌浆施工方便，每隔 50～100m 宜设置横向灌浆机室。

2. 检查和坝体排水廊道

为检查、观测和坝体排水的方便，需要沿坝高每隔 30m 设置检查和排水廊道一层。断面形式采用城门洞形，最小宽度 1.2m，最小高度 2.2m，廊道上游壁至上游坝面的距离应满足防渗要求且不小于 3m。对设引张线的廊道宜在同一高程上呈直线布置。廊道与泄水孔、导流底孔净距不宜小于 3～5m。廊道内的上游侧设排水沟。

为了检查、观测的方便，坝内廊道要相互连通，各层廊道左右岸各有一个出口，要求与竖井、电梯井连通。

对于坝体断面尺寸较大的高坝，为了检查、观测和交通的方便，尚需另设纵向和横向的廊道。此外，还可根据需要设专门性廊道。

3. 廊道的应力和配筋

因廊道的存在，破坏了坝体的连续性，改变了周边应力分布，其中廊道的形状、尺寸大小和位置对应力分布影响较大。

廊道周边是否配筋，有以下两种处理方法。过去假定混凝土不承担拉应力配受力筋和构造筋。近来西欧和美国对于坝内受压区的孔洞一般都不配筋。位于受拉区、外形复杂、有较大拉应力的孔洞才配钢筋。

工程实践证明，施工期的温度应力是廊道、孔洞周边产生裂缝的主要原因，施工中采取适当的温控措施十分重要。为防止产生裂缝后向上游坝面贯穿，靠近上游坝面的廊道应进行限裂配筋。

第四节 重力坝的深式泄水孔

位于深水以下、重力坝中部或底部的泄水孔称为重力坝的深式泄水孔，又称深孔，底部的泄水孔又叫底孔。由于深水压力的影响，对孔口尺寸、边界条件、结构受力、操作运行等要求十分严格，以便保证泄流顺畅，运用安全。

一、深式泄水孔的分类和作用

深式泄水孔按其作用分为泄洪孔、冲沙孔、发电孔、放水孔、灌溉孔、导流孔等。泄洪孔用于泄洪和根据洪水预报资料预泄洪水，可加大水库的调洪库容；冲沙孔用于排放库内泥沙、减少水库淤积；发电孔用于发电、供水；放水孔用于放空水库，以便检修大坝；灌溉孔要满足农业灌溉要求的水量和水温，取水库表层或取深层水经长距离输送以达到灌溉所需的水温；导流孔主要用于施工期导流的需要。在不影响正常运用的条件下，应考虑一孔多用，例如：发电与灌溉结合；放空水库与排沙结合；导流孔后期改造成泄洪、排沙、放空水库等。城市供水可以单独设孔，以便满足供水水质、高程等要求、也可利用发电、灌溉孔的尾水供水。

深式泄水孔按其流态可分为有压泄水孔和无压泄水孔。发电孔必须是有压流；而泄洪、冲沙、放水、灌溉、导流等可以是有压流也可以是无压流，如图 4-24 和图 4-25 所示。

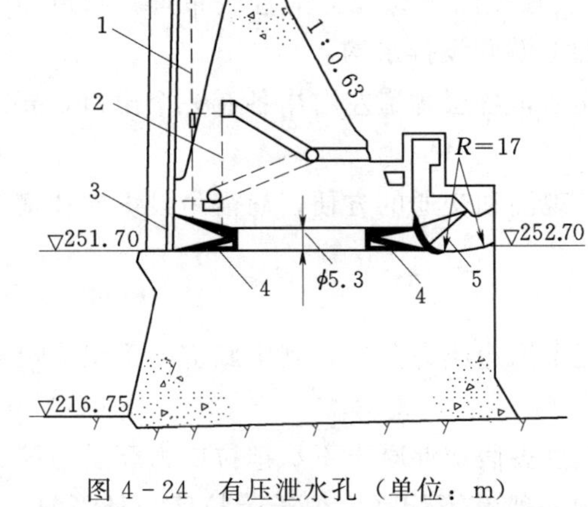

图 4-24 有压泄水孔（单位：m）

1—通气孔；2—平压管；3—检修门槽；4—渐变段；5—工作闸门

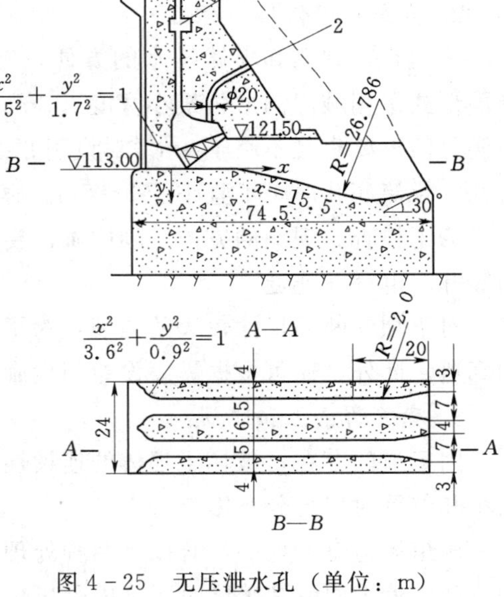

图 4-25 无压泄水孔（单位：m）

1—启闭机廊道；2—通气孔

二、有压泄水孔布置

有压泄水孔的特点是：将工作闸门布置在出口，孔内始终保持满流有压状态；其安装与大坝施工干扰较少；便于运行管理和维修。缺点是闸门关闭时孔内承受较大的内水压力，对坝体应力状态和防渗都不利，故一般多用于水头不大或孔口断面尺寸较小的情况。但由于它具有施工干扰少、便于运行和维修这两条最突出的优点，故在中小型重力坝中用得较多。若水头较大或孔口较大，需用高强度混凝土并配置很多钢筋，还需钢板衬砌，在进口处设置事故检修闸门，平时兼用来挡水，避免满管长期受到很高的内水压力作用。

1. 进水口

为使水流平顺，减少水头损失，增加泄流能力，避免空蚀，进口形体应尽可能符合流线的规律。有压进水口的形状应与锐缘孔口出流实验曲线相吻合，常用的种类有：①圆形喇叭进水口；②三向圆柱面收缩进水口；③三向椭圆曲面收缩进水口。应根据工程规模、重要性来选择。

对于大中型的、重要的工程用椭圆曲面（图 4－26），或进行水工模型试验确定；一般小型工程为施工方便，多采用圆柱面。

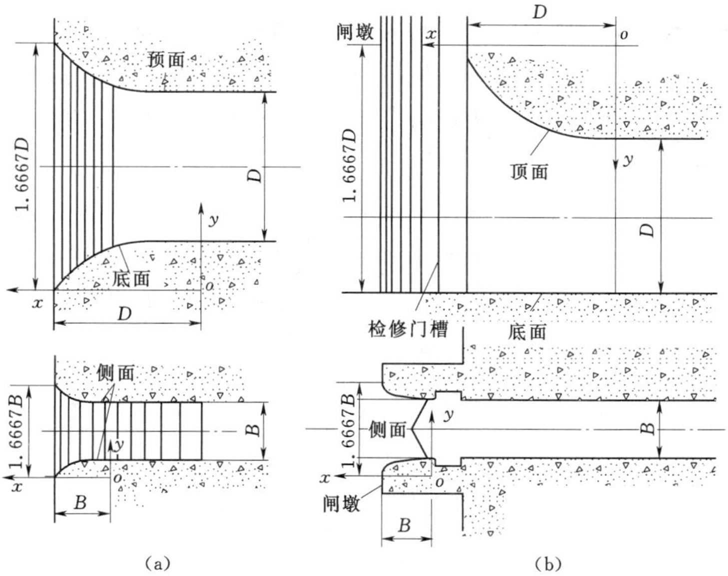

图 4－26 泄水孔进口形状

（a）底面为曲线的进口形状；（b）底面为平底的进口形状

2. 闸门和闸门槽

有压泄水孔一般在进水口设拦污栅和检修闸门，在出口压坡段后设工作闸门，工作闸门可用弧形闸门，也可用平面闸门，但检修门一般采用平面闸门。支承平面闸门的闸门槽形体设计不当，容易产生空蚀。水流经过闸门槽时，先是扩散，随即收缩，闸门槽内产生漩涡，流速增大时漩涡中心压力减少，造成水流脱壁，导致负压出现，引起空蚀破坏和结构振动。流速越大，越应引起重视。

闸门槽分矩形闸门槽和矩形收缩型闸门槽两种。中小型工程且流速小于 10m/s 的情况用矩形闸门槽。大中型工程且流速大于 10m/s 的情况，为使流态较好，减免空蚀，可采用矩形收缩型闸门槽，如图 4-27（b）、（c）所示。

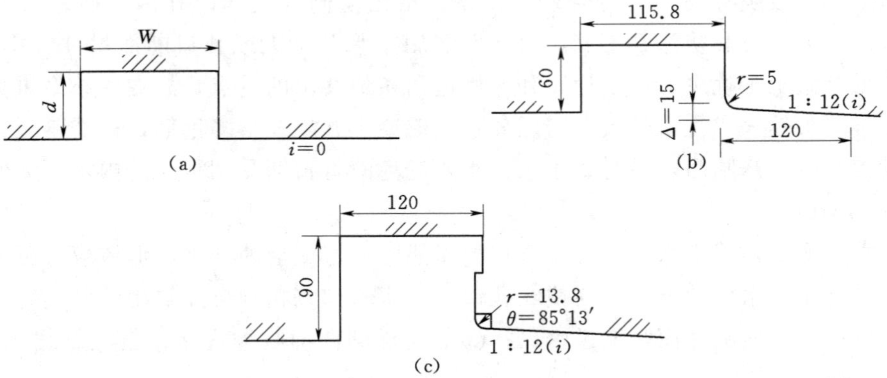

图 4-27 深式泄水孔平面闸门槽形式

（a）矩形闸门槽；（b）、（c）矩形收缩型门槽

3. 孔身与渐变段

有压泄水孔多数都采用圆形断面，圆形断面在周长相同的情况下过水能力最大，受力条件最好。在进水口，为适应布置矩形闸门的需要，在矩形断面与圆形断面之间需设置足够长的渐变段，又称方圆渐变段，防止洞内局部负压的产生和空蚀。渐变段分进口渐变段和出口渐变段，如图 4-28 所示。

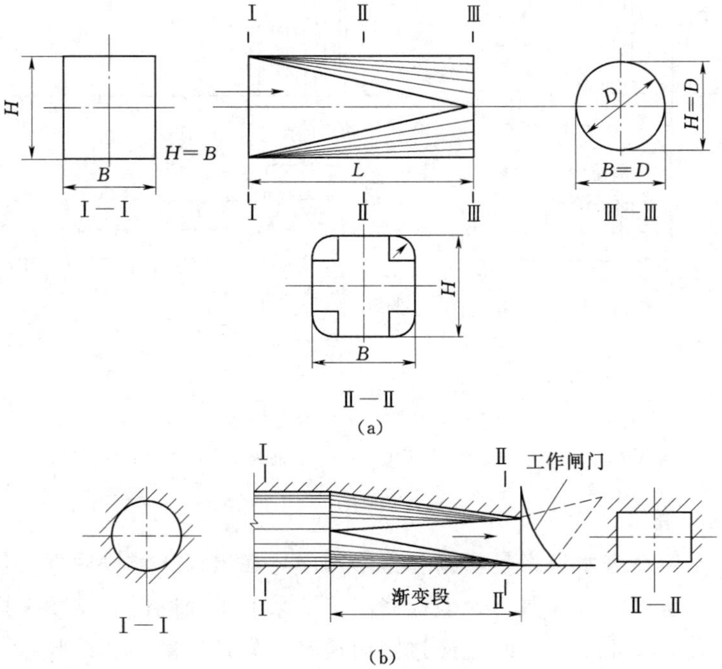

图 4-28 渐变段

（a）进口渐变段；（b）出口渐变段

渐变段的长度应满足断面过渡的需要，一般采用孔身直径的 1.5～2.0 倍，边壁的收缩率控制在 1∶5～1∶8。为保证洞内压力，出口断面的矩形面积一般小于洞身圆形面积。

4. 出水口

当工作闸门全开自由泄水时，在坝身有压泄水孔末端，水流从压力流突然变成无压流，引起出口附近压力降低，在出口附近 1/4～1 倍洞径范围内的洞顶出现负压，容易造成气蚀。为了消除负压，在泄水孔末端设一小段斜坡将孔顶压低，使出口断面缩小，一般缩小到泄水孔断面的 85%～90%，孔顶压坡采用 1∶10～1∶5。出口断面收缩，提高了整个泄水孔内的压力，还有利于防止体型变化和洞体表面不平等原因而引起气蚀。

5. 通气孔和平压管

平压管是平衡检修闸门两侧水压以减少启门力的输水管道，通气孔是向检修闸门和工作闸门之间的泄水孔道内充气和排气的通道，详见第八章。

三、无压泄水孔布置

无压泄水孔的特点是：将工作闸门布置在进口，工作闸门前的进口段仍为有压孔，为了形成无压水流，需在闸门后将断面顶部升高。由于闸门室和启闭机室都布置在坝内，施工干扰很大，运行管理和维修也很不方便，故无压泄水孔只在高坝泄水或大流量泄水的情况下才用得较多，在中小型重力坝中很少采用。我国的三门峡、丹江口、刘家峡等工程采用了这种形式的泄水孔。

无压泄水孔在平面上应布置成直线，过水断面多为矩形或城门洞形，一般由进水口（压力短管）和明流段两部分组成，如图 4－29 所示。

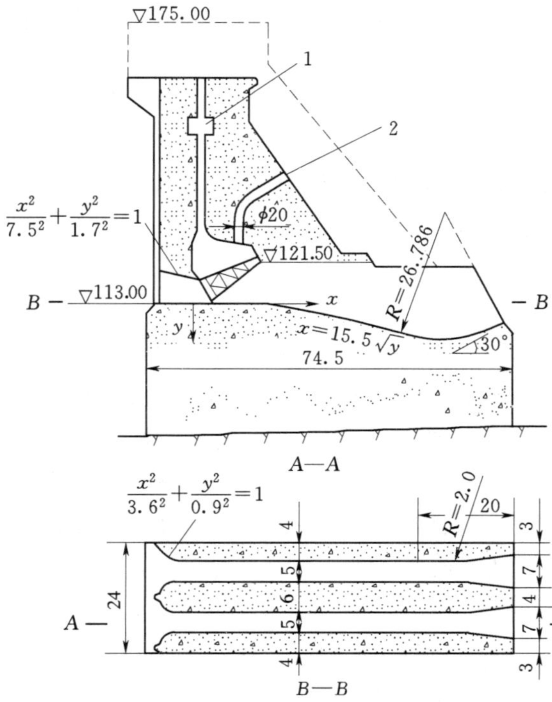

图 4－29　无压泄水孔（单位：m）

1—启闭机廊道；2—通气孔

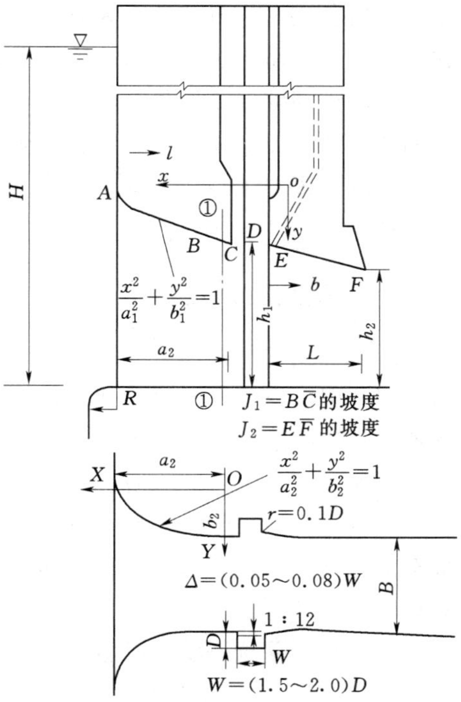

图 4－30　无压泄水进水口

1. 进水口布置

进水口由进口曲面段、检修闸门槽和门槽后部的压坡段三部分组成。进口曲面段与有压泄水孔进口相同，常用 1/4 椭圆曲面，其后接一倾斜的平面压坡段，压坡段的坡度常采用 1∶4～1∶6，长度 3～6m。压坡段的坡度以既保证顶板有一定的压力，又不影响泄量和工作闸门后的流态为原则，如图 4－30 所示。

2. 明流段

明流段在任何情况下，必须保证形成稳定的无压流态，严禁明满流交替，故孔顶应有安全超高。明流段为直线且断面为矩形时，顶部到水面的高度可取最大流量时不掺气水深的 30%～50%，明流段为直线且断面为城门洞形状时，其拱脚距水面的高度可取不掺气水深的 20%～30%。

3. 泄水通气孔

无压泄水孔的工作闸门布置在上游进口，开闸泄水时，门后的空气被水流带走，形成负压，因此在工作闸门后需要设置通气孔，在泄流时进行补气。

第五节 重力坝的地基处理

重力坝工作时，作用在坝上的水压力、浪压力、泥沙压力、地震力及坝体自重等荷载使坝体产生应力。同时，通过坝体将这些荷载传给地基，使地基受到很大的压力和剪力作用。因此重力坝的地基应有足够强度，受力后有较小的变形；有较小的透水性和较强的抗侵蚀性；岩基应完整，没有难以处理的断层、破碎带等，而天然地基由于长期经受地质作用，一般存在风化节理裂隙等缺陷，有时还有断层、破碎带和软弱夹层，一般较难满足上述要求，因此需要采取适当的处理措施。

地基处理的主要任务有：①防渗和排水，降低扬压力，减少渗漏量；②提高基岩的强度和整体性，满足强度和抗滑稳定的要求。

地基处理的主要内容有：①坝基开挖及清理；②坝基加固处理；③坝基防渗处理；④坝基排水。

一、坝基的开挖清理

地基开挖与清理的目的是使坝体坐落在稳定、坚固的岩基上。开挖深度应根据坝基应力、岩体强度以及坝基整体性、均匀性、抗渗性和耐久性等，结合上部结构对地基的要求和地基加固处理的效果、工期和费用等研究确定。按照《混凝土重力坝设计规范》（SD 319—2005），100m 以上的混凝土重力坝需建在新鲜、微风化或弱风化下部基岩上；坝高 50～100m 时，可建在微风化至弱风化中部基岩上；坝高小于 50m 时，可建在弱风化的中部至上部基岩上；两岸地形较高部位的坝段，可适当放宽。为保护坝基面完整，宜采用梯段爆破、预裂爆破，最后 0.5～1.0m 用小药量爆破。

重力坝的基坑形状应根据地形地质条件及上部结构的要求确定，坝段的基础面上、下游高差不宜过大，并略向上游倾斜，若基础面高差过大或向下游倾斜，应开挖成带钝角的大台阶状。

在坝体混凝土浇筑之前需用风镐或撬棍清除坝基面起伏度很大的和松动的岩块，用混凝土回填封堵勘探钻孔、竖井和探洞等，对坝基面进行彻底清理和冲洗，保证混凝土与岩基面黏结牢固。

(1) 对断层破碎带的处理。对于倾角较陡、走向近于顺河流流向的断层破碎带可采用开挖回填混凝土的措施做成混凝土塞，如图 4-31 所示。在选择坝址时，应尽量避开走向近于垂直河流流向的断层破碎带，因为它将导致坝基渗透压力或坝体位移增大，如难以避开，其开挖深度应适当加大。

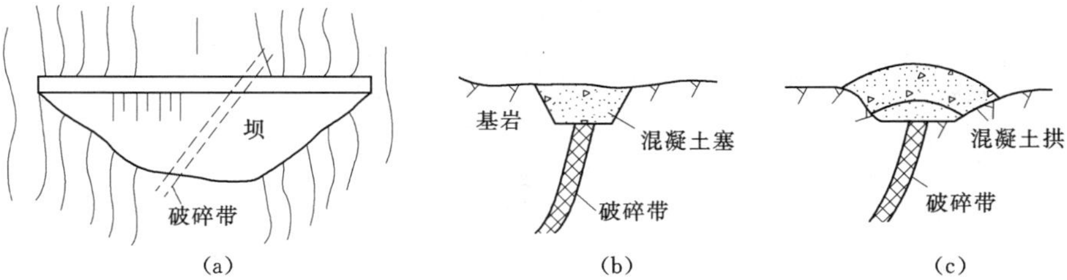

图 4-31　断层破碎带处理

(2) 对软弱夹层处理。当夹层埋藏较浅时可在坝踵或坝趾部位做混凝土深齿墙，切断软弱夹层直达完整基岩，对埋藏较深较厚、倾角平缓的软弱夹层，可在夹层内设置混凝土塞，或在岩体内设置预应力锚索，如图 4-32 所示。

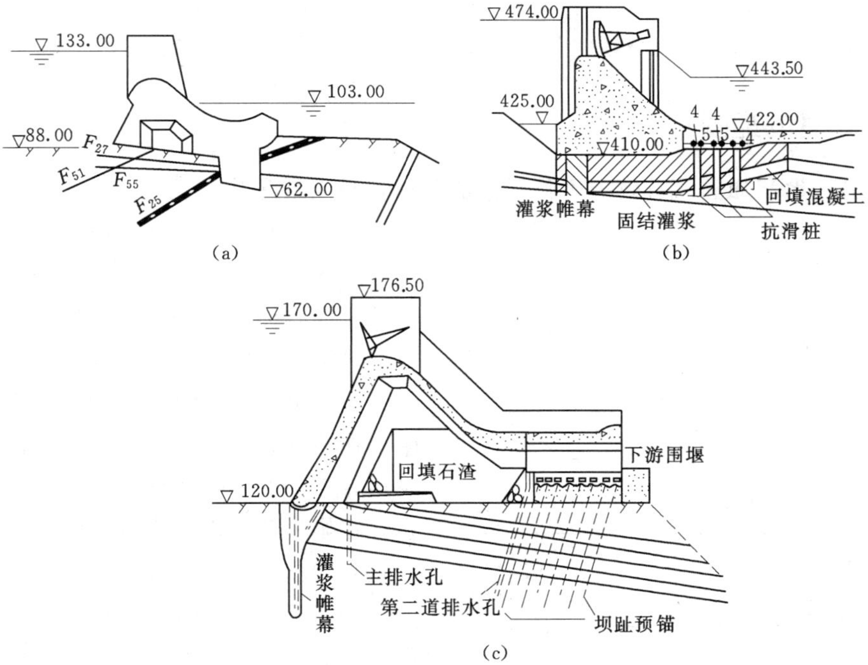

图 4-32　软弱夹层的处理（单位：m）

(a) 深齿坎；(b) 抗滑桩；(c) 预应力锚索

(3) 对溶洞的处理。浅层溶洞可直接开挖清除充填物，冲洗干净后回填混凝土，深层溶洞如尺寸不大可进行帷幕灌浆，规模较小时可采用回填方法处理。

对岸坡较陡的坝段，在平行坝轴线方向宜开挖成有足够宽度的台阶状，并使水平台阶位于坝段的下部，斜坡位于坝段的上部，如图 4-33（a）所示；避免在同一坝段内的岩基面出现较大的凸角，如图 4-33（b）所示。若岸坡特别陡，可采取其他结构措施，如锚筋、横缝灌浆等，以确保坝段的侧向稳定。对于岸坡特别陡的中低坝情况，如果岸边岩体没有倾向河床的结构面，可将岸坡开挖成较大的台阶，使每一坝段基本建在各自的平台上，将横缝设置在台阶的凸角处，如图 4-33（c）所示，不需作横缝灌浆处理。

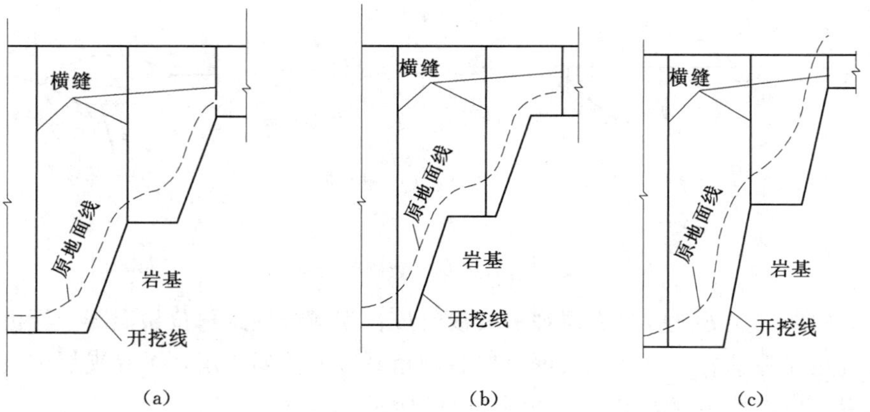

图 4-33　陡岸坡坝段坝基开挖和坝段布置示意图
（a）建议的开挖形状与布置；（b）应避免的横缝布置；（c）特陡岸坡的开挖与布置

二、坝基的加固

对重力坝地基加固的有效措施除开挖清理外就是固结灌浆。

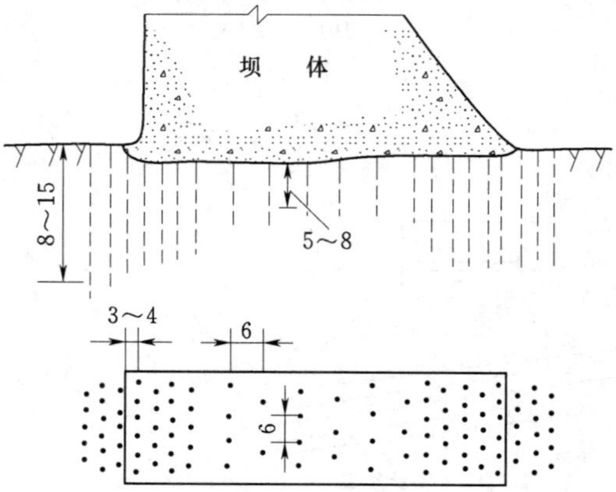

图 4-34　固结灌浆孔的布置（单位：m）

固结灌浆是在坝基大面积范围内布置浅孔，用低压水泥浆或水泥砂浆进行灌注以提高基岩的整体性和强度的地理处理方法。

固结灌浆的目的是：提高基岩的整体性和强度，降低地基的透水性。现场试验表明，在节理裂隙较发育的基岩内进行固结灌浆后，基岩的弹性模量可提高 2 倍甚至更多，在帷幕范围内先进行固结灌浆可提高帷幕灌浆的压力和灌浆效果。

固结灌浆孔一般布置在应力较大的坝踵和坝趾附近以及节理裂隙发育和破碎带范围内。灌浆孔呈梅花状或方格状布置（图 4-34）：孔距、排距和孔深取决于坝高和基岩的构造情况。孔距一般为 2～4m，孔深 5～8m，必要时还可适当加深。帷幕上游区的孔深一般为 8～15m。钻孔方向垂直于基岩面。当存在裂隙时，为了提高灌浆效果，钻孔方向尽可能正交于主要裂隙面，但不宜太缓。灌浆时先用稀浆，而后逐步加大浆液的稠度，灌浆压力一般为0.2～0.4MPa，以不掀动岩石为限。必要时，应先浇筑部分坝体混凝土，加大盖重，灌浆压力可达0.4～0.7MPa。

地基下如有溶洞、溶槽，除必要的部位进行回填混凝土或浆砌石之外，还应对其顶部和周围岩体加强回填灌浆、接触灌浆和固结灌浆。

三、坝基的防渗与排水

1. 坝基的防渗

帷幕灌浆是在岩基内平行坝轴线钻一排或几排孔，用高压将水泥浆灌入孔中，并把周围裂隙充填起来，胶结成整体，形成一道防渗帷幕。

帷幕灌浆的目的是：降低坝底渗透压力，防止坝基内产生机械或化学管涌，减少坝基渗流量。灌浆材料最常用的是水泥浆，有时也采用化学灌浆。化学灌浆的优点是可灌性好、抗渗性强，但较昂贵，且污染地下水质，使用时需慎重，目前已较少采用。

防渗帷幕一般布置在靠近上游坝踵附近或在坝踵与坝内灌浆廊道之间，自河床向两岸延伸。靠近岸坡处也可在坝顶、岸坡或平洞内进行。平洞还可以起排水作用，有利于岸坡的稳定。钻头若为铁砂钻头，则钻孔方向一般为铅直，或略向上倾斜，与竖向夹角一般小于10°，防止钻孔弯曲；若为金刚石钻头，必要时也可有一定斜度，或与主裂隙面垂直，以便穿过主节理裂隙，提高灌浆效果。

当坝下相对隔水层埋藏较深或分布无规律时，可采用悬挂式帷幕，帷幕深度为0.3～0.7倍水头。当坝基下有明显隔水层且埋深较浅时，防渗帷幕应深入到隔水层内3～5m。防渗帷幕靠近坝上游面布置，自河床向两岸延伸，伸入两侧岸坡的范围、深度以及方向应根据工程地质及水文地质条件确定。帷幕的防渗标准和相对隔水层的透水率应根据不同坝高采用下列控制标准：当坝高大于100m时，透水率q=1～3Lu；当坝高为100～50m时，透水率q=3～5Lu；当坝高小于50m时，透水率q=5Lu。透水率的单位Lu（吕容）是指当水压力为1MPa时，每米钻孔长度内注水流量为1L/min时，其透水率为1Lu。

帷幕由一排或几排灌浆孔组成。一般坝高100m以上（含100m）的坝可采用两排，坝高在100m以下可采用一排，对地质条件较差的地段，可考虑增加排数以加强防渗效果。当帷幕由几排灌浆孔组成时，一般仅将其中的一排孔钻灌至设计深度，其余各排孔的深度取设计深度的1/2～2/3。帷幕孔距一般为1.5～3m，排距比孔距略小。施工时，采用逐步加密法，开始孔距可大些，然后在中间加检查孔，如检查孔透水率仍大于允许值，则将检查孔作为灌浆孔继续灌浆，直至满足要求为止。

帷幕灌浆必须在坝体浇筑到一定厚度作为盖重后进行，以保证岩基表层的灌浆压力。但为了使坝能连续浇筑，帷幕灌浆一般都在廊道内进行。帷幕灌浆的压力应通过试验确定，通常在表层部分，灌浆压力不小于1～1.5倍坝前水头；孔底部分不宜小于2～3倍坝前水头，但以不抬动坝体混凝土和不破坏坝基岩体为原则。灌浆材料一般多用普通硅酸盐水泥，灌浆时浆液由稀逐渐变稠。

2. 坝基的排水

坝基排水与帷幕灌浆相结合是降低坝基渗透压力的重要措施。重力坝坝基排水通常用排水孔幕，即在坝基面的帷幕孔下游2m左右钻一排主排水孔。对于中等高度的坝，除主排水孔外，还可设1～2排辅助排水孔；高坝可设2～3排辅助排水孔。主排水孔孔距为2～3m，辅助排水孔孔距为3～5m，如图4-35所示。孔深应根据防渗帷幕和固结灌浆深度及地质条件确定。

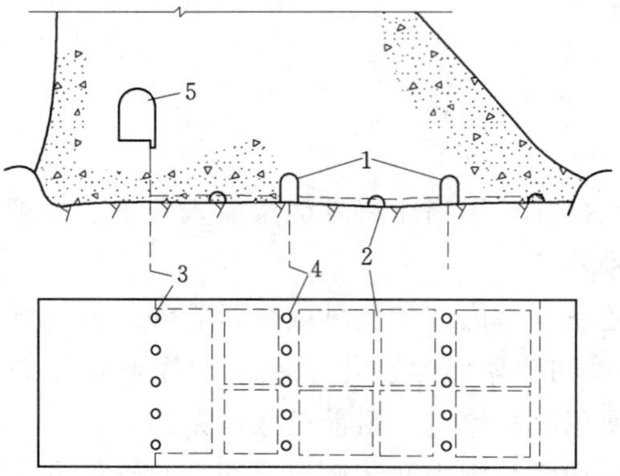

图4-35 基础排水系统

1—坝基排水廊道；2—半圆形排水管；3—主排水孔；4—辅助排水孔；5—灌浆廊道

主排水孔深度约为防渗帷幕深度的0.4～0.6倍；高、中坝坝基主排水孔深度不应小于10m；辅助排水孔深度一般为6～12m。如坝基有透水层，排水孔应穿过透水层。排水孔应在灌浆之后钻孔，以免浆液堵塞排水孔。

对于重要工程，当坝基基岩裂隙发育，单靠排水孔幕尚不足以减少坝基渗透压力时，可做坝基面排水。

四、两岸处理

若岸坡平缓稳定，岸坡坝段可直接建在开挖的岸坡基岩上，如图4-36（a）所示；若岸坡较陡，但基岩稳定，为使岸坡坝段稳定，可考虑把岸坡开挖成梯级，利用基岩和混凝土的抗剪强度增加坝段的抗滑稳定，但应避免把岸坡挖成大梯级，以防在梯级突变处引起应力集中，产生裂缝，如图4-36（b）所示。

当河岸较陡又有顺坡剪切裂隙时，要校核岸坡沿裂隙的稳定性，必要时应开挖削坡，若开挖量大，也可采用预应力锚系钢筋固定岸坡，如图4-36（c）、（d）所示。

有时河岸十分陡峻，以致岸坡段的一部分建在河床，另一部分坐落在岸坡上，如图4-36（d）所示。此时，坝段主要由河床支承，岸坡受力较小，坝段混凝土冷却收缩后，易脱离岸壁产生裂缝。因此，可先在岸壁做钢筋混凝土层，并用钢筋锚系在河岸基岩上，在钢筋混凝土层与坝段之间设临时温度横缝和键槽，而后进行灌浆处理；也可不设横缝，使岸坡段与河岸直接接触，但加设锚系钢筋，以承受温度引起的拉应力。

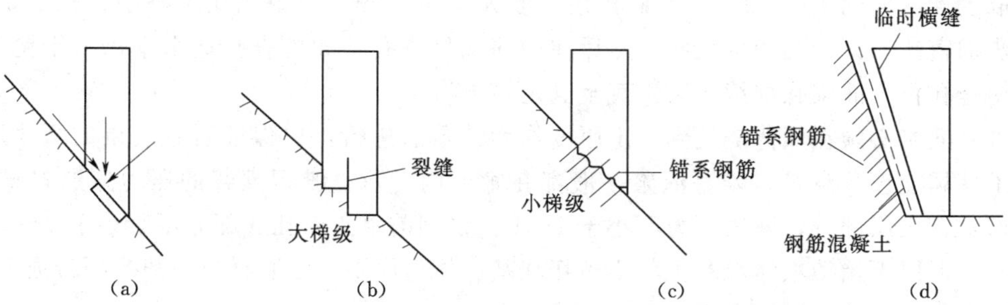

图4-36 重力坝与坝坡的连接

（a）坝段与岸坡直接连接；（b）大梯级连接；（c）小梯级加锚系钢筋连接；（d）岸壁钢筋混凝土层与坝段连接

第六节　碾压混凝土重力坝

一、概述

用干硬性材料加入少量的水形成无坍落度、不用振捣棒而用高效振动碾碾压密实的混凝土称为碾压混凝土。

在碾压混凝土中浇灌适量的水泥浆然后用振捣棒振捣密实代替振动碾碾压而形成的混凝土称为变态混凝土或改性混凝土。

碾压混凝土坝是利用高效振动碾分层碾压干贫性混凝土而筑成的大坝。

碾压混凝土坝是最近几十年发展起来的，它不用振捣器而用振动碾通过振动碾压密实。碾压混凝土很干硬，用水量少、用水泥也少（约为同标号常规混凝土水泥用量的1/3～1/2），水化温升较低，不设纵缝，不设或少设横缝，节省分缝模板和支模时间，施工简便、安全、速度快、工期短（为常规混凝土的1/3～2/3）、收效快、造价低（大约节省20%～35%），在技术和经济上都是十分有利的，所以深受欢迎，发展很快。三峡三期围堰采用碾压混凝土重力坝在5个月内完成110万m^3浇筑任务，创造世界上最快的混凝土筑坝纪录，为提前发电和加快施工提供了保障，显出碾压混凝土巨大的优越性。

世界上使用碾压混凝土最早的是1961年我国台湾石门土坝的围堰混凝土心墙，密实手段从振荡器改用滚筒碾压，当时称为“滚压混凝土”。20世纪70年代初期，一些工程师先后提出改革混凝土材料工艺的建议，即减少混凝土中水和水泥用量，做成无坍落度混凝土，用推土机或平仓机铺开，用振动碾压实，并进行了试验，称为碾压混凝土。1975年日本开始研究用碾压混凝土筑坝，1980年年底建成了世界上第一座坝高88m的碾压混凝土重力坝。

1982年美国第一次用碾压混凝土修筑上静水坝、柳溪坝和其他几座重力坝，最高的87m。此后，澳大利亚、法国、苏联、西班牙、巴西、摩洛哥、南非等国也修筑了许多碾压混凝土重力坝，最高的约80m。

我国于1979年开始对碾压混凝土筑坝技术进行试验研究，我国第一座碾压混凝土坝是福建大田县坑口重力坝，高56.8m，于1986年6月建成。至2003年年底我国已相继建成46座碾压混凝土坝（其中重力坝38座，拱坝8座）。

中国的碾压混凝土坝虽然起步略晚于日本和欧美等国家，但由于做了很多充分的研究工作，并学习其他国家碾压混凝土筑坝成功的经验，吸取它们的教训，逐渐形成了中国特色的碾压混凝土筑坝技术。我国的龙滩碾压混凝土重力坝第一期工程的最大坝高达192m，成为目前世界上同类坝中最高者。我国的碾压混凝土坝建设无论在坝的种类、数量、高度，还是筑坝技术和研究工作，都已走在世界前列。

二、碾压混凝土坝的材料要求

碾压混凝土材料应包括水泥、砂子、石子、外加剂及粉煤灰等活性掺合料。

（1）水泥。碾压混凝土必须选择符合国家标准的硅酸盐系列水泥。水泥品种及标号与掺合料的品质、掺量经技术经济比较后确定。但所用水泥的生产厂家、品种应相对固定。

（2）砂石骨料。符合常规混凝土要求的砂石骨料，均可用于碾压混凝土，但两者经济指标相近时，优先选用人工骨料。砂的细度模数宜控制在2.2～3.0。粗骨料粒径不宜大于80mm，且级配良好，超过80mm时应进行专门的论证。由于碾压混凝土对骨料含水量非常敏感，筛洗后的骨料不能马上使用，应堆放48h以上且骨料含水量小于50%。

（3）活性掺合料。在碾压混凝土中，大量掺入掺合料，一般可达水泥的30%～65%，所以必须严格控制掺合料的质量。粉煤灰及火山灰应符合《粉煤灰混凝土应用技术标准》（GBJ 146—90）规定的质量指标。对采用其他矿渣、凝灰岩等活性材料，应进行试验。

（4）混凝土外加剂。因碾压混凝土胶凝材料用量少，混凝土的坍落度为零，采用薄层大仓面铺摊、碾压工艺，为改善混凝土的可碾性，减少用水量降低水化热，需用减水剂；为防止出现冷缝，有效发挥快速连续施工的特点，需用缓凝剂；对北方地区有抗冻要求的碾压混凝土，还需掺入抗冻引气剂。

三、碾压混凝土坝的构筑形式

随着碾压混凝土坝的设计和筑坝技术的发展，碾压混凝土坝的构筑形式和方法也在不断地变化提高。其筑坝形式主要有以下几种类型。

1. 外包常态混凝土碾压混凝土坝（金包银）

考虑坝体的抗渗性和抗冻性，将坝体内部用干贫性碾压混凝土填筑，上、下游和坝基面用2～3m厚的常态混凝土，形成一种包裹剖面形式，俗称金包银。图4-37为日本玉川坝和我国桃林口水库挡水坝段的标准剖面。坝体按常规分横缝，采用切缝技术成缝，缝内止水和排水系统与常态混凝土坝相同，并放在常态混凝土层内。这种碾压混凝土坝，层面间接合较好，防渗抗冻效果好，工作可靠。但两种混凝土同时施工，工作干扰大，施工进度较慢。由于坝体中有一定的常态混凝土，整体工程造价有所提高，一般用于寒冷地区的中高坝。

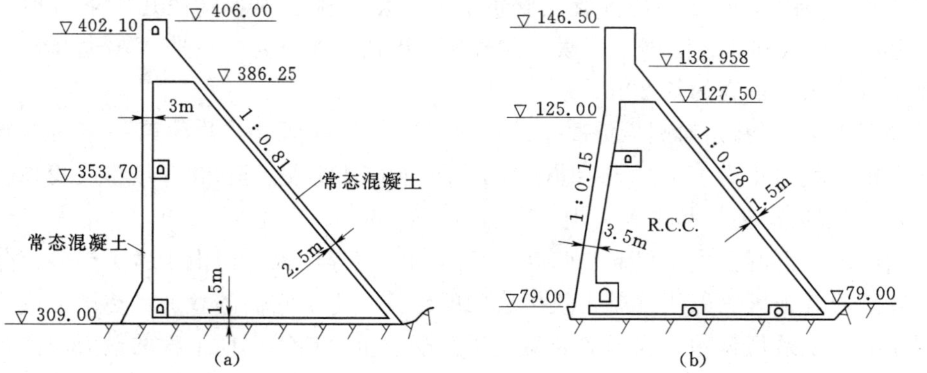

图4-37 碾压混凝土坝剖面简图

（a）日本玉川坝；（b）河北桃林口碾压混凝土坝

2. 富胶凝材料碾压混凝土坝

将矿渣或粉煤灰作为掺合料加入到混凝土中，拌和成高胶凝材料的无坍落度混凝土，其胶凝材料为150～230kg/m^3，粉煤灰掺用量占60%～70%，利用振动碾压设备进行薄层连续碾压施工，可保持良好的层面胶结，可不再设置专门的防渗层。

这种形式的坝具有强度高、凝聚力强、抗渗性好的特点，坝体断面可设计得小些，节省坝体混凝土方量，但由于所用水泥和粉煤灰较多，混凝土单价有所提高。

目前，也有仅在上游侧 3～5m 范围内用高胶凝材料进行防渗，在坝体其他部位用低胶凝材料填筑，以利于减少水泥及粉煤灰用量。

3. 低胶凝材料干贫混凝土碾压坝

在保证坝体强度、耐久性等要求的前提下，尽量减少水泥用量，使水泥用量在 60～80kg/m^3 之间，粉煤灰掺量低，且用水量较少，形成干贫混凝土。连续碾压，快速施工，不设纵缝和横缝。其特点是造价低，混凝土方量较大，施工速度快，渗漏较严重，抗冻性能差。目前该形式的坝应用较少，已逐步改成在其上游设专门的防渗层防渗。

4. 采用专门防渗设施的全断面碾压混凝土坝

在大坝的上游面采用专门的人工防渗材料或高胶凝材料的碾压混凝土进行防渗，如利用复合土工膜合成橡胶薄膜、二级配的碾压混凝土层等，坝体采用干贫低胶凝材料的碾压混凝土，如图 4－38 所示。全断面碾压，小间隔浇筑。这种坝克服了渗漏严重和抗冻性差的缺点，又能快速施工，加快施工进度，目前各国应用较多。如我国的温泉堡碾压混凝土拱坝，在其上游正常蓄水位以下贴复合土工膜防渗。湖南省的江垭水利枢纽，大坝上游用一层高胶凝碾压混凝土防渗层，全断面碾压，施工速度快，防渗效果好。

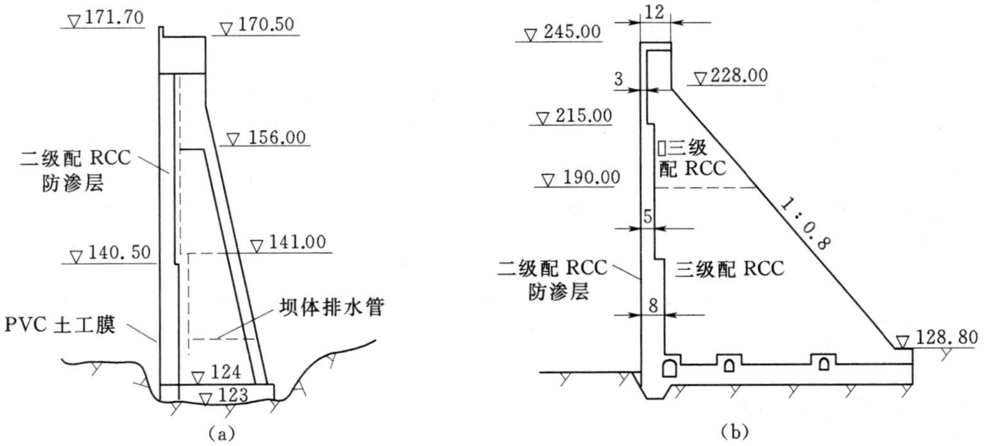

图 4－38　采用专门防渗设施的碾压混凝土坝剖面（单位：m）

(a) 温泉堡拱坝；(b) 江垭大坝

四、碾压混凝土坝的构造

1. 碾压混凝土坝的防渗体、排水设施

由于碾压混凝土防渗性能较差，为保证坝体防渗功能，常需在坝体上游侧设置一定的防渗设施。目前，碾压混凝土坝的防渗有以下几种。

(1) 常态混凝土或富胶凝材料碾压混凝土防渗体。在坝体上游面，设置常态混凝土层，用于防渗和抗冻。同混凝土重力坝一样设横缝，这种布置不仅影响施工速度，而且常态混凝土与碾压混凝土的结合带不好处理。为了克服这些缺点，现将常态混凝土层用高胶凝材料的抗渗、抗冻性较好且能满足设计要求的碾压混凝土（即变态混凝土）代替，可使防渗体和坝体同步碾压施工，加快施工进度。

（2）合成材料防渗体。为了加快施工速度，又防止坝体渗漏，利用复合土工膜、合成橡胶薄膜等合成防渗材料的防渗体。施工时，将防渗材料贴于模板内侧，混凝土碾压完成后，将其粘在碾压混凝土的上游侧。实践证明，其防渗效果较好，利于维护。

（3）沥青砂浆防渗层。在坝体上游侧设置钢筋混凝土预制模板，内侧为碾压混凝土坝体，在两者之间用钢筋连接，并填 6～10cm 厚的沥青砂浆形成防渗层。

（4）坝体排水。为减小坝体内的渗透压力，在碾压混凝土重力坝上均需布置坝体排水设施。一般设置上游防渗层后，排水管一般为预制的无砂混凝土管。当排水管设在碾压混凝土中时，可采用瓦楞纸包砂柱代替无砂混凝土管，待混凝土碾压一天之后再清除孔内砂柱。

2. 碾压混凝土坝的分缝及廊道

（1）坝体分缝。碾压混凝土坝采用通仓薄层浇筑，故不设纵缝，并可加大横缝间距或取消横缝。但设横缝有利于适应地基不均匀沉降和温度变形。横缝间距应考虑地形地质条件、坝体断面形状、温度应力、施工条件等因素，通过经济技术方案比较确定。一般为 15～30m，碾压混凝土坝的横缝由振动切缝机切割成缝，可先切后碾，亦可先碾后切，成缝面积不应小于设计缝面的 60%，可也设置不连续的诱导缝，即在成缝位置间隔钻孔并填以干砂或预埋设隔板等形成不连续缝，待混凝土浇筑完成后，由其自行开裂形成一定长度的贯通横缝。

（2）碾压混凝土坝的廊道设置。为满足碾压混凝土坝体内灌浆、排水、观测、检查、交通等要求，必须设置廊道。但为了使坝体构造简单，利于碾压施工，尽量减少廊道层数和数量，一般中低坝设 1～2 层或只设基础灌浆、排水廊道，高坝可根据需要设 2～4 层。廊道可用整体预制构件或预制拱圈现场拼装的方式施工。

第七节 其他形式的重力坝

一、浆砌石重力坝

浆砌石重力坝是用胶结材料和块石砌筑而成的，其特点如下：①就地取材；②水泥用量少（比混凝土重力坝可节省 50%左右），因而发热量低，可不采取温控措施，不设纵缝，可增加坝段宽度；③不需立模，施工干扰少；④施工技术易为群众掌握；⑤人工砌筑，施工质量难于控制；⑥砌体孔隙率较大，需另设防渗设备。

1. 浆砌石重力坝的材料

（1）石料。石料是浆砌石重力坝的主要材料，一般要求上坝石料为质地均匀、无裂缝、不易风化、坚硬密实、表面清洁的新鲜岩石。石料抗压强度为（3～4）$\times 10^4$kPa。一般要求块石最小边长不小于 20～30cm，长边尺寸不得大于短边的 3 倍。浆砌石坝的上、下游表面多用条石砌筑，条石长度一般约为高、宽的 2～3 倍。

（2）胶结材料。常用的胶结材料有水泥砂浆、细石混凝土和混合砂浆。

1）水泥砂浆常用于砌筑条石，砂浆强度等级有 M7.5、M10 等，通常采用的水泥标号约为砂浆强度等级的 4～5 倍。对于较重要的砌石坝，水泥砂浆的强度等级和相应的配合比应通过试验确定。

2）细石混凝土是由水泥、砂、细石和水按一定配合比拌和而成的。适用于砌筑块石，它可节省水泥，改善级配，提高砌体的密实度，但不易于捣实，一级配细石混凝土，石料粒径为 0.5～2.0cm，细石用量约为砂石总量的 30%～50%。

3）混合砂浆是在水泥砂浆中掺入一定比例的石灰或黏土等。它可以节约水泥，增加砂浆的和易性，但强度低，凝结时间长，易受侵蚀和风化。混合砂浆一般用于坝体的水上部分和次要部位。常用的混合砂浆有水泥石灰砂浆、水泥黏土砂浆等。

2. 浆砌石重力坝的坝体防渗

浆砌石重力坝的砌体中存在孔隙和孔隙通道。这些缺陷易导致坝体渗水和漏水，因此，应采取专门的防渗措施。

（1）浆砌条石水泥砂浆勾缝防渗层。即在坝体迎水面砌筑一层浆砌条石进行防渗，如图 4-39 所示。其厚度一般为坝上水头的 1/15～1/20，砌缝厚度不超过 2～3cm，常用 M7.5 水泥砂浆砌筑，在迎水面上再用 M10 水泥砂浆勾缝。勾缝常采用平缝或凸缝，缝深 2～3cm，勾缝应选在砌体砂浆开始初凝时进行，以使勾缝砂浆与砌体砂浆紧密结合。这种防渗体经济、简便，但防渗性较差，适用于中、低水头的浆砌石坝。

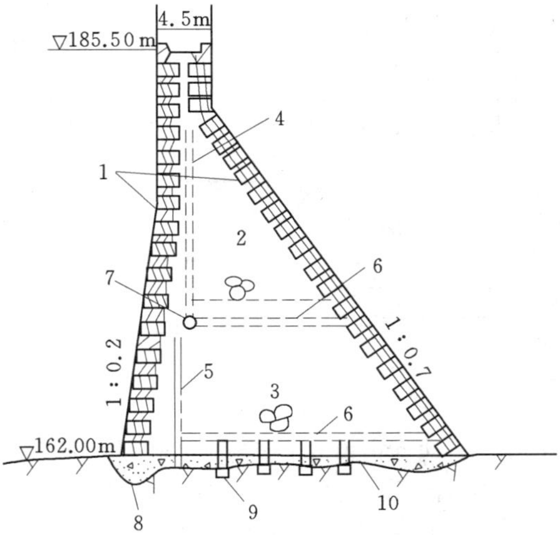

图 4-39　浆砌条石重力坝

1—M7.5 水泥砂浆条石；2、3—M2.5、M5 水泥砂浆块石；4、5—多孔混凝土排水管；6—排水沟；7—集水沟；8—混凝土齿墙；9—坝基排水沟；10—混凝土垫层

（2）混凝土防渗层。在坝体迎水面浇筑一定厚度的混凝土，形成防渗面板，并与坝体结合在一起，如图 4-40 所示。面板需嵌入完整基岩内 1.0～1.5m，并与坝基防渗设施连成整体。面板厚度一般为坝上水头的 1/20～1/30，其顶部厚度不小于 0.3m。可沿坝轴线方向每隔 15～25m 设一道伸缩缝，缝内设止水，板内一般布置 $\phi6$～$\phi8$、纵横间距为 20～30cm 的温度钢筋，防渗面板多采用 C15～C20 混凝土，这种防渗层的优点是防渗效果好，面板位于坝体表面便于检修；但受气温变化影响大，且施工较复杂。另外，也可将混凝土防渗板布置在距上游面 1～2m 的坝体内，迎水面用浆砌石或浆砌预制混凝土块砌筑，如图 4-41 所示。

3. 浆砌石重力坝溢流面的衬护

为防止溢流坝面产生气蚀和冲刷，浆砌石坝溢流面应加强衬护。当下泄单宽流量较大时，应采用厚 0.6～1.5m 的混凝土衬护，并加设温度筋，同时用锚筋与砌体锚固在一起。沿坝轴线方向每隔 15～20m 设一条伸缩缝；当下泄单宽流量不大时，可只在堰顶和反弧段用混凝土衬护，而直线段可采用细琢的条石衬护；当单宽流量较小时，除堰顶部位用混凝土衬护外，其他部位均可用细琢的条石衬护。

浆砌石坝因水泥用量少，故发热量小，加上分层砌筑，散热条件较好，故一般不设纵缝，横缝间距可加大到20～30m，但不宜大于50m，在基岩岩性变化或地形突变处应设横缝，以适应不均匀沉降。为使砌体与基岩紧密结合，在砌石前需先浇一层厚0.5～1.0m的混凝土垫层，垫层面应大致整平，以利砌筑。

浆砌石重力坝坝基的防渗和排水与混凝土重力坝相同。

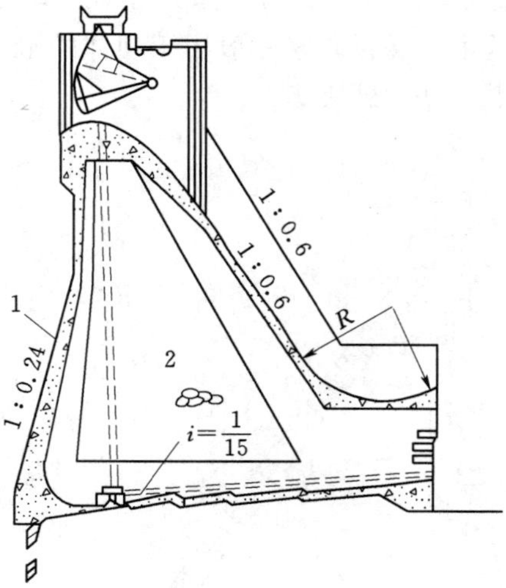

图4-40 浆砌石混凝土防渗面板坝
（高程单位：m；尺寸单位：cm）
1—C20混凝土防渗面板；2—水泥砂浆砌块石

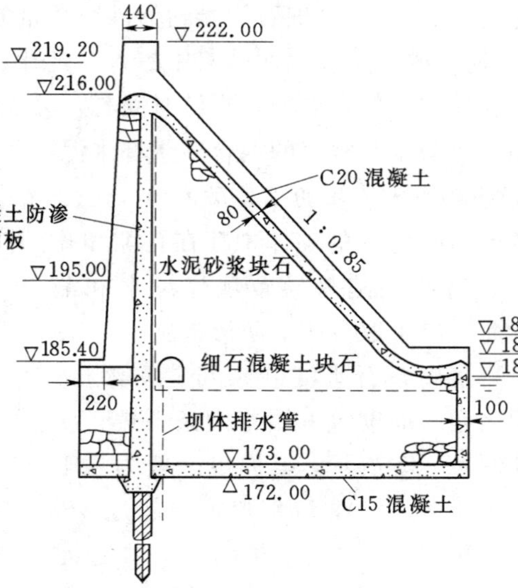

图4-41 坝内混凝土防渗板
（高程单位：m；尺寸单位：cm）

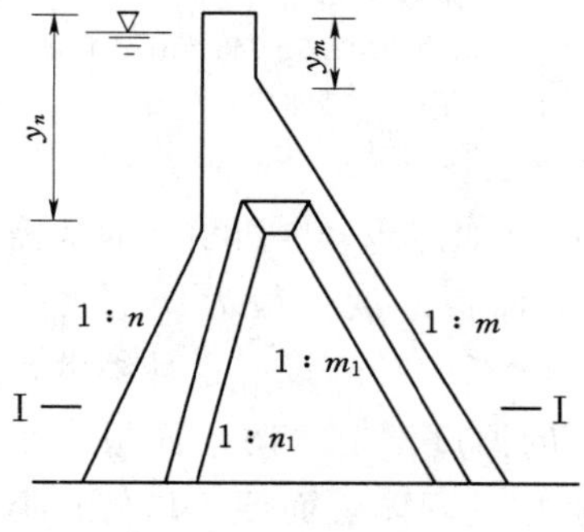

I—I

图4-42 宽缝重力坝

二、宽缝重力坝

宽缝重力坝是在相邻坝段间将横缝挖宽形成宽缝而得名，其布置如图4-42所示。

1. 宽缝重力坝的特点

（1）扬压力小，抗滑稳定性好。

（2）工程量节省10%～20%。

（3）坝体混凝土的散热快。

（4）宽缝部位的模板用量大，宽缝倒坡部位的立模复杂。

（5）分期导流不便。

2. 宽缝尺寸布置

坝段宽度L为16～24m。设缝宽为$2S$，一般缝宽比$2S/L$采用0.2～0.35，如图4-42所示，缝宽比愈大，坝体工程量愈小，当缝宽比大于0.4时，宽缝部分将产生较大的主拉应力。坝体上游坡通常取$n=0.15\sim0.35$，下游坡取$m=0.5\sim0.7$，在强度容许条件下，可适当加大缝宽比，放缓上游坡。宽缝坝块上游头部厚度 L_u 应满足强度、防渗、人防和布置灌浆廊道等要求，通常取 $L_u \geqslant (0.08 \sim 0.12)h$，$h$ 为截面以上水深，且不小于 3.0m；坝块下游尾部厚度 L_d，一般采用 3～5m，缝内上、下游坡比 n_1、m_1 一般应与坝面坡比一致或接近。

三、空腹重力坝

在坝内沿坝轴线方向开设连续的大尺寸空腔时称空腹重力坝，如图 4-43 所示。空腔下面不设底板，坝体荷载直接由空腹重力坝的前、后腿传至地基。由于空腔底不设底板，减小了坝底扬压力，增加了坝体的有效重量，故坝体混凝土量较实体重力坝可节省 20%～30%；空腔部位不用清基，可减少坝基开挖量；空腔有利于坝体混凝土散热；腔内可布置水电站厂房，这时空腔底部需设置底板。空腹重力坝的主要缺点是：腹拱（腹孔顶部的拱）设计及腹拱施工复杂，有倒悬模板，钢筋用量较多。

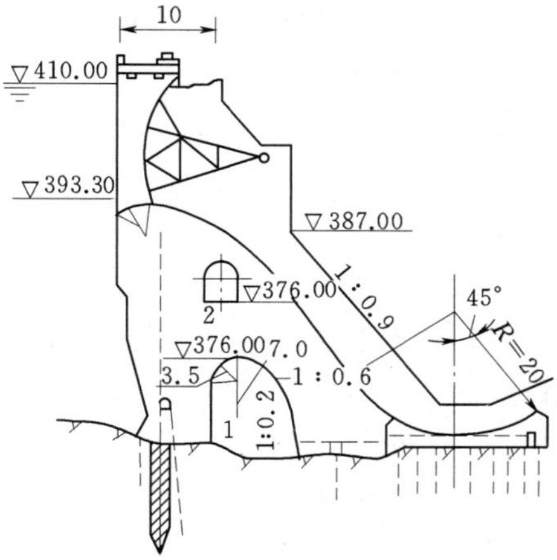

图 4-43　空腹重力坝（单位：m）
1—下腹孔；2—上腹孔

四、支墩坝

支墩坝是由一系列顺水流方向的支墩和支承在墩子上游的挡水面板所组成的。支墩坝是一种性能良好的坝型，我国自 20 世纪 50 年代以来相继建成佛子岭、梅山连拱坝、磨子潭、柘溪等不同形式的支墩坝。其中梅山连拱坝高达 88m，柘溪大头坝高达 104m。巴西与巴拉圭合建的伊泰普大头坝高达 196m，加拿大的丹尼尔约翰逊连拱坝高达 215m。

1. 支墩坝的类型

按挡水面板的形式，支墩坝可分为平板坝、连拱坝和大头坝，如图 4-44 所示。

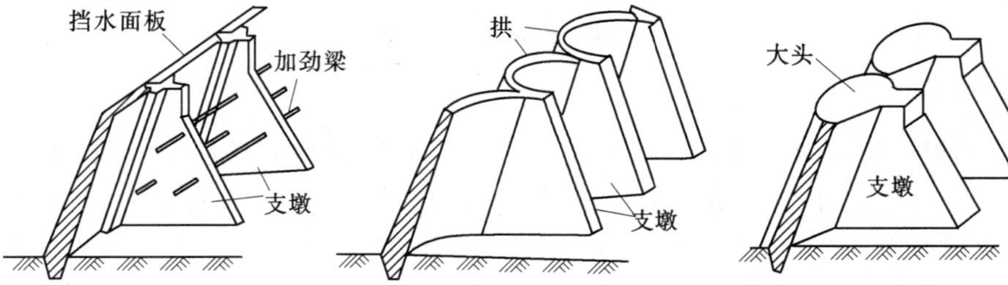

(a)　(b)　(c)

图 4-44　支墩坝的形式
(a) 平板坝；(b) 连拱坝；(c) 大头坝

(1) 平板坝是支墩坝中最简单的形式，其上游挡水面板为钢筋混凝土平板，并常以简支的形式与支墩连接。由于简支板的跨中弯矩大，适用于 40m 以下的中低坝。支墩多采用单支墩，中心距一般为5～10m，顶厚0.3～0.6m，向下逐渐加厚。靠近上游坝面的倾角为40°～60°。

(2) 连拱坝由支承在支墩上连续的拱形挡水面板承担水压力的一种轻型坝体。支墩有单支墩和双支墩两种；拱形挡水面板和支墩之间刚性连接，形成超静定结构，温度变化和地基的变形对坝体的应力影响较大。因此，其适用于气候温和的地区和良好的基岩上。

(3) 大头坝是通过扩大支墩的头部而起挡水作用的。其体积较平板坝和连拱坝大，也称大体积支墩坝。它能充分利用混凝土材料的强度，坝体用筋量少；大头和支墩共同组成单独的受力单元，对地基的适应性好，受气候条件影响小，因此大头坝的适应性广，在我国应用较多。

2. 支墩坝的特点

(1) 节省混凝土量。支墩坝利用倾向上游的挡水面板，增加了水重，提高了坝体的抗滑稳定性；支墩间留有空隙，便于坝基排水，减小扬压力，节省混凝土方量。与实体重力坝相比，大头坝可节约混凝土20%～40%，平板坝和连拱坝可节省混凝土30%～60%。

(2) 能充分利用材料的强度。支墩可随受力情况调整厚度，充分利用混凝土材料的受压强度，对于平板的抗渗和抗裂要求较高。

(3) 部分形式的支墩坝对地质和气候条件要求高。连拱坝和连续式平板坝都是超静定结构，其内力受地基变形和气温变化的影响大，适于基岩好、气候温和的地区。

(4) 施工条件不同。一方面，因支墩间存在空隙，减少了地基的开挖量，便于布置底孔和施工导流；施工散热面增加，坝体温控措施简易。另一方面，施工时立模复杂，且模板用量多，施工难度大。

(5) 侧向稳定性差。支墩本身单薄又相互独立，侧向稳定性差，当作用力超过纵向稳定临界值时，支墩可能因丧失纵向稳定而破坏；在受到垂直于河流方向的地震力时，其抗侧向倾覆的能力也较差。

工 程 案 例

三 峡 水 利 枢 纽

1. 工程概述

三峡水利枢纽位于中国湖北省宜昌市三斗坪、长江三峡的西陵峡中，距下游宜昌市约40km，具有巨大的防洪、发电、航运等综合利用效益。三峡水利枢纽大坝坝顶高程185m，正常蓄水位175m，对应库容393亿m^3。防洪库容221.5亿m^3，可以使下游荆江河段防洪标准提高到百年一遇，在遇到千年一遇以上特大洪水时，配合以中游分蓄洪工程等，可以使下游避免发生毁灭性洪灾。发电站装机容量1820万kW，保证出力499万kW，多年平均年发电量846.8亿kW·h，向华中、华东和川东供电。设有双线五级连续船闸，年单向通过能力5000万t，万吨船队可直达重庆。工程1993年开始施工准备，1998年大江截流，2003年第一台机组发电。

坝址地形开阔，河谷宽达 1000 余 m，右侧有中堡岛顺江分布，两岸谷坡平缓。基岩主要为前震旦纪斜长花岗岩，岩性均一、完整、力学强度高。微风化与新鲜基岩饱和抗压强度 100MPa，变形模量 30～40GPa，岩体透水性微弱。坝区有两组断裂构造，断层规模不大。花岗岩体的风化层分为全、强、弱、微 4 个风化带。风化壳的厚度在两岸山体地段较大，可达 20～40m，漫滩地段较薄，主河床中一般无风化层或风化层厚度较小。库区和坝区地壳稳定。地震基本烈度为Ⅵ度，建筑物按Ⅶ度设防。水库建成后，可能产生水库诱发的地震，估计最高震级为 5.5 级。水库库岸总体稳定条件较好。

坝址以上流域面积 100 万 km^2，多年平均年径流量 4510 亿 m^3，多年平均年输沙量 5.3 亿 t，正常蓄水位 175m 时库容 393 亿 m^3，防洪限制水位 145m 时相应库容 171.5m^3，防洪库容 221.5m^3。枯季消落低水位 155m，库容 228 亿 m^3，调节库容 165 亿 m^3。主要建筑物按千年一遇洪水设计，万年一遇洪水加 10% 校核，相应洪峰流量分别为 98800 m^3/s和 124300m^3/s，相应水位为 175m 和 180.4m。

2. 枢纽布置和建筑物

枢纽布置由左至右顺序为双线五级连续船闸、升船机左侧非溢流坝段、升船机、临时船闸、左岸非溢流坝段、左岸厂房坝段及右岸厂房坝段、右岸非溢流坝段等（图 4－45）。大坝轴线总长度为 2335m（不包括双线五级船闸）。

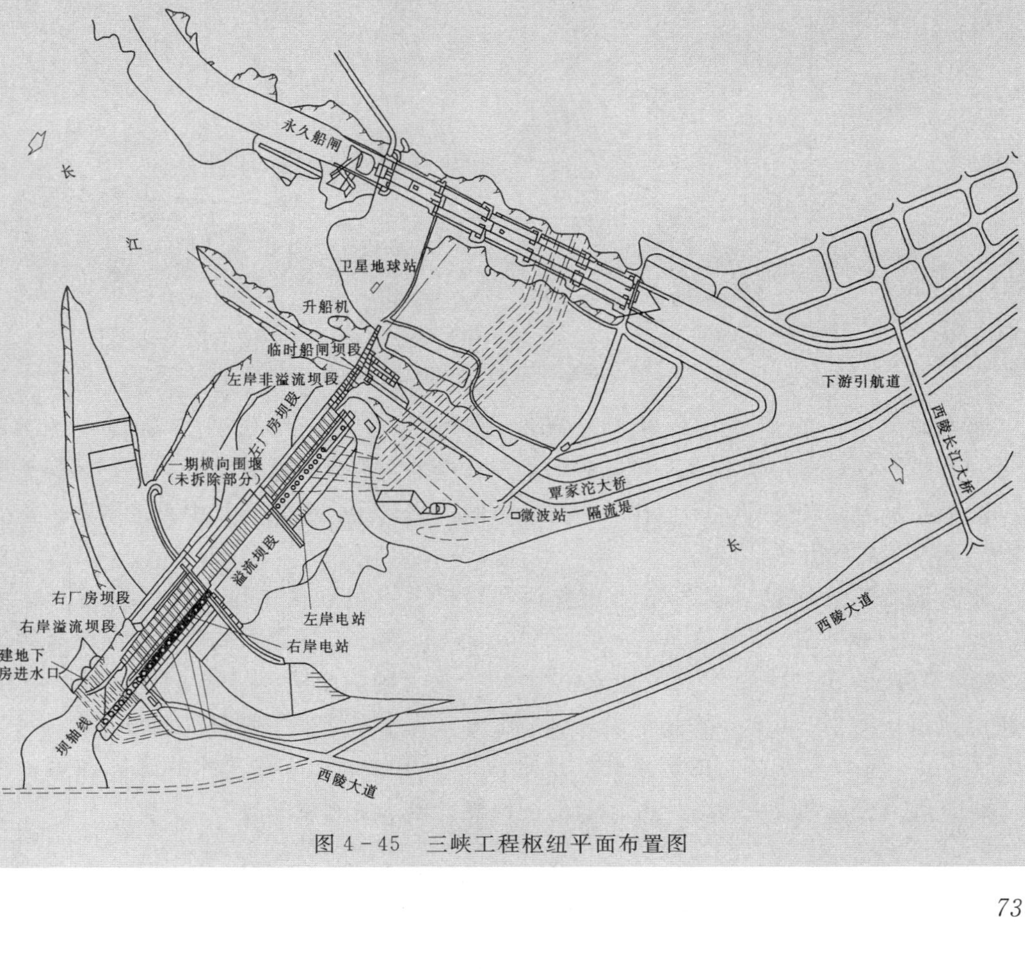

图 4－45　三峡工程枢纽平面布置图

溢流坝段长 383m，分为 23 个坝段。共设 23 个 7m×9m（宽×高）的深孔和 22 个净宽 8m 的表孔。深孔布置在坝块的中部，进水口底部高程 90m。

大坝段典型剖面图如图 4-46、图 4-47 所示。

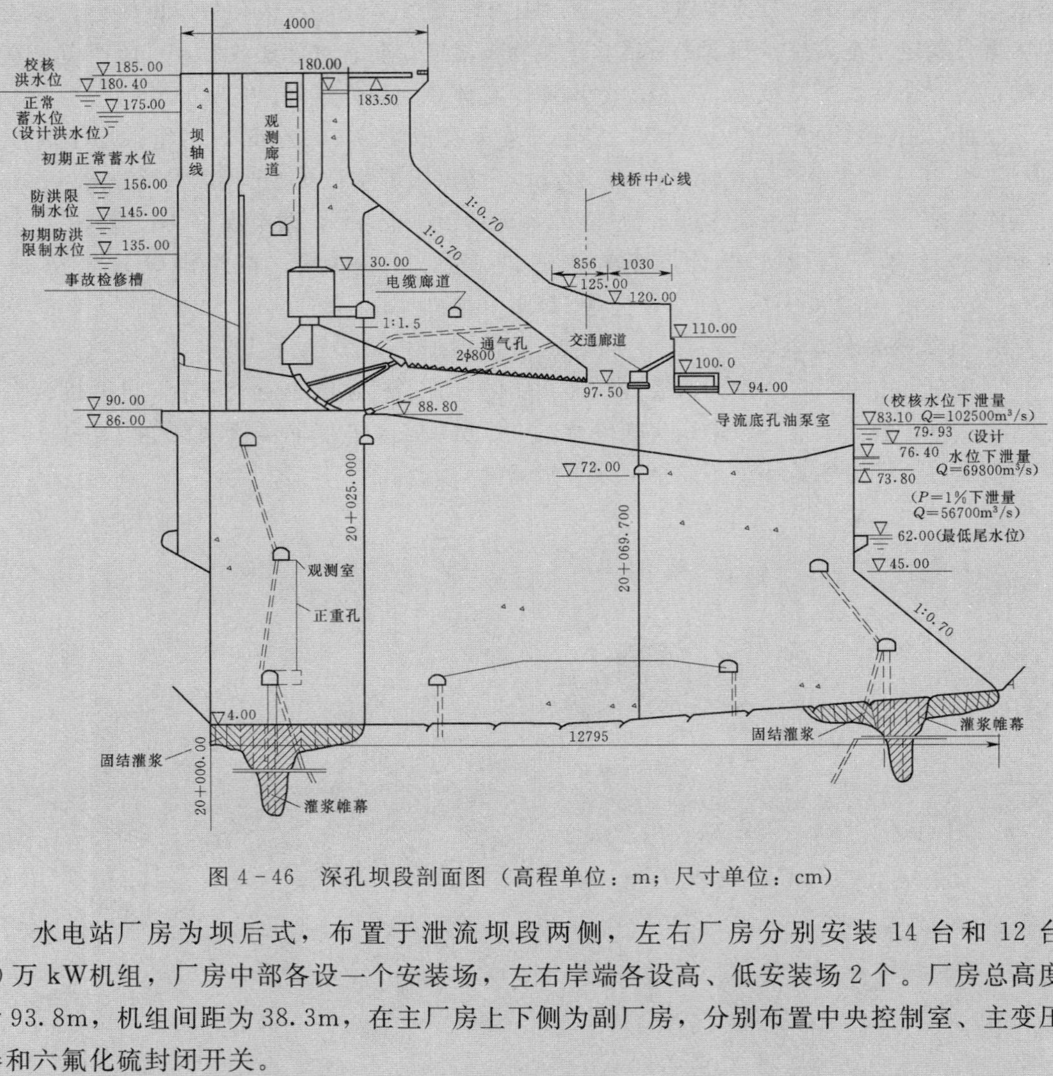

图 4-46 深孔坝段剖面图（高程单位：m；尺寸单位：cm）

水电站厂房为坝后式，布置于泄流坝段两侧，左右厂房分别安装 14 台和 12 台 70 万 kW机组，厂房中部各设一个安装场，左右岸端各设高、低安装场 2 个。厂房总高度为 93.8m，机组间距为 38.3m，在主厂房上下侧为副厂房，分别布置中央控制室、主变压器和六氟化硫封闭开关。

永久通航建筑物包括永久船闸和垂直升船机，均布置在左岸。永久性船闸总水头 113m，按设计水平 2030 年单向水货运量 5000 万 t 的要求，采用双线船闸，闸室有效尺寸为 280m×34m×5m（长×宽×栏上水位），可通过万吨级船队。船闸结构长度为 1607m，上游引航道长度 2113m，下游引航道长度 2722m。输水系统采用侧向取水的方式，每线设有 5 个 6m×7m（宽×高）的进水孔，进水口下接 10m×10m 的进水廊道，在第一级闸前，进水廊道分成两支，分别与左、右船闸两侧的输水主廊道相接。

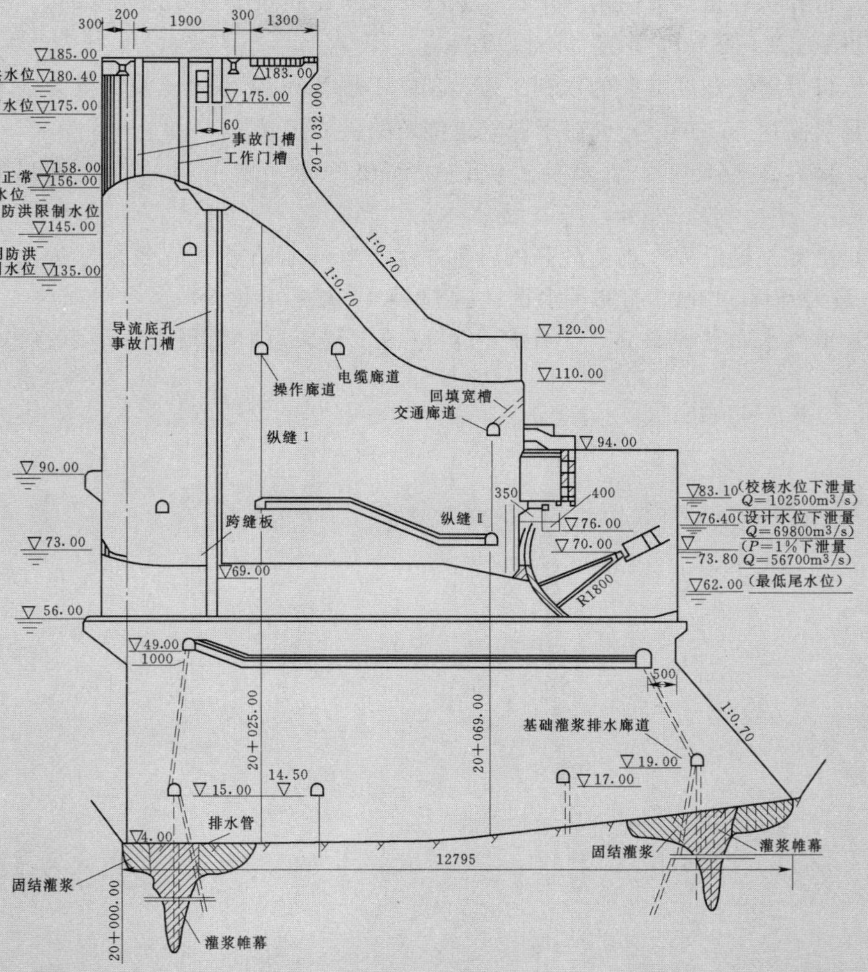

图 4-47　溢流坝表孔及导流底孔坝段剖面图（高程单位：m；尺寸单位：cm）

升船机为垂直平衡重式，承船厢尺寸为 120m×18m×3.5m（长×宽×船厢水深），一次可通过一条 3000t 级客、货船或一条 1200 马力轮顶推的 1500t 级驳船。升船机由上游引航道、上闸首、升船机主体、下闸首及下游引航道等主要部分组成。

三峡工程被列为全球超级工程之一，有世界“八大之最”：

（1）世界防洪效益最为显著的水利工程。三峡水库总库容 393 亿 m^3，防洪库容 221.5 亿 m^3，水库调洪可消减洪峰流量达 2.7 万 m^3/s，能有效控制长江上游洪水，增强长江中下游抗洪能力。

（2）世界最大的电站。三峡水电站总装机 1820 万 kW，年发电量 846.8 亿 kW·h。

（3）世界建筑规模最大的水利工程。三峡大坝坝轴线全长 2309.47m，泄流坝段长 483m，水电站机组 70 万 kW×26 台，双线 5 级船闸和升船机，无论单项、总体都是世界建筑规模最大的水利工程。

（4）世界工程量最大的水利工程。三峡工程主体建筑土石方挖填量约 1.34 亿 m^3，混凝土浇筑量 2794 万 m^3，钢筋 46.30 万 t。

（5）世界施工难度最大的水利工程。三峡工程 2000 年混凝土浇筑量为 548.17 万 m^3，月浇筑量最高达 55 万 m^3，创造了混凝土浇筑的世界纪录。

（6）世界级数最多、总水头最高的内河船闸。三峡工程的双线五级船闸，总水头 113m。

（7）世界规模最大、难度最高的升船机。三峡工程升船机有效尺寸为 120m×18m×3.5m，最大升程 113m，船厢带水重量达 11800t，过船吨位 3000t。

（8）世界水库移民最多、工作最为艰巨的工程。三峡工程水库动态移民最终达 113 万人。

第五章　拱　　坝

第一节　概　　述

世界上拱坝发展速度之快仅次于土石坝，且多修建高拱坝、双曲拱坝和薄拱坝。全世界拱坝高度超过 200m 的有 17 座，占世界坝高为 200 m 以上所有各类大坝总数的 57%。这 17 座拱坝中有 13 座是双曲拱坝，双曲拱坝是高拱坝发展的趋向。目前世界上最高的拱坝是格鲁吉亚的英古里双曲拱坝，最大坝高 272m。

目前，我国已建成最高的拱坝是二滩双曲拱坝，最大坝高 240m；最高的重力拱坝是青海省的龙羊峡拱坝，高 178m；最薄的拱坝是广东省的泉水双曲拱坝，高 80m。为适应不同的地质条件和布置要求，还修建了一些特殊的拱坝，如湖南省凤滩拱坝，采用了空腹形式；贵州省的窄巷口水电站，采用水平拱桥上布置拱坝的工程措施，以便跨过拱坝基础河床下面较深厚的砂砾层。

我国金沙江溪洛渡双曲拱坝（278m）、澜沧江小湾拱坝（292m），以及雅砻江锦屏一级双曲拱坝（305m），最大坝高均超过世界最高的英古里拱坝，这在我国拱坝建设史上可谓史无前例，标志着我国拱坝技术和坝工建设的快速发展。

一、拱坝的特点

拱坝是一种空间壳体拱形结构，其坝体结构可近似看作由一系列凸向上游的水平拱圈和一系列竖向悬臂梁所组成，如图 5－1 所示。

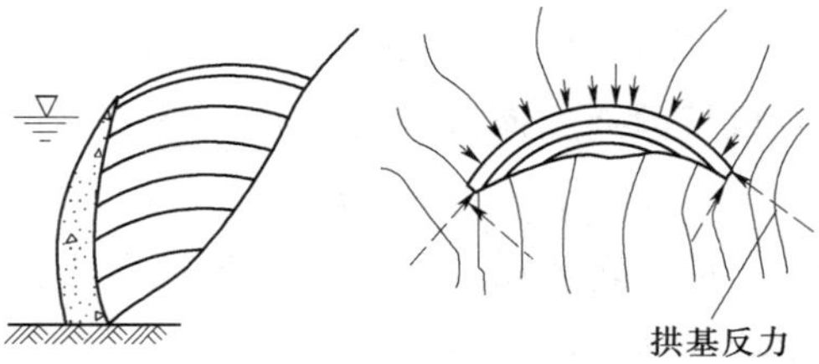

图 5－1　拱坝示意图

拱坝坝体结构既有拱作用又有梁作用，具有双向传递荷载的特点。其所承受的水平荷载一部分由拱的作用传至两岸岩体，另一部分通过竖直梁的作用传到坝底基岩，如图 5－2 所示。拱坝的拱圈着力点所坐落的两岸岩体部分称作拱座或坝肩；位于基岩最深处水平拱圈拱顶处的悬臂梁称作拱冠梁，一般位于河谷的最深处。

拱坝在外荷载作用下的稳定性主要是依靠两岸拱座的反作用力，其次依靠坝体重量来维持稳定。这样就可以将拱坝设计得较薄。

拱结构是一种抗压结构，在外荷作用下内力主要为轴向受压，有利于发挥筑坝材料（混凝土或浆砌块石）的抗压特性。若设计得当，拱圈的应力分布较为均匀，弯矩较小。拱的作用越好，材料抗压的特点就越能发挥，从而坝体厚度就可以设计得越薄。在一般情况下，因为同一高度拱坝与重力坝体积之比约为 1/3～2/3，所以拱坝是一种比较经济的坝型。

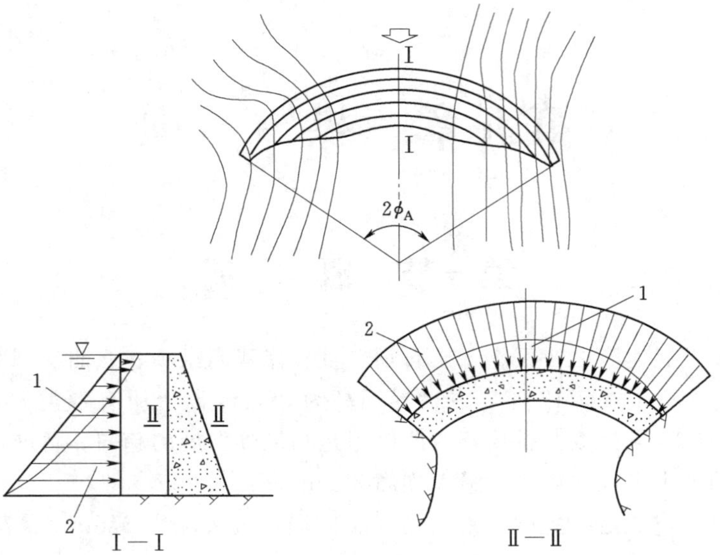

图 5-2 拱坝平面及剖面图

1—拱荷载；2—梁荷载

拱坝是一个高次超静定结构，当发生超载或坝体某一部位产生局部裂缝时，坝体的悬臂梁和拱的内力作用将自动调整，悬臂梁方向荷载和拱方向荷载将部分相互转移，坝体应力将重新分配，原来低应力部位将承担增大的应力，原来高应力部分的应力不再增长，裂缝将会停止发展直至稳定。所以，只要拱座稳定可靠，拱坝的超载能力是很高的。国内外拱坝的结构模型破坏试验也表明，混凝土拱坝的超载能力可达设计荷载的 5～11 倍。

拱坝坝体轻，整体性、弹性、韧性较好，故抗震性能高。在工程实践中，至今尚未发现有拱坝因地震而破坏或失事的例子，例如意大利的卢美双曲拱坝（坝高 136m），1975 年 5 月 6 日经历了为 8～9 级的地震，坝体安全无损。所以拱坝是一种安全性能较高的坝型。目前，在地震区已修建了不少拱坝，如英古里拱坝坝高 272m，修建在 9 级强地震区，至今还在安全运行。

因为拱坝拱圈材料可以自由伸缩，所以坝身不设永久伸缩缝。由于拱坝周边拱脚通常是固接于基岩上，因而温度变化和基岩变化对坝体应力的影响较显著，设计时，必须考虑基岩变形，并将温度应力作为一项主要荷载。

在泄洪方面，过去常认为拱坝坝体比较单薄，不宜从坝身宣泄较大的流量。但实践证明，拱坝不仅可以在坝顶安全溢流，而且可以在坝身开设大孔口泄水。目前，坝顶溢流或坝身孔口泄水的单宽流量已超过 $200m^3/(s\cdot m)$。近年来，拱坝溢流已渐趋普遍。

拱坝坝身单薄，体形复杂，设计和施工的难度较大，因而对筑坝材料强度、施工质量、施工技术以及施工进度等方面要求较高。

二、拱坝对地形和地质条件的要求

1. 对地形的要求

地形条件是决定拱坝结构形式、工程布置以及经济性的主要因素。理想的拱坝坝址地形应是左右两岸对称，岸坡平顺无突变，在平面上向下游收缩的峡谷段。坝端下游侧要有足够的岩体厚度支承，以保障坝体的稳定。

坝址处河谷形状特征常用河谷“宽高比”（L/H）以及河谷的断面形状两个指标来表示。

拱坝的厚薄程度，常以坝底最大厚度 T 和最大坝高 H 的比值来表示。“厚高比”即 T/H。当 $T/H<0.2$ 时，为薄拱坝；当 $T/H=0.2\sim0.35$ 时，为中厚拱坝；当 $T/H>0.35$ 时，为厚拱坝或重力拱坝。

L/H 值小，说明河谷窄深，拱坝水平拱圈跨度相对较短，悬臂梁高度相对较大，即拱的刚度大，梁的刚度小，坝体所承受的荷载大部分是通过拱的作用传给两岸，因而坝体可设计得较薄。反之，当 L/H 值很大时，河谷宽浅，拱的作用较小，荷载大部分通过梁的作用传给地基，坝断面必须设计得较厚。一般情况下，在 $L/H<2$ 的窄深河谷中可修建薄拱坝；在 $L/H=2\sim3$ 的中等宽度河谷中可修建中厚拱坝；在 $L/H=3\sim4.5$ 的宽河谷中多修建重力拱坝；在 $L/H>4.5$ 的宽浅河谷中，一般只宜修建拱形重力坝或重力坝。随着近代拱坝研究和建设的发展，已有一些实例成功地突破了这些限制。美国的奥本三心双曲拱坝，高 210m，河谷断面宽高比为 6；南非亨德列·维乐沃特双曲拱坝，高 90m，河谷断面宽高比已达 10。

不同河谷，即使具有同一宽高比，其断面形状可能相差很大。图 5-3 代表两种不同类型的河谷形状，拱坝在水压荷载作用下，拱梁系统的荷载分配以及对坝体剖面的影响差异较大。左右对称的 V 形河谷最适宜发挥拱的作用，靠近底部水压力最大，由于拱跨短，所以底拱厚度仍可较薄；U 形河谷靠近底部拱的跨度较大，故厚度较大；梯形河谷的情况则介于这两者之间。

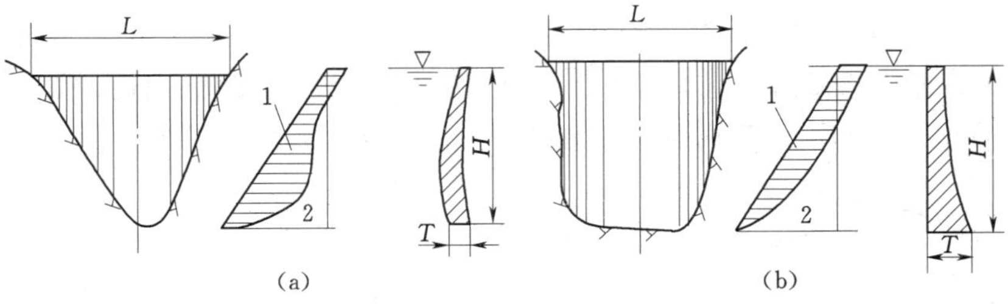

图 5-3 河谷形状对荷载分配和坝体剖面的影响

（a）V 形河谷；（b）U 形河谷

1—拱荷载；2—梁荷载

2. 对地质的要求

地质条件也是拱坝建设中的一个重要问题。拱坝地基的关键是两岸坝肩的基岩，它必须能承受由拱脚传来的巨大推力，保持稳定并不产生较大的变形，以免恶化坝体应力甚至危及坝体安全。理想的地质条件是：基岩强度高、刚度大、质地均匀单一、完整稳定、透水性小和不易风化等。但是，理想的地质条件是不多的，应对坝址的地质构造、节理与裂隙的分布、断层破碎带的走向方位等认真查清。必要时，应采取妥善的地基处理措施。

随着拱坝建设经验的积累和地基处理技术水平的不断提高，在地质条件较差的地基上也建成了不少高拱坝。我国的龙羊峡重力拱坝，基岩有 8 条大断层和软弱带，风化深，地质条件复杂，且位于强震区，但经过艰巨细致的高坝基础处理，成功地建成了高达 178m 的混凝土重力拱坝。

三、拱坝的形式

1. 按拱坝的曲率分类

拱坝有单曲和双曲之分。单曲拱坝在水平断面上有曲率，而悬臂梁断面上不弯曲或曲率很小［图 5-4（a）］。单曲拱坝适用于近似矩形的河谷或岸坡较陡的 U 形河谷。双曲拱坝在水平断面和悬臂梁断面都有曲率，拱冠梁断面向下游弯曲［图 5-4（b）］。双曲拱坝适用于 V 形河谷。

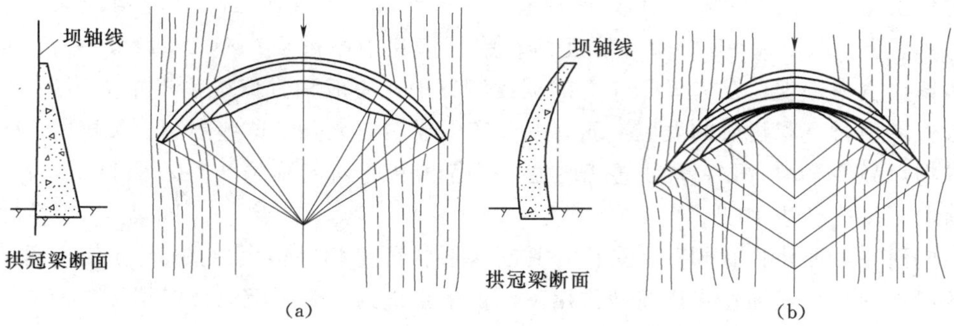

图 5-4　单、双曲拱坝示意图

（a）单曲拱坝；（b）双曲拱坝

2. 按拱坝水平拱圈的形式分类

拱坝按拱圈曲线的空间形态可分为圆弧拱坝、多心拱坝、变曲率拱坝（椭圆拱坝和抛物线拱坝等）3 种。圆弧拱坝施工简单、受力明确，由于拱脚推力方向一致、与岸坡边线的夹角往往较小，不利于坝肩岩体的抗滑稳定。多心拱坝由几段圆弧组成，且两侧圆弧段

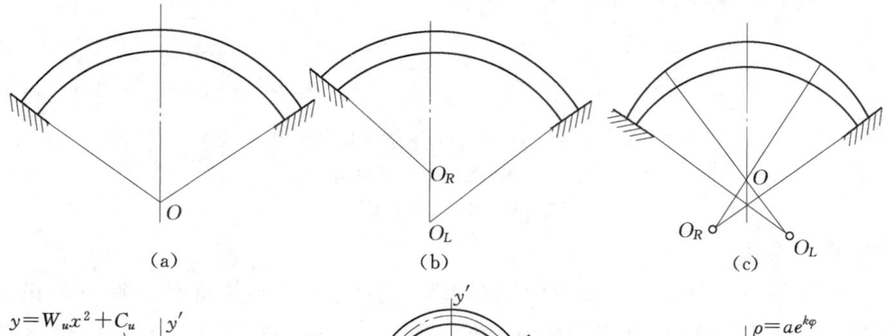

图 5-5　拱坝的各种水平拱圈形式

（a）圆拱；（b）二心拱；（c）三心拱；（d）抛物线拱；（e）椭圆拱；（f）对数螺旋线拱

半径较大，可改善坝肩岩体的抗滑稳定条件［图 5－5（b）、（c）］，但是施工复杂。变曲率拱坝（抛物线拱，椭圆拱等）的拱圈中间段曲率较大，向两侧曲率逐渐减小。受力科学合理，但是施工复杂，如图 5－5（d）、（e）、（f）所示。

第二节　拱坝的布置

拱坝布置包括拱坝体形选择及其坝体平面布置。布置设计的总要求是在满足坝体应力和基础稳定要求的前提下，选择合适的体形，使工程量省、造价低、安全度高和耐久性好。同时，拱坝也必须满足枢纽布置及运用要求。

一、水平拱圈参数的选择

1. 拱中心角 $2\phi_A$

对于选定的某一拱坝坝址，河谷形状和荷载确定，当应力条件相同时，一般拱中心角 $2\phi_A$ 越大（即 R 越小）、拱圈厚度 T 越小（图 5－6），就越经济。但中心角增大到一定程度，就会引起拱圈弧长增加，在一定程度上也抵消了一部分由减小拱厚所节省的工程量，经济优势降低。当拱厚 T 一定，拱中心角越大，拱端应力条件越好。从经济和应力考虑，采用较大中心角比较有利，但选用很大的中心角将很难满足坝肩稳定的要求，所以需要多方案技术经济比较。

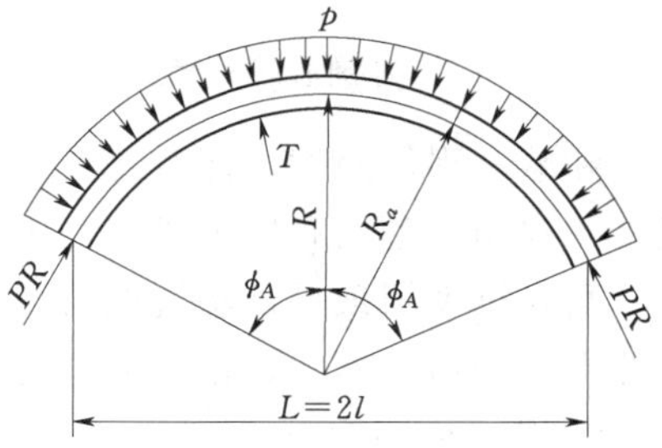

图 5－6　圆弧拱圈

从有利于拱座的稳定考虑，要求拱端内弧面切线与岩面等高线的夹角不得小于 30°。过大的中心角将使拱端内弧面切线与岩面等高线的夹角减小，对拱座稳定不利。因此，拱圈中心角在任何情况下都不得大于 120°。尤其当拱座下游岩体比较单薄时，更应将拱座中心角适当地减小，选用较小的中心角，使拱端推力尽可能地指向山体。

坝肩稳定与坝体应力对水平拱圈中心角的要求是矛盾的，可通过在设计上兼顾应力和稳定两方面的要求，以及选用合理的水平拱圈体形等措施加以解决。由于实际工程常以顶拱外弧线作为拱坝的坝轴线，所以，一般情况下可使顶拱中心角采用实际可行的最大值，往下拱圈的中心角逐渐减小。坝体顶拱最大中心角采用 90°～110°，底拱中心角在 50°～80°之间选取。

2. 水平拱圈的形态

合理的水平拱圈应当是压力线接近拱轴线，使拱截面内的压应力分布趋于均匀。在河谷狭窄而对称的坝址，水压力的大部分靠拱的作用传到两岸，采用圆弧拱圈从水压力在拱梁系统的分配情况看，拱所分担的水压力并不是沿拱圈均匀分布，而是从拱冠向拱端逐渐减小。因此，最合理的拱圈形式应是变曲率、变厚度、扁平的。

由三段圆弧构成的三心圆拱，通常两侧弧段的半径比中间的大［图 5－5（c）］，从而可以减小中间弧段的弯矩，使压应力分布均匀，改善拱端与两岸岩体的连接条件，更有利于坝肩的岩体稳定。美国、葡萄牙等国采用三心圆拱坝较多，我国的白山拱坝、紧水滩拱坝和李家峡拱坝都是采用的三心圆拱坝。

椭圆拱、抛物线拱等变曲率拱，拱圈中段的曲率较大，向两侧逐渐减小，使拱圈中的压力线接近中心线，拱端推力方向与岸坡等高线的夹角增大，有利于坝肩岩体的抗滑稳定。我国在建的二滩水利枢纽、东风水利枢纽就是采用的抛物线拱坝。

二、拱坝平面布置形式

拱坝平面布置形式一般有：等半径拱坝，等中心角拱坝，变半径、变中心角拱坝。

1. 等半径拱坝

水平拱圈从上到下采用相同的外半径 R，拱坝上游坝面为铅直圆筒面，拱圈厚度随水深逐渐加厚，下游面为倾斜面，各层拱圈内外弧的圆心均位于同一条铅直线上，即为等半径拱坝（图5－7），又称定圆心等外径拱坝。它适用于U形或较宽的梯形河谷，各层拱圈均能采用较大的中心角，有利于拱作用的发挥和减小坝体厚度，同时还具有结构简单、设计施工方便、直立的上游面便于进水口或泄水孔控制设备的布置等优点，中、小型拱坝采用较多。

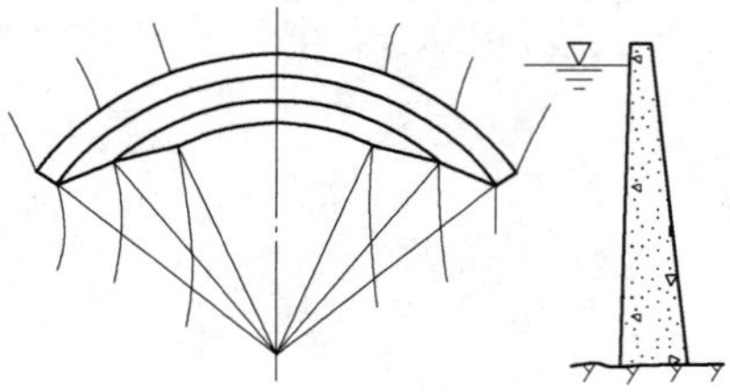

图 5－7　定圆心等外径拱坝

当在拱坝坝顶设计溢流堰时，为使泄水跌落点离坝趾较远，也可采用定圆心等内半径变外半径的布置形式，使坝的下游面为铅直圆筒，上游面为倾斜面。

2. 等中心角拱坝

对于V形河谷如仍采用定圆心等半径拱坝，下部拱的中心角必减小很多，厚度势必加大，经济性差。为了使在V形河谷中各层拱圈的中心角接近最优中心角，并布置成相等，此时拱圈半径从上到下将逐渐减小，就成为等中心角拱坝，如图5－8所示。

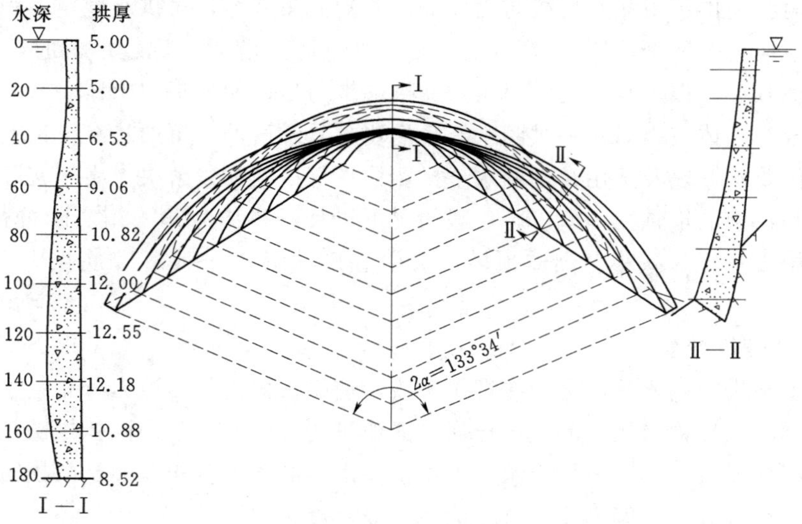

图 5－8　等中心角拱坝（单位：m）

这种坝型的缺点是，为了维持圆心角为常数，拱坝的上、下游均形成扭曲面，并且出现倒悬，在靠近两岸部分均倒向上游。

3. 变半径、变中心角拱坝

在拱坝的工程实践中，为了适应河谷条件并力求下部拱的中心角不致太小，采用比较广泛的是变半径、变中心角拱坝（图 5－9）。这种坝型在布置上更灵活，并在不同程度上消除了等半径拱坝、等中心角拱坝的缺点，改善了应力状态，是一种较好的坝型。

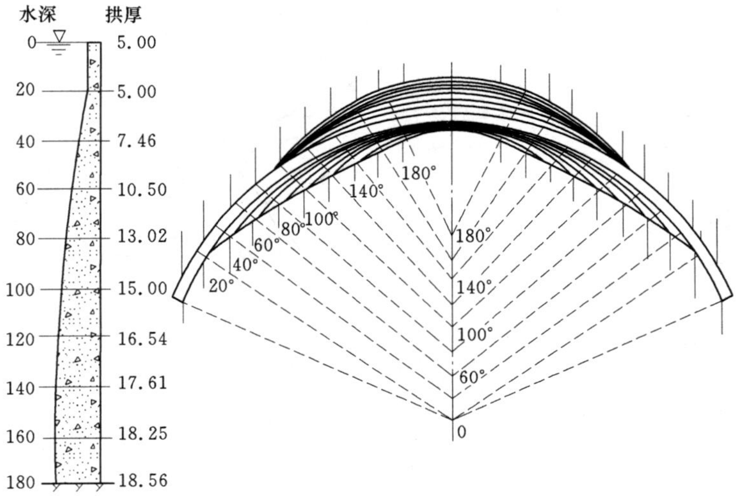

图 5－9 变半径、变中心角拱坝（单位：m）

4. 双曲拱坝

近代拱坝设计的趋势是尽可能建造双曲拱坝（图 5－10）。前述的变半径、变中心角拱坝在整体形状上已具有双向曲率的结构。双曲拱坝的主要优点是：梁系呈弯曲的形状，兼有垂直拱的作用，垂直拱在水平拱的支撑下，将更多的水压力传至坝肩；垂直拱在水压力作用下上游面受压，下游面受拉，而在自重作用于下则与此相反，因而应力状态可得到

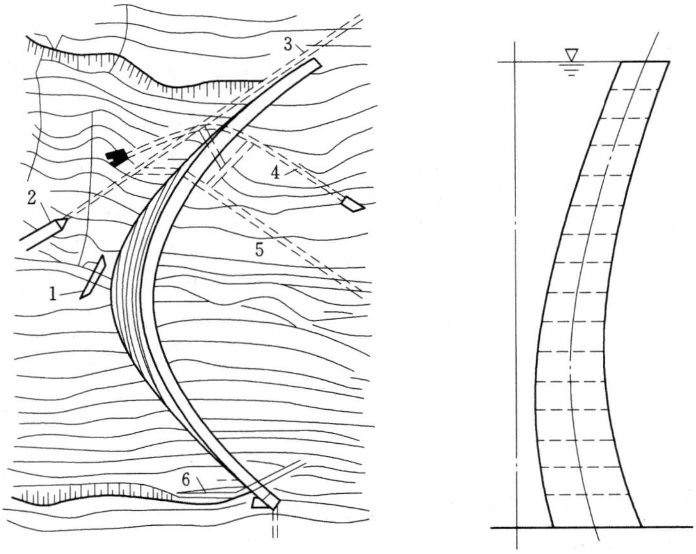

图 5－10 双曲拱坝

1—围堰；2—施工导流隧洞进口；3—发电隧洞；4—泄水隧洞；5—施工泄水隧洞；6—溢洪道

改善，材料强度得到更充分的发挥。双曲拱坝易使各层拱圈中心角趋于理想，更适用于 V 形或梯形河谷。双曲拱坝在国内也有所发展，例如广东泉水薄拱坝（图 5－11）、湖南东江双曲拱坝（高度 157m）等。

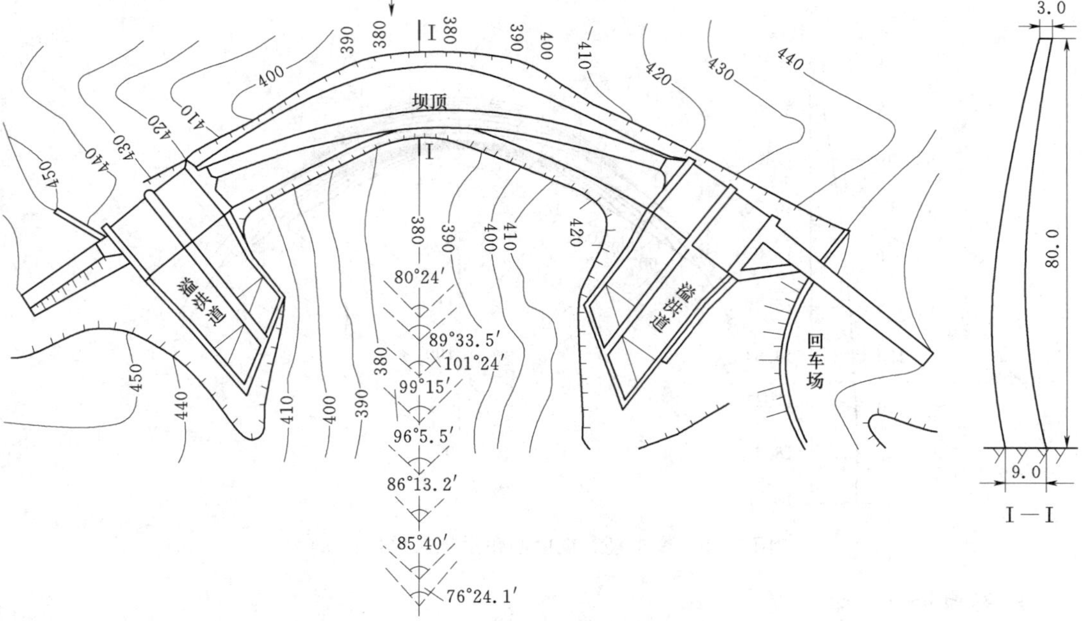

图 5－11 泉水薄拱坝（单位：m）

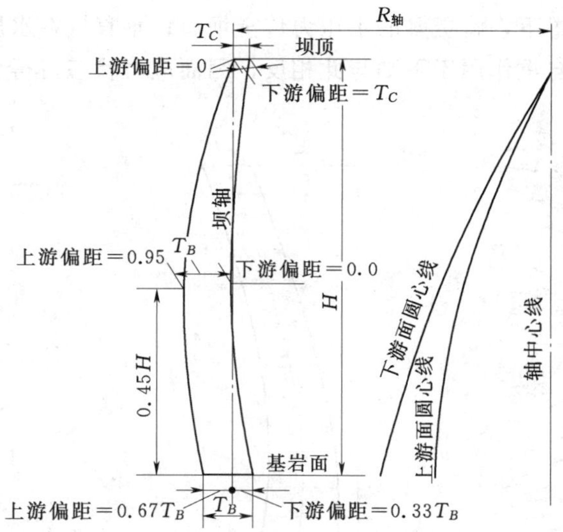

图 5－12 拱冠梁尺寸示意图

根据坝址河谷形状选择拱坝体形时，应符合下列规定：V 形河谷，可选用双曲拱坝；U 形河谷，可选用单曲拱坝；介于 V 形与 U 形之间的梯形河谷，可选用单曲拱坝或者双曲拱坝。当坝址河谷的对称性较差时，坝体的水平拱可设计成不对称的拱，或采用其他措施。当坝址河谷形状不规则或河床有局部深槽时，宜设计成有垫座的拱坝。

当地质、地形条件不利时，选择拱坝体形应符合下列要求：可采用两端拱圈呈扁平状、拱端推力偏向山体深部的变曲率拱坝，或采用拱端逐渐加厚的变厚度拱或设垫座的拱坝；当坝址两岸上部基岩较差或地形较开阔时，可设置重力墩或推力墩与拱坝连接。

三、拱冠梁的形式和尺寸

在 U 形河谷中，可采用上游面铅直的单曲拱坝，在 V 形和接近 V 形河谷中，多采用具有竖向曲率的双曲拱坝。

如图 5－12 所示，坝顶厚度 T_C 基本上代表了顶拱的刚度，加大坝顶厚度不仅能改善坝体上部下游面的应力状态，还能改善拱冠梁附近的梁底应力，有利于降低坝踵拉应力。T_C 一般按工程规模、运行和交通要求确定，如无交通要求，一般采用 3～5m。坝底厚度 T_B 是表征拱坝厚薄的一项控制数据，其影响因素有坝高、坝型、河谷形状及地质、荷载、筑坝材料和施工条件等因素。

四、拱坝布置要求和步骤

（一）布置要求

实践证明，拱坝任何部位（包括坝与地基的连接部位）的形状和尺寸的突变都会引起应力集中，拱坝布置应遵循“连续”的原则，要求如下。

1. 基岩轮廓线连续光滑

应无突出的齿坎，基岩的岩性应均匀或连续变化，河谷的地形基本对称和变化连续。如天然河谷不满足时，可采用如图 5－13 所示的工程措施适当处理。

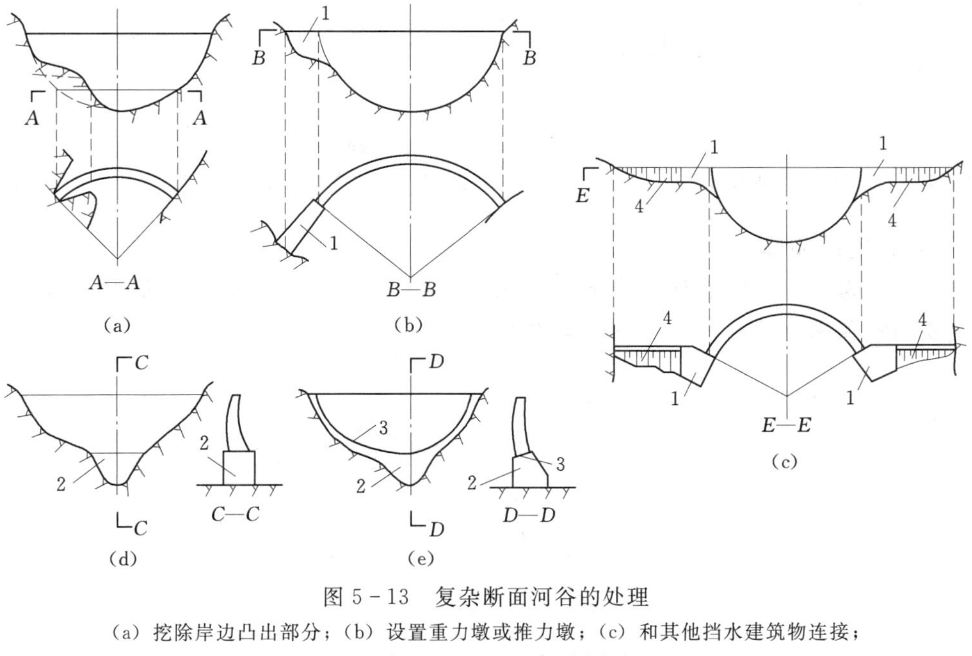

图 5－13　复杂断面河谷的处理

(a) 挖除岸边凸出部分；(b) 设置重力墩或推力墩；(c) 和其他挡水建筑物连接；(d) 设置垫座；(e) 采用周边缝

1—重力墩；2—垫座；3—周边缝；4—其他挡水建筑物

2. 坝体轮廓线连续光滑

坝体轮廓应力求简单、光滑平顺，避免有任何突变；圆心轨迹线、中心角和内外半径沿高程的变化也应是光滑连续或基本连续的，如图 5－14 所示。悬臂梁的倒悬不宜过大。

拱坝坝面倒悬系指上层坝面突出于下层坝面的现象。在双曲拱坝中，很容易出现坝面倒悬的现象。过度倒悬将使施工困难，且在封拱前在自重作用下很可能在与其倒悬相对的另一侧坝面产生拉应力甚至开裂。对于倒悬的处理，一般有以下几种方式。

(1) 使靠近岸边的坝体上游面维持直立，这样，河床中部坝体将俯向下游，如图 5-14 (a) 所示。

(2) 使河床中间的坝体上游面维持直立，而岸边坝体向上游倒悬，如图 5-14 (b) 所示。

(3) 协调前两种方案，使河床段坝体稍俯向下游，岸坡段坝体稍向上游倒悬，如图 5-14 (c) 所示。

设计时，宜采用第三种方式，以减小坝面的倒悬度。对向上游倒悬的岸边坝段，为不使其下游面产生过大的拉应力，可在上游坝脚处加设支墩，如图 5-14 (d) 所示。

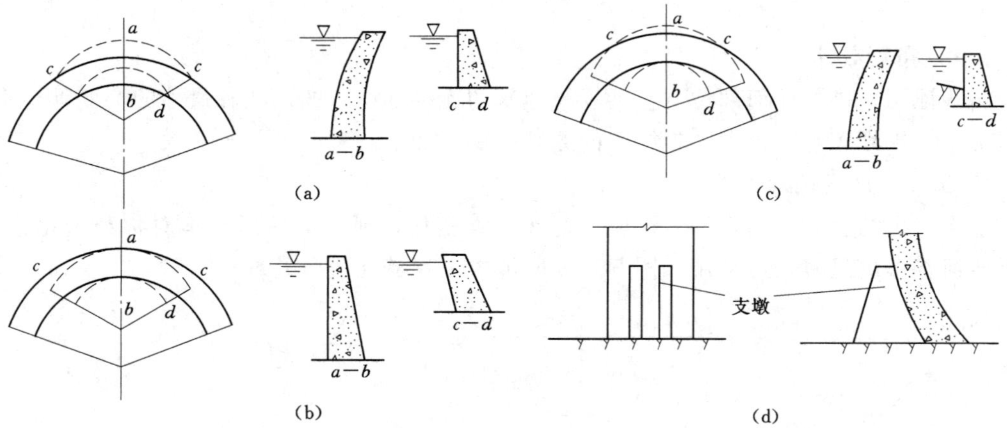

图 5-14 拱坝倒悬的处理

(a) 岸边坝体直立，中部坝体俯向下游；(b) 中部直立，岸边倒悬；(c) 中部俯向下游，岸边倒悬；(d) 岸边设支墩

(二) 布置的步骤

图 5-15 为在地形图上布置拱坝的示意图。拱坝的布置无一成不变的固定程序，而是一个反复调整和修改的过程。一般步骤如下：

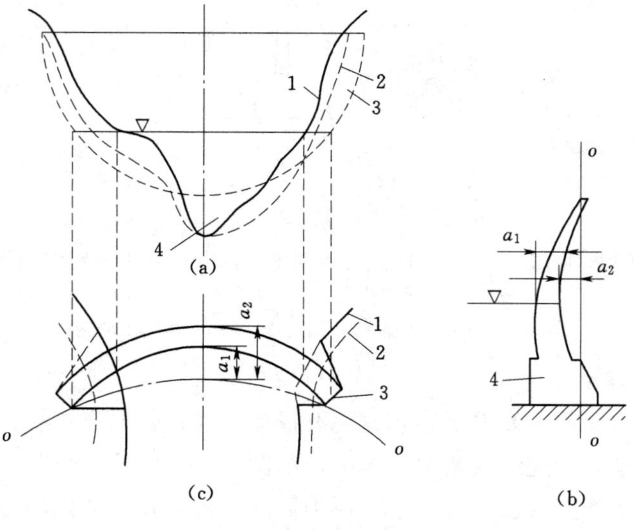

图 5-15 拱坝布置示意图

(a) 沿拱坝基座轴线的地形横剖面图；(b) 拱冠梁剖面；(c) 在某高程处切出的水平拱圈

1—原地面线；2—新鲜基岩边界线；3—拱坝支座的周界；4—混凝土垫座

（1）根据坝址地形图、地质图和地质踏勘资料，定出开挖深度，画出可利用基岩面等高线地形图。

（2）通过地质调查，在良好的、可利用基岩面等高线的地形图上，拟定顶拱轴线的位置。将顶拱轴线绘在透明纸上，以便在地形图上移动、调整位置，尽量使拱轴线与基岩等高线在拱端处的夹角不小于30°，并使两端夹角大致相同。按选定的半径、中心角及顶拱厚度画出顶拱内外缘弧线。

（3）初拟拱冠梁剖面尺寸，自坝顶往下，一般选取5～10道拱圈，绘制各层拱圈平面图，布置原则与顶拱相同。各层拱圈的圆心连线在平面上最好能对称于河谷可利用岩面的等高线，在竖直面上圆心连线应为连续光滑的曲线。

（4）切取若干铅直剖面，检查其轮廓线是否光滑连续，有无倒悬现象，确定倒悬程度。并把各层拱圈的半径、圆心位置以及中心角分别按高程点绘制，连成上、下游面圆心线和中心角线。

（5）进行应力计算和坝肩岩体抗滑稳定校核。修改布置及尺寸，直至满足拱坝布置设计的总要求。

（6）将坝体沿拱轴线展开，绘成拱坝上游或下游展视图，显示基岩面的起伏变化，对于突变处应采取削平或填塞措施。

（7）计算坝体工程量，作为不同方案比较的依据。

第三节　拱坝的泄洪和消能

一、拱坝坝身泄洪方式

拱坝坝身的泄洪方式有自由跌流式、鼻坎挑流式、滑雪道式及坝身泄水孔式等。

1. 自由跌流式

如图5-16所示，泄流时，水流经坝顶自由跌入下游河床。这种形式适用于基岩良好、单宽泄洪量较小的小型拱坝。由于落水点距坝趾较近，坝下必须有防护设施。

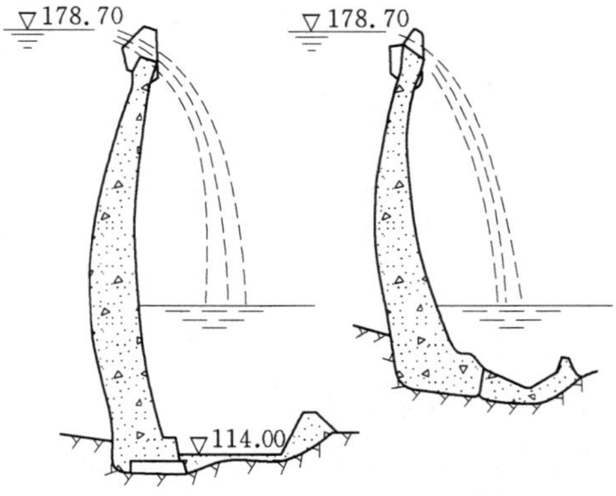

图5-16　自由跌流与护坦布置
（单位：m）
（a）大坝中部；（b）大坝两岸

2. 鼻坎挑流式

为了使泄水跌落点远离坝脚，常在溢流堰顶曲线末端以反弧段连接成为挑流鼻坎，如图5-17所示。挑流鼻坎多采用连续式结构，堰顶至鼻坎之间的高差一般不大于6～8m，大致为设计水头的1.5倍，反弧半径约等于堰上设计水头，鼻坎挑射角一般为15°～25°。由于落水点距坝趾较远，可适用于泄流量较大的轻薄拱坝，一般 $q \leqslant 50m^3/(s \cdot m)$。目前世界上最高的英古里拱坝坝高272m，就是采用坝顶鼻坎挑流的泄洪方式。我国的东风、流溪河双曲拱坝也采用了这种形式，运用情况良好。

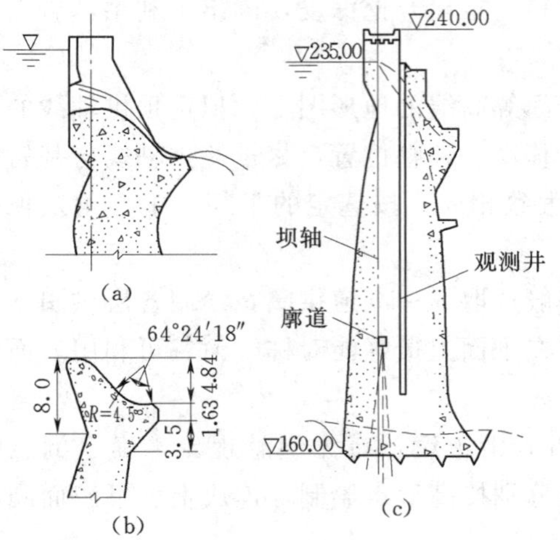

图 5-17 拱坝溢流表孔挑流坎（单位：m）
（a）带胸墙的坝顶表孔挑流坎；（b）坝顶表孔挑流孔；（c）流溪河拱坝溢流表孔

3. 滑雪道式

滑雪道泄洪是拱坝特有的一种泄洪方式，其溢流面曲线由溢流坝顶和紧接其后的泄槽组成，泄槽通常由支墩或其他结构支承，与坝体彼此独立。水流过坝以后，流经泄槽，由槽末端的挑流鼻坎挑出，使水流在空中扩散，下落到距坝较远的地点。由于挑流坎一般都比堰顶低很多，落差较大，因而挑距较远。它适用于泄洪量较大、坝体较薄的拱坝。

随着拱坝技术的发展，坝体越来越薄，当泄流量较大时，滑雪道是拱坝的理想泄洪方式。但滑雪道各部分的形状、尺寸必须适应水流条件，否则容易产生空蚀破坏。所以，滑雪道溢流面的曲线形状、反弧半径和鼻坎尺寸等都需经过试验研究来确定。

我国猫跳河三级修文水电站拱坝（图 5-18）坝高 49m，采用厂房顶滑雪道式泄洪；泉水双曲薄拱坝采用岸坡滑雪道，左右两岸对称布置，水流对冲碰撞消能。

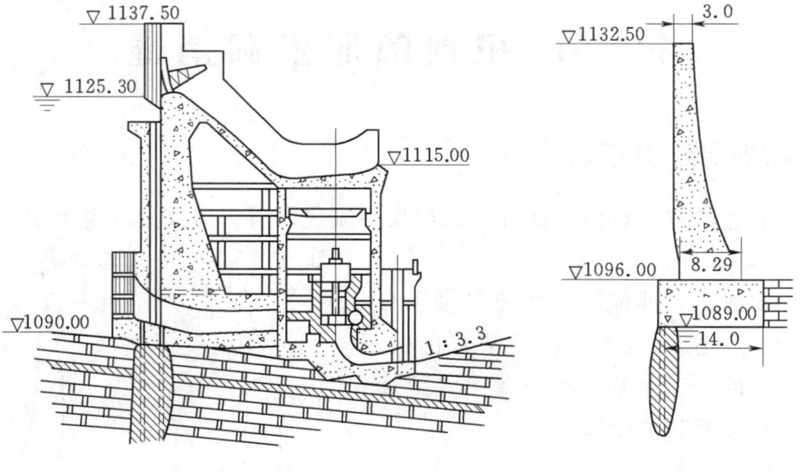

图 5-18 修文水电站拱坝剖面图（单位：m）

4. 坝身泄水孔式

在水面以下一定深度处，拱坝坝身可开设孔口用来辅助泄洪、放空水库、排沙或施工期导流。位于拱坝 1/2 坝高处或坝体上半部的泄水孔称作中孔；位于坝体下半部的泄水孔称作底孔。拱坝泄流孔口在平面上多居中或对称于河床中线布置，孔口泄流一般是压力流，比堰顶溢流流速大，挑射距离远。

泄水孔的工作闸门大多采用弧形闸门，布置在出口，进口设事故检修闸门。这样不仅便于布置闸门的提升设备，而且结构模型试验成果表明，在泄水孔口末端设置闸墩及挑流坎后，由于局部加厚了孔口附近的坝体，可显著地改善孔口周边的应力状态，对于孔底的拱应力也有所改善。实践证明，孔口对坝体应力的影响是局部的，不致危及坝的整体安全。为改善局部应力的影响，可在孔口周围布置钢筋。当前国内外成功地在双曲拱坝的坝身上采用大孔口泄洪，这是拱坝技术的新发展。

二、拱坝的消能和防冲

水流过坝后具有向心集中现象，水舌入水处单位面积能量大，造成集中冲刷，因此消能防冲设计要防止发生危害性的河床集中冲刷；此外，拱坝河谷一般比较狭窄，当泄流量集中在河床中部时，两侧形成强力回流，淘刷岸坡，因此消能防冲设计要防止危及两岸坝肩的岸坡冲刷或淘刷。因此，对拱坝采用合理的消能防冲措施，对拱坝的安全运行具有重要的意义。

拱坝消能形式通常有以下几种。

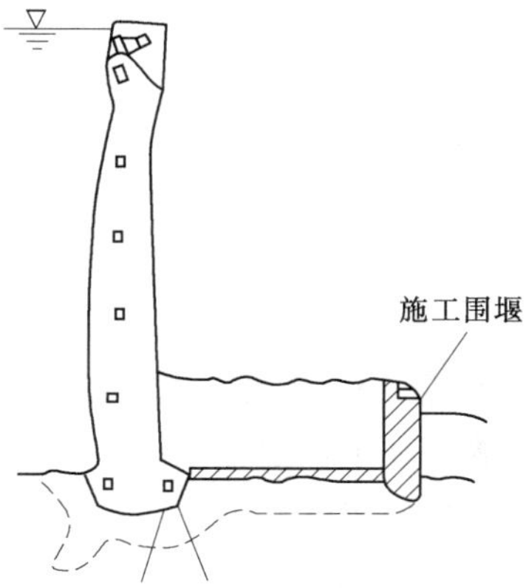

图 5－19　乌格朗拱坝消力池

1. 水垫消能

水流从坝顶表孔或坝身孔口直接跌落到下游河床，利用下游水流形成水垫消能。由于水舌入水点距坝趾较近，故需采取相应的防冲措施，一般都在坝下游一定距离处设置消力坎、二道坝或挖深式消力池。如：法国的乌格朗拱坝利用下游施工围堰做成二道坝，抬高下游水位（图 5－19）；我国的红岩双曲拱坝在下游设置二道坝形成水垫消能。

2. 挑流消能

挑流消能是拱坝采用最多的消能形式。鼻坎挑流式、滑雪道式和坝身泄水孔式大都采用各种不同形式的鼻坎，使水流扩散、冲撞或改变方向，在空中消减部分能量后再跌入水中，以减轻对下游河床的冲刷。

为减小水流向心集中，国内外一些拱坝将布置在两侧或一侧的溢洪道的挑流鼻坎做成窄缝式或扭曲挑坎，使挑射出的水舌能沿河谷纵向拉开，既减少落点处单位面积能量又不冲击两岸。

3. 空中冲击消能

对于狭窄河谷中的中、高拱坝，可利用过坝水流的向心作用特点，在拱冠两侧各布置一组溢流表孔或泄水孔，使两侧水舌在空中交汇，冲击掺气，沿河槽纵向激烈扩散，从而消耗大量的能量，减轻对下游河床的冲刷，但应注意两侧闸门必须同步开启，否则射流将直冲对岸，危害更大。我国先后成功地修建了陈村、泉水和广西的山花等两侧挑流对冲消能工。

在大流量的中、高拱坝上，采用高低坎大差动形式，形成水股上下对撞消能。这种消能形式不仅把集中的水流分散成多股水流，而且由于通气充分，有利于减免空蚀破坏。我国的白山重力拱坝采用高差较大的溢流面低坎和中孔高坎相间布置，形成挑流水舌相互穿射，横向扩散，纵向分层的三维综合消能（图 5－20），效果很好。但对撞水流造成的“雾化”程度更为严重，应适当加以控制。

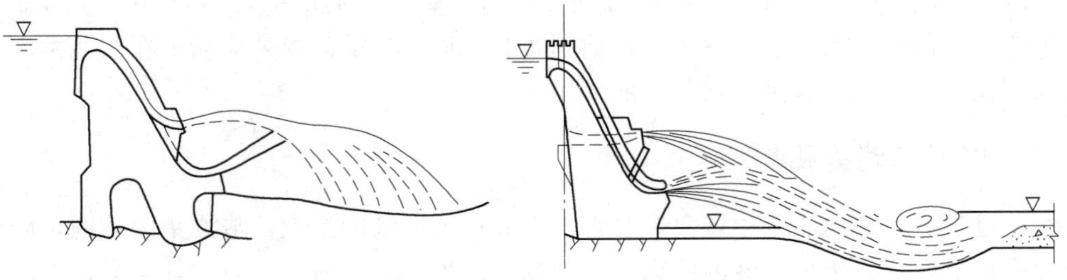

(a)　　　　　　　　　　　　(b)

图 5-20　拱坝高低大差动坎消能

(a) 凤滩重力拱坝高低坎挑流对撞消能流态；(b) 白山拱坝溢流面低坎与中孔高坎对撞消能流态

泄水拱坝的下游一般都需采取防冲加固措施，如护坦、护坡、二道坝等。护坦、护坡的长度、范围以及二道坝的位置和高度等，应由水工模型试验确定。

第四节　拱坝的构造

一、坝体分缝、接缝处理

拱坝是整体结构，不设置永久性横缝，为便于施工期间混凝土散热和降低收缩应力，防止混凝土产生裂缝，需要分段浇筑，各段之间设置有收缩缝，在坝体混凝土冷却到当地年平均气温左右，混凝土充分收缩后再用水泥浆封堵，以保证坝的整体性。

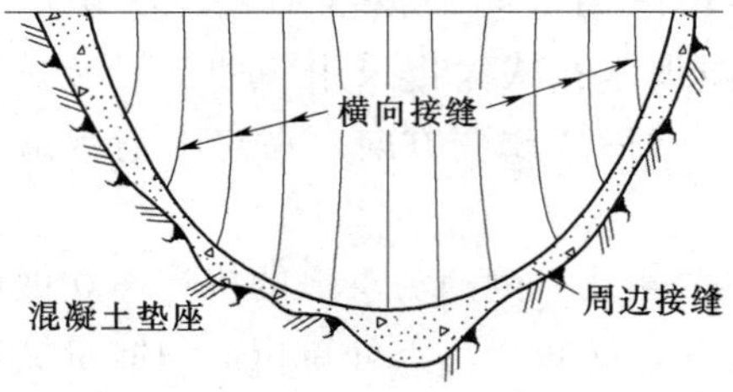

图 5-21　拱坝的横缝和周边缝

收缩缝有横缝和周边缝两类，如图 5-21 所示。

拱坝横缝一般沿径向或接近径向布置。对于定中心拱坝，径向布置的横缝为一铅直平面，对于变半径的拱坝，为了使横缝与半径方向一致，必然会形成一个扭曲面。有时为了简化施工，对不太高的拱坝，也可用仅与 1/2 坝高处拱圈的半径方向一致的铅直面来分缝。横缝间距一般为 15～20m。横缝上游侧应设止水片，止水的材料和做法与重力坝相同。

横缝底部缝面与地基面的夹角不得小于 60°，并应尽可能正交。缝内设铅直向的梯形键槽，以提高坝体的抗剪强度。

拱坝厚度较薄，一般可不设纵缝。对厚度大于 40m 的拱坝，经分析论证，可考虑设置纵缝。相邻坝块间的纵缝应错开，纵缝的间距约为 20～40m。为方便施工，一般采用铅直纵缝，到缝顶附近，为了受力合理，纵缝应逐渐变成与坝顶下游坝面正交方向。纵缝内一般应设水平向键槽以提高铅直向抗剪强度，键槽形状一般为三角形，键槽的一个面应和一个主应力方向接近垂直。

收缩缝按封拱时填灌方式不同可分为窄缝和宽缝两种。窄缝是两个相邻的坝段相互紧靠着浇筑，因混凝土收缩而自然形成的缝，缝中预埋灌浆系统（图 5-22），坝体冷却后进行接缝灌浆，混凝土拱坝一般都采用这种窄缝。宽缝又称回填缝，是在坝段之间留 0.7～1.2m 的宽度，缝面设键槽，上游面设钢筋混凝土塞，然后用密实的混凝土填塞。宽缝散热条件好，坝体冷却快，但回填混凝土冷却后又会产生新的收缩缝。

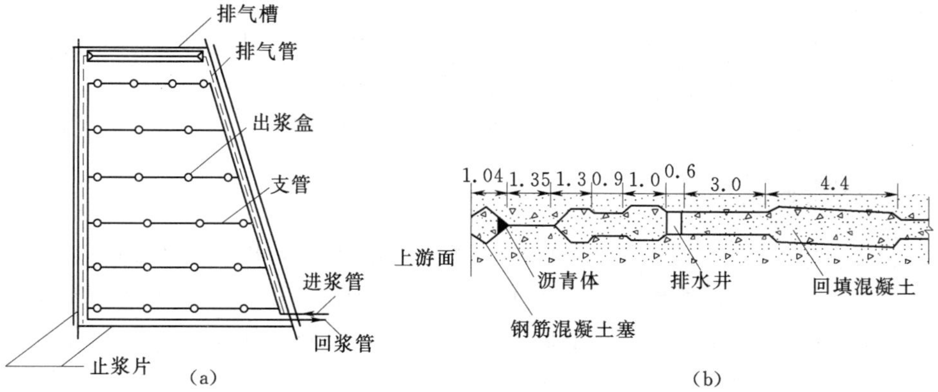

图 5-22　拱坝横缝处理措施（单位：m）
(a) 窄缝灌浆；(b) 宽缝回填混凝土

二、坝顶

坝顶宽度应根据剖面设计和满足运行、交通要求确定。当无交通要求时，非溢流坝的顶宽一般不小于 3m。溢流坝段坝顶布置应满足泄洪、闸门启闭、设备安装、交通、检修等的要求。

三、坝体防渗和排水

拱坝上游面应采用抗渗混凝土，其厚度约为（1/10～1/15）H，H 为坝面该处在水面以下的深度。对于薄拱坝，整个坝厚都应采用抗渗混凝土。

坝身内一般应设置竖向排水管，排水管与上游坝面的距离为（1/10～1/15）H，一般不少于 3m。排水管应与纵向廊道分层连接，把渗水排入廊道的排水沟。排水管间距一般为 2.5～3.5m，内径一般为 15～20cm，多用无砂混凝土管。排水管与廊道的连接形式如图 5-23 所示。

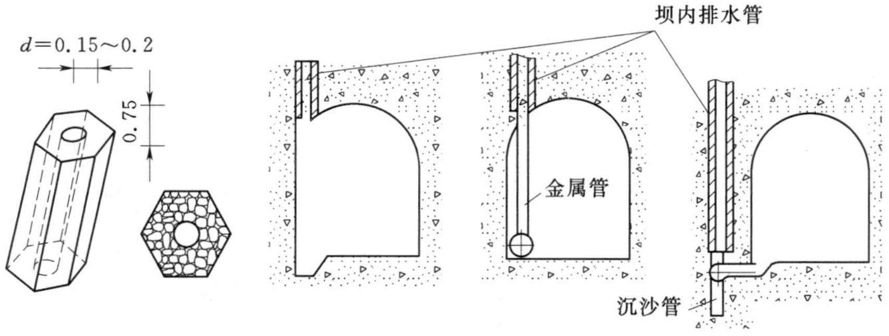

图 5-23　排水管与廊道的连接（单位：m）

四、廊道

为满足检查、观测、灌浆、排水和坝内交通等要求，需要在坝体内设置廊道与竖井。廊道的断面尺寸、布置和配筋基本上和重力坝相同。对于高度不大、厚度较薄的拱坝，为避免对坝体削弱过多，在坝体内可只设置一层灌浆廊道，而将其他检查、观测、交通和封拱灌浆等工作移到坝后桥上进行，桥宽一般为1.2～1.5m，上下层间隔为20～40m，在与坝体横缝对应处留有伸缩缝，缝宽约1～3cm，以适应坝体变形。

五、坝体管道及孔口

坝体管道及孔口用于引水发电、供水、灌溉、排沙及泄水。管道及孔口的尺寸、数目、位置、形状应根据其运用要求和坝体应力情况确定。泄洪用的泄水孔断面多为矩形，矩形孔口的尖角处应修圆，以消除应力集中，并应局部配筋。为引水发电、灌溉、供水等目的在坝体内设置的管孔，一般采用圆形断面，进口多为矩形，中间设渐变段连接。

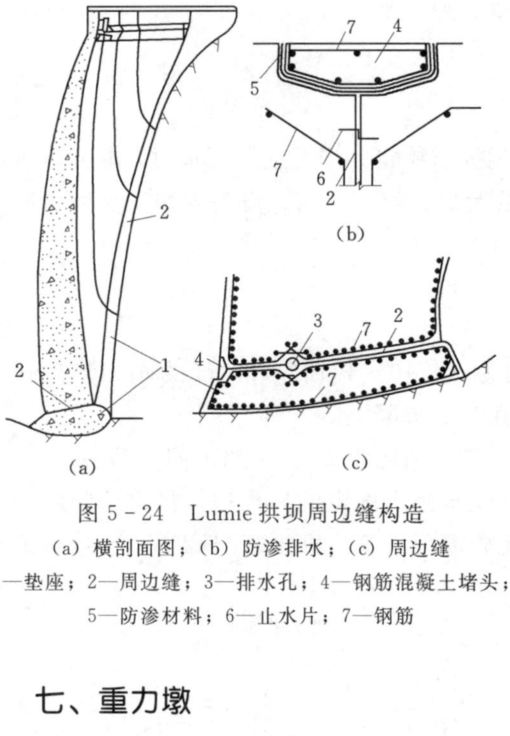

图5-24 Lumie拱坝周边缝构造
(a) 横剖面图；(b) 防渗排水；(c) 周边缝
1—垫座；2—周边缝；3—排水孔；4—钢筋混凝土堵头；5—防渗材料；6—止水片；7—钢筋

六、垫座与周边缝

对于地形不规则的河谷或局部有深槽时，可在基岩与坝体之间设置垫座，在垫座与坝体间设置永久性的周边缝。周边缝一般做成二次曲线或卵形曲线，以保证其上坝体获得对称的较优体形。

垫座作为人工基础，可改善河谷的地形和地质条件以及拱坝的支承条件。拱坝设周边缝后，梁刚度有所减弱，改变了拱梁分配的比例。周边缝还可减小坝体传至垫座的弯矩，从而减小垫座与基岩接触面间的拉应力，并减小甚至消除坝体上游面的竖向拉应力。利用垫座扩大与基岩的接触面积，可调整和改善坝基的应力条件。图5-24为意大利Lumie拱坝周边缝的细部构造。

七、重力墩

重力墩是拱坝坝端的人工支座。对形状复杂的河谷断面，通过设重力墩可改善支承坝体的河谷断面形状；当河谷一岸或两岸较宽阔，可利用重力墩连接过渡到其他形式坝段。

重力墩承受拱端推力和上游库水压力，靠本身重力和适当的断面来保持墩的抗滑稳定和强度。

工 程 案 例

二 滩 水 利 枢 纽

二滩水利枢纽位于金沙江最大支流的雅砻江下游、四川省西部的攀枝花市境内，在雅砻江与金沙江的交会河口上游 23km，距攀枝花市 46km。

二滩水利枢纽是雅砻江干流规划建设的 21 个梯级电站中的第一个工程。二滩水利枢纽以发电为主。其水电站安装 6 台单机容量为 55 万 kW 的水轮发电机组，总装机容量为 330 万 kW；年发电量为 170 亿 kW·h，保证出力为 100 万 kW，年利用小时为 5162h。

二滩水利枢纽水库正常蓄水位为 1200m，发电最低运行水位为 1155m，总库容 58 亿 m^3，有效库容 33.7 亿 m^3，属季调节水库，控制流域面积 11.64 万 km^2。

二滩拱坝地处峡谷，两岸临江坡高 300～400m，历史上无强震记载，经国家地震局审定，二滩坝址区地震基本烈度为Ⅷ度。

坝基由二叠玄武岩和后期侵入的正长岩以及因侵入而形成的变质玄武岩等组成，岩体完整性较好，坝区无大的断层分布，小断层、破碎带以中高角度垂直或斜交河床分布，一般延伸短小，连贯性差。

二滩水利枢纽主体工程包括：混凝土抛物线形双曲拱坝、地下厂房系统、泄水建筑物、过木机道等（图 5-25）。

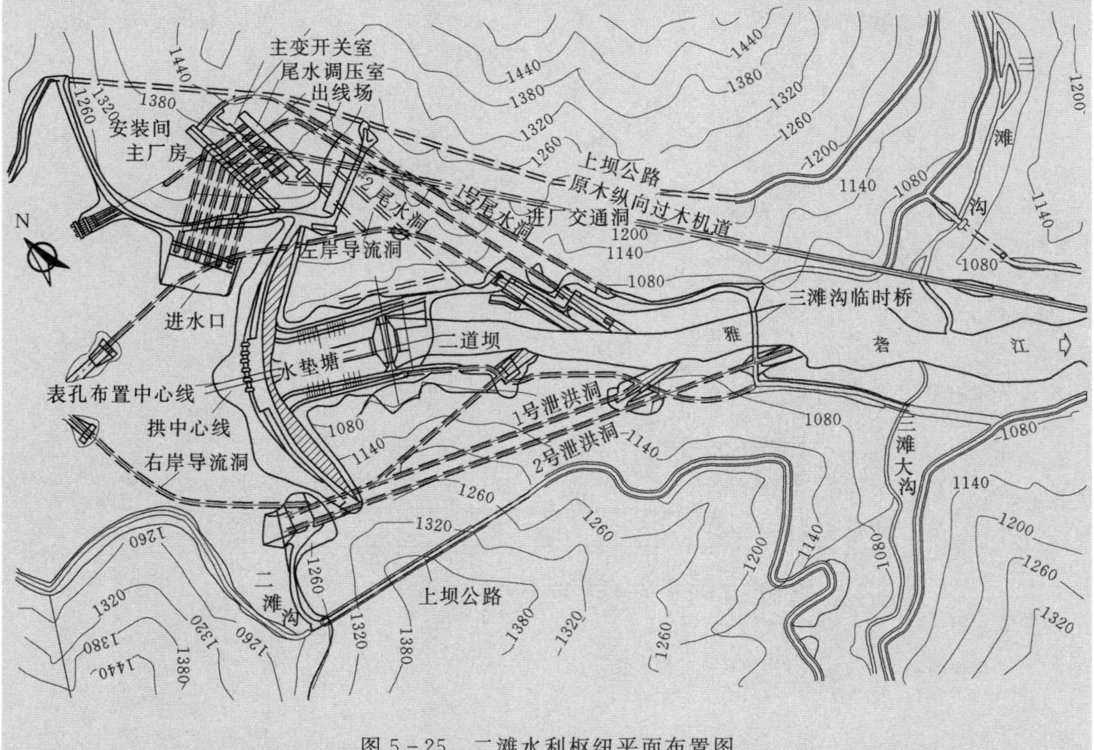

图 5-25　二滩水利枢纽平面布置图

双曲拱坝坝高 240m，拱圈最大中心角 91.5°，坝顶长 774.7m，坝顶高程为 1205m，拱冠坝顶宽度 11m，拱冠坝底宽度 55.74m。拱坝采用抛物线形双曲拱坝，使接近岸坡的曲率减小而趋扁平化，加大拱推力与岸坡的夹角，增加坝肩稳定。为了使应力分布均匀，减小拱坝断面，纵向采用高次曲线，加大纵向曲率，上游面最大倒悬度控制在 0.18。由于河流两岸不对称，左半拱和右半拱采用不同曲率半径。大坝的上游展示图和大坝的拱冠剖面图如图 5-26、图 5-27 所示。

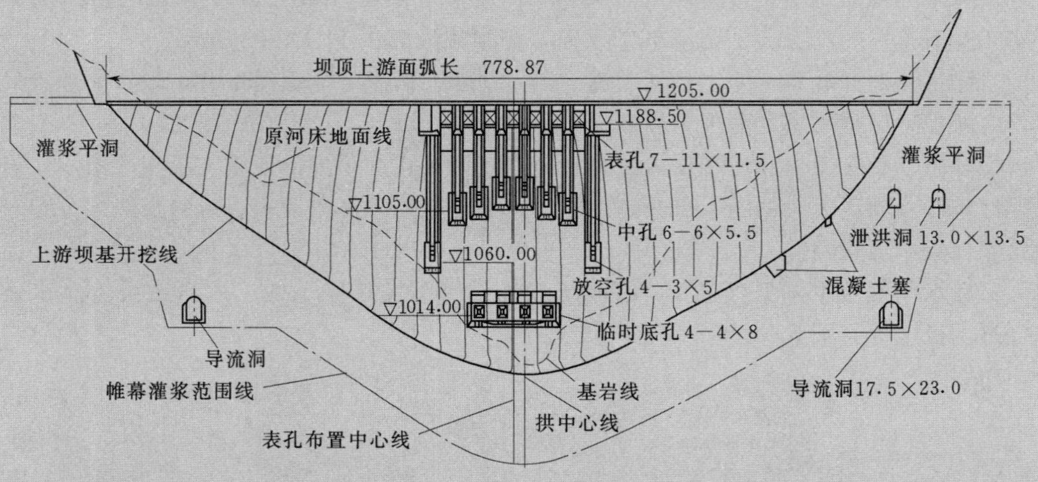

图 5-26 大坝上游展示图（单位：m）

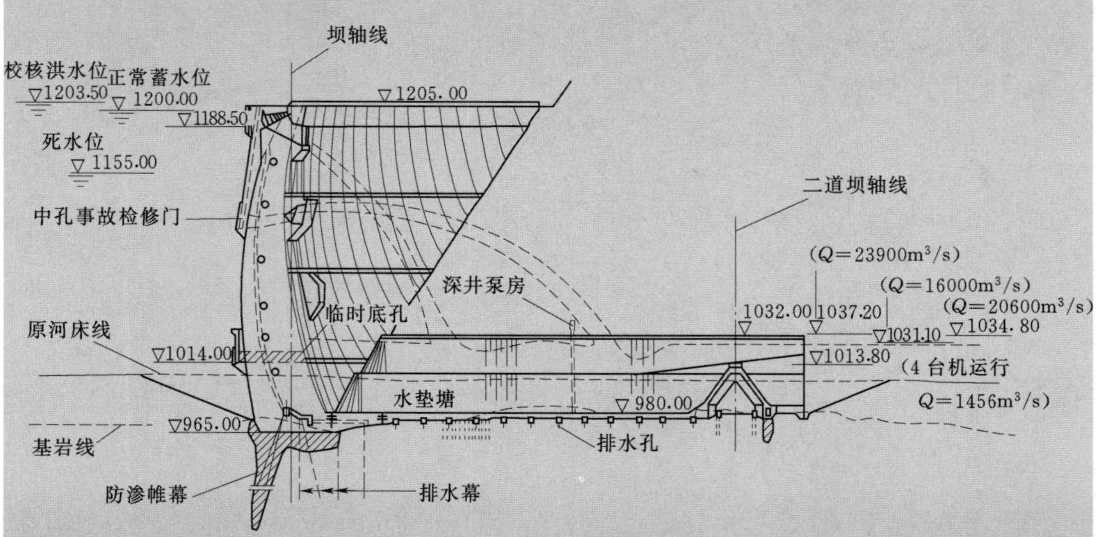

图 5-27 大坝拱冠剖面图（单位：m）

为泄洪和降低水库水位需要，坝体分三层开孔，坝顶设有 7 个高 11.5m、宽 11m 的溢流表孔，设计及校核泄洪洪量分别为 6260m^3/s、9500m^3/s；6 个高 6m、宽 5m 的泄洪中孔，设计及校核泄洪量分别为 6930m^3/s、6950m^3/s；4 个高 5m、宽 3m 的放空底孔。当表孔和中孔泄洪时，上下两股水流在空中碰撞消去一部分能量，然后坠落到坝下的水垫塘与水垫碰撞，再消去一部分能量，使大坝坝址下游基础免受洪水的强烈冲刷。坝后为消能防冲的水垫塘，长约 300m 的混凝土复式梯形断面，底宽 40m。水垫塘末端设一座重力型的 35m 高的混凝土二道坝。拱坝下部还设有带闸门和启闭机的 4 个临时导流底孔，导流完成后即封堵。

泄水建筑除坝顶溢流表孔、中孔、4 个放空底孔外，在右岸还设有两条泄水式短进水口龙抬头明流泄洪洞。泄洪洞长度分别为 922.0m、1269.0m，隧洞断面为圆拱直墙式(13m×13.5m)，洞内最大流速约 45m/s，两洞呈直线平行布置，中心距 40m。两条泄洪洞出口伸到坝下游近 1000m 处，采用挑流消能方式，分别使水流在平面和纵向扩散，减少对下游河床的过度冲刷。经 1998 年泄洪，效果良好。

第六章 土 石 坝

土石坝是指由当地土料、石料或土石混合料填筑而成的挡水坝，又称当地材料坝。当坝体材料以土和砂砾为主时，称为土坝；以石渣、卵石、爆破石料为主时，称为堆石坝；当两类材料均占相当比例时，称为土石混合坝。

第一节 概 述

土石坝是世界各国历史最为悠久的一种坝型。中国在公元前598～前591年，兴建了安徽寿县芍陂土坝（今安丰塘水库），经历代整修使用至今。希腊在公元前1300年修建了一座大型防洪土坝，工程至今完好。公元前6世纪在墨西哥城东南260km的普龙和北也门著名的马利布灌区各修建了一座均质土坝，高度分别为19m和20m。

世界上土石坝占大坝总数的82.9%，在中国土石坝数量占到大坝总数的93%。世界上已建的最高土石坝是塔吉克斯坦的罗贡坝，坝高335m。苏联的努克列坝排第二，坝高317m。据统计，世界上在20世纪80年代末期兴建的100m以上的高坝中，土石坝的比例已达到75%以上。我国兴建的石头河坝（坝高105m）、碧口坝（坝高101m）、鲁布革坝（坝高101m）、小浪底坝（坝高154m）等土石坝的坝高均超过100m。

随着我国能源和水利建设事业的发展，大型水利水电工程将日益增多，而水力资源丰富的黄河上游、长江中上游干支流、红水河等建坝地点，大都处于交通不便、地质条件复杂的地区，自然条件相对恶劣，施工困难，修建土石坝具有更强的适用性。因此，我国十分重视因地制宜并积极推广和发展高土石坝的建设。

土石坝得以广泛应用和发展的主要原因如下：

（1）可以就地取材，节约大量水泥、木材和钢材，减少工地的运输量。由于土石坝设计和施工技术的发展，放宽了对筑坝材料的要求，几乎任何土石料均可筑坝。

（2）能适应各种不同的地形、地质，对地基的要求较其他坝型低。

（3）土石坝的结构简单，工作可靠，使用年限也较长。

（4）土石坝的施工方法比较简单，既可以人力施工，又可采用高度机械化的设备进行施工，运用管理以及维修加高均比较方便。

（5）对于交通不便，而当地又有足够的土石料的山区，土石坝往往是一种比较经济的坝型。

但是，土石坝的运用也会受到以下因素的影响：一般情况下，土石坝的坝顶不允许过水，因此，必须另外修建溢洪道来宣泄洪水；土石坝的坝坡缓，体积大，工程量大；土料的填筑受气候的影响比较大等。

一、土石坝的运用特点

土石坝是由散粒体（松散的固体颗粒集合体）结构的土石料经过填筑而成的挡水建筑物，因此，在运用中，土石坝与其他坝型相比，在稳定、渗流、冲刷、沉陷等方面具有不同的特点。

1. 稳定方面

土石坝的基本剖面形状为梯形或复式梯形。由于填筑坝体的土石料为散粒体，抗剪强度低，上下游坝坡平缓，坝体体积和重量都较大，所以不会产生水平整体滑动。土石坝失稳的形式，主要是坝坡的滑动或坝坡连同部分坝基一起滑动。坝坡滑动会影响土坝的正常工作，严重的将导致工程失事。为了保证土石坝在各种工作条件下能保持稳定，应选取合理的坝坡和防渗排水设备，施工中还要认真作好地基处理并严格控制施工质量。

2. 渗流方面

由于土石料是散粒体，土体内具有相互连通的孔隙。当有水位差作用时，水会从水位高的一侧流向水位低的一侧。在水位差作用下，水穿过土中相互连通的孔隙发生流动的现象，称为渗流。土石坝挡水后，上下游存在水位差，在坝体内形成由上游向下游的渗流。坝体内渗流的水面线叫做浸润线。渗流不仅使水库损失水量，还易引起管涌、流土等渗透变形。浸润线以下的土料承受着渗透动水压力，并使土的内摩擦角和黏结力减小，对坝坡稳定不利。坝体与坝基、两岸以及其他非土质建筑物的结合面，易产生集中渗流，因此土石坝必须采取防渗措施以减少渗漏，保证坝体的渗透稳定性，并做好各种结合面的处理，避免产生集中渗流，以保证工程安全。

3. 抗冲刷方面

土石坝为散粒体结构，抗冲能力很低。坝体上下游水的波浪将在水位变化范围内冲刷坝坡；大风引起的波浪可能沿坝坡爬升很高甚至翻过坝顶，造成严重事故；降落在坝面的雨水沿坝坡下流，也将冲刷坝坡；靠近土石坝的泄水建筑物在泄水时激起水面波动，对土石坝坡也有淘刷作用；季节气温变化，也可能使坝坡受到冻结膨胀和干裂的影响。为避免上述不良影响，应采取以下工程措施：①在土石坝上下游坝坡设置护坡，坝顶及下游坝面布置排水措施，以免风浪、雨水及气温变化带来有害影响；②坝顶在最高库水位以上要留一定的超高，以防止洪水漫过坝顶造成事故；③布置泄水建筑物时，注意进出口与坝坡要有一定距离，以免泄水时对坝坡产生淘刷。

4. 沉降方面

由于土石料存在较大的孔隙，且易产生相对的移动，在自重及水压力作用下，会有较大的沉陷。坝体沉降会使坝的高度不足，不均匀沉陷还将导致土石坝裂缝，坝体横缝对坝的防渗极为不利。为防止坝顶低于设计高程和产生裂缝，施工时应严格控制碾压标准并预留沉降量。对于重要工程，沉陷值应通过沉陷计算确定。对于一般的中小型土石坝，如坝基没有压缩性很大的土层，可按坝高的1%～2%预留沉陷值。

根据土石坝的特点，认真分析研究基本资料，在枢纽布置时，应特别重视并尽量避免或减少土石坝与刚性建筑物的连接。对有条件的坝址，尽量选用开敞式溢洪道，以提高泄洪的超泄能力，使土石坝满足稳定、渗流、变形、不冲刷以及不漫顶的要求。

二、土石坝的类型

（一）按坝高分类

土石坝按坝高可分为低坝、中坝和高坝。我国 SL 274—2001《碾压式土石坝设计规范》规定：高度低于 30m 的为低坝，高度在 30～70m 之间的为中坝，高度超过 70m 的为高坝。土石坝的坝高均从清基后的地面算起。

（二）按施工方法分类

（1）碾压式土石坝。它是用适当的土料分层堆筑，并逐层加以压实而成的坝。这种方法在土坝中应用广泛。近年来用振动碾压修建堆石坝得到了迅速的发展。

（2）水力冲填坝。又称水坠坝，亦叫“泥浆坝”、“流泥坝”。它是以水力为动力完成土料的开采、运输和填筑全部工序而建成的坝。其施工方法是用机械抽水到高出坝顶的土场，以水冲击土料形成泥浆，然后通过泥浆泵将泥浆送到坝址，再经过沉淀和排水固结而筑成坝体。

（3）定向爆破堆石坝。它是按预定要求埋设炸药，使爆出的大部分岩石抛向预期地点而形成的坝。这种坝填筑防渗部分比较困难。

（三）按坝体材料的组合和防渗体的相对位置分类

根据土料的分布情况，碾压式土石坝又可分为以下几种类型（图 6－1）。

1. 均质坝

均质坝的坝体断面不分防渗体和坝壳，基本上是由一种土料组成，整个坝体用以防渗并保持自身的稳定。均质坝宜分为坝体、排水体、反滤层和护坡等区。由于筑坝土料抗剪强度较低，故均质坝多用于低坝。

均质坝要求土料应具有一定的抗渗性能，其渗透系数不宜大于 10^{-4}cm/s；黏粒含量一般为 10％～30％；有机质含量（按质量计）不大于 5％，有较好的渗透稳定性，浸水和失水时体积变化小。最常用于均质坝的土料是砂质黏土和壤土。

2. 土质防渗体分区坝

土质防渗体分区坝坝体断面由土质防渗体及若干透水性不同的土石料分区构成，可分为黏土心墙坝、黏土斜心墙坝、黏土斜墙坝以及其他不同形式的土质防渗体分区坝。防渗体设在坝体中央的或稍向上游的称为黏土心墙坝或黏土斜心墙坝，防渗体设在上游面的称为黏土斜墙坝。土质防渗体分区坝可分为防渗体、反滤层、过渡层、坝壳、排水体和护坡等区。防渗体在上游面时，坝体渗透性宜从上游至下游逐步增大；防渗体在中间时，坝体渗透性可向上、下游逐步增大。

土质防渗体要求土料首先应具有足够的防渗性。一般要求渗透系数不大于 10^{-5}cm/s，它与坝壳材料的渗透系数之比应不大于 1/1000，以便有效地降低坝体浸润线，提高防渗效果。防渗土料还应具有足够的塑性（塑性是一种在某种给定载荷下，材料产生永久变形的特性），能适应坝体及坝基的变形而不致产生裂缝。浸水后膨胀软化较大的黏土以及开挖压实困难的干硬性黏土、冻土应尽量不用。含有石膏和含有交换钠离子数量太多的土料也不宜用来防渗。防渗体对杂质含量的要求也比对坝体材料的要求更加严格，一般要求有

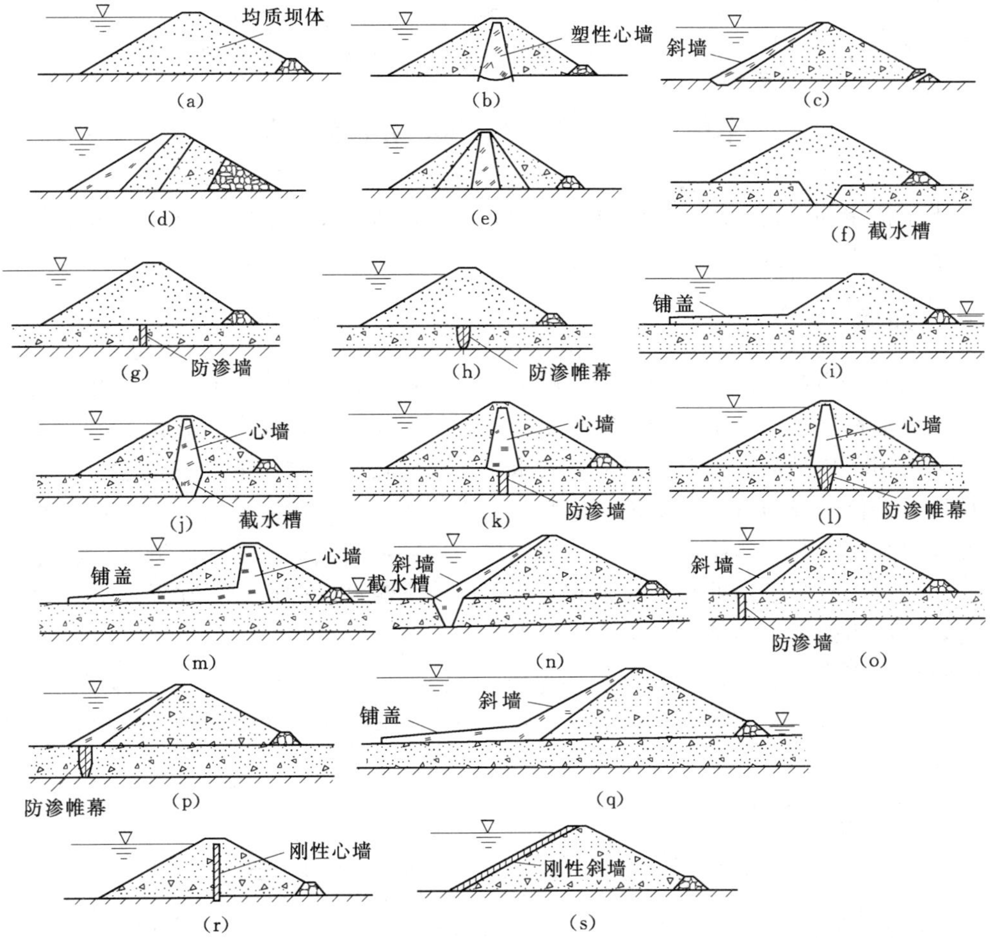

图 6-1　土石坝的类型

机质含量不超过 2%，水溶盐含量不超过 3%（均按质量计）。

因为心墙坝和斜墙坝的坝壳土料没有防渗要求，只要求有足够的稳定性和透水性，所以很少全部用黏性土或壤土、砂壤土等建造。为优化利用当地资源，多用粒径级配较好的中砂、粗砂、砂石、卵石及其他透水性较高、抗剪强度参数较大的混合料。均匀的中、细砂料及粉料，特别是颗粒较细的砂料，不均匀系数 $\eta=1.5\sim2.6$ 时，极易产生液化，可以用于中、低坝的干燥区，但高坝中应尽量不用，在地震区更应忌用。砾石土和风化料也可用作坝壳的材料，但要进行适当的布置和必要的处理。

3. 非土质材料防渗体坝

防渗体由混凝土、沥青混凝土或土工膜组成，其余部分由土料构成的坝，按防渗体的位置也可分为心墙坝和面板坝两种，防渗体在上游面的称为面板坝，防渗体在坝体中间的坝称为心墙坝。

有防渗体的土石坝，为避免因渗透系数和材料级配的突变而引起渗透变形，都要向上、下游方向分别设置 2～3 层逐层加粗的材料作为过渡层或反滤层。

在以上这些坝型中，用得最多的是斜墙坝或斜心墙土石坝，特别是斜心墙的土石混合坝，在改善坝体应力状态和避免裂缝方面具有良好的效能，高土石坝中应用得更多。

第二节 土石坝的构造

对满足抗渗和稳定要求的土石坝基本剖面，尚需进一步通过构造设计来保障坝的安全和正常运行。土石坝的构造主要包括坝顶、护坡、防渗体和排水设施等部分。

一、坝顶

土石坝的坝顶通常由上游防浪墙、路面、排水设施、下游栏杆或防护墙组成。

坝顶一般都做护面，护面的材料可采用碎石、单层砌石、沥青或混凝土，Ⅳ级以下的坝也可以采用草皮护面。如有公路交通要求，还应满足公路路面的有关规定。

坝顶上游侧常设防浪墙，防浪墙应坚固而不透水，并应设置伸缩缝，做好止水。下游侧要铺设路缘石。为了排除雨水，坝顶应做成向一侧或两侧倾斜的横向坡度，坡度宜采用2％～3％。对于有防浪墙的坝顶，则宜采用单向向下游倾斜的横坡。在坝顶下游侧设纵向排水沟，将汇集的雨水经坝面排水沟排至下游。

防浪墙可用混凝土或浆砌石修建。墙的基础应牢固地埋入坝内，当土石坝有防渗体时，防浪墙墙基必须与防渗体紧密结合，以防高水位时漏水。防浪墙高于坝顶1.0～1.2m（图6－2）。

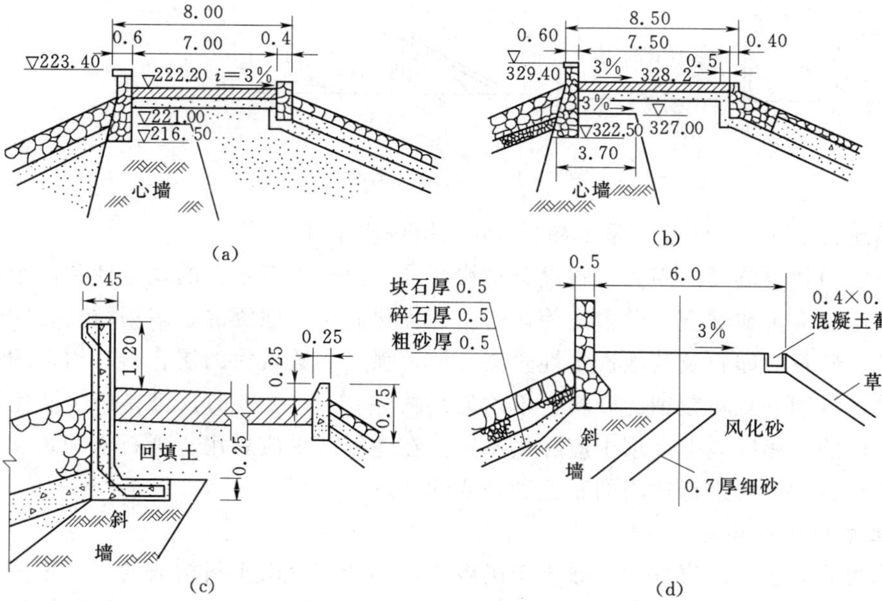

图6－2 坝顶构造（单位：m）

（a）、（b）防浪墙与心墙结合；（c）、（d）防浪墙与斜墙结合

根据工程运用要求坝顶设照明设施时，应按有关规定执行。对于高坝，坝顶下游侧可设栏杆等安全防护措施。坝面布置与坝顶结构应力求经济实用，在建筑艺术处理方面要美

观大方，并与周围环境相协调。

二、防渗体

土石坝的防渗体主要有心墙、斜墙、铺盖、截水墙等，它的结构和尺寸应能满足防渗、构造、施工和管理方面的要求。

（一）黏性土心墙

如图 6-3 所示，这种心墙一般布置在坝体中部，有时稍偏上游并稍微倾斜，以便于和坝顶的防浪墙相连接，并可使心墙后的坝壳先期施工，得到充分的先期沉降，以避免或减少裂缝。

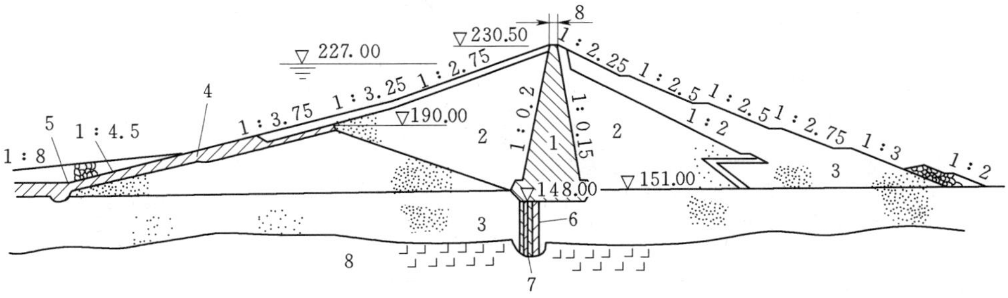

图 6-3 黏土心墙土坝（单位：m）

1—黏土心墙；2—半透水料；3—砂卵石；4—施工时挡水黏土斜墙；5—盖层；6—混凝土防渗墙；7—灌浆帷幕；8—玄武岩

心墙坝顶部厚度一般不小于 3m，以便于机械化施工。由于心墙多为黏性土，材料的抗剪强度低，施工质量受气候的影响大，合适的黏土数量也难就近得到满足，所以，一般不宜做肥厚的心墙。心墙厚度常根据土壤的允许渗透坡降而定，有时也应考虑降低下游浸润线的需要。《碾压式土石坝设计规范》规定心墙底部厚度不宜小于作用水头的 1/4。黏土心墙两侧边坡多为 1∶0.15～1∶0.3，有些肥大心墙为 1∶0.4～1∶0.5。心墙的顶部应高出设计洪水位 0.3～0.6m，且不低于校核水位，当有可靠的防浪墙时，心墙顶部高程也不应低于设计洪水位。心墙顶与坝顶之间应设有保护层，厚度不小于该地区的冰结或干燥深度，同时按结构要求不宜小于 1m。心墙与坝壳之间应设置过渡层，起反滤层的作用。过渡层的结构虽比反滤层的要求低一些，但也应采用级配良好的、抗风化的细粒石料和砂砾石料，以使整个坝体内应力传递均匀，并保证坝壳的排水效果良好。

心墙与地基和两岸必须有可靠的连接。如果地基为不透水的土基，心墙应嵌入地基，如图 6-4 所示。如果地基为岩基，为了防止黏土与岩基表面结合不紧密而产生集中渗流，在基岩面上设置一道或数道混凝土齿墙，如图 6-4 所示，齿墙的上部深入心墙 1.0～2.5m，下部嵌入岩基的深度 0.3～0.5m；如果基岩不够新鲜完整，常在心墙的底部设置混凝土齿垫或坐垫，必要时还要在下部进行帷幕灌浆。

（二）黏土斜墙

如图 6-5 所示，防渗体布置在坝的上游面。黏土斜墙的构造除外型外，其他均与心墙类似。顶厚（指与斜墙上游坡面垂直的厚度）也不宜小于 3m 。为保证抗渗稳定，底厚不宜小于作用水头的 1/5。墙顶应高出设计洪水位 0.6～0.8m，且不低于校核水位。同样，如有可靠的防浪墙，斜墙顶部也不应低于设计洪水位。

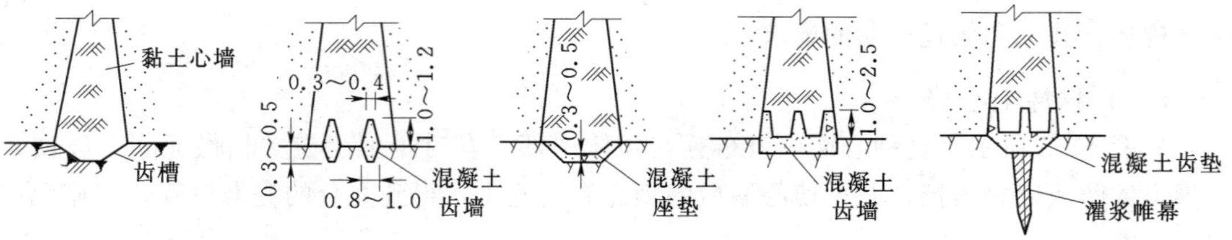

图 6－4　心墙与坝基的连接（单位：m）

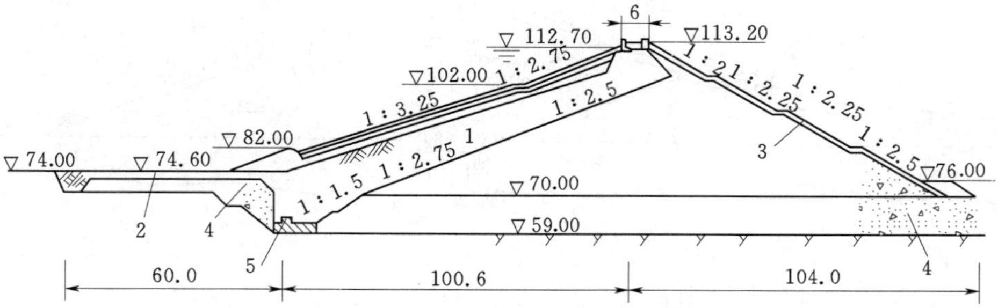

图 6－5　黏土斜墙土坝（单位：m）

1—黏土斜墙；2—黏土铺盖；3—砂砾半透水层；4—砂砾石土基；5—混凝土盖板齿墙

为防止斜墙因弯曲、沉降而断裂，其厚度应比仅按渗透稳定条件确定的数值为大。斜墙顶部和上游坡都必须设保护层，以防冲刷、冰冻和干裂。保护层常用砂、砾石、卵石或碎石等砌成，厚度不得小于冰冻和干燥深度，一般用 2～3m。斜墙及保护层的坡度取决于土坝稳定计算的结果，一般内坡不宜陡于 1：2.0，外坡常在 1：2.5 以上。斜墙与保护层以及下游坝体之间，应根据需要分别设置过渡层。上游的过渡层可简单一些，保护层的材料合适时，可只设一层，有时甚至不设；与坝体连接的过渡层，与心墙后的过渡层相似，但为了使应力均匀并适应变形，要求还应高一些，常需设置两层，斜墙与铺盖或截水墙的连接都应牢靠。

（三）非土料防渗体

非土料防渗体有钢筋混凝土、沥青混凝土、土工膜等，较常用的是沥青混凝土、钢筋混凝土、土工膜。本节介绍沥青混凝土防渗体、土工膜防渗体。

1. 沥青混凝土防渗体

沥青混凝土防渗体具有较好的塑性和柔性，渗透系数为 10^{-10}～10^{-7}cm/s，防渗和适应变形的能力较好，产生裂缝时，有一定的自行愈合的功能，而且，施工受气候的影响小，故适用于用作土石坝防渗体的材料。当坝址附近缺少防渗土料时，可采用沥青混凝土作防渗体，沥青混凝土既可以用作心墙，也可以用作斜墙。

沥青混凝土斜墙由密实的沥青混凝土组成，厚 20cm 左右。在防渗层的迎水面涂一层沥青填料保护层，可减缓沥青混凝土的老化，增强防渗效果。在斜墙的下游依次设置斜墙基垫、垫层，斜墙基垫为厚 3～4cm 的沥青碎石，垫层为厚 1～3m 的碎石或砾石，作用是调节坝体变形。按施工的要求，沥青混凝土斜墙的上游坝坡不应陡于 1：1.6～1：1.7，如图 6－6 所示。

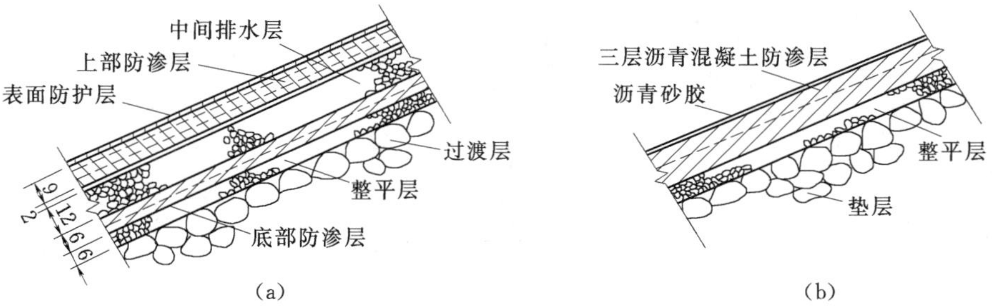

图 6－6 沥青混凝土斜墙

（a）有排水层的双层防渗层斜墙；（b）无排水层的三层防渗层斜墙

沥青混凝土心墙不受气候和日照的影响，可以减少沥青的老化速度，对抗震也较有利。但是心墙因埋在坝体内检修困难，沥青混凝土心墙可做成竖直的或倾斜的，对于中、低坝，沥青混凝土心墙底部厚度可采用坝高的 1/60～1/40，但不小于 40cm。顶部厚度不小于 30cm，对于重要的坝还要适当加厚心墙。心墙的两侧设置过渡层，如图 6－7 所示。

用作防渗体的沥青混凝土，要求具有良好的密度、热稳定性、水稳定性、防渗性和足够的强度。

2. 土工膜

土工膜是由聚合物制成的一种相对不透水薄膜，传统的土工膜料有聚乙烯 PE，聚氯乙烯 PVC，国外常用的还有超低密度聚乙烯 VLDPE 和高密度聚乙烯 HDPE。土工膜是一种连续的、柔软的防渗材料，比重较小，延伸性较强，适应变形能力高，耐腐蚀，抗冻性能好，同时，它们对细菌和化学作用有较好的耐侵蚀性，不怕酸、碱、盐类的侵蚀。施工方便，工期短，造价低，使用年限长。

复合土工膜以塑料薄膜作为防渗基材，与无纺布复合而成的土工防渗材料，它的防渗性能主要取决于塑料薄膜的防渗性能。目前，国内外防渗应用的塑料薄膜，主要有聚氯乙烯（PVC）和聚乙烯（PE），它们是一种高分子化学柔性材料。对于工程地质及水文地质条件差、基土冻胀性较大或标准较高的防渗工程，宜选用复合土工膜。

根据我国现行规范，水工建筑物经济使用年限一般为 20～50 年，而据有关资料介绍，埋入土中或水下的聚合物膜料使用年限可达 50 年，对于一般的土工膜料，只要施工质量有保证，均可达到经济使用年限。

土工膜的厚度很薄，易遭破坏，为了有效保护和提高其在坡面上的稳定性，要求按一定的结构形式铺设。膜料防渗结构自下而上包括下垫层、膜料防渗体、上垫层和保护层，如图 6－8 所示。

（1）下垫层。采用压实细粒土、细砂层、土工织物、土工网等。当基层土质为均匀平整细粒土或采用土工织物复合土工膜时，可不设下垫层。

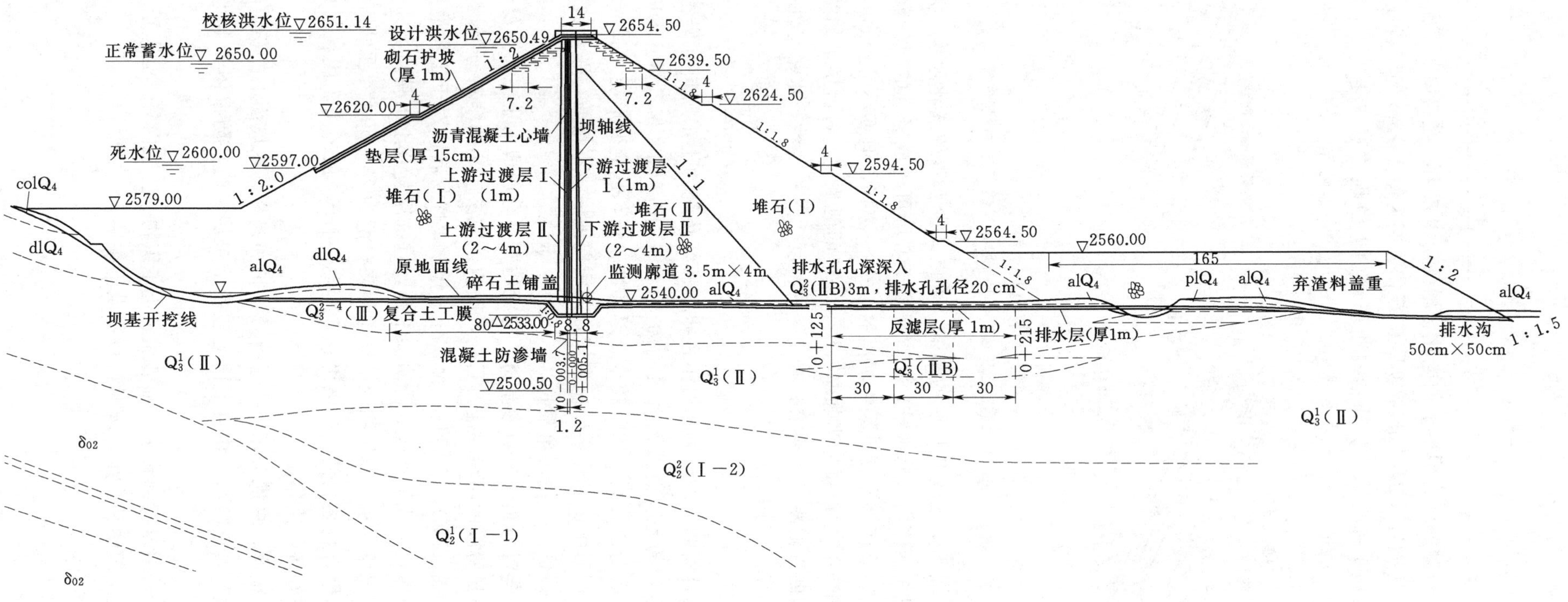

图6-7　沥青混凝土心墙坝（单位：m）

（2）上垫层。可采用透水性良好的砂砾料，厚度应不小于 10cm，根据具体情况也可采用无砂混凝土、沥青混凝土、土工织物、土工网等。在采用复合土工膜或当防护层为足够厚度的压实细粒土时，可不设上垫层。

（3）保护层。根据土工膜及上垫层的类型、渠道边坡选择，并满足抗冻要求，可采用素土、砂砾料、浆砌块石或干砌块石、预制或现浇混凝土板等。

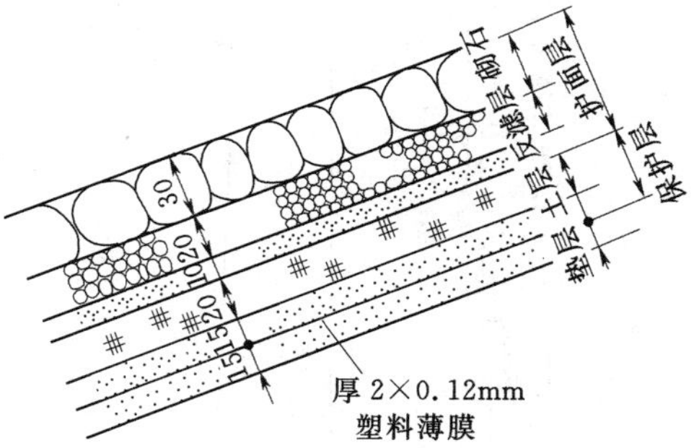

图 6－8　膜料防渗结构图（单位：mm）

西霞院水利枢纽位于黄河干流中游河南省境内，上游距小浪底工程 16km，为小浪底水利枢纽的配套工程。该工程为一个以反调节为主，结合发电，兼顾供水、灌溉等综合效益的水利工程。西霞院反调节水库为闸坝形式，主要建筑物由土石坝、电站、排沙洞、泄洪洞、引水闸组成。土石坝为复合土工膜斜墙砂砾石坝，最大坝高 21m，坝顶宽 8m，坝顶总长 2609m，如图 6－9 所示。

三、排水设施

土石坝虽有防渗体，但仍有一定水量渗入坝体内。设置坝体排水设施，可以将渗入坝体内的水有计划地排出坝外，以达到降低坝体浸润线及孔隙水压力，防止渗透变形，增加坝坡的稳定性，防止冻胀破坏的目的。

排水设施应具有充分的排水能力，防止泥沙堵塞，以保证在任何情况下都能自由地排出全部渗水。在排水设施与坝体、土基接合处，都应设置反滤层，以保证坝体和地基土不产生渗透变形，并应便于观测和检修。常用的坝体排水有以下几种形式。

1. 贴坡排水

贴坡排水紧贴下游坝坡的表面设置，它由 1～2 层堆石或砌石筑成，在石块与坝坡之间设置反滤层，如图 6－10 所示。

贴坡排水顶部应高于坝体浸润线的逸出点，对Ⅰ级、Ⅱ级坝不小于 2.0m，Ⅲ级、Ⅳ级、Ⅴ级坝不小于 1.5m，并保证坝体浸润线位于冻结深度以下。贴坡排水底部必须设排水沟，其深度要满足结冰后仍有足够的排水断面。

贴坡排水构造简单、节省材料、便于维修，但不能降低浸润线。多用于浸润线很低和下游无水的情况，当下游有水时还应满足波浪爬高的要求。

2. 棱体排水

在下游坝脚处用块石堆成排水棱体，顶部高程应超出下游最高水位，超出高度应大于波浪沿坡面的爬高，且对Ⅰ级、Ⅱ级坝不小于 1.0m，对Ⅲ级、Ⅳ级、Ⅴ级坝不小于 0.5m，并使坝体浸润线与坝坡的距离大于冰冻深度。排水棱体内坡一般为 1∶1.25～1∶1.5，外坡为 1∶1.5～1∶2.0 或更缓。顶宽应根据施工条件及检查观测需要确定，但不得小于 1.0m，如图 6－11 所示。

棱体排水可降低浸润线，防止坝坡冻胀和渗透变形，保护下游坝脚不受尾水淘刷，且

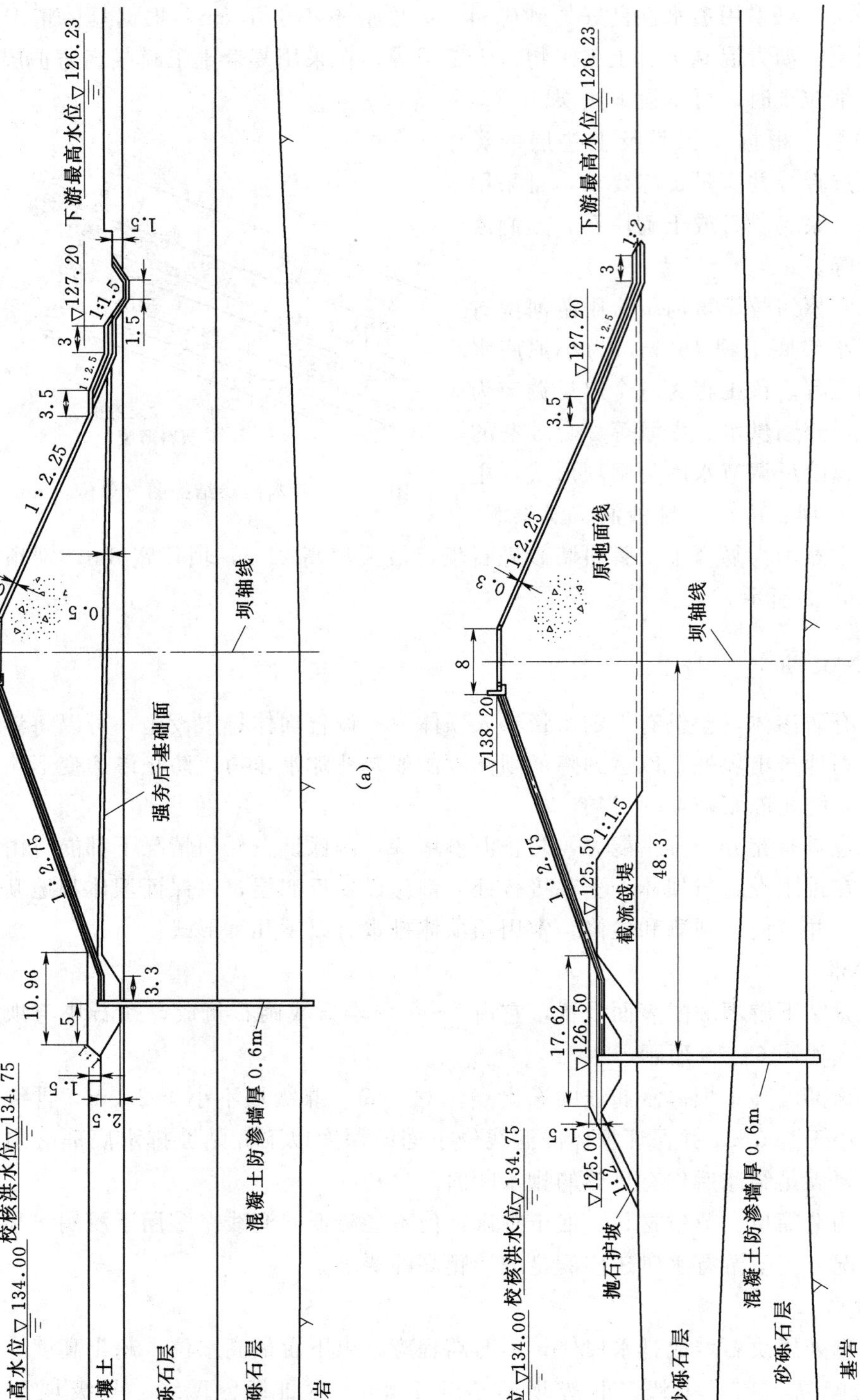

图 6-9　西霞院水利枢纽复合土工膜斜墙土石坝剖面图（单位：m）

(a) 滩地段土石坝；(b) 河床段土石坝

（2）上垫层。可采用透水性良好的砂砾料，厚度应不小于10cm，根据具体情况也可采用无砂混凝土、沥青混凝土、土工织物、土工网等。在采用复合土工膜或当防护层为足够厚度的压实细粒土时，可不设上垫层。

（3）保护层。根据土工膜及上垫层的类型、渠道边坡选择，并满足抗冻要求，可采用素土、砂砾料、浆砌块石或干砌块石、预制或现浇混凝土板等。

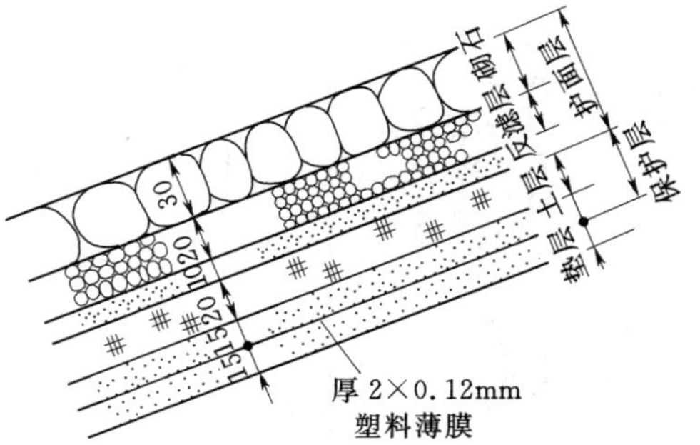

图6-8　膜料防渗结构图（单位：mm）

西霞院水利枢纽位于黄河干流中游河南省境内，上游距小浪底工程16km，为小浪底水利枢纽的配套工程。该工程为一个以反调节为主，结合发电，兼顾供水、灌溉等综合效益的水利工程。西霞院反调节水库为闸坝形式，主要建筑物由土石坝、电站、排沙洞、泄洪洞、引水闸组成。土石坝为复合土工膜斜墙砂砾石坝，最大坝高21m，坝顶宽8m，坝顶总长2609m，如图6-9所示。

三、排水设施

土石坝虽有防渗体，但仍有一定水量渗入坝体内。设置坝体排水设施，可以将渗入坝体内的水有计划地排出坝外，以达到降低坝体浸润线及孔隙水压力，防止渗透变形，增加坝坡的稳定性，防止冻胀破坏的目的。

排水设施应具有充分的排水能力，防止泥沙堵塞，以保证在任何情况下都能自由地排出全部渗水。在排水设施与坝体、土基接合处，都应设置反滤层，以保证坝体和地基土不产生渗透变形，并应便于观测和检修。常用的坝体排水有以下几种形式。

1. 贴坡排水

贴坡排水紧贴下游坝坡的表面设置，它由1～2层堆石或砌石筑成，在石块与坝坡之间设置反滤层，如图6-10所示。

贴坡排水顶部应高于坝体浸润线的逸出点，对Ⅰ级、Ⅱ级坝不小于2.0m，Ⅲ级、Ⅳ级、Ⅴ级坝不小于1.5m，并保证坝体浸润线位于冻结深度以下。贴坡排水底部必须设排水沟，其深度要满足结冰后仍有足够的排水断面。

贴坡排水构造简单、节省材料、便于维修，但不能降低浸润线。多用于浸润线很低和下游无水的情况，当下游有水时还应满足波浪爬高的要求。

2. 棱体排水

在下游坝脚处用块石堆成排水棱体，顶部高程应超出下游最高水位，超出高度应大于波浪沿坡面的爬高，且对Ⅰ级、Ⅱ级坝不小于1.0m，对Ⅲ级、Ⅳ级、Ⅴ级坝不小于0.5m，并使坝体浸润线与坝坡的距离大于冰冻深度。排水棱体内坡一般为1∶1.25～1∶1.5，外坡为1∶1.5～1∶2.0或更缓。顶宽应根据施工条件及检查观测需要确定，但不得小于1.0m，如图6-11所示。

棱体排水可降低浸润线，防止坝坡冻胀和渗透变形，保护下游坝脚不受尾水淘刷，且

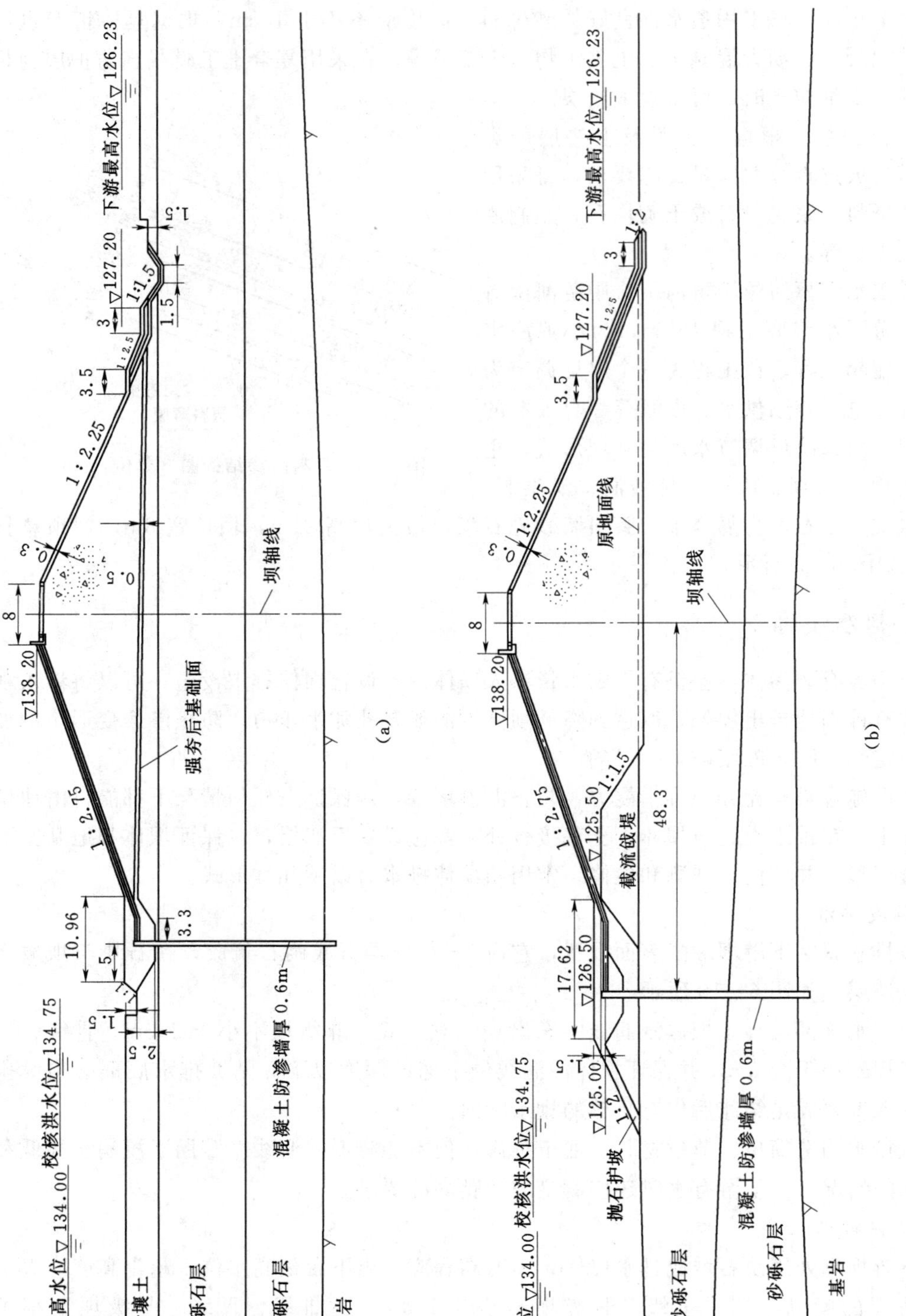

图6-9 西霞院水利枢纽复合土工膜斜墙土石坝剖面图（单位：m）

（a）滩地段土石坝；（b）河床段土石坝

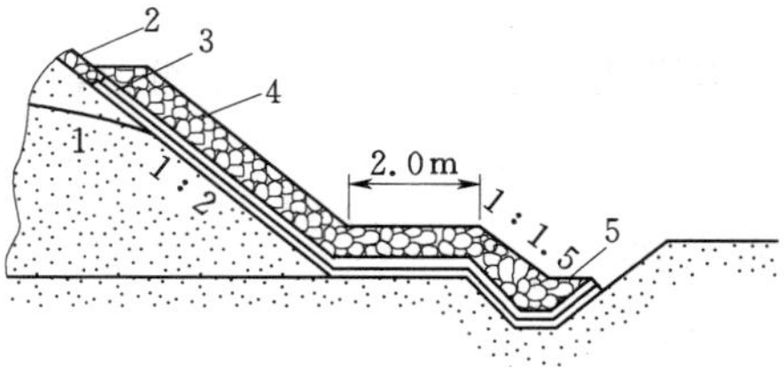

图 6-10　贴坡排水
1—浸润线；2—护坡；3—反滤层；4—贴坡排水；5—排水沟

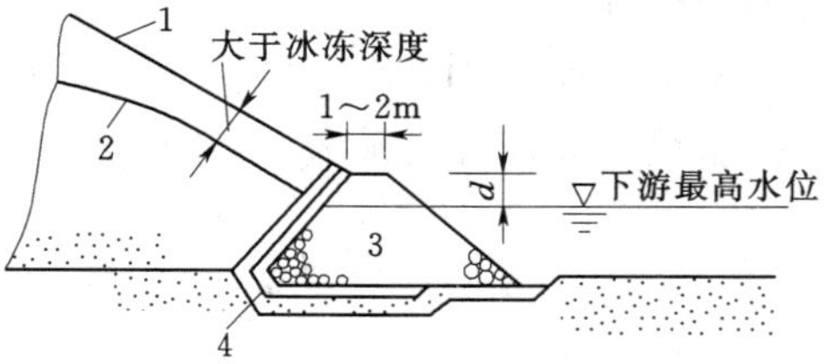

图 6-11　堆石棱体排水
1—下游坝坡；2—浸润线；3—棱体排水；4—反滤层

有支撑坝体增加稳定的作用，是效果较好的一种排水形式。多用于河床部分的下游坝脚处。但石料用量较大、费用较高，与坝体施工有干扰，检修也较困难。

3. 褥垫排水

褥垫排水是伸展到坝体内的一种排水设施，在坝基面上平铺一层厚 0.4～0.5m 的排水褥垫，并用反滤层包裹。褥垫伸入坝体内的长度应根据渗流计算确定，对黏性土均质坝褥垫长不大于坝底宽的 1/2，对砂性土均质坝褥垫长不大于坝底宽的 1/3。其构造如图 6-12 所示。

褥垫排水向下游方向设有 0.005～0.01 的纵坡。排水层的厚度应根据排水量计算确定，并应满足反滤层最小厚度的要求。当下游水位低于排水设施时，降低浸润线的效果显著，还有助于坝基排水固结。但当坝基产生不均匀沉陷时，褥垫排水层易遭断裂，而且检修困难，施工时有干扰。

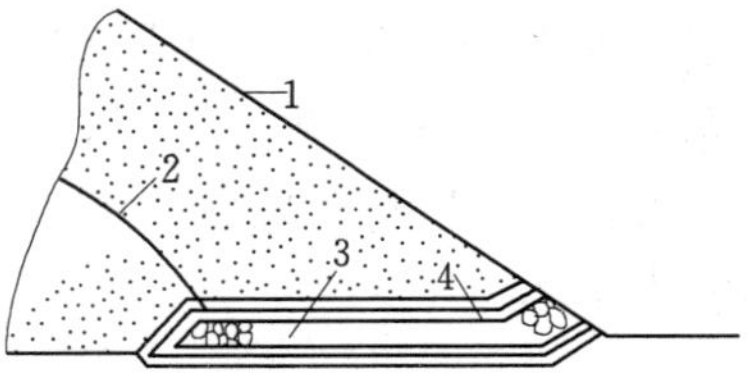

图 6-12　褥垫排水
1—护坡；2—浸润线；3—排水；4—反滤层

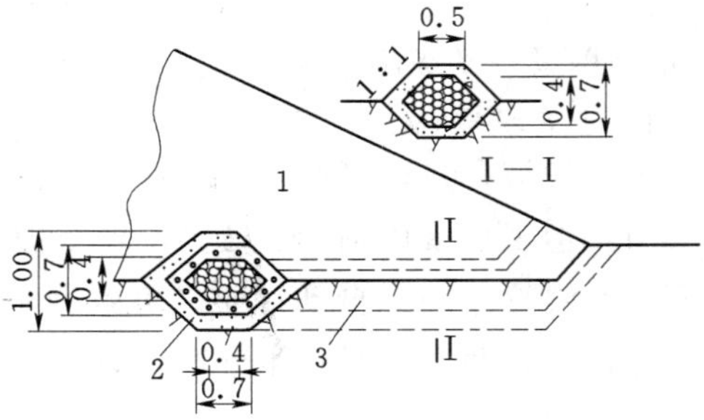

图 6-13　管式排水（单位：m）
1—坝体；2—集水管；3—横向排水管

4. 管式排水

管式排水的构造如图 6-13 所示。埋入坝体的暗管可以是带孔的陶瓦管、无沙混凝土管或无沙钢筋混凝土管，还可以是由碎石堆筑而成。平行于坝轴线的集水管收集渗水，经由垂直于坝轴线的横向排水管排向下游。横向排水管的间距为 15～20m。管式排水的优缺点与褥垫式排水相似。排水效果不如褥垫式好，但用料少。一般用于土石坝岸坡及台地地段，因为这里坝体下游经常无水，排水效果好。

5. 综合式排水

为发挥各种排水形式的优点，在实际工程中常根据具体情况采用几种排水形式组合在一起的综合式排水。例如，若下游高水位持续时间不长，为节省石料可考虑在下游正常高水位以上采用贴坡排水，以下采用棱体排水。还可以采用褥垫式与棱体排水组合，棱体与褥垫式排水组合等综合式排水，如图 6-14 所示。

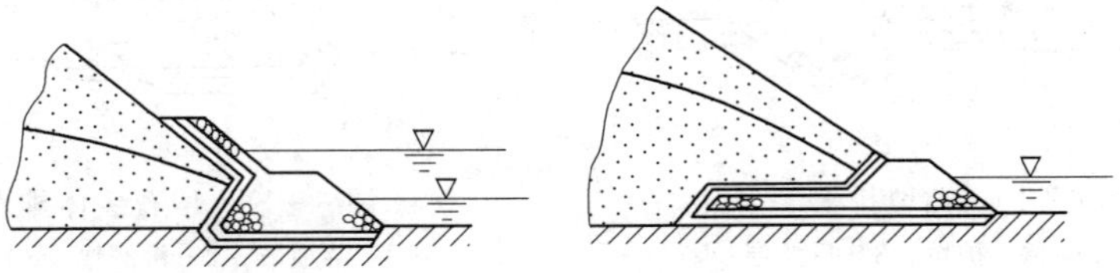

(a)　　(b)

图 6-14　综合式排水

(a) 贴坡与棱体排水结合；(b) 褥垫与棱体排水结合

四、土石坝的护坡与坝坡排水

土石坝的上游面，为防止波浪淘刷、冰层和漂浮物的损害、顺坝水流的冲刷等对坝坡的危害，必须设置护坡。土石坝下游面，为防止雨水、大风、风浪、冰层和水流作用、动物穴居、冻胀干裂等因素对坝坡的破坏，也需设置护坡。在严寒和平原地区，护坡工程量很大，维修费用可达相当大的数字，因此合理选择护坡型式，使其能抵抗各种因素对护坡的破坏作用，且施工维修方便，节省投资，具有重要意义。

(一) 上游护坡

上游护坡的形式有堆石、干砌石、浆砌石、混凝土或钢筋混凝土、沥青混凝土或水泥土等。

护坡覆盖的范围，应由坝顶起护至水库最低水位以下一定距离，一般最低水位以下 2.5m，Ⅳ级、Ⅴ级坝可减至 1.5m，对最低水位不确定的坝，应要求护至坝底。

1. 堆石护坡

堆石护坡是将适当级配的石块倾倒在坝面垫层上的一种护坡。优点是施工进度快、节省人力，但工程量比砌石护坡大。堆石护坡的厚度一般认为至少要包括 2～3 层块石，这样便于在波浪作用下自动调整，不致因垫层暴露而遭到破坏。当坝壳为黏性小的细粒土时，往往需要两层垫层，靠近坝壳的一层垫层最小厚度为 15cm。

2. 砌石护坡

砌石护坡是用人工将块石铺砌在碎石或砾石垫层上，在马道、坝脚和护坡末端应设置基座。砌石护坡有干砌石和浆砌石护坡。

干砌石应错缝并力求密实，通常厚度为 20～60cm。有时根据需要用 2～3 层垫层，它也起反滤作用。砌石护坡构造如图 6-15 所示。

浆砌石护坡能承受较大的风浪，也有较好的抗冰层推力的性能。但水泥用量大，造价较高。若坝体为黏性土，则要有足够厚度的非黏性土防冻垫层，同时要留有一定缝隙以便排水通畅。

砌石护坡所用的石料，应有较高的抗压强度，良好的抗水性、抗冻性和抗风化性，能满足工程运用条件要求的硬岩石料。块石料的重度应大于 $22kN/m^3$；岩石孔隙率不应大于 3%，吸水率（按孔隙体积比例计）不应大于 0.8；块石料的饱和抗压强度不应小于

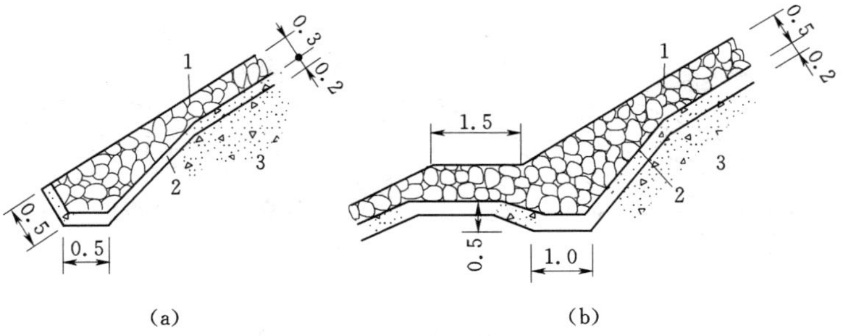

图 6-15　干砌石护坡（单位：m）
（a）无马道时的护坡；（b）有马道时的护坡
1—干砌石；2—垫层；3—坝体

30MPa，软化系数不应小于 0.75～0.85。块石的形状要尽可能做成正方形，最大边长与最小边长之比不应大于 1.5～2.0，以避免挠曲折断，保证工程质量。所有的岩石还必须是新鲜的，不宜用风化和含黄铁矿的岩石。

3. *混凝土和钢筋混凝土板护坡*

当筑坝地区缺乏石料时可考虑采用此种形式。预制板的尺寸一般采用：方形板为 1.5m×2.5m 、2m×2m 或 3m×3m，厚为 0.15～0.20m。预制板底部设砾石或碎石垫层。现场浇筑的尺寸可大一些，可采用 5m×5m、10m×10m 甚至 20m×20m。严寒地区冰推力对护坡危害很大，因此也有用钢筋混凝土板做护坡的，其垫层厚度要超过冻深，如图 6-16 所示。

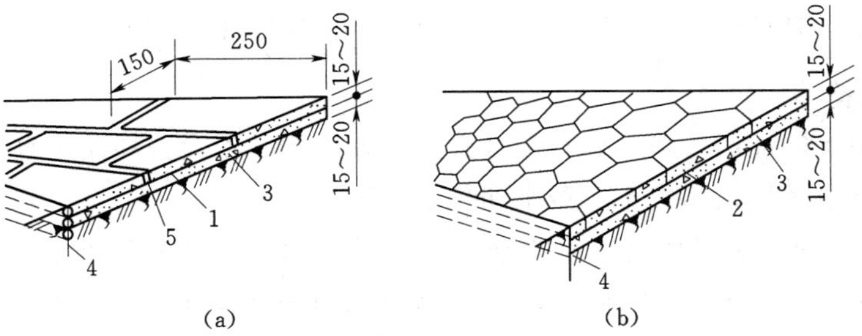

图 6-16　混凝土板护坡（单位：cm）
（a）矩形板；（b）六角形板
1—矩形混凝土板；2—六角形混凝土板；3—碎石或砾石；4—木档柱；5—结合缝

4. *渣油混凝土护坡*

在坝面上先铺一层 3cm 的渣油混凝土（夯实后的厚度），上铺 10cm 的砾石做排水层，第三层铺 8～10cm 的渣油混凝土，夯实后在第三层表面倾倒温度为 130～140℃的渣油砂浆，并立即将 0.5m×1.0m×0.15m 的混凝土板平铺其上，板缝间用渣油砂浆灌满。这种护坡在冰冻区试用成功，如图 6-17 所示。

5. *水泥土护坡*

将粗砂、中砂、细砂掺上 7%～12%的水泥（重量比），分层填筑于坝面作为护坡，叫水泥土护坡。它是随着土石坝的填筑逐层填筑压实的，每层压实的厚度不超过 15cm。这种护坡厚度一般为 0.6～0.8m。

这种护坡经过实际运用，在最大浪高 1.8m 并经数十年的冻融情况下，只有少量裂缝，

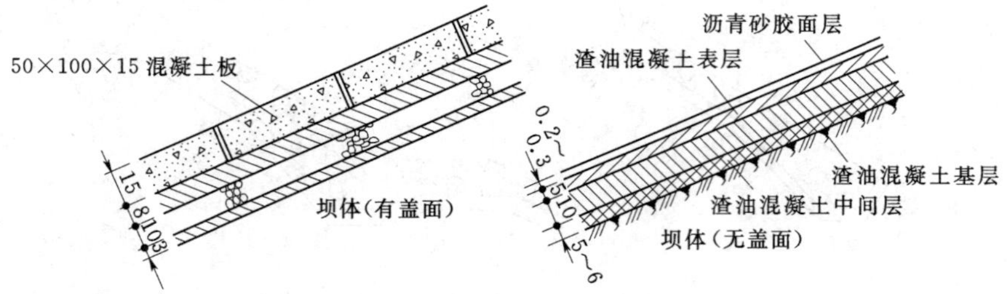

图 6-17 渣油混凝土护坡(单位:cm)

护坡没有破坏。寒冷地区护坡在水库冰冻范围内,水泥含量应增加,常用 8%~14%。

以上各种护坡的垫层按反滤层要求确定。垫层厚度一般对砂土可用 15~30cm 以上,卵砾石或碎石可用 30~60cm 以上。

(二) 下游护坡

下游护坡主要是为防止被水冲蚀和人为破坏,一般宜采用简化形式。适用于下游护坡的形式有堆石、卵石和碎石、草皮、钢筋混凝土框格填石等。其护坡范围为由坝顶护至排水棱体,无排水棱体时护至坝脚。

气候温和地区的黏性土均质坝,草皮护坡是常用的形式。若坝坡为无黏性土时,则应在草皮下铺一层厚 0.2~0.3m 的腐殖土,护坡效果良好。碎石或卵砾石护坡,一般直接铺在坝坡上,厚 10~15cm。下游坝面需要全部护砌。

堆石、干砌石护坡与被保护料之间不满足反滤要求时,护坡下面按反滤要求设置垫层。

(三) 坝面排水

为了防止雨水的冲刷,除干砌石和堆石护坡外,均必须设置坝面排水。包括坝顶、坝坡、坝头、坝下游等部位的集水、截水和排水措施。

在下游坝坡上常设置纵横向连通的排水沟(图 6-18)。沿土石坝与岸坡的结合处,也应设置排水沟以拦截山坡上的雨水。坝面上的纵向排水沟沿马道内侧布置,用浆砌石或混凝土板铺设成矩形或梯形。若坝较短,纵向排水沟拦截的雨水可引至两岸的排水沟排至下游。若坝较长,则应沿坝轴线方向每隔 50~100m 左右设一横向排水沟,以便排除雨水。排水沟的横断面,一般深 0.2m,宽 0.3m,必要时可按 1h 暴雨强度和积水面积计算确定。

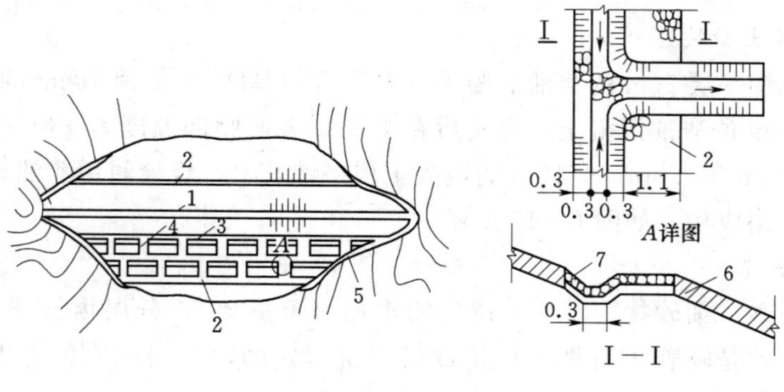

图 6-18 坝坡排水(单位:m)

1—坝坡;2—马道;3—纵向排水沟;4—横向排水沟;5—岸坡排水沟;6—草皮护坡;7—浆砌石排水沟

第三节　土石坝的剖面

土石坝的基本剖面形状为梯形，其基本尺寸主要包括坝顶高程、坝顶宽、上下游坡度、防渗结构、排水设备的形式及基本尺寸等，如图 6－19、图 6－20 所示。本节只介绍前三个基本尺寸。

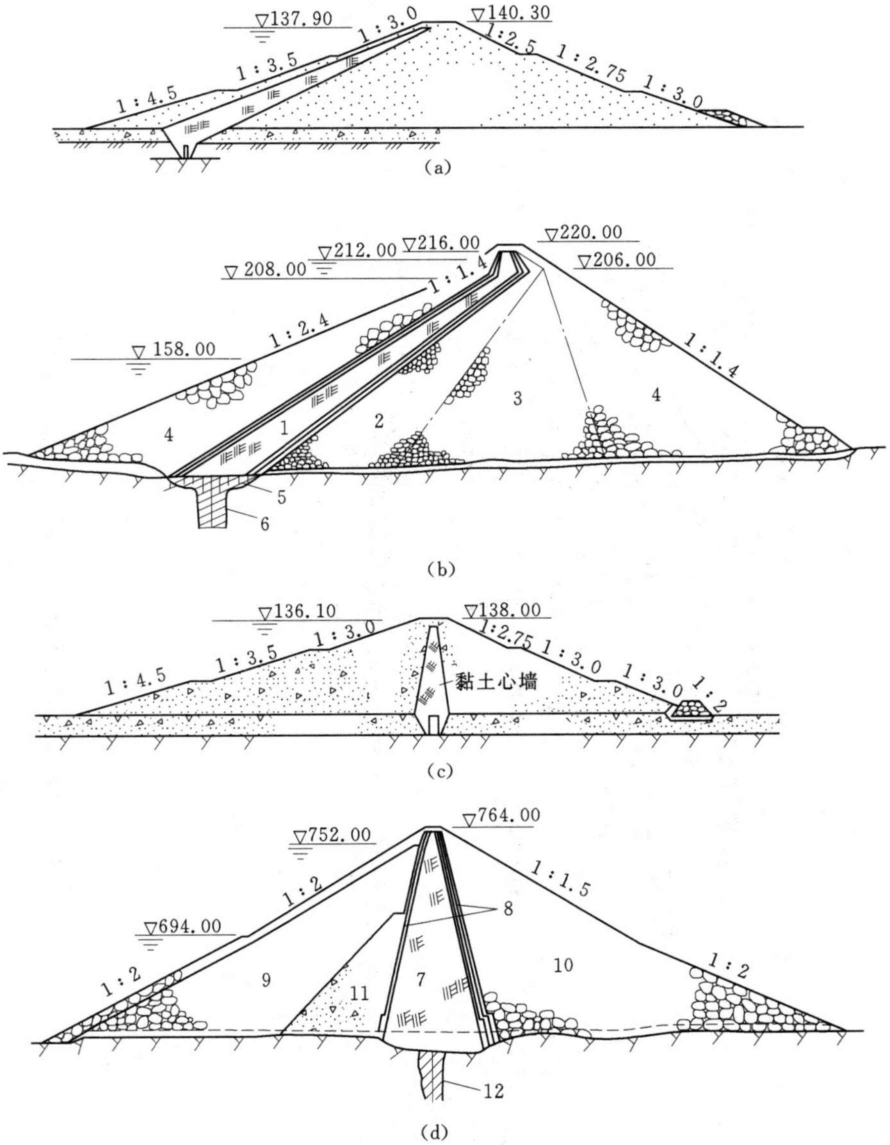

图 6－19　土石坝的剖面图

(a) 斜墙土坝；(b) 斜墙堆石坝；(c) 心墙土石坝；(d) 心墙堆石坝

1—黏土斜墙；2—细粒碾压堆石；3—粗粒碾压堆石；4—堆石；5—固结灌浆；6—帷幕灌浆；7—黏土心墙；8—反滤层；9—含细颗粒的堆石；10—堆石；11—砂卵石；12—帷幕灌浆

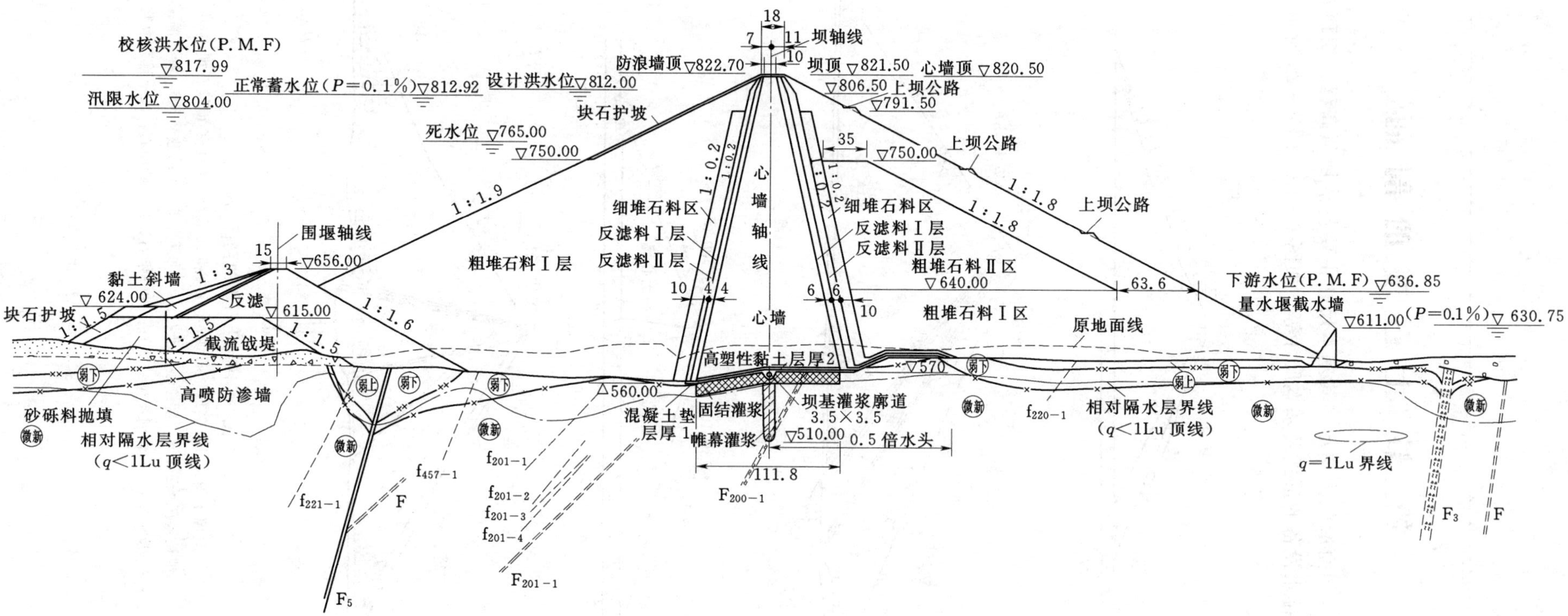

图 6-20 糯扎渡水电站心墙堆石坝坝体最大横剖面图（单位：m）

一、坝顶高程

坝顶高程为静水位与相应的超高之和，超高包括波浪在坝坡上的最大爬高、安全加高等。这里计算的坝顶高程是指坝体沉降稳定后的数值。因此，竣工时的坝顶高程还应有足够的预留沉陷值。对施工质量良好的土石坝，坝顶沉降值约为坝高的1%。

二、坝顶宽度

坝顶宽度应根据运行、施工、构造、交通和人防等方面的要求综合研究后确定。

当沿坝顶设置公路或铁路时，坝顶宽度应按照有关的交通规定选定。当无特殊要求时，高坝的坝顶最小宽度可选用10～15m，中低坝可选用5～10m。

坝顶宽度必须考虑心墙或斜墙顶部及反滤层布置的需要。在寒冷地区，坝顶还须有足够的厚度以保护黏性土料防渗体免受冻害。

三、坝坡

土石坝坝坡坡度对坝体稳定及工程量大小均起重要作用。坝坡坡度选择一般遵循以下规律：

(1) 上游坝坡长期处于水下饱和状态，水库水位也可能快速下降，为了保持坝坡稳定，上游坝坡常比下游坝坡缓，但堆石坝上、下游坝坡坡率的差别要比砂土料小。

(2) 土质防渗体斜墙坝上游坝坡的稳定受斜墙土料特性的控制，所以斜墙的上游坝坡一般较心墙坝缓。而心墙坝，特别是厚心墙坝的下游坝坡，因其稳定性受心墙土料特性的影响，一般较斜墙坝缓。

(3) 黏性土料的稳定坝坡为一曲面，上部坡陡，下部坡缓，所以用黏性土料做成的坝坡，常沿高度分成数段，每段10～30m，从上而下逐渐放缓，相邻坡率差值取0.25或0.5。砂土和堆石的稳定坝坡为一平面，可采用均一坡率。由于地震荷载一般沿坝高呈非均匀分布，所以砂土和石料有时也做成分层变坡形式。

(4) 由粉土、砂、轻壤土修建的均质坝，透水性较大，为了保持渗流稳定，一般要求适当放缓下游坝坡。

(5) 当坝基或坝体土料沿坝轴线分布不一致时，应分段采用不同坡率，在各段间设过渡区，使坝坡缓慢变化。

中、低高度的均质坝，其平均坡度约为1∶3。

土石坝坝坡确定的步骤是：一般参照已有工程的实践经验初步拟定，再经过核算、修改以及技术经济比较后确定。

土质防渗体的心墙坝，当下游坝壳采用堆石时，常用坡度为1∶1.5～1∶2.5，采用土料时，常用1∶2～1∶3.0；上游坝壳采用堆石时，常用1∶1.7～1∶2.7，采用土料时，常用1∶2.5～1∶3.5。斜墙坝的下游坝坡坡度可参照上述数值选用，取值一般偏陡；上游坝坡则可适当放缓，石质坝坡放缓0.2，土质坝坡放缓0.5。

人工材料面板坝，采用优质石料分层碾压时，上游坝坡坡度一般采用1∶1.4～1∶1.7；良好堆石的下游坝坡可为1∶1.3～1∶1.4；如为卵砾石时，可放缓至1∶1.5～1∶

1.6；坝高超过110m时，也宜适当放缓。人工材料心墙坝，均可参照上述数值选用，并且上下游可采用同一坡率。

碾压式土石坝上下游坝坡常沿高程每隔10～30m设置一条马道，其宽度应根据用途确定，但不小于1.5m，用以拦截雨水，防止冲刷坝面，同时也兼作交通、检修和观测之用，还有利于坝坡稳定。马道一般设在坡度变化处。碾压堆石坝下游坝坡亦常设1～2条马道。土石坝上游坝坡视情况亦可增设马道。

第四节　土石坝的渗透变形及防治措施

一、渗透变形

土石坝及地基中的渗流，由于机械或化学作用，可能使土体产生局部破坏，称为渗透变形。严重时会导致工程失事，必须采取有效的控制措施。

渗透变形的形式及其发生发展过程，与土料性质、土粒级配、水流条件以及防渗排水措施等因素有关，通常可分为下列几种形式：

(1) 管涌。在渗流作用下，坝体或坝基中的细小颗粒被渗流带走逐步形成渗流通道的现象称为管涌，常发生在坝的下游坡或闸坝下游地基面渗流逸出处。没有凝聚力的无黏性砂土、砾石砂土中容易出现管涌；黏性土的颗粒之间存在有凝聚力（或称黏结力），渗流难以把其中的颗粒带走，一般不易发生管涌。

管涌开始时只是细小颗粒从土壤中被带出，以后随着小颗粒土的流失，土壤的孔隙加大，较大颗粒也会被带走，逐渐向内部发展，形成集中的渗流通道。

(2) 流土。在渗流作用下，土体成块被掀起浮动的现象称为流土。流土可以发生在黏性土体，也可以发生在非黏性土体。在非黏性土体中，流土表现为成群土粒的浮起现象，如砂沸现象；在黏性土中，流土则表现为成块土的隆起、剥蚀、浮动和断裂。

(3) 接触冲刷。当渗流沿两种不同土壤的接触面流动时，把其中细颗粒带走的现象，称为接触冲刷。接触冲刷可能使临近接触面的不同土层混合起来。

(4) 接触管涌和接触流土。渗流方向垂直于两种不同土壤的接触面时，例如在黏土心墙（或斜墙）与坝壳砂砾料之间，坝体或坝基与排水设施之间，以及坝基内不同土层之间的渗流，可能把其中一层的细颗粒带到另一层的粗颗粒中去，称为接触管涌。当其中一层为黏性土，由于含水量增大凝聚力降低而成块移动，甚至形成剥蚀时，称为接触流土。

(5) 散浸。散浸是土质堤坝常见的一种险情。表现为堤坝背水面土体潮湿、变软，并有少量的水渗出，散浸又叫“堤出汗”。如不及时处理，就会发生内脱坡、管漏等险情。

渗透变形一般首先在小范围内发生，逐步发展至大范围，最终可能导致坝体沉降、坝坡塌陷或形成集中的渗流通道等，危及坝的安全。

二、防止渗透变形的措施

土体发生渗透变形的原因主要取决于渗透坡降、土的颗粒组成和孔隙率等，所以应尽量降低渗透坡降和增加渗流出口处土体抵抗渗透变形的能力。为防止渗透变形，通常采用的工程措施有全面截阻渗流、延长渗径、设置排水设施、反滤层等。

这里只介绍反滤层的有关问题，其他措施在本书第九章中介绍。

反滤层的作用是既安全又顺利地排除坝体和地基土中的渗透水流。设置反滤层是提高土体的抗渗变形能力，防止各类渗透变形特别是防止管涌的有效措施。在土质防渗体（包括心墙、斜墙、铺盖和截水墙等）与坝壳和坝基透水层之间以及下游渗流出溢处，渗流流入排水设施处，如不满足反滤要求，均必须设置反滤层。

（1）反滤层的结构。反滤层一般是由2～3层不同粒径的非黏性土组成。层次排列应尽量与渗流的方向垂直，各层次的粒径则按渗流方向逐层增加，如图6-21所示。

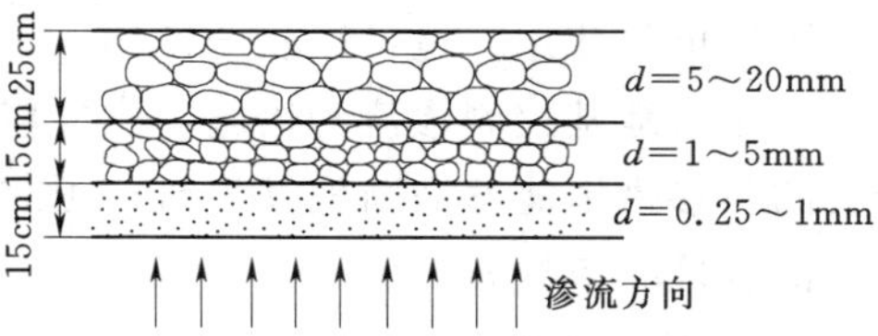

图6-21　反滤层的构造

人工施工时，水平反滤层的最小厚度为0.3m，垂直或倾斜反滤层的最小厚度可采用0.5m。采用机械化施工时，最小厚度应根据施工方法确定。

（2）反滤层的材料。反滤层的材料首先应该是耐久的、能抗风化的砂石料。为保证滤土排水的正常工作，反滤层必须符合下列要求：

1）被保护土壤的颗粒不得穿过反滤层。但对细小的颗粒（如粒径小于0.1mm的砂土），则可允许被带走。因为它的被带走不会使土的骨架破坏，不至于产生渗透变形。

2）各层的颗粒不得发生移动。

3）相临两层间，较小的一层颗粒不得穿过较粗一层的孔隙。

4）反滤层不能被堵塞，而且应具有足够的透水性，以保证排水畅通。

（3）反滤层级配的设计。根据SL 274—2001《碾压式土石坝设计规范》中提出的设计要求进行。

反滤料、过渡层料、排水体料，应有较高的抗压强度，良好的透水性、抗冻性和抗风化性，达到规范规定的级配要求。反滤料和排水体料中粒径小于0.075mm的颗粒含量应不超过5%。

第五节　土石坝的地基处理

土石坝对地基的要求虽然比混凝土坝低，可不必挖除地表面透水土壤和砂砾石等，但地基的性质对土石坝的构造和尺寸仍有很大影响。据国外资料统计，土石坝失事约有40%是由于地基问题引起的，可见地基处理的重要性。土石坝地基处理的任务是：①控制渗流，使地基以及坝身不产生渗透变形，并把渗流量控制在允许的范围内；②保证地基稳定不发生滑动；③控制沉降与不均匀沉降，以限制坝体裂缝的发生。

土石坝地基处理应力求做到技术上可靠，经济上合理。筑坝前要完全清除表面的腐殖土，以及可能发生集中渗流和可能发生滑动的表层土石，例如较薄的细砂层、稀泥、草皮、树根以及乱石和松动的岩块等，清除深度一般为0.3～1.0m，然后再根据不同地基情况采取不同的处理措施。

岩石地基的强度大、变形小，一般均能满足土石坝的要求，其处理的目的主要是控制渗流，处理方法基本与重力坝相同，本节仅介绍砂砾石地基的处理。

砂砾石地基一般强度较大，压缩变形也较小，因而对修建在砂砾石地基上土石坝的地基处理主要是解决渗流问题。处理的方法是"上防下排"。属于"上防"的有铅直方向的黏土截水墙、混凝土防渗墙、板桩和帷幕灌浆，以及水平方向的防渗铺盖等；属于"下排"的有铅直方向的减压井和反滤式排水沟，以及水平方向的反滤式盖重等。所有这些措施既可以单独使用，也可以联合使用。

砂砾石地基控制渗流的措施，主要应根据地基情况、工程运用要求和施工条件选定。铅直的防渗措施能够截断地基渗流，可靠而有效地解决地基渗流问题，在技术条件可能而又经济合理时应优先采用。

1. 黏性土截水墙

当覆盖层深度在 15m 以内时，可开挖深槽直达不透水层或基岩，槽内回填黏性土而成截水墙（也称截水槽），心墙坝、斜墙坝常将防渗体向下延伸至不透水层而成截水墙，如图 6 - 22 所示。均质坝也可将坝体部分地延伸至不透水层而成截水墙，如图 6 - 23 所示。

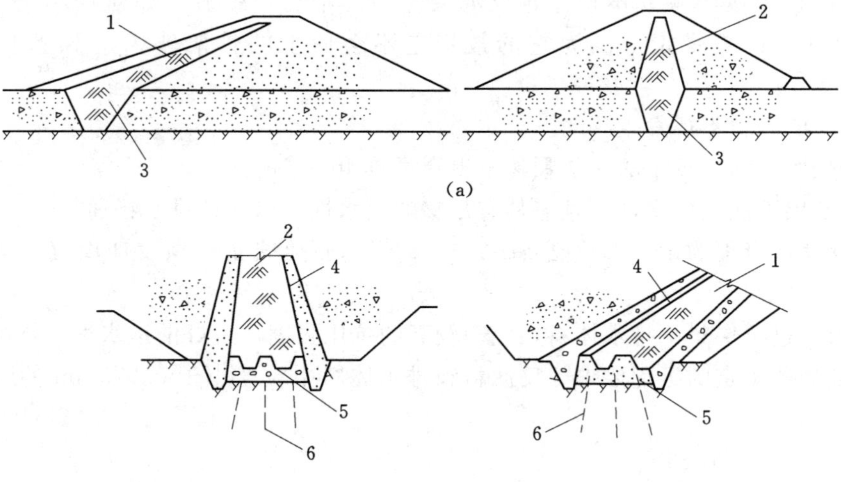

图 6 - 22 黏性土截水墙

(a) 截水墙的位置；(b) 截水墙（或心墙、斜墙）与基岩的连接

1—黏土斜墙；2—黏土心墙；3—截水墙；4—过滤层；5—垫座；6—固结灌浆

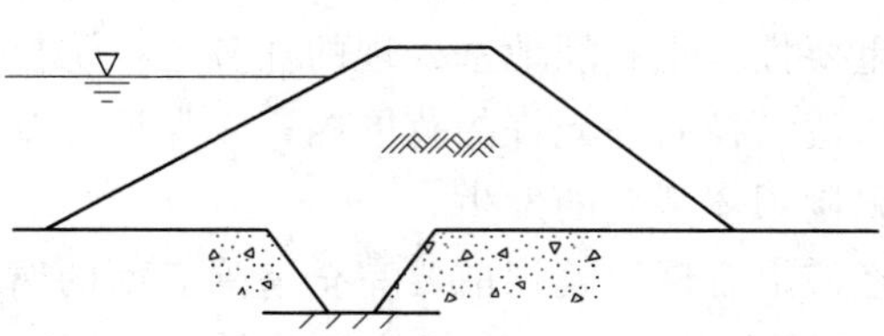

图 6 - 23 均质坝截水墙

截水墙底宽常根据回填土料的允许渗透坡降与基岩接触面抗渗流冲刷的允许坡降以及施工条件确定。截水墙内回填黏土、重壤土时不小于 0.1H（H 为作用水头），中、轻壤土不小于 0.2H，且一般不小于 3m，以利于施工。如我国大伙房土坝坝高 48m，截水

墙底宽 6m，通过截水墙的最大渗透坡降为 8。截水墙的开挖边坡通常不陡于 1∶1，以保持边坡稳定。截水墙的土料应与其上部的心墙或斜墙一致。均质土坝截水墙所用土料应与坝体相同，其截水墙的位置宜设于距上游坝脚 1/3～1/2 坝底宽处。由于目前施工机械化程度的提高，黏土截水墙的采用有向深处发展的趋势，我国土石坝截水墙的开挖深度约达 20m，加拿大的下诺赫坝挖深已达 70m。

截水墙结构简单、工作可靠、防渗效果好，得到了广泛的应用。缺点是槽身挖填和坝体填筑不便同时进行，如汛前施工要达到一定的坝高，以拦洪度汛，工期较紧。

2. 板桩

当透水的冲积层较厚时，可采用板桩截水，或先挖一定深度的截水槽，槽下打板桩，槽中回填黏土，即结合使用板桩和截水墙。通常采用的是钢板桩，木板桩一般只用于围堰等临时性工程。

钢板桩可以穿过砾石类土、软弱或风化的岩石，有些工程的钢板桩深度已达 50m 以上，但钢板桩难以穿过含有大卵石的土层。钢板桩并非绝对不透水，而且在砂卵石层中打钢板桩时，由于孤石的阻力，可能使板桩歪斜、脱缝或挠曲，显著地增加透水性，加之钢板桩造价较高，在我国的实际工程中用得不多。

3. 混凝土防渗墙

用钻机或其他设备在土层中造成圆孔或槽孔，在孔中浇混凝土，最后连成一片，成为整体的混凝土防渗墙，适用于地基渗水层较厚的情况。

防渗墙厚度应该根据防渗和强度要求确定。按施工条件可在 0.6～1.3m 之间选用（一般为 0.8m），因受钻孔机具的限制，墙厚不能超过 1.3m，如不能满足设计要求则应采用两道墙，此时单墙厚度也不宜小于 0.6m，因厚度减小时钻孔数量随之增大，减少的混凝土量已不能抵偿钻孔量增大的代价。混凝土防渗墙的允许坡降一般为 80～100，混凝土强度等级为 C10，抗渗等级为 P6～P8，坍落度 8～20cm，水泥用量为 300kg/m^3 左右。墙底应嵌入半风化岩内 0.5～1.0m，顶端插入防渗体，插入深度应为坝前水头的 1/10，且不得小于 2m。

修建混凝土防渗墙需要一定的机械设备，但并无特殊要求，关键是在施工过程中要保持钻孔稳定，不致坍塌，常采用膨润土或优质黏土制成的泥浆进行固壁，这种泥浆还可以起到冷却和润滑钻头的作用。

从 20 世纪 60 年代起，混凝土防渗墙得到了广泛的应用。我国已建混凝土防渗墙 60 余座，积累了不少施工经验，并发展了反循环回转新型冲击钻机、液压抓斗挖槽等技术，在砂卵石层中钻孔工效（70m 以内）平均达到 0.85m/h，进入国际先进行列。黄河小浪底工程采用深度 70m 的双排防渗墙，单排墙厚 1.2m，如图 6-24 所示。

水牛家水电站的拦河大坝为土心墙坝（图 6-25），最大坝高为 108m，坝顶宽度 10m。心墙下部河床覆盖层采用 1.2m 厚的混凝土防渗墙防渗，防渗墙底部嵌入基岩 1m，防渗墙顶部插入心墙 10m。防渗墙顶接入周边高塑性黏土，黏土区宽 5.2 m，高 15 m。

4. 灌浆帷幕

当砂卵石层很厚时，用上述 3 种处理方法都较困难或不够经济，可采用灌浆帷幕防渗。

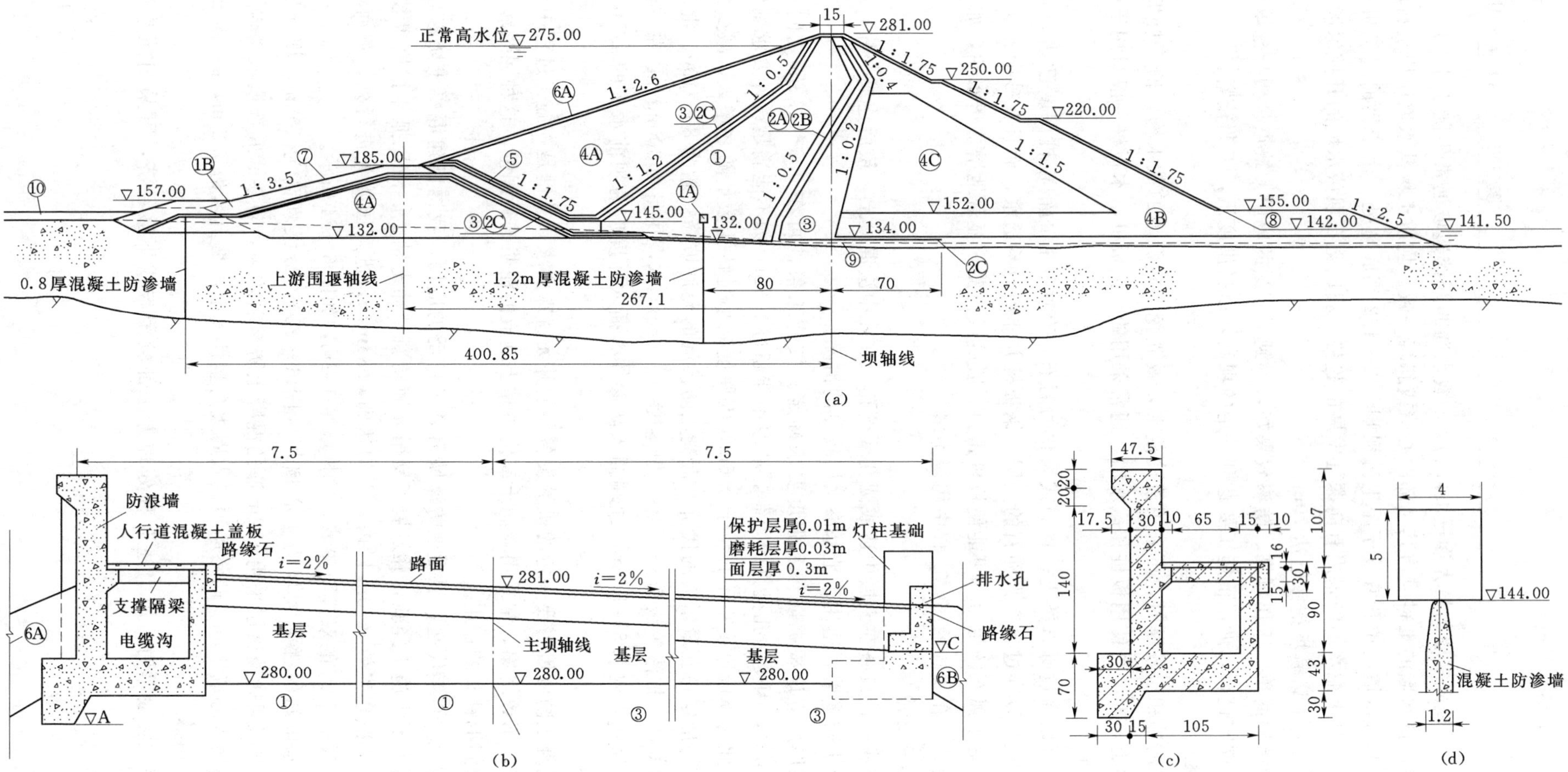

图 6-24 小浪底大坝横剖面图（单位：m）

（a）大坝横剖面图；（b）坝顶构造图；（c）防浪墙细部图；（d）混凝土防渗墙顶部与斜心墙结合部位细部图

①⑱—黏土；⑭—高塑性黏土；㉑、㉒、㉓—反滤层；③过滤料；㊶、㊷、㊸—堆石；⑤—掺合料；㊿、⑥B—护坡块石；⑦—堆石护坡；⑧—石渣；⑨—回填砂卵石；⑩—上游铺盖

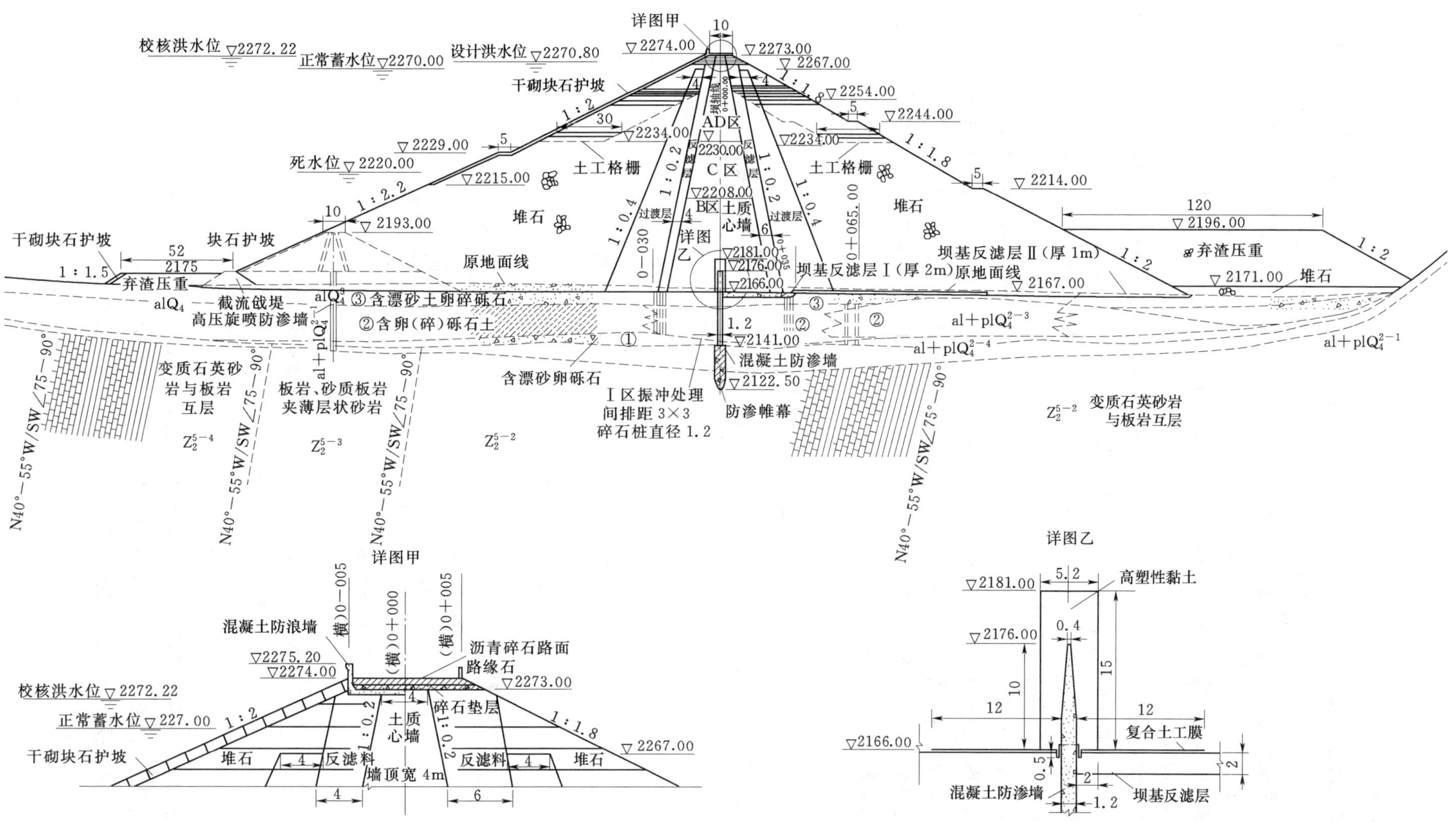

图 6-25　水牛家水电站坝体结构横剖面图（单位：m）

灌浆帷幕的施工方法是：先用旋转式钻机造孔，同时用泥浆固壁，钻完孔后在孔中注入填料，插入带孔的钢管，待填料凝固后，在带孔的钢管中置入双塞灌浆器，用一定压力将水泥浆或水泥黏土浆压入透水层的孔隙中。压浆可自下而上分段进行，分段可根据透水层性质采用 0.33～0.5m 不等。待浆液凝固后，就形成了防渗帷幕。

灌浆帷幕的厚度 T，根据帷幕最大作用水头 H 和允许水力坡降 [J] 计算得到，一般 [J] =3～4。

灌浆帷幕厚度较大，因此需几排钻孔，孔距和排距由现场试验确定，通常为 3～5m，边排孔稍密，中排孔稍稀。灌浆时，先灌边排孔，后灌中排孔，浆液由稀到浓，灌浆压力自下而上逐渐减小，由 2500～4000kPa 减小到 200～500kPa。灌浆帷幕伸入砂卵石层下的不透水层内至少 1.0m。灌浆后将表层胶结不好的砂卵石挖除，做黏土截水墙或混凝土防渗墙。

我国在密云水库白河主坝、上马岭和毛家村土石坝的砂砾石地基中采用了水泥黏土灌浆帷幕，灌浆深度达 40m；法国谢尔蓬松坝（图 6-26）高 129m，砂砾石冲积层地基，1957 年建成灌浆帷幕，深约 110m，顶部厚度 35m，底部厚度 15m，钻孔 19 排，中间四排直达基岩，边孔深度逐渐变浅，渗透坡降 3.5～8。目前，在砂砾石层中最深的水泥黏土灌浆帷幕已经达 170m。

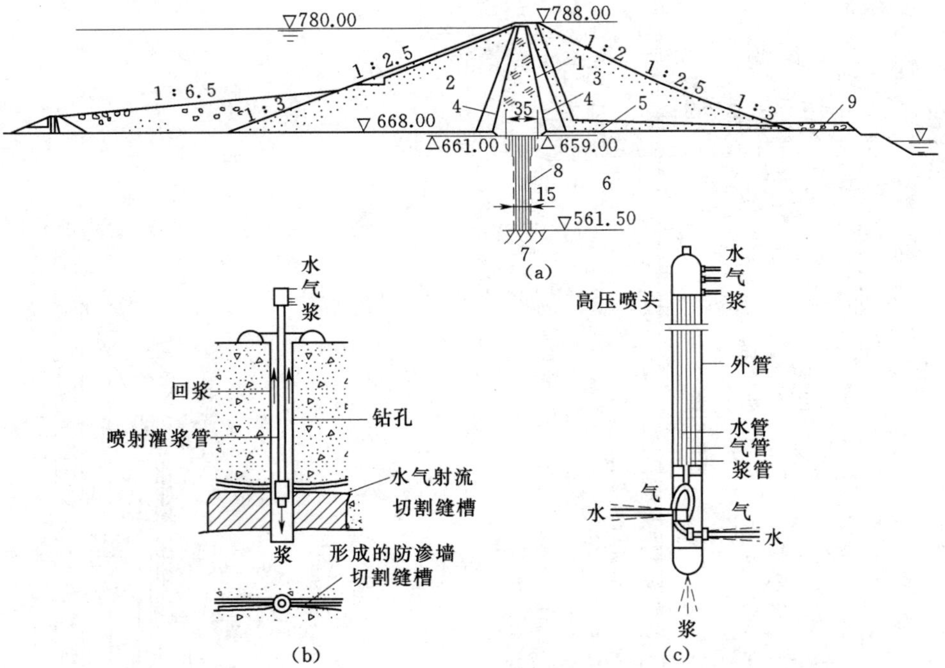

图 6-26　灌浆帷幕和高压喷射灌浆原理（单位：m）

(a) 采用灌浆帷幕的土石坝；(b)、(c) 高压喷射灌浆原理示意图

1—心墙；2—上游坝壳；3—下游坝壳；4—过滤层；5—排水；

6—砂砾石坝基；7—基岩；8—灌浆帷幕；9—盖重

灌浆帷幕的优点是灌浆深度大，当覆盖层内有大孤石时，可不受限制。这种方法的主要问题是对地基的适应性较差，有的地基如粉砂、细砂地基，不易灌进，而透水性太大的地基又往往耗浆量太大。所以使用这种方法时，必须对覆盖层的性质深入勘测和分析，并进行必要的现场试验。20 世纪 80 年代后，我国发展了高压定向喷射灌浆技术，其原理是：将 30～50MPa 的高压水和 0.7～0.8MPa 的压缩空气输到喷嘴，喷嘴直径 2～3mm，造成流速为 100～200m/s 的射流，切割地层形成缝槽，同时由 1.0MPa 左右的压力把水泥浆由另一钢管输送到另一喷嘴，以充填上述缝槽并渗入缝壁砂砾石地层中，凝结后形成防渗板墙。施工时，在事先形成的泥浆护壁钻孔中，将高压喷头自下而上逐渐提升即可形成防渗板墙。这种喷射板墙的渗透系数为 10^{-6}～10^{-5}cm/s，抗压强度为 6～20MPa，容许渗透坡降突破规范限制，达到 80～100，施工效率高。

5. 防渗铺盖

这是一种由黏性土做成的水平防渗设施，是斜墙、心墙或均质坝体向上游延伸的部分。当采用垂直防渗有困难或不经济时，可考虑采用铺盖防渗。防渗铺盖构造简单，造价一般不高，但它不能完全截断渗流，只是通过延长渗径的办法，降低渗透坡降，减小渗透流量，所以对解决渗流控制问题有一定的局限性，其布置形式如图 6-27 所示。

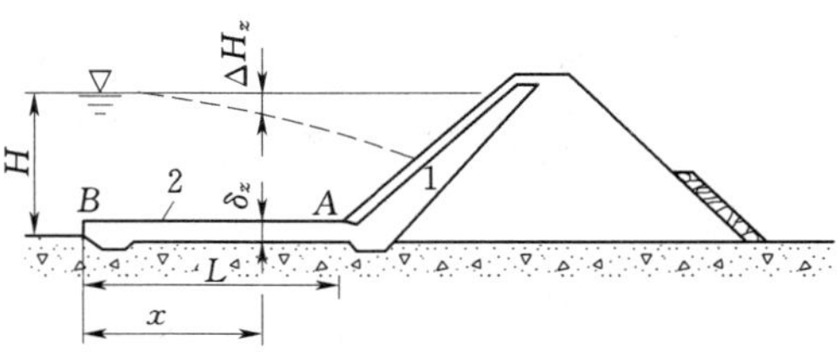

图 6-27　防渗铺盖示意图

1—斜墙；2—铺盖

铺盖常用黏土或砂质黏土材料，渗透系数应小于砂砾石层渗透系数的 1/100。铺盖长度一般为 4～6 倍水头，铺盖厚度主要取决于各点顶部和底部所受的水头差 ΔH_x 和土料的允许坡降 $[J]$，即距上游端为 x 处的厚度应不小于 $\delta x = \Delta H_x/[J]$，$[J]$ 值对于黏土可取 5～10，对壤土可取 3～5。上游端部厚度不小于 0.5m，与斜墙连接处常达 3～5m。铺盖表面应设保护层，以防蓄水前黏土发生干裂及运用期间波浪作用和水流冲刷的破坏，铺盖与砂砾石地基之间应根据需要设置反滤层或垫层。

巴基斯坦塔贝拉土坝坝高 147m，坝基砂砾石层厚度约 200m，采用了厚 1.5～10m、长 2307m 的铺盖，是目前世界上最长的铺盖。我国采用铺盖防渗有成功的实例，但在运用中也有一些铺盖出现了裂缝、塌坑、漏水等现象，影响了防渗效果，所以对高、中坝，尤其是复杂地层和防渗要求较高时，应慎重选用。

6. 排水减压措施

在强透水地基中采用铺盖防渗时，由于铺盖不能截断渗流，特别当坝基表层为相对不透水层时，坝趾处不透水层的下面可能有水头较大的承压水，致使坝基发生渗透变形，或造成下游地区的沼泽化；即使表层并非不透水层，冲积土的坝基也往往具有水平方向渗透系数大于垂直方向的特点，致使坝趾处地下仍保持有较大的压力水头，也可能发生管涌或流土。针对以上这些情况，有时需在坝下游设置穿过相对不透水层并深入透水层一定深度的排水减压装置，以导出渗水，降低渗透压力，确保土石坝及其下游地区的安全。常用的排水减压设施有排水沟和排水减压井。

(1) 排水沟。在离开坝趾稍靠下游平行坝轴线设置，沟底深入到透水的砂砾石层内，沟顶略高于地面，以防止周围表土的冲淤。按其构造，可分为暗沟和明沟两种。图 6-28 为排水暗沟，实际上也是坝身排水的组成部分；图 6-29 为排水明沟。两者都应沿渗流方向按反滤层布置，明沟沟底应有一定的纵坡与下游的河道连接。

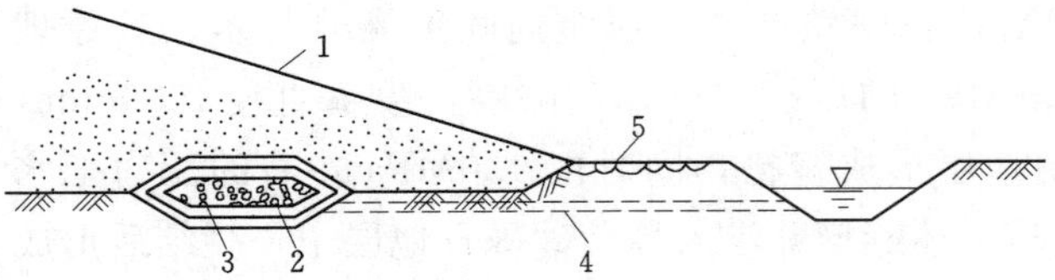

图 6-28 排水暗沟

1—坝体；2—坝身排水设施；3—反滤层；4—排水暗沟；5—堆石盖重

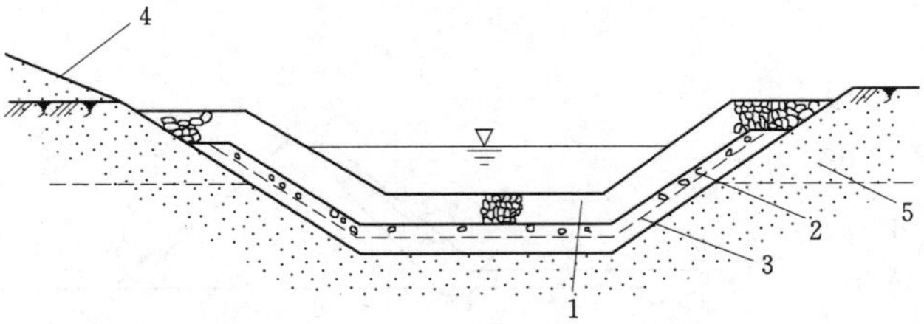

图 6-29 排水明沟

1—块石或大卵石；2—碎石；3—砂；4—坝坡；5—相对不透水层

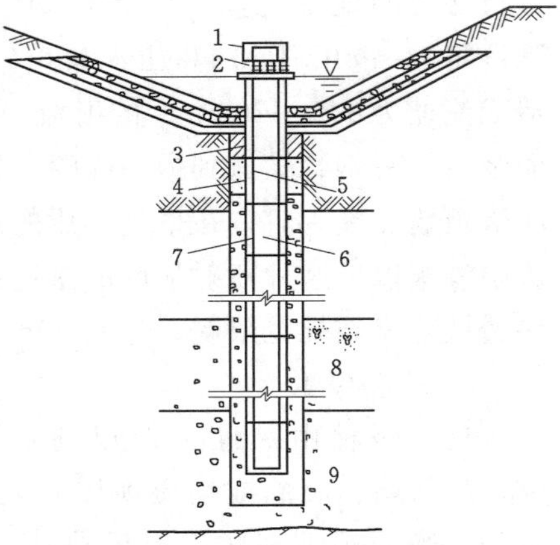

图 6-30 排水减压井构造图

1—井帽；2—钢丝网出水口；3—回填混凝土；4—回填砂；5—上升管；6—穿孔管；7—反滤料；8—砂砾石；9—砂卵石

（2）排水减压井。排水减压井常用于不透水层较厚的情况，将深层承压水导出水面，然后从排水沟中排出，其构造如图 6-30 所示。在钻孔中插入无砂混凝土井管，周围回填反滤料，管的直径一般为 20～30cm，井距一般为 20～30m。

（3）透水盖重。为了保证坝址处上层弱透水层的稳定，如果不采用减压井，坝后可由透水材料做成反滤盖重，以平衡弱透水层下的扬压力，如图 6-31 所示。透水盖重与坝基土层之间按要求设置反滤层。

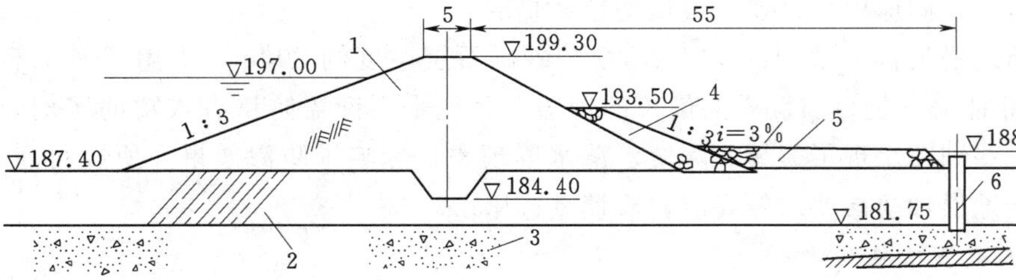

图 6-31 太平湖土坝减压井与透水盖重（单位：m）

1—粉质黏土；2—重粉质壤土；3—砂砾石层；4—碎石培厚；5—透水盖重；6—减压井

第六节 土石坝与坝基、岸坡及其他建筑物的连接

土石坝与坝基、岸坡及其他建筑物的接触面都是防渗的薄弱部位，必须妥善处理，使其结合紧密，避免产生集中渗流；保证坝体与河床及岸坡结合面的质量，不使其形成影响坝体稳定的软弱层面；并不致因岸坡形状或坡度不当引起坝体不均匀沉降而产生裂缝。

一、坝体与土质地基及岸坡的连接

坝体与土质地基及岸坡的连接必须做到：①清除坝体与地基、岸坡接触范围内的草皮树干、树根、含有植物的表土、蛮石及其他废料，并将清理后的地基表面土层压实；②对坝断面范围内的低强度、高压缩性软土及地震时易于液化的土层，进行清除或处理；③防渗体必须坐落在相对不透水土基上，否则应采取适当的防渗处理措施；④地基覆盖层与下游坝壳粗粒料接触处，应符合反滤层要求，否则必须设置反滤层，以防止地基土流失到坝壳中。

为使防渗体与岸坡紧密结合，防止发生不均匀沉降而导致裂缝，岸边开挖时应大致平顺，不应呈台阶状或突然变坡，土质岸坡的坡度一般不陡于1∶1.5，如图6－32所示。

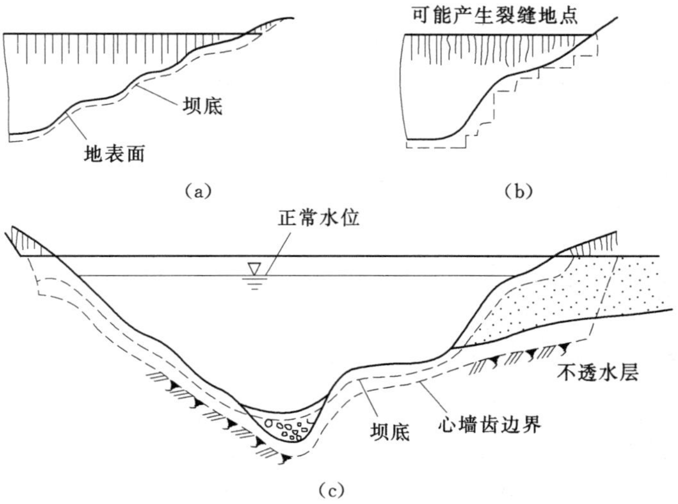

图6－32　土石坝与岸坡的连接

(a) 正确的削坡；(b) 不正确的台阶形削坡；(c) 心墙坐落在不透水层上

心墙和斜墙在与两端岸坡连接处应扩大其断面，以加强连接处防渗的可靠性，扩大断面与正常断面之间应以渐变的形式过渡。

二、坝体与岩石地基及岸坡的连接

坝体与岩石地基及岸坡的连接必须做到以下几点：

(1) 坝断面范围内的岩石地基与岸坡，应清除表面松动石块、凹处积土和突出的岩石。

(2) 土质防渗体和反滤层应与相对不透水的新鲜或弱风化岩石相连接。在开挖清理后，用混凝土或砂浆封堵清理后的张开节理裂隙和断层。基岩面上一般宜设混凝土盖板、喷混凝土层或喷浆层，将基岩与土质防渗体分隔开来，以防止接触冲刷。混凝土盖板还可兼做灌浆帽。

(3) 对失水时很快风化变质的软岩石（如页岩、泥岩等），开挖时应预留保护层（厚10～15cm），待开始回填时，随挖除、随回填，或在开挖后用喷浆保护。

(4) 土质防渗体与岩石或混凝土建筑物相接处，如防渗土料为细粒黏性土，则在邻近接触面0.5～1.0m范围内，应控制在高于最优含水量不大于3%的情况下填筑，在填土前用黏土浆抹面。如防渗土料为砾石土，临近接触面应采用纯黏性土或砾石含量少的黏性土，在略高于最优含水量下填筑，使其结合良好并适应不均匀沉陷。

岩石岸坡一般不陡于1∶0.5，陡于此坡度应有专门论证，并采取必要措施，如做好结合面处的湿黏土回填，加强结合面下游的反滤层等。岩石岸坡的其他要求与土质岸坡相同。

在高坝防渗体底部混凝土盖板以下的基岩中，宜进行浅层铺盖式灌浆，以改善接触条件，在与防渗体接触的覆盖层中，也宜进行浅层铺盖式灌浆。

三、坝体与混凝土建筑物的连接

土石坝与混凝土坝、溢洪道、船闸、涵管等混凝土建筑物的连接，必须防止接触面的集中渗流，防止因不均匀沉降而产生的裂缝，以及因水流对上下游坝坡和坝脚的冲刷而造成的危害。

1. 土石坝与重力坝的连接

土石坝与混凝土重力坝常采用插入式连接，如图6-33所示。

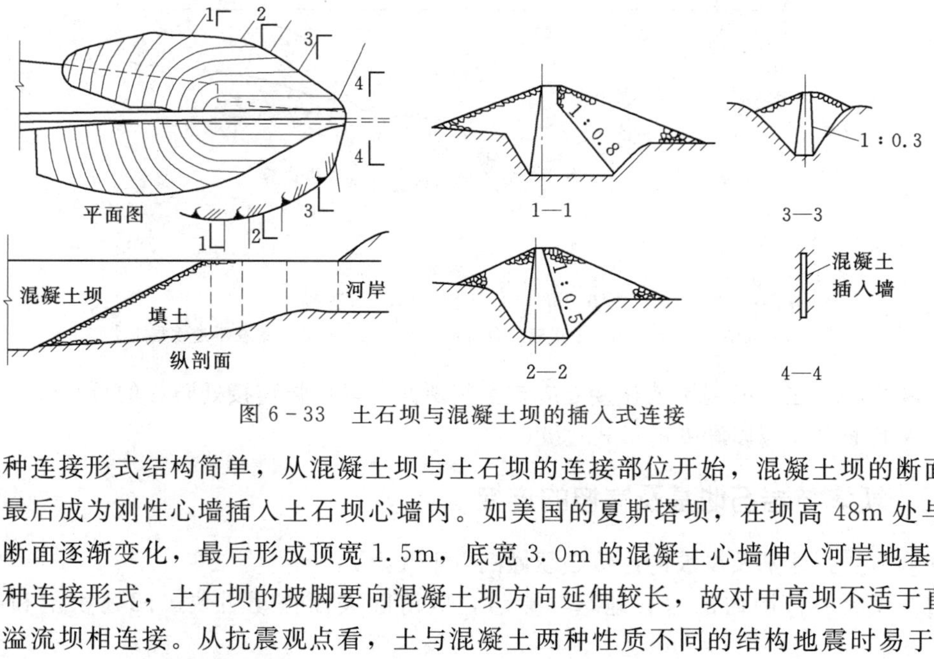

图6-33 土石坝与混凝土坝的插入式连接

这种连接形式结构简单，从混凝土坝与土石坝的连接部位开始，混凝土坝的断面逐渐缩小，最后成为刚性心墙插入土石坝心墙内。如美国的夏斯塔坝，在坝高48m处与土坝连接，断面逐渐变化，最后形成顶宽1.5m，底宽3.0m的混凝土心墙伸入河岸地基。

这种连接形式，土石坝的坡脚要向混凝土坝方向延伸较长，故对中高坝不适于直接与混凝土溢流坝相连接。从抗震观点看，土与混凝土两种性质不同的结构地震时易于分离，插入部分断面变化易引起应力集中，结合部位施工不便，开裂后自愈作用小，修复困难。特别是对于高坝，采用高插入墙，根据受力条件，每隔一定高度需设置柔性铰，结构也比较复杂。但因结构简单，对于低坝尚有一定的适用性。我国三道岭水库坝高24m，与土坝黏土心墙连接处坝高17m，采用插入式连接。海城地震时该坝位于Ⅷ度震区，距震中18km，地震时水位距坝顶7m，震后发现土坝坝顶有一条延伸很长的宽大裂缝，缝宽3～15cm，混凝土插入墙外土坡锥体沉降60～70cm，墙两侧黏土心墙下沉8cm，并在接触面上形成裂缝，缝的深度达 1m 以上，运用中未发现漏水异常，说明这种结构形式具有一定的抗震能力。

2. 土石坝与溢流坝（或船闸）的连接

土石坝与船闸、混凝土溢流坝和溢洪道连接时常采用翼墙式连接，如图 6-34 所示。其中图 6-34（a）的上、下游翼墙在平面上为圆弧形，其顶部高出上游水位。圆弧形翼墙与土石坝的接触渗径较长，水流条件也较好，但工程量较大。图 6-34（b）是仅将上游翼墙做成圆弧形，而下游翼墙做成逐渐降低的斜降墙，以节省工程量，但渗径较短。图 6-34（c）是上下游翼墙均做成斜降墙式，为了增加渗径，可在翼墙背面设一道至数道刺墙。为改善刺墙的受力条件，在刺墙与翼墙之间可设不透水的伸缩缝。当刺墙较短时，也可不设伸缩缝，但刺墙必须有足够的强度，保证不发生断裂。

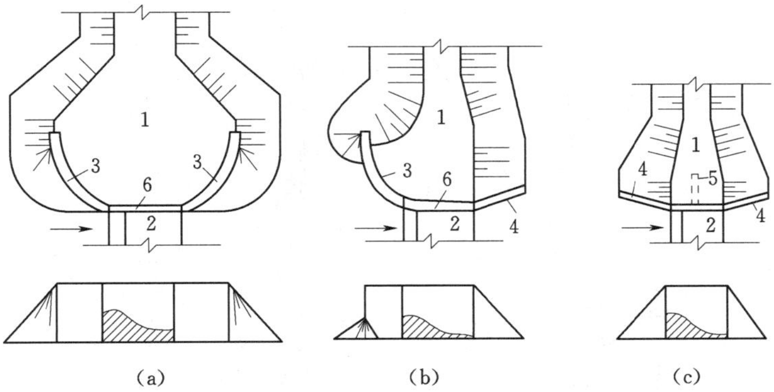

图 6-34　翼墙式连接

（a）上、下游均为圆弧形翼墙连接；（b）上游为圆弧形翼墙、下游为斜降墙的连接；（c）上、下游均为斜降墙连接

1—土石坝；2—溢流重力坝；3—圆弧形翼墙；4—斜降式翼墙；5—刺墙；6—边墩

为使接触面结合紧密，并具有良好的抗震性能，可采取以下措施：①混凝土挡土墙宜采用 1∶0.5 左右的坡度，使填土高度缓慢变化，避免裂缝；②为避免土和混凝土两种不同类型结构地震时变形不协调，在结合部位脱开或产生间隙，宜尽可能增大接触面积，将土石坝的防渗体适当扩大，如日本四十四田坝，将土坝心墙上、下游均做成 1∶0.5 的坡度；③在结合部位数米范围内设置良好的反滤层，一旦出现裂缝后使其可以自愈，如四十四田坝在接合部心墙下游侧混凝土挡土墙上设有宽 2.0m、深 1.0m 的沟槽，填入反滤料，与心墙的反滤连成一体。同时，在寒冷地区，要防止因翼墙厚度和保护层厚度不足而使填土冻结。

第七节　混凝土面板堆石坝

一、概述

混凝土面板堆石坝是用堆石或砂砾石分层碾压填筑成坝体，并用混凝土面板作防渗体的坝的统称。主要用砂砾石填筑坝体的也可称为混凝土面板砂砾石坝。堆石体是坝的主

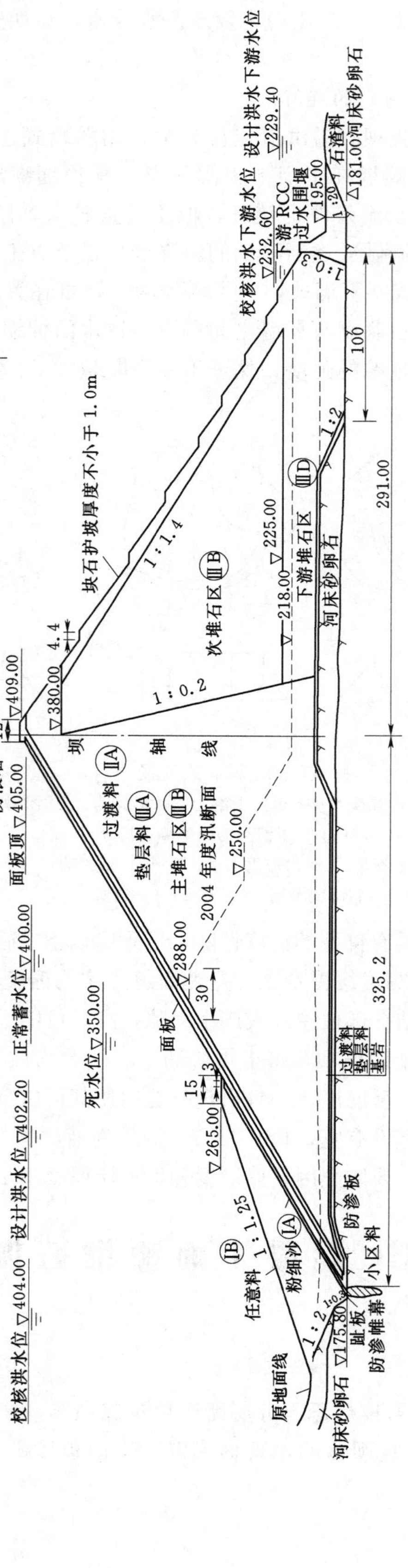

图 6－35　清江水布垭水电站混凝土面板堆石坝（单位：m）

体，对坝体的强度和稳定条件起决定性作用，因而要求由新鲜、完整、耐久、级配良好的石料填筑。

一般认为，堆石坝于1870年最早出现在美国西部，与当时美国的采矿与淘金有关。由于那里交通不便，但是，采矿和淘金需要用水，于是，淘金者就用岩石和树木筑坝，这就是最早的堆石坝。中国最早的堆石坝是1957年建成的四川狮子滩大坝，它是混凝土重力墙式抛填堆石坝，坝高52m。最早的混凝土面板堆石坝是1966年建成的贵州百花大坝，坝高48.7m。

进入20世纪60年代以后，由于大型振动碾的应用，使堆石坝的密实度得到充分提高，从而大幅度降低了堆石坝的变形，加上钢筋混凝土面板在结构设计、施工方法上的改进，其运行性能好、经济效益高、施工进度短等优点得到充分地显示。目前，钢筋混凝土面板堆石坝已成为国内外坝工建设的一种重要坝型，是可行性研究阶段优先考虑的坝型之一，是当今高坝发展的一种趋向。

水布垭水利枢纽（图6-35）位于湖北省巴东县境内的长江支流清江上游，是清江干流上继隔河岩、高坝洲电站之后的第三个大型水利水电枢纽工程，也是清江水电梯级滚动开发的龙头枢纽。其拦河大坝为混凝土面板堆石坝，坝顶高程409m，最大坝高233m，坝顶宽12m，坝轴线长660m，是当今世界上同类坝型中唯一一座坝高超过200m的大坝。

面板堆石坝与其他坝型相比有如下主要特点：

（1）就地取材，在经济上有较大的优越性，除了在坝址附近开采石料以外，还可以利用枢纽其他建筑物开挖的废弃石料。

（2）施工度汛问题比一般土坝较为容易解决，可部分利用坝面溢流度汛，但应做好表面保护措施。

（3）对地形、地质和自然条件适应性较混凝土坝强，可建在地质条件略差的坝址上，且施工不受雨天影响，对温度变化的敏感度也比混凝土坝低得多。

（4）方便机械化施工，有利于加快施工进度和减少沉降，随着重型振动碾等大型施工机械的应用，克服了过去堆石坝抛填法沉降量很大的缺点，这也是近代面板堆石坝得到迅速发展的主要原因之一。

（5）坝身不能泄洪，施工导流问题较混凝土坝难以解决，一般需设泄洪和导流设施。

二、钢筋混凝土面板堆石坝

（一）剖面尺寸

1. 坝顶要求

面板堆石坝一般为梯形剖面，其坝顶宽度和坝顶高程的确定与土坝类似，其中坝顶宽度除了应参考土坝的要求外，还应兼顾面板堆石坝的施工要求，以便浇筑面板时有足够的工作面和进行滑模设备的操作，一般不宜小于5m。

面板堆石坝一般在坝顶上游侧设置钢筋混凝土防浪墙，以利于节省堆石填筑方量。防浪墙高可采用4～6m，背水面一般高于坝顶1.0～1.2m，底部与面板间应做好止水连接，如图 6-36 所示。对于低坝也可采用与面板整体连接的低防浪墙结构。

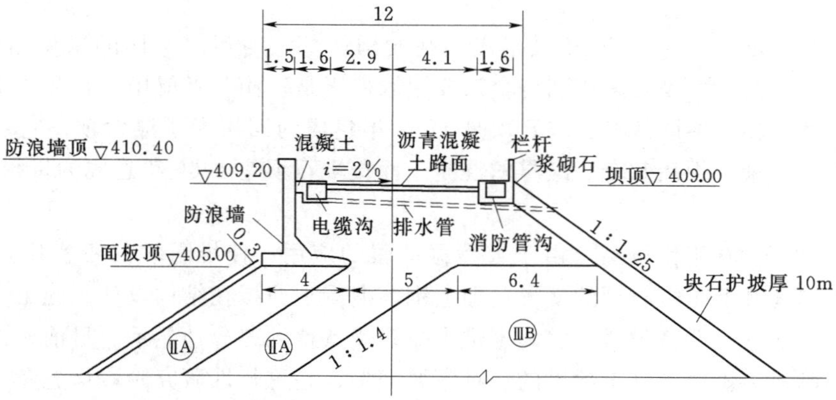

图 6-36　面板堆石坝坝顶构造（单位：m）

2. 坝坡

面板堆石坝的坝坡与堆石料的性质、坝高及地基条件有关，设计时可参考类似工程拟定。对于抗剪强度高的堆石料，上、下游坝坡在静力条件下均可采用堆石料的天然休止角对应的坡度，鉴于经过大型振动碾压的堆石体内摩擦角多大于 45°，因此一般采用 1∶1.3～1∶1.4。对于地质条件较差或堆石料抗剪强度较低以及地震区的面板堆石坝，其坝坡应适当放缓。

（二）钢筋混凝土面板堆石坝的构造

钢筋混凝土面板堆石坝主要是由堆石体和钢筋混凝土面板防渗体等组成。

坝体应根据料源及对坝料强度、渗透性、压缩性、施工方便和经济合理等要求进行分区，并相应确定填筑标准。从上游向下游宜分为垫层区、过渡区、主堆石区、下游堆石区；在周边缝下游侧设置特殊垫层区；100m 以上高坝，宜在面板上游较低部位设置上游铺盖区和盖重区。

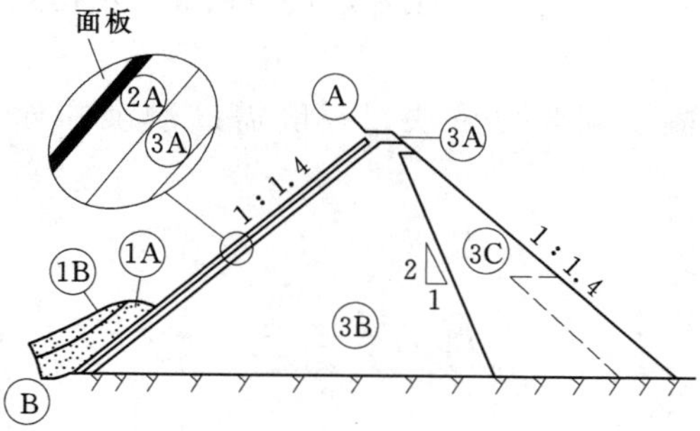

图 6-37　堆石坝分区示意图

1. 堆石体

堆石体是面板下游的填筑体，是面板堆石坝的主体部分，根据其受力情况和在坝体所发挥的功能，又可划分为：垫层区（2A 区）、过渡区（3A 区）、主堆石区（3B 区）和次堆石区（3C 区），如图 6-37 所示。

（1）垫层区。垫层区是面板的直接支承体，向堆石体均匀传递水压力，并起辅助渗流控制作用。垫层区应选用质地新鲜、坚硬且耐久性较好的石料，可采用经筛选加工的砂砾石、人工石料或者由两者混合掺配。高坝垫层料应具有连续级配，一般最大粒径为 80～100mm，粒径小于 5mm 的颗粒含量为 30%～50%，小于 0.775mm 的颗粒含量应少于 8%。垫层料经压实后应具有内部渗透稳定性、低压缩性，抗剪强度高，并应具有良好的施工质量。垫层施工时每层铺筑厚度一般为0.4～0.5m，用10t振动碾碾压4遍以上。对垫层上侧面，由于重型振动碾难于碾压，因此对上游坡面还应进行斜坡碾压。垫层区的水平宽度应由坝高、地形、施工工艺和经济比较确定。当采用汽车直接卸料、推土机平料的机械化施工时，垫层水平宽度以不小于3m为宜。如采用反铲、装载机等及配合人工铺料时，其水平宽度可适当减小，并相应增大过渡区宽度。垫层区可采用上下等宽布置；垫层区宜沿基岩接触面向下游适当扩大，延伸长度视岸坡地形、地质条件及坝高确定。应对垫层区的上游坡面提出平整度要求。

特殊垫层区是位于周边缝下游侧垫层区内，对周边缝及其附近面板上铺设的堵缝材料及水库泥沙起反滤作用。可以采用最大粒径小于40mm且内部稳定的细反滤料，经薄层碾压密实，以尽量减少周边缝的位移。

（2）过渡区。过渡区位于垫层区和主堆石区之间，保护垫层并起过渡作用。石料的粒径级配和密实度应介于垫层与主堆石区两者之间。由于垫层很薄，过渡区实际上是与垫层共同承担面板传力。此外，当面板开裂和止水失效而漏水时，过渡区应具有防止垫层内细颗粒流失的反滤作用，并保持自身的抗渗稳定性。过渡区细石料要求级配连续，最大粒径不宜超过300mm，压实后应具有低压缩性和高抗剪强度，并具有自由排水性能。过渡区材料，可采用专门开采的细堆石料、经筛选加工的天然砂砾石料或挖洞石渣料等。该区水平宽度可取3～5m，分层碾压厚度一般为0.4～0.5m。

（3）主堆石区。主堆石区位于坝体上游区内，是承受水荷载的主要支撑体。它将面板承受的水压力传递到地基和下游次堆石区，该区既应具有足够的强度和较小的沉降量，同时也应具有一定的透水性和耐久性。主堆石区宜采用硬岩（抗压强度大于或等于30MPa的岩石）堆石料或砂砾料填筑。枢纽建筑物开挖石料符合主堆石区或下游堆石区质量要求者，也可分别用于主堆石区或下游堆石区。该区石料应级配良好，以便碾压密实。主堆石区填筑层厚一般为0.8～1.0m，最大粒径应不超过600mm，用10t振动碾碾压4遍以上。

（4）次堆石区。位于坝体下游区，与主堆石区共同保持坝体稳定，其变形对面板影响轻微，因而对填筑要求可酌情放宽。石料最大粒径可达1500mm，填筑层厚1.5～2.0m，用10t振动碾碾压4遍。下游次堆石区在坝体底部下游水位以下部分，应采用能自由滤水、抗风化能力较强的石料填筑；下游水位以上部分，使用与主堆石区相同的材料，但可以采用较低的压实标准，或采用质量较差的石料，如各种软岩（抗压强度小于30MPa的岩石）料、风化石料等。

另外，混凝土面板上游铺盖区（1A区）可采用粉土、粉细砂、粉煤灰或其他材料填筑；上游盖重区（1B区）可采用渣料填筑；下游护坡可采用干砌石；或选用超径大石，运至下游坡面，以大头向外的方式堆放。

2. 防渗面板的构造

（1）钢筋混凝土面板。采用钢筋混凝土面板作为防渗体，在堆石坝中应用较多，少量土坝也有采用。它位于堆石坝体上游面起防渗作用。下面介绍钢筋混凝土面板的构造要求。

钢筋混凝土面板要求下游非黏性土坝体必须具有很小的变形，而面板本身也应能够适应坝体的相对变形。为此，钢筋混凝土面板在坝体完成初始变形后铺筑最为理想。

钢筋混凝土面板防渗体主要是由防渗面板和趾板组成，如图 6－38（a）所示。面板是防渗的主体，对质量有较高的要求，即要求面板具有符合设计要求的强度、不透水性和耐久性。面板底部厚度宜采用最大工作水头的 1%，考虑施工要求，顶部最小厚度不宜小于 30cm。

为使面板适应坝体变形、施工要求和温度变化的影响，面板应设置伸缩缝和施工缝，如图 6－38（b）所示。垂直伸缩缝的间距，应根据面板受力条件和施工要求确定。面板中部一带的垂直伸缩缝间距可以取大些，一般以 10～18m 为宜，靠近岸坡的垂直缝间距则应酌情减小。垂直缝宜采用平接［图 6－38（c）］，不使用柔性填充物，以便最大限度地减少面板的位移。水平施工缝一般设在坝底以上 1/4～1/3 坝高处。采用滑模施工时，为适应滑模连续施工的要求，也可以不设水平施工缝。

为控制温度和干缩裂缝及面板适应坝体变形而产生的应力，面板需要布置双向钢筋，每向配筋率为 0.3%～0.5%。由于面板内力分布复杂、计算有一定的难度，故一般将钢筋布在面板中间部位。周边缝、垂直缝和水平缝附近配筋应适当加密，以控制局部拉应力和边角免遭挤压破坏。

（2）趾板（底座）。趾板是连接地基防渗体与面板的混凝土板，是面板的底座，其作用是保证面板与河床及岸坡之间的不透水连接，同时也作为坝基帷幕灌浆的盖板和滑模施工的起始工作面。

趾板的截面形式和布置如图 6－38（a）所示，其沿水流方向的宽度 b 取决于作用水头 H 和坝基的性质，一般可按 $b=H/J$ 确定，J 为坝基的允许渗透比降。无资料时可取相对趾板位置水头的 1/10～1/20，最小 3.0m，低坝最小可取 2.0m。对局部不良岸坡，应加大趾板宽度，增大固结灌浆范围。趾板厚度一般为 0.5～1.0m，最小厚度 0.3～0.4m。配筋布置可与面板相同。分缝位置应与面板分缝（垂直缝）对应。如果地基为岩基，可设锚筋与岩基固定。

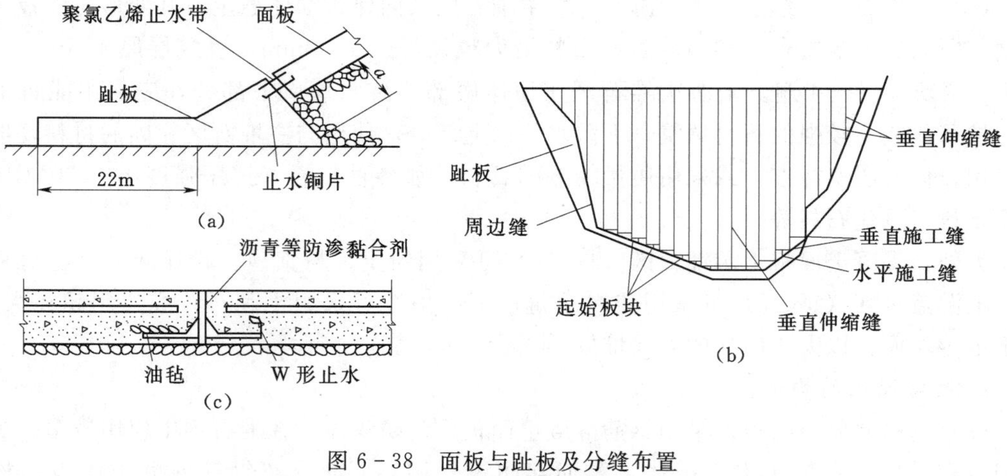

图 6－38　面板与趾板及分缝布置

（a）趾板横剖面图；（b）面板与趾板的分缝；（c）止水

（3）接缝与止水。面板坝的接缝按位置和作用可分为周边缝、面板垂直缝、趾板伸缩缝、面板与防浪墙水平缝、防浪墙伸缩缝以及施工缝，这些接缝是防渗系统中薄弱环节，容易发生止水失效和渗漏等问题，如图 6－39 所示。

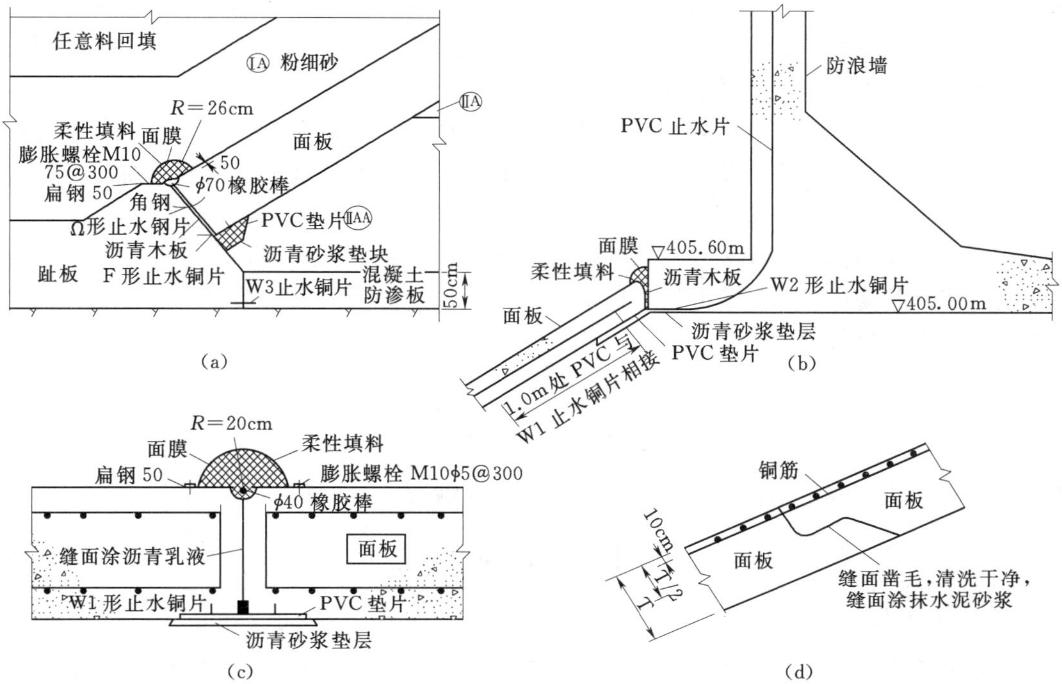

图 6－39　接缝细部结构图

（a）周边缝；（b）防浪墙与面板接缝；（c）面板垂直缝；（d）面板施工缝

面板接缝设计（包括面板与趾板的周边接缝和趾板之间接缝）主要是止水布置，周边缝止水布置最为关键。面板中间部位的伸缩缝，一般设 1～2 道止水，底部用止水铜片，上部用聚氯乙烯止水带。周边缝缝受力较复杂，一般设 2～3 道止水，在上述止水布置的中部再加 PVC 止水。如布置止水困难，可将周边缝面板局部加厚。

（4）面板与岩坡的连接。面板与岸坡的连接是整个面板防渗的薄弱环节，面板常随坝体产生的位移而产生变形，使其与岸坡结合不紧密，甚至出现脱离岸坡或产生错动的现象，形成集中渗流。设计中应特别慎重对待。

面板与岸坡的连接是通过趾板与岸坡连接的，面板与趾板又通过分缝和止水措施防渗。为此，了解面板与岸坡的连接，就必须了解趾板与岸坡的连接。

趾板作为面板与岸坡的不透水连接和灌浆压帽，应置于坚硬和可灌浆的弱风化至新鲜基岩上（低坝或水头较小的岸坡段可酌情放宽），岸坡的开挖坡度不宜陡于 1∶0.5～1∶0.7；对置于强风化或有地质缺陷岩基的趾板，应采用专门的处理措施。趾板基础开挖应做到整体平顺，不带台阶，避免陡坎和反坡，当有妨碍垫层碾压的台阶、反坡或陡坎时，应作削坡或回填混凝土处理。

为保证趾板与岸坡紧密结合和加大灌浆压重，趾板与岸坡之间应插锚筋固定。锚筋直径一般为 25～35mm，间距为 1.0～1.5m，长为 3～5m。

趾板范围内的岸坡应满足自身稳定和防渗要求，为此，应认真做好该处岸坡的固结灌浆和帷幕灌浆设计。固结灌浆可布置两排，深3～5m，帷幕灌浆宜布置在两排固结灌浆之间，一般为一排，深度按相应水头的1/3～1/2确定。灌浆孔的间距视岸坡地质条件而定，一般取2～4m，重要工程应根据现场灌浆试验确定。为了防止岸坡坍塌而砸坏趾板和面板，趾板高程以上的上游边坡应保持稳定。

趾板范围内的基岩如有断层、破碎带、软弱夹层等不良地质条件时，应根据其产状、规模和组成物质，逐条进行认真处理，可用混凝土塞作置换处理，延伸到下游一定距离，用反滤料覆盖，并加强趾板部位的灌浆。

趾板地基如遇深厚风化破碎及软弱岩层，难以开挖到弱风化岩层时，可以采取如下处理措施：①延长渗径，如加宽趾板、设下游防渗板、设混凝土截水墙等；②增设伸缩缝；③下游铺设反滤料覆盖。

工 程 案 例

小浪底水利枢纽

1. 工程概述

小浪底水利枢纽工程位于中国河南省洛阳市以北约40km的黄河中游最后一个峡谷出口处，上距三门峡水利枢纽130km，下距郑州黄河京广铁路115km。工程目的以防洪、防凌、减淤为主，兼顾供水、灌溉和发电、蓄清排浑。与现有其他防洪工程联合运用，可使黄河下游防洪标准由60年一遇提高到千年一遇，基本解除凌汛威胁。小浪底水库采用蓄清排浑运用方式，具有75.5亿m^3拦沙库容，汛期调水调沙，可减少下游河道淤积96亿t，相当于20年下游河床不淤积抬高，同时每年增加20亿m^3的供水量。主体工程于1994年9月12日开工，1997年10月28日截流，2000年1月9日第一台机组发电，2001年12月31日竣工。

坝址基岩主要为二叠、三叠纪砂岩、粉砂页岩，存在有强度较低的“泥化夹层”。河床覆盖层为冲积砂卵石层。深槽右侧岩坡在坝轴线附近，有一个高差达48m左右、坡度70°的基岩陡坎。坝基下游有12条断层，左岸泄洪建筑物布置区有6条断层。坝址基本地震度为Ⅶ度。

坝址控制流域面积69.4万km^2，占黄河流域总面积的92.2%，多年平均含沙量36.9kg/m^3。正常蓄水位275m，死水位230m，防洪库容40.5亿m^3，调水调沙库容10.5亿m^3，淤积库容75.5m^3。设计洪水标准为千年一遇，相应洪水流量为28000m^3/s；校核洪水标准为万年一遇，相应洪水流量37700m^3/s。工程淹没耕地1.58hm^2，迁移人口18.8万人。

2. 枢纽布置和建筑物

枢纽由拦河大坝、泄洪排沙建筑物、引水发电建筑物、灌溉引水洞、正常溢洪道、非常溢洪道、副坝等组成（图6-40）。除拦河大坝外，所有建筑物都布置在左岸。

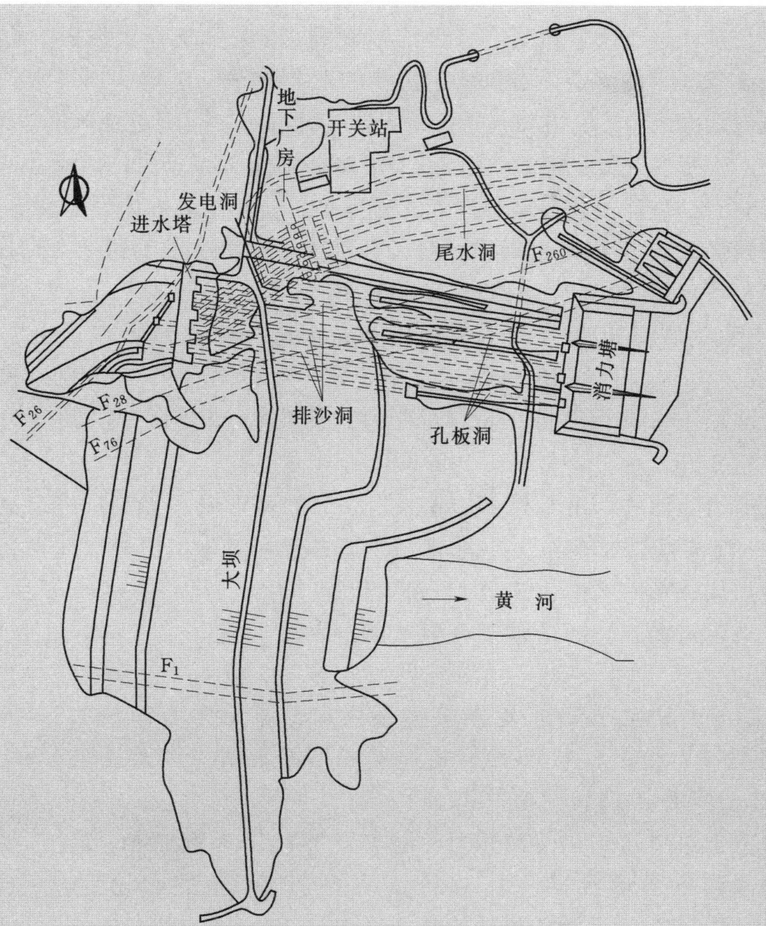

图 6-40　小浪底水利枢纽总平面布置图

（1）拦河大坝。坝型为黏土斜心墙堆石坝，坝顶长 1667m，坝顶宽 15m，坝顶高程 281m，最大坝高 154m，最大坝底宽度 864m。坝体体积 5185 万 m^3。大坝上游坡 1∶2.6，下游坡 1∶1.75。上游围堰成为坝体的一部分。堰顶高程 185m，上游坡 1∶3.5。坝基采用两道混凝土防渗墙防渗，一道设在上游围堰下，距坝轴线 400.5m，一道设在主坝心墙下，距坝轴线 80m，上游围堰防渗墙为塑性混凝土防渗墙，墙厚 0.8m，面积 1.37 万 m^2，最大墙深 80m。主坝混凝土防渗墙最大孔深度 82m，防渗墙面积 2.18 万 m^2，墙厚 1.2m。

坝体分区包括防渗体、反滤层、过渡层、过渡区、堆石壳体、护坡层等。防渗体由黏土斜心墙、上游围堰斜墙、上游水平铺盖组成。心墙下游有两层反滤层，第一层颗粒级配 0.1～2.0mm，水平厚 4～6m，第二层颗粒级配为 5～60mm，水平厚 4m。心墙上游内铺盖及坝基的反滤层颗粒级配 0.1～60mm，水平厚度 4m。斜心墙的过渡区颗粒级配为 0.1～250mm，小于 5mm 颗粒小于 30%。上游坝壳石料取自料场，软岩含量应小于 5%，下游坝壳料利用进水口、地下洞室的开挖料。

（2）泄水和排沙建筑物。包括3条明流泄洪洞、3条孔板泄洪洞、3条排沙洞、1条正常溢洪道和1条非常溢洪道。对泄水建筑物的总要求是：千年一遇洪水，库水位274m时，总泄洪能力13480m^3/s，万年一遇的洪水，库水位275m时，总泄洪能力13990m^3/s；调水调沙时，库水位为220m和230m，总泄洪量分别为7000m^3/s和8000m^3/s左右。

孔板泄洪洞由导流洞改建。圆形断面，直径14.5m。闸前洞内设3道环形孔板。进口段采用龙抬头的形式与原导流洞衔接，洞长分别为1134m、1121m和1121m。进口底板高程175m。最大泄洪量分别为1727m^3/s、1549m^3/s、1549m^3/s。

明流洞的断面为城门洞型，尺寸分别为10.5m×13m、10m×12m和10m×11.5m。相应洞长分别为1093m、1079m和1077m。相应最大泄量分别为2680m^3/s、1973m^3/s和1796m^3/s。

排沙洞为圆形压力洞，直径6.5m，每条长1105m，采用后张法预应力混凝土衬砌，单洞最大泄流量675m^3/s，最大水头122.3m。

正常溢洪道为陡槽式，由3孔11.5m×17.5m的弧形闸门控制。进口高程258m，库水位275m时下泄流量为3764m^3/s。非常溢洪道布置在左岸桐树岭以北，为心墙堆石体，泄洪时需爆破坝体。在库水位275m时，最大泄量3000m^3/s。

（3）水电站建筑物。包括进水口、引水隧洞、主厂房、主变室、尾水闸门室、尾水洞、防淤闸等。

6条引水隧洞分别为6台水轮发电机组供水。洞长324.27～423.79m，洞径均为7.8m。引水流量6×296m^3/s。每两台机连接一条尾水洞。共3条尾水洞，城门洞形断面，尺寸为12m×19m，洞长805～906m。

地下厂房位于左岸T形山梁山体内，洞室长251.5m，宽25m，高57.9m。采用无柱吊车梁。厂房内装6台单机容量为30万kW的立轴混流式水轮发电机组，最大水头138.92m，设计水头112m。水轮机转轮直径6.3m，额定转速115.4r/min，单机引用流量296m^3/s。主变室距主厂房32.8m，洞室尺寸为长174.7m，宽14.4m，高17.85m。尾水闸门室距主变压器24.80m，洞室尺寸为长175.8m，宽10.6m，高20.65m，三者平行布置。副厂房为地面式。

500kV和220kV开关站为屋外式，位于左岸地面，面积分别为200m×102m和131m×117m。

（4）进水塔。16个进水口组成10座进水塔一字形排列集中布置在大坝上游风雨沟内东侧，以便排沙和排漂。3条明流洞设3个单独的进水塔，进水口高程分别为195m、209m、225m，塔宽分别为20m、16m、16m；3条孔板泄洪洞设3个单独的进水塔，进水口高程175m，每座塔宽20m；3条排沙排污洞和6条发电洞组合成3座进水塔，排沙洞的进水高程223m，塔宽11m，塔高93～113m，顺流向长54～70m，塔群前缘总宽276.4m。塔内设置各种闸门孔口总数为91孔，其中检修闸门47孔，事故闸门23孔，工作闸门3孔。启闭机26套，塔顶门机2台。

（5）消力塘。3条明渠泄洪洞、3条孔板泄洪洞、3条排沙洞和1条正常溢洪道，下游共用一个消力塘消能。消力塘分为二级，一级消力塘长165m，宽365m，水深28m；二级消力塘长45m，宽352m，水深15m；护坦长82m，宽360m，水深10m。

第七章　河岸溢洪道

第一节　概　　述

为了宣泄超过设计库容的洪水，防止洪水漫坝和坝体失稳风险的发生，确保工程安全，满足放空水库和防洪调节等要求，在水利枢纽中一般都需要泄水建筑物。常用的泄水建筑物有深式泄水建筑物（包括坝身泄水孔、水工隧洞、坝下涵管等）和溢洪道（包括河岸溢洪道、河床溢洪道）。河岸溢洪道一般适用于土石坝、堆石坝以及某些轻型坝等水利枢纽。

一、河岸溢洪道的形式

河岸溢洪道的主要形式有正槽式、侧槽式、井式和虹吸式 4 种。

(1) 正槽溢洪道。这种溢洪道（图 7-1）的泄槽轴线与溢流堰轴线正交，过堰水流方向与泄槽轴线方向一致，所以其水流平顺，超泄洪水能力大，结构简单，运用安全可靠，是一种采用最多的河岸溢洪道形式。

(2) 侧槽溢洪道。这种溢洪道（图 7-2）的泄槽轴线与溢流堰的轴线接近平行，即水流过堰后，在侧槽段的极短距离内转弯约 90°，再经泄槽泄入下游。侧槽溢洪道多设置于较陡的岸坡上，大体沿等高线设置溢流堰和泄槽，易于加大堰顶长度，减少溢流水深和单宽流量，不需大量开挖山坡，但侧槽内水流紊动和撞击都很剧烈。因此，对两岸山体的稳定性及地基的要求很高。

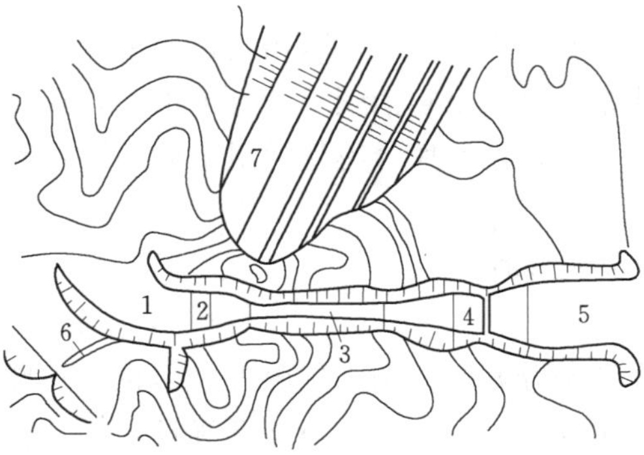

图 7-1　正槽溢洪道

1—进水渠；2—溢流堰；3—泄槽；4—消力池；5—出水渠；6—非常溢洪道；7—土石坝

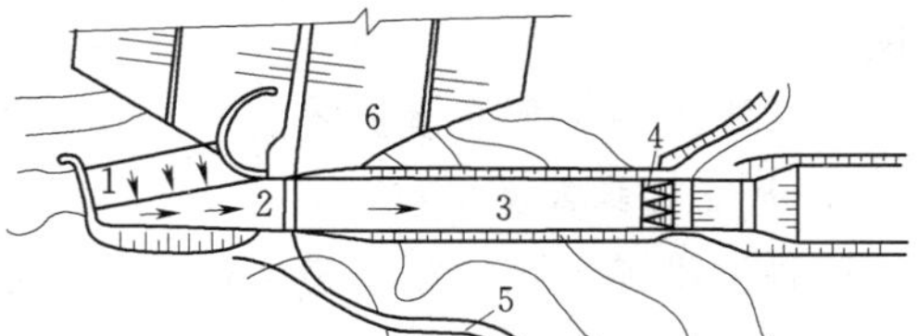

图 7-2　侧槽溢洪道

1—溢流堰；2—侧槽；3—泄水槽；4—出口消能段；5—上坝公路；6—土石坝

(3) 井式溢洪道。其组成主要有溢流喇叭口段、渐变段、竖井、弯道段和水平泄洪洞段（图 7-3）。适用于岸坡陡峭、地质条件良好、又有适宜地形的情况。可以避免大量的土石方开挖，造价可能较其他溢洪道低，但当水位上升，喇叭口溢流堰顶淹没，堰流转变为孔流，超泄能力较小。当宣泄小流量，井内的水流连续性遭到破坏时，水流不稳定，易产生振动和空蚀。因此，我国目前较少采用。

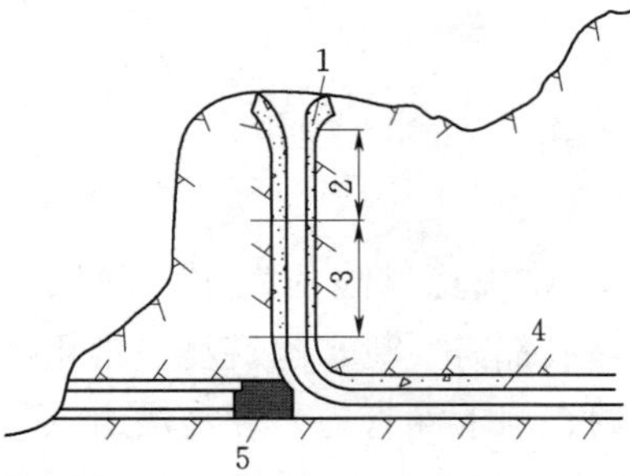

图 7-3 井式溢洪道

1—喇叭口；2—渐变段；3—竖井段；4—隧洞；5—混凝土塞

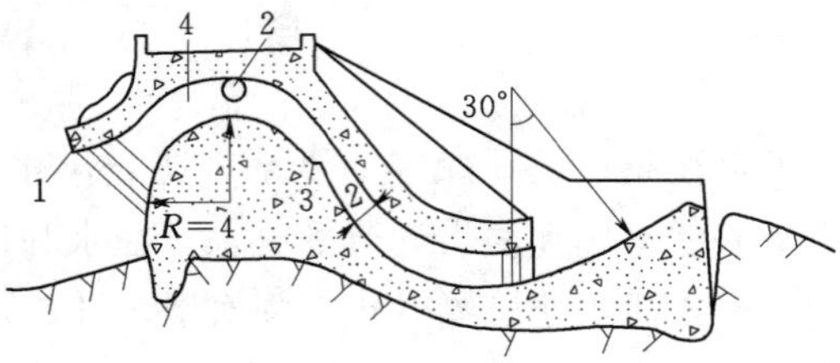

图 7-4 虹吸溢洪道

1—进口遮檐；2—通气孔；3—挑坎；4—曲管

（4）虹吸溢洪道。该形式溢洪道通常包括进口、虹吸管、具有自动加速发生虹吸作用和停止虹吸作用的辅助设备、泄槽及下游消能设备（图 7-4）。溢流堰顶与正常高水位在同一高程，水库正常高水位以上设通气孔，当水位超过正常高水位时，水流将流过堰顶，虹吸管内的空气逐渐被空气带走达到真空，形成虹吸作用自行泄水。当水库水位下降至通气孔以下时，虹吸作用便自动停止。这种溢洪道可自动泄水和停止泄水，能比较灵敏地自动调节上游水位，在较小的堰顶水头下能得到较大的泄流量，但结构复杂，施工检修不便，进口易堵塞，管内易空蚀，超泄能力小等。一般用于水位变化不大和需随时进行调节的中小型水库及发电和灌溉的渠道上。

二、非常溢洪道的形式

在建筑物运行期间可能出现超过设计标准的洪水，由于这种洪水出现机会极少，泄流时间也不长，所以在枢纽中可以用结构简单的非常溢洪道来宣泄超设计标准洪水。其启用标准应根据工程等级、枢纽布置、坝型、洪水特性及标准、库容特性及对下游的影响等因素确定。

非常溢洪道主要有漫流式、自溃式、爆破引溃式 3 种。

1. 漫流式非常溢洪道

这种溢洪道与正槽溢洪道类似，将堰顶设在准备开始溢流的水位附近，而且任其自由漫流。这种溢洪道的溢流水深一般较小，因而堰顶较长，多设于山体鞍部垭口处，以减少土石方开挖量。如大伙房水库为了宣泄特大超设计标准洪水，1977 年增加了一条长达 150m 的漫流式非常溢洪道。

2. 自溃式非常溢洪道

这种形式的溢洪道是在非常溢洪道的底板上加设自溃堤，自溃堤可根据实际情况采用非黏性的砂料、砂砾或碎石填筑，平时可以挡水，当水位达到一定高程时自行溃决，以宣泄特大洪水。按溃决方式可分为溢流自溃和引冲自溃两种形式。

溢流自溃式非常溢洪道构造简单、管理方便，但溢流缺口的位置、规模和自溃式非常溢洪道的安全运行无法进行人工控制，有可能溃坝提前或滞后。一般用于自溃坝高度较低、分担洪水比重不大的情况。当溢流自溃坝较长时，可用隔墙将其分成若干段，各段采用不同的坝高，满足不同水位的特大洪水下泄，避免当泄量突然加大时给下游造成损失。引冲自溃式非常溢洪道是在自溃坝的适当位置加引冲槽，当库水位达到启溃水位后，水流即漫过引冲槽，冲刷下游坝坡形成口门并向两侧发展，使之在较短时间内溃决。在溃决过程中，泄量逐渐增大，对下游防护有利，在工程中应用较广泛，但控制过水口门形成和口门形成的时间尚缺少有效措施，溃堤泄洪后，调蓄库容减小，可能影响来年水库综合效益。

3. *爆破引溃式非常溢洪道*

爆破引溃式溢洪道是当需要泄洪时引爆预埋在副坝药室或廊道内的炸药，利用其爆炸能量，使非常溢洪道进口的副坝坝体形成一定尺寸的爆破漏斗，形成引冲槽，并将爆破漏斗以外的土体炸松、炸裂，通过水流引冲作用使其在短时间内迅速溃决，达到泄洪目的。

由于非常溢洪道的启用概率很小，实践经验还不多，目前在设计中如何确定合理的洪水标准、非常泄洪设施的启用条件及各种设施的可靠性等，尚待进一步研究解决。

第二节　正槽溢洪道

正槽溢洪道通常由进水渠、控制段、泄槽、消能防冲设施及出水渠 5 部分组成。

一、进水渠

进水渠的作用是将水库的水平顺地引向溢流堰。当溢流堰紧靠水库时，可做成喇叭口引导水流，如图 7-5 所示。

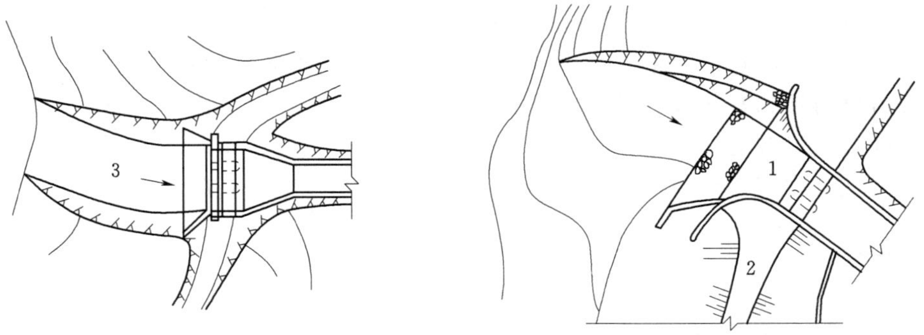

(a)　　(b)

图 7-5　溢洪道进水渠的形式

(a) 无喇叭口的进水渠；(b) 有喇叭口的进水渠

1—喇叭口；2—土坝；3—进水渠

进水渠平面布置应使进水顺畅，避免断面突然变化和水流流向的急转弯。在溢流堰前宜设置不小于 2～3 倍的设计水头的渐变段或直线翼墙，以防止出现漩涡或横向水流。当进口布置在坝肩时，靠坝一侧应设置顺应水流的曲面导水墙，靠山一侧要开挖并衬砌成规则曲面。在平面上如需转弯时，其轴线的转弯半径不宜小于4倍渠道底宽，弯道至溢流堰之间要有适当长度的直线段。

进水渠底板一般为等宽或顺水流方向收缩，进口底宽与溢流堰宽之比应为1.5～3。渠道内的流速应大于悬移质不淤流速，小于渠道的不冲流速，一般不大于4m/s，岸边较陡、开挖较大的溢洪道的进水渠流速，最大可采用5～7m/s。其横断面在岩基上接近矩形，边坡根据稳定要求确定，新鲜岩石一般为1∶0.1～1∶0.3，风化岩石可用1∶0.5～1∶1.0。在土基上采用梯形，边坡一般选用1∶1.5～1∶2.5。

进水渠的纵断面一般做成水平底或较小的逆坡。

进水渠一般不衬砌，当岩性差，为防止严重风化剥落或为降低渗压时，应进行衬砌；在靠近溢流堰前渠段，由于流速较大，为了防止冲刷和减少水头损失，可采用混凝土或浆砌石护面。

二、控制段

溢洪道的控制段包括溢流堰及两侧连接建筑物，它是控制溢洪道泄流能力的关键部位。溢流堰通常选用宽顶堰、实用堰，有时也用驼峰堰、折线形堰。溢流堰的体形应尽量满足增大流量系数，在泄流时不产生空蚀流态或诱发振动的负压等。

（1）宽顶堰。宽顶堰的特点是结构简单，施工方便，但流量系数较低。由于宽顶堰荷载小，对承载力较差的土基适应能力较强，因此，在泄量不大或附近地形较平缓的中、小型工程中应用较广，如图7-6所示。为了提高抗冲能力，宽顶堰的堰顶通常需进行衬砌。对于中小型工程，若基岩有足够的抗冲能力，也可以不衬砌，但应考虑开挖后岩石表面不平整对流量系数的影响。

（2）实用堰。实用堰与宽顶堰相比较，实用堰的流量系数比较大，在泄量相同的条件下需要的溢流宽度较窄，工程量相对较小，但施工较复杂。大、中型水库，特别是岸坡较陡时，多采用这种形式，如图7-7所示。溢洪道中的实用堰一般都比较低矮，其流量系数介于溢流重力坝和宽顶堰之间。实用堰的泄流能力与其上下游堰高、定型设计水头、堰面曲线形式等因素有关。

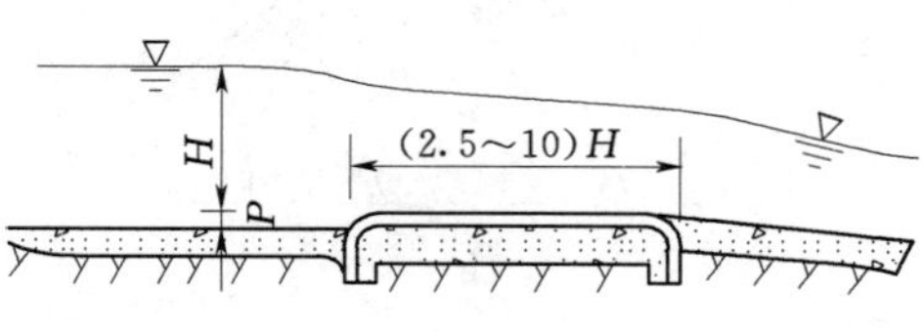

图7-6 宽顶堰

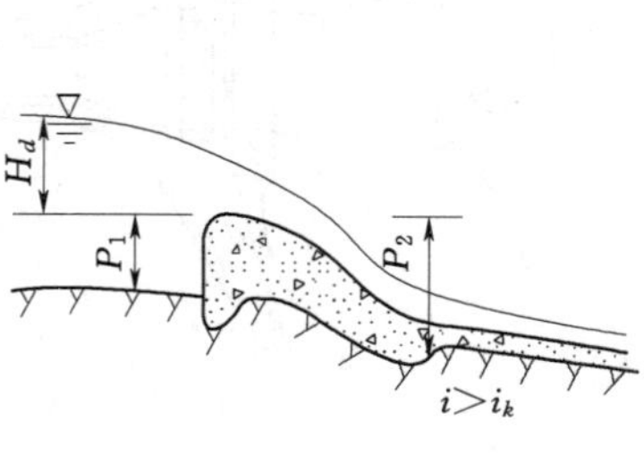

图7-7 实用堰

（3）驼峰堰。驼峰堰是一种复合圆弧的溢流低堰，堰面由不同半径的圆弧组成，如图7-8所示。其流量系数可达0.42以上，设计与施工简便，对地基的要求低，适用于软弱地基。

（4）折线形堰。为获得较长的溢流前沿，在平面上将溢流堰做成折线形，称折线形堰。

中、小型水库溢洪道，特别是小型水库溢洪道常不设闸门，堰顶高程就是水库的正常蓄水位；溢洪道设闸门时，堰顶高程低于水库的正常蓄水位。堰顶是否设置闸门，应从工程安全、洪水调度、水库运行、工程投资等方面论证确定。侧槽式溢洪道的溢流堰一般不设闸门。

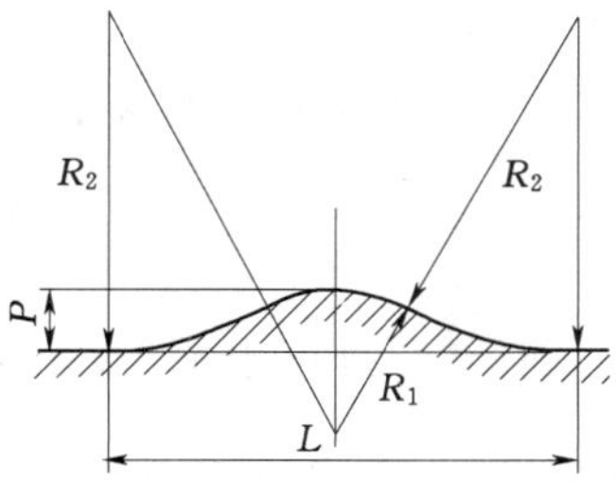

图 7-8　常见的驼峰堰剖面
（甲型：$R_1=2.5P$，$R_2=6P$，$L=8P$，$P=0.24H_d$；乙型：$R_1=1.05P$，$R_2=4P$，$L=6P$，$P=0.34H_d$）

当水库水位变幅较大时，常采用带胸墙的溢流堰。这种布置形式，可以减小闸门尺寸，在较低库水位时开始溢流，提高水库汛前限制水位，充分发挥水库效益。但在高水位时其超泄能力不如开敞式溢洪道。

三、泄槽

正槽溢洪道在溢流堰后多用泄槽与消能防冲设施相连，以便将过堰洪水安全地泄向下游河道。河岸溢洪道的落差主要集中在该段。

（一）泄槽的水力特征

泄槽的底坡常大于水流的临界坡度，所以又称陡槽。槽内水流处于急流状态、紊动剧烈、由急流产生的高速水流对边界条件的变化非常敏感。当边墙有转折时就会产生冲击波，并可能向下游移动；如槽壁不平整时，极易产生掺气、空蚀等问题。

（二）泄槽的平面布置

泄槽在平面上宜尽可能采用直线、等宽、对称布置，力求使水流平顺、结构简单、施工方便。当泄槽的长度较大，地形、地质条件不允许做成直线，或为了减少开挖工程量、便于洪水归河和有利于消能等原因，常设置收缩段、扩散段或弯道段。

收缩段的收缩角越小，冲击波也越小。一般收缩角（泄槽中心线与边墙的夹角）小于12°，也可以通过近似计算确定。

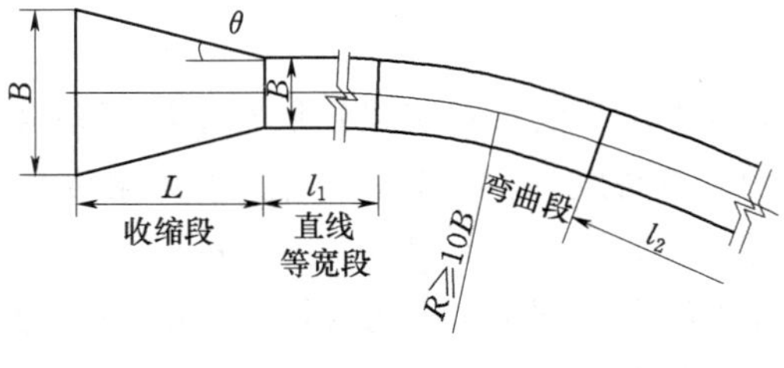

图 7-9　泄槽平面布置示意图

扩散段的扩散角必须保证水流扩散时不能与边墙分离，避免产生竖轴漩涡。按直线扩散的扩散角 θ 一般不宜超过 6°～8°。

泄槽在平面上需要设置弯道时，弯道段宜设置在流速小、水流比较平稳、底坡较缓且无变化部位。宜选用较大的转弯半径及合适的转角，相对半径可取 $R/B=6\sim10$（R 为轴线转弯半径，B 为泄槽底宽），如图 7-9 所示。

（三）泄槽的纵剖面

泄槽的纵剖面应尽量按地形、地质以及工程量少、结构安全稳定、水流流态良好的原

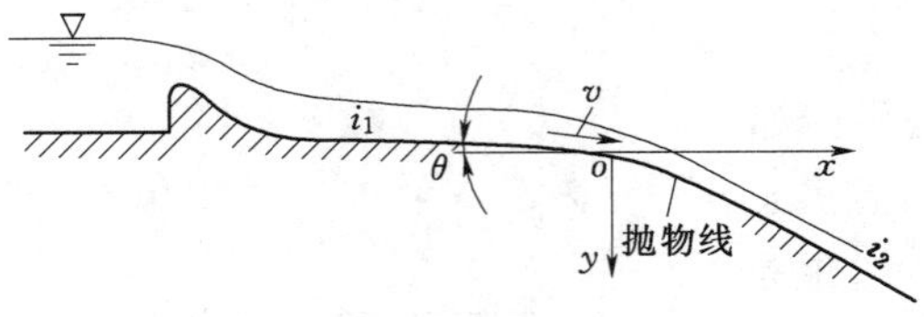

图 7-10 泄槽变坡处的连接

则进行布置。泄槽纵坡必须保证槽中的水位不影响溢流堰自由泄流和泄水时槽中不发生水跃，使水流处于急流状态。因此，泄槽纵坡必须大于水流临界坡度。常用的纵坡为1%～5%，有时可达10%～15%，坚硬的岩石上可以更大，实践中有用到1∶1的。为了减少开挖量，泄槽的纵坡通常是随地形、地质条件而改变，但泄槽变坡次数不宜过多，而且在不同坡度连接处要用平滑曲面相连接，以免高速水流在变坡处发生脱离槽底引起负压或槽底遭到动水压力的破坏。当坡度由陡变缓时，可采用半径为（6～12）h 的反向弧段连接（h 为反弧段水深），流速大者宜选用大值；当底坡由缓变陡时，可采用竖向射流抛物线连接，如图 7-10 所示。

（四）泄槽的横剖面

泄槽横剖面形状在岩基上多做成矩形或近似于矩形，以使水流均匀分布和有利于下游消能，边坡坡比为1∶0.1～1∶0.3；在土基上则采用梯形，但边坡不宜太缓，以防止水流外溢和影响流态，为1∶1～1∶2。

泄槽边墙顶高程，应根据波动和掺气后的水面线，加上0.5～1.5m的超高来确定。对非直线段、过渡段、弯道等水力条件比较复杂的部位，超高应适当增加。掺气程度与流速、水深、边界糙率及进口形状等因素有关。

（五）泄槽的衬砌

为了保护槽底不冲刷和防止高速水流破坏，泄槽通常都需衬砌。泄槽衬砌应满足：表面光滑平整，不致引起不利的负压和空蚀；分缝止水可靠，避免高速水流浸入底板以下，因脉动压力引起破坏；排水系统通畅，以减小作用于底板上的扬压力；材料能抵抗水流冲刷；在各种荷载作用下能保持稳定；适应温度变化和一定的抗冻融循环能力。

影响泄槽衬砌可靠性的因素是多方面的，而且作用在底板上的荷载不易精确计算。因此，衬砌设计应着重分析具体的地质、流速、工程规模、气候和施工条件，采取相应的构造措施。

1. 岩基上泄槽的衬砌

岩基上的衬砌可以用混凝土、水泥浆砌条石或块石以及石灰浆砌块石水泥浆勾缝等形式。石灰浆砌石水泥勾缝，适用于流速小于10m/s的小型水库溢洪道。水泥浆砌条石或块石适用于流速小于15m/s的中、小型水库溢洪道，厚度一般为0.3～0.6cm。

大、中型工程，由于槽内流速较高，一般用混凝土衬砌，厚度不小于0.3m。为防止产生温度裂缝，在衬砌上应设置横缝和纵缝，如图 7-11（a）、（b）所示。衬砌的纵横缝一般用平缝，当地基不均匀性明显时，垂直水流方向的横缝一般用搭接的形式，在良好的地基上有时也可用键槽缝。纵横缝的间距应考虑气候特点、地基约束情况、混凝土施工（特别是温度）条件，根据类似工程的经验确定，其大小一般采用10～15m。靠近衬砌的表面沿纵横向需配置温度钢筋，含筋率约0.1%。

接缝处衬砌表面应保持平整，特别要防止下游表面高出上游表面。衬砌分缝的缝宽随分块大小及地基的不同而变化，一般多采用 1～2cm，缝内必须做好止水，止水效果越良好，作用在底板上向上的脉动压力越小，底板的稳定性越高。对于平行水流方向的纵缝，可适当降低要求，一般可用平接式，如图 7－11（c）、（d）所示，但缝内必须做好止水。

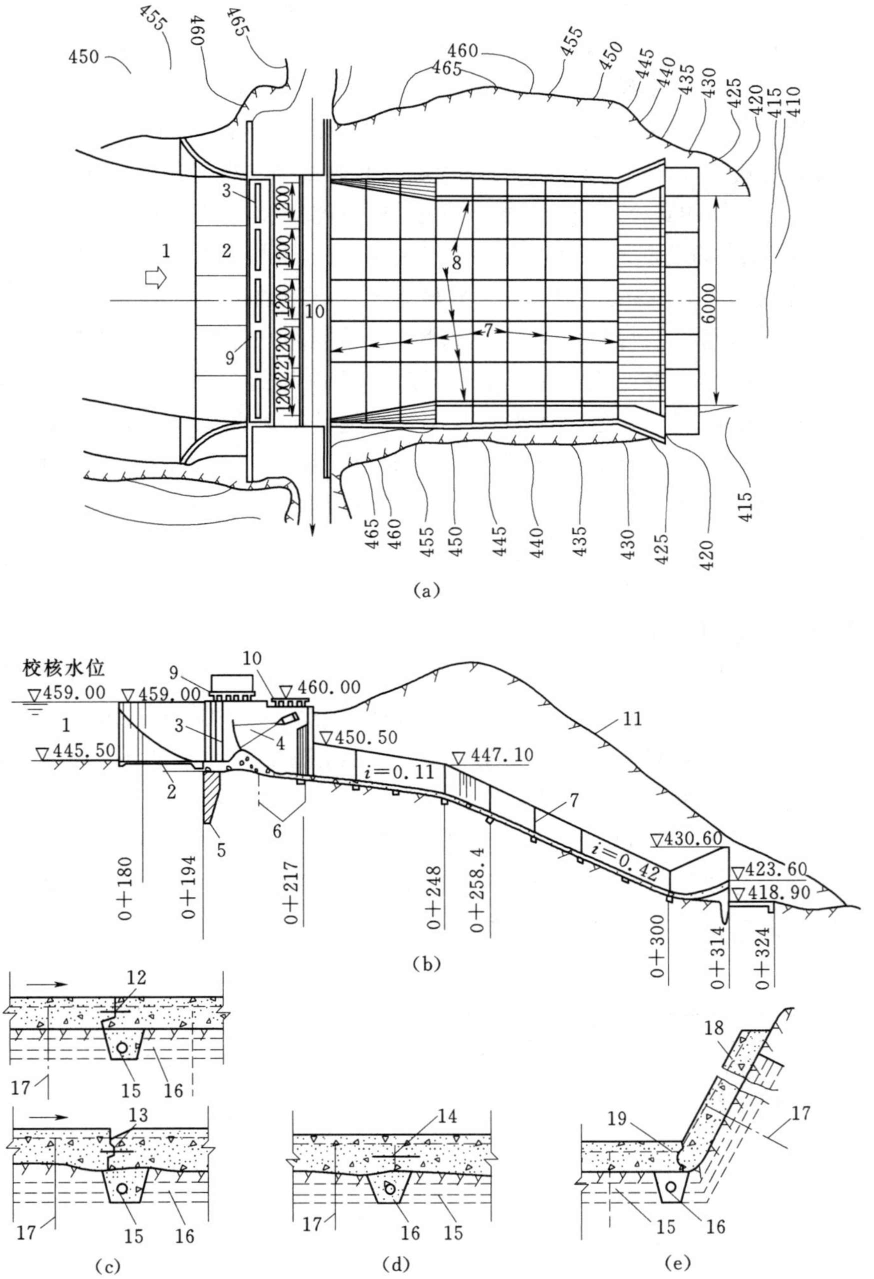

图 7－11　岩基上泄槽的构造（高程单位：m；尺寸单位：cm）

（a）平面布置图；（b）纵剖面图；（c）横缝构造；（d）纵缝构造；（e）边墙缝

1—进水渠；2—混凝土护底；3—检修门槽；4—工作闸门；5—帷幕；6—排水孔；7—横缝；8—纵缝；9—工作桥；10—公路桥；11—开挖线；12—搭接线；13—键槽缝；14—平接缝；15—横向排水管；16—纵向排水管；17—锚筋；18—通气孔；19—边墙缝

衬砌的纵缝和横缝下面应设置排水设施，且互相连通，渗水集中到纵向排水内排向下游。纵向排水通常是在沟槽内放置缸瓦管，管径视渗水大小确定，一般采用10～20cm。管接口不封闭，以便收集渗水，周围用1～2cm的卵石或碎石填满，顶部盖混凝土板或沥青油毛毡等，以防止浇筑混凝土时灰浆进入造成堵塞。当流量较小时，纵向排水也可以在岩基上开槽沟，沟内填不易风化的砾石或碎石，上盖水泥袋，再浇混凝土。横向排水通常是在岩石上开挖沟槽，尺寸视渗水大小而定，一般采用0.3m×0.3m。为了防止排水管有可能被堵塞而影响排水，纵向排水管至少应有两排，以确保排水通畅。

在岩基上应注意将表面风化破碎的岩石挖除。有时用锚筋将衬砌和岩基连在一起，以增加衬砌的稳定性。锚筋的直径、间距和插入深度与岩石性质、节理构造有关。一般每平方米的衬砌范围约需1cm^{2}的钢筋。钢筋直径不宜太小，通常采用25mm或更大，间距为1.5～3.0m，插入深度为40～60倍的钢筋直径。对较差的岩石应通过现场试验确定。

泄槽边墙的构造基本上与底板相同。边墙的横缝间距与底板一致，缝内设止水，其后设排水并与底板下的排水管连通。在排水管靠近边墙顶部的一端设通气孔以便排水通畅。边墙顶部应设马道，以利于交通。边墙本身不设纵缝，但多在与边墙接近的底板上设置纵缝，如图7-11（e）所示。边墙的断面形式根据地基条件和泄槽断面形状而定，岩石良好，可采用衬砌式，厚度一般不小于30cm，当岩石较弱时，需将边墙做成重力式挡土墙。混凝土边墙顶宽应不小于0.5m，以利于通行。

2. 土基上泄槽的衬砌

土基上泄槽通常用混凝土衬砌。由于土基与衬砌之间没有黏结力，而且不能采用锚筋，所以衬砌厚度一般要比岩基上的大，通常为0.3～0.5m。当单宽流量或流速较大时可达0.7～1.0m。温度筋的配置与岩基上的底板相同。混凝土衬砌的横缝必须用搭接的形式，有时还在下块的上游侧设齿墙，以防止衬砌沿地基面滑动，如图7-12（a）所示。齿墙应配置足够数量的钢筋，以保证强度。纵缝有时也做成搭接式，缝中设止水填料，并设水平止水片，如图7-12（b）所示。由于土基对混凝土板伸缩的约束力比岩基小，所以可以采用较大的分块尺寸，纵横缝的间距可用15m或稍大，以增加衬砌的稳定性和整体性。衬砌需要双向配筋，各向含筋率约为0.1%。

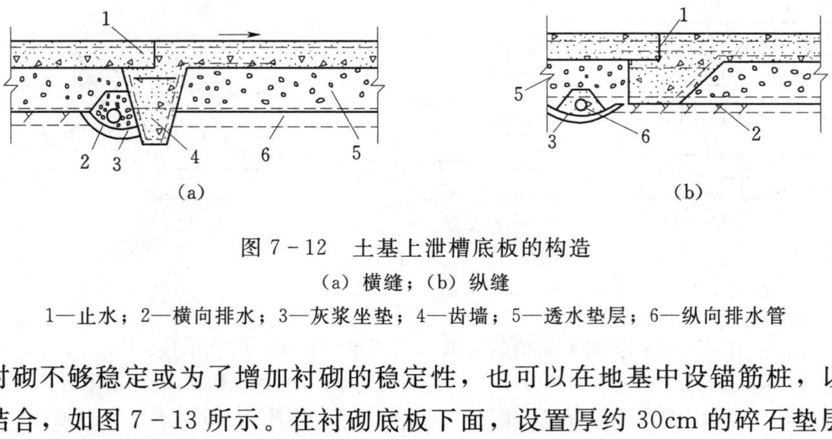

图7-12 土基上泄槽底板的构造

（a）横缝；（b）纵缝

1—止水；2—横向排水；3—灰浆坐垫；4—齿墙；5—透水垫层；6—纵向排水管

如果衬砌不够稳定或为了增加衬砌的稳定性，也可以在地基中设锚筋桩，以加强衬砌与地基的结合，如图7-13所示。在衬砌底板下面，设置厚约30cm的碎石垫层，形成平面排水，以减小底板承受的渗透压力。如果地基为黏性土，先铺一层厚0.2～0.5cm的砂砾垫层，垫层以上再铺卵石或碎石排水层，或在砂砾层中做纵、横排水管，管周围做反滤层。如果地基为细砂，应先铺一层粗砂，再做碎石排水层，以防止渗透破坏。

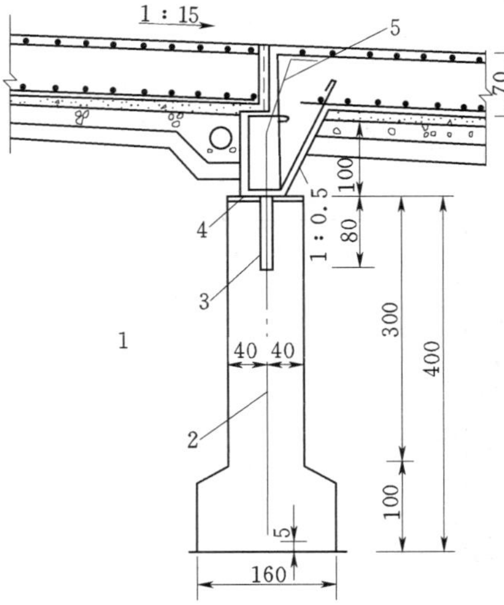

图 7-13　岳城水库溢洪道锚筋桩布置
1—第三纪砂层；2—15kg/m 钢轨；3—涂沥青厚 2cm，包油毡一层；4—沥青油毡厚 1cm；5—ϕ32 螺纹钢筋

四、消能防冲设施

溢洪道宣泄的洪水，单宽流量大，流速高，能量集中。因此，消能防冲设施应根据地形、地质条件、泄流条件、运行方式、下游水深及河床抗冲能力、消能防冲要求、下游水流衔接及对其他建筑物的影响等因素，通过技术经济比较选定。

河岸式溢洪道一般采用挑流消能或底流消能。

挑流消能一般适用于较好岩石地基的高、中水头枢纽。挑坎结构形式一般有重力式［图 7-14 (a)］、衬砌式［图 7-14 (b)］两种，后者适用于坚硬、完整的岩基。在挑坎的末端做一道深齿墙以保证挑坎稳定，如图 7-15 所示。齿墙深度根据冲刷坑的形状和尺寸决定，一般可达 7～8m。如冲坑再深，齿墙还应加深。挑坎与岩基常用锚筋连为一体，其下游常做一段短护坦以防止水流量小时产生贴流而冲刷齿墙底脚。为避免在挑流水舌的下面形成真空，影响挑距，应采取通气措施，如图 7-15 所示的通气孔或扩大出水渠的开挖宽度，以使空气自然流通。

底流消能可适用于各种地基，或设有船闸、筏道等对流态有严格要求的枢纽，但不适用于有排漂和排凌要求的情况。在河岸式溢洪道中底流消能一般适用于土基上或破碎软弱的岩基上。

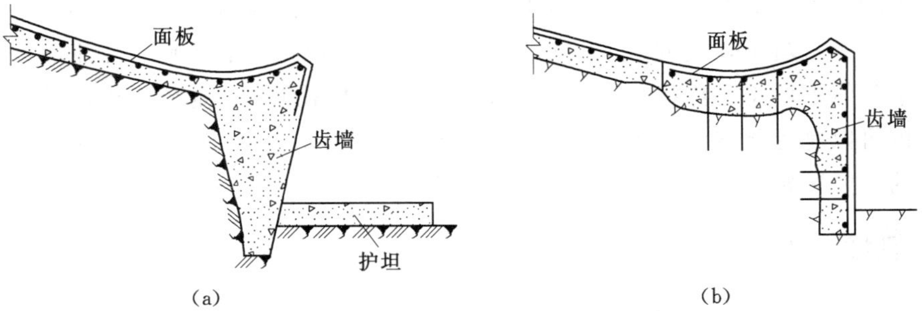

图 7-14　挑坎结构形式
(a) 重力式；(b) 衬砌式

五、出水渠

溢洪道下泄水流经消能后，不能直接泄入河道而造成危害时，应设置出水渠。选择出水渠线路应经济合理，其轴线方向应尽量顺应河势，利用天然冲沟或河沟，如无此条件

时，则需人工挖明渠，或在建设期间仅开挖引冲沟，利用泄洪时的水流将冲沟扩大，泄洪后进行断面整修。当溢洪道的消能设施与下游河道距离很近时，也可不设出水渠。当出水渠临近大坝、厂房等主要建筑物时，不宜采用引冲沟方式。

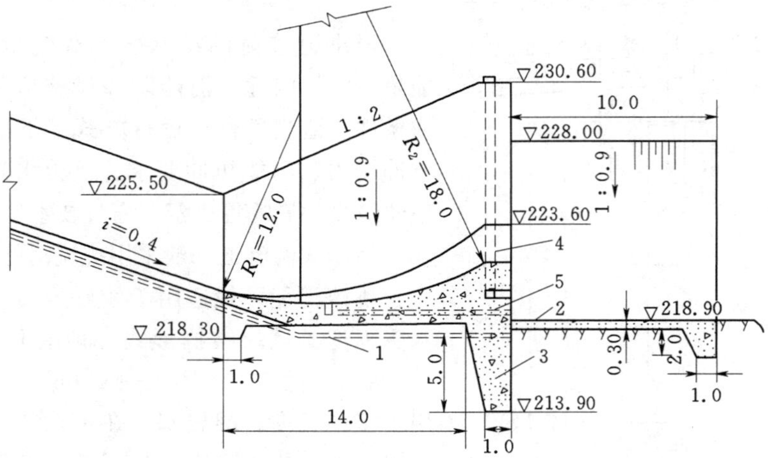

图 7-15　溢洪道挑坎布置图（单位：m）

1—纵向排水；2—护坦；3—混凝土齿墙；4—ϕ50cm 通气孔；5—ϕ10cm 排水管

第三节　侧 槽 溢 洪 道

一、侧槽溢洪道的布置特点

侧槽溢洪道一般由控制段、侧槽、泄槽、消能防冲设施和出水渠等部分组成。溢洪道的布置已如前所述，一般适用于坝址山头较高、岸坡较陡、岩石坚固而泄量较小的情况。当泄量很大时，沿山坡的开挖量过大。因此，这种形式的溢洪道多用于中小型工程。

为了保证正常泄洪，溢流堰上的水流应不受侧槽水位顶托的影响。溢流堰可采用实用堰，以利于与侧槽壁平顺连接，堰顶一般不设闸门。根据地形、地质条件，堰后可以是开敞明槽，也可以是无压隧洞，也可利用施工导流隧洞，如图 7-16 所示。侧槽溢洪道与正槽溢洪道的主要区别在于侧槽部分，其他部分基本相同。

二、侧槽布置

侧槽布置应满足：泄流能力沿侧槽均匀增加；由于过堰水流转向约 90°，大部分能量消耗于侧槽内的水体漩滚，侧槽中水流的顺槽流速完全取决于侧槽的水力坡降，因此要保证一定的坡度；侧槽中的水流应处于缓流状态，以使水流稳定；侧槽中的水面高程要保证溢流堰为自由出流，保证泄流能力和稳定流态。

1. 侧槽横断面

侧槽横断面形状宜做成窄深式。在过水断面面积相同的情况下，窄深断面比宽浅断面节省开挖量，如图 7-17 所示，若窄深断面的过水断面面积为 ω_1，宽浅断面的过水断面

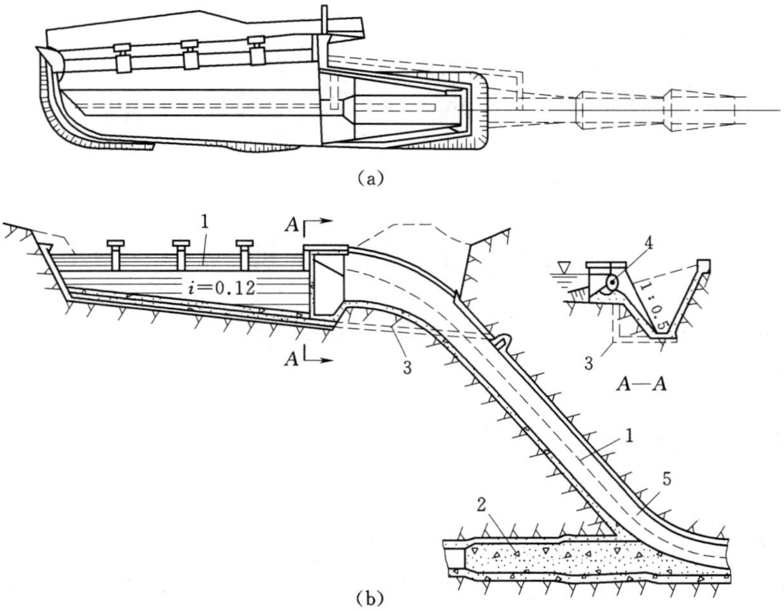

图 7-16　隧洞泄水的侧槽溢洪道

(a) 平面图；(b) 纵剖面图

1—水面线；2—混凝土塞；3—排水管；4—闸门；5—泄水隧洞

积为 ω_2，当 $\omega_1=\omega_2$ 时，窄深断面可节省开挖面积为 ω_3；而且窄深断面容易使侧向进流与槽内水流混合，水面较为平稳。靠岸一侧的边坡在满足水流和边坡稳定的条件下，以陡为宜，一般采用 1∶0.5 左右为宜，溢流堰一侧，溢流曲线下部的直线段坡度（即溢流边坡），一般可采用 1∶0.5～1∶0.9。

2. 侧槽的纵剖面

(1) 槽底纵坡。侧槽应有合理的纵坡以满足泄水能力的要求。由于槽中水流处于缓流状态，因而侧槽的纵坡比较平缓，但如果槽底纵坡过缓，将使侧槽上游段水面壅高过多而影响过堰流量。但如果过陡，又会增加侧槽下游段的开挖深度。初步拟定时可采用 0.01～0.05。具体数值可根据地形和泄量大小选定。

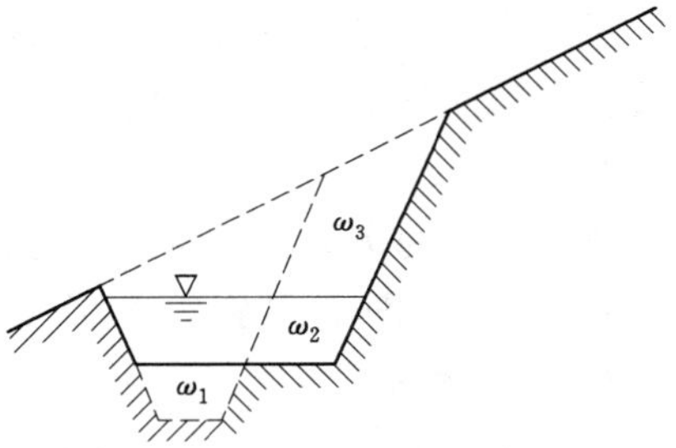

图 7-17　不同侧槽断面挖方量比较图

(注：虚线为窄深断面；实线为宽浅断面)

(2) 槽底高程。槽底高程加槽内水深等于水面高程，水面过高将淹没堰顶影响过堰流量。所以，确定槽底高程的原则应该是在不影响溢流堰过流能力的条件下，尽量采用较高的槽底以减少开挖方量。

为了使水流平顺地进入泄槽，常在泄槽与侧槽之间设水平调整段，由缩窄槽宽的收缩段或用调整段末端底坎适当壅高水位，使水流在控制断面形成临界水流，而后泄入泄槽或隧洞。

第八章　水　工　隧　洞

第一节　概　　述

在水利枢纽中，为满足泄洪、灌溉、发电等功能的需要，在岩层中开凿而成的建筑物称为水工隧洞。

一、水工隧洞的特点

1. 结构方面

隧洞是位于岩层中的地下建筑物，与周围岩层密切相关。在岩层中开挖隧洞后，破坏了原有的平衡状态，引起洞孔附近应力重新分布，岩体产生新的变形，严重的会导致岩石崩塌。因此，隧洞中常需要临时性支护和永久性衬砌，以承受围岩压力。围岩除了产生作用在衬砌上的围岩压力以外，同时又具有承载能力，可以与衬砌共同承受内水压力等荷载。围岩压力与岩体承载能力的大小，主要取决于地质条件。因此，应做好隧洞的工程地质勘探工作，使隧洞尽量避开软弱岩层和不利的地质构造。

2. 水流方面

枢纽中的泄水隧洞，其进口通常位于水下较深处，属深式泄水洞。它的泄水能力与作用水头 H 的 1/2 次方成正比，当 H 增大时，泄流量增大较慢。但深式进口位置较低，可以提前泄水，故常用来配合溢洪道宣泄洪水。

由于作用在隧洞上的水头较高，流速较大，如果隧洞在弯道、渐变段等处的体型不合适或衬砌表面不平整，都可能出现气蚀而引起破坏，所以要求隧洞体型设计得当，施工质量良好。

泄水隧洞的水流流速高、单宽流量大、能量集中，在出口处有较强的冲刷能力，必须采取有效的消能防冲措施。

3. 施工方面

隧洞是地下建筑物，与地面建筑物相比，洞身断面小，施工场地狭窄，洞线长，施工作业工序多，干扰大，难度也较大，工期一般较长。尤其是兼有导流任务的隧洞，其施工进度往往控制着整个工程的工期。因此，采用新的施工方法，改善施工条件，加快施工进度和提高施工质量在隧洞工程建设中需要引起足够的重视。

二、水工隧洞的类型

1. 按用途分类

（1）泄洪洞。配合溢洪道宣泄洪水，保证枢纽安全。

（2）引水洞。引水发电、灌溉或供水。

(3) 排沙洞。排放水库泥沙，延长水库的使用年限，有利于水电站的正常运行。

(4) 放空洞。在必要的情况下放空水库，用于人防或检修大坝。

(5) 导流洞。在水利枢纽的建设施工期用来施工导流。

在设计水工隧洞时，应根据枢纽的规划任务，尽量考虑一洞多用，以降低工程造价。如施工导流洞与永久隧洞相结合，枢纽中的泄洪、排沙、放空隧洞的结合等。

2. 按洞内水流状态分类

(1) 有压洞。隧洞工作闸门布置在隧洞出口，洞身全断面均被水流充满，隧洞内壁承受较大的内水压力。引水发电隧洞一般是有压隧洞。

(2) 无压洞。隧洞的工作闸门布置在隧洞的进口，水流没有充满全断面，有自由水面。灌溉渠道上的隧洞一般是无压的。

一般说来，隧洞根据需要可以设计成有压的，也可设计成无压的，也可设计成前段是有压的而后段是无压的。但应注意的是，在同一洞段内，应避免出现时而有压时而无压的明满流交替现象，以防止引起振动、空蚀等不利流态。

第二节　水工隧洞构造

一、进口段

1. 进口建筑物的形式

进口建筑物按其布置及结构形式不同，可分为竖井式、塔式、岸塔式和斜坡式等。

(1) 竖井式。竖井式进口是在隧洞进口附近的岩体中开凿竖井，井壁用混凝土或钢筋混凝土加以衬砌，井底设置闸门，井顶布置启闭设备及操纵室（图 8-1)。优点是结构比较简单，不需要工作桥，不受风浪和冰的影响，抗震性及稳定性好，运行比较可靠。缺点是竖井开凿比较困难，竖井前的隧洞段经常处于水下，检修不便。当隧洞进口段岩石坚固，岩体比较完整时，多采用这种形式。

无压隧洞设置弧形闸门的竖井，关闭闸门时井内无水，称为“干井”。压力隧洞设置平面闸门的竖井，关闸后井内仍充满水，称为“湿井”。

(2) 塔式。塔式进口建筑物是独立于隧洞的进口处而不依靠山坡的塔。塔底设闸门，塔顶设操纵平台和启闭机，用工作桥与岸坡相连。这种进口建筑物的优点是布置比较紧凑，闸门开启比较方便可靠。其缺点是受风浪、冰、地震的影响大，稳定性相对较差，需要较长的工作桥。常用于岸坡岩石较差，覆盖层较薄，不宜修建靠岸进口建筑物的情况。

塔的结构形式有封闭式和框架式两种（图 8-2)。封闭式塔的横断面形式为矩形和圆形。矩形断面结构简单、施工方便。圆形断面的受力条件较好，采用较多。封闭式塔身上在不同高程处设置进水口，可引取水库上层温度较高的清水，以满足灌溉农作物的需求。框架式结构具有结构轻便、受风浪影响小、节省材料、造价较低的优点，但只能在低水位时进行检修，不太方便，而且泄水时门槽进水，水流流态不好，容易产生空蚀，一般大型泄水隧洞较少采用。

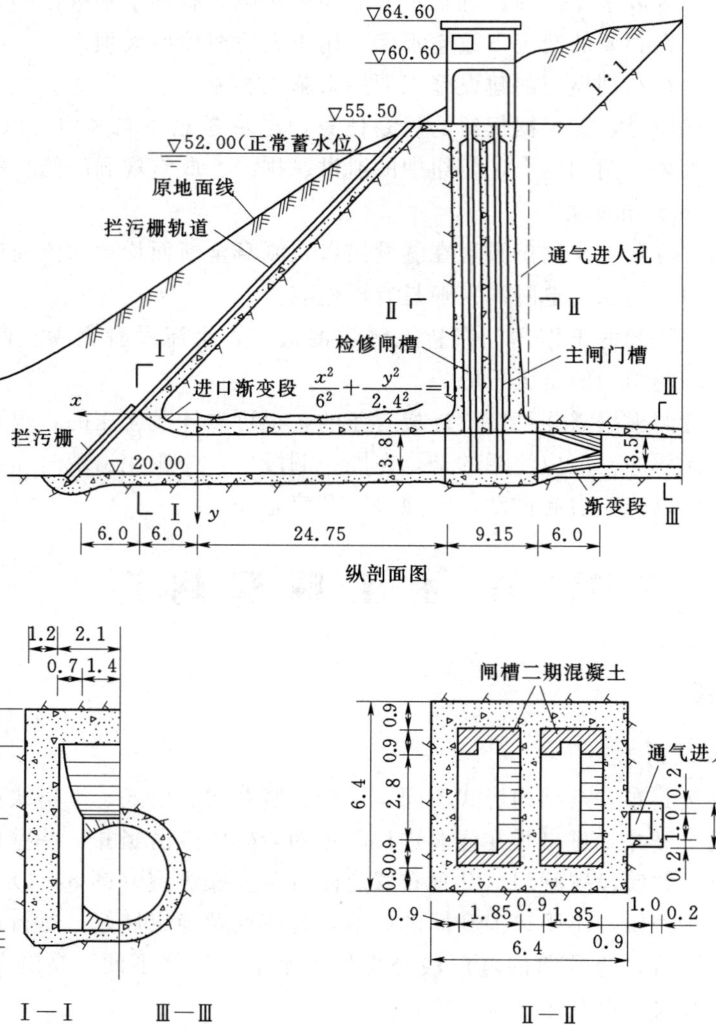

图 8-1 竖井式进口建筑物（单位：m）

(3) 岸塔式。此种进口是靠在山体开挖后洞口岩坡上的进水塔。根据岸坡的稳定情况，塔身可以是直立的或倾斜的（图 8-3）。岸塔式的稳定性较塔式的好，甚至可对岸坡有一定的支撑作用，施工安装也比较方便，不需工作桥，比较经济。适用于岸坡较陡、岩体比较坚固稳定的情况。

(4) 斜坡式。斜坡式进水口是在较完整的岩坡上进行开挖、平整、衬砌而修建的一种进水口。闸门和拦污栅的轨道直接安装在斜坡的护砌上。这种布置的优点是结构简单，施工、安装方便，稳定性好，工程量小。缺点是由于闸门倾斜，闸门不易依靠自重下降，闸门面积加大。斜坡式进口一般只用于中、小型工程，或只用于安装检修闸门的进口。

以上是几种基本的进水口形式，在实际工程中常根据地形、地质、施工等具体条件采用。如半竖井半塔式进水口［图 8-4 (a)］，下部靠岸的塔式进水口［图 8-4 (b)］等。

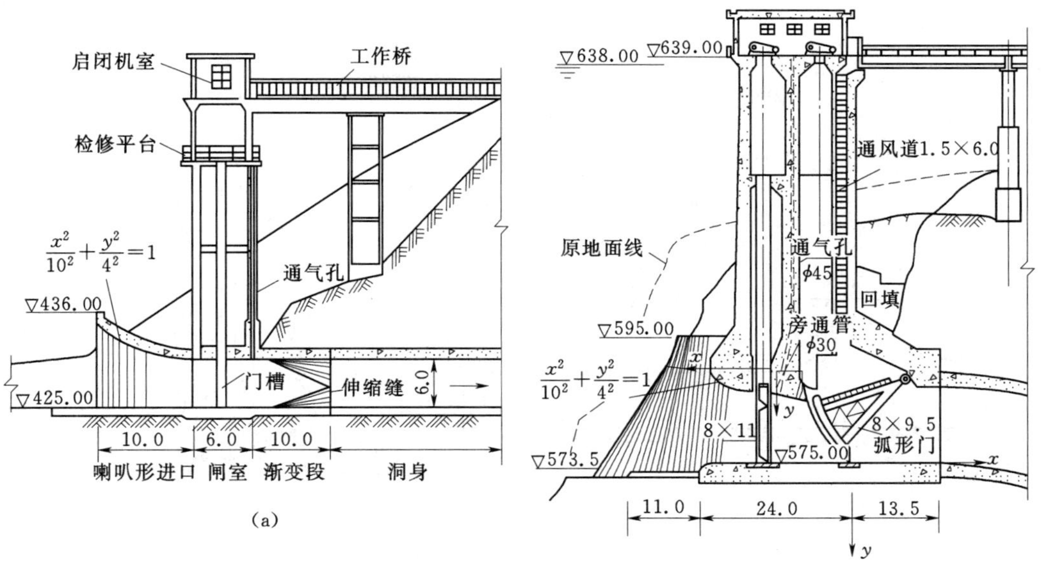

图 8-2　塔式进口建筑物（单位：m）

(a) 框架式；(b) 封闭式

2. 进口段的组成及构造

进口段的组成包括进水喇叭口、闸门室、通气孔、平压管和渐变段等几部分。

(1) 进水喇叭口。进水口是隧洞的首部，其体形应与孔口水流的流态相适应，避免产生不利的负压和空蚀破坏，同时还应尽量减小局部水头损失，以提高泄流能力。

隧洞进口常采用顶板和两侧边墙顺水流方向三向逐渐收缩的平底矩形断面，形成喇叭口状。

深式无压隧洞的进水口是一短管型压力段，为了增加压力段的压力，改善其压力分布，常在进口段顶部设置倾斜压坡（图 8-5）。

(2) 通气孔。当闸门部分开启时，孔口处的水流流速很大，门后的空气会被水流带走，形成负压区，可能会引起空蚀破坏使闸门振动，危及工程的安全运行。因此，对设在泄水隧洞进口或中部的闸门之后应设通气孔，其作用是：①在工作闸门各级开度下承担补气任务，补气可以缓解门后负压，稳定流态，避免建筑物发生振动和空蚀破坏，同时可减小由于负压而引起作用在闸门上的下拖力和附加水压力；②检修时，在下放检修闸门之后，放空洞内水流时给予补气；

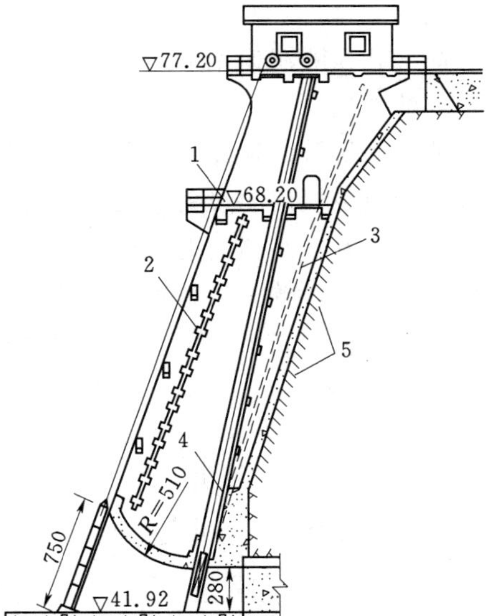

图 8-3　岸塔式进水口

(高程单位：m；尺寸单位：cm)

1—清污台；2—拦污格栅；3—通气孔；4—闸门轨道；5—锚筋

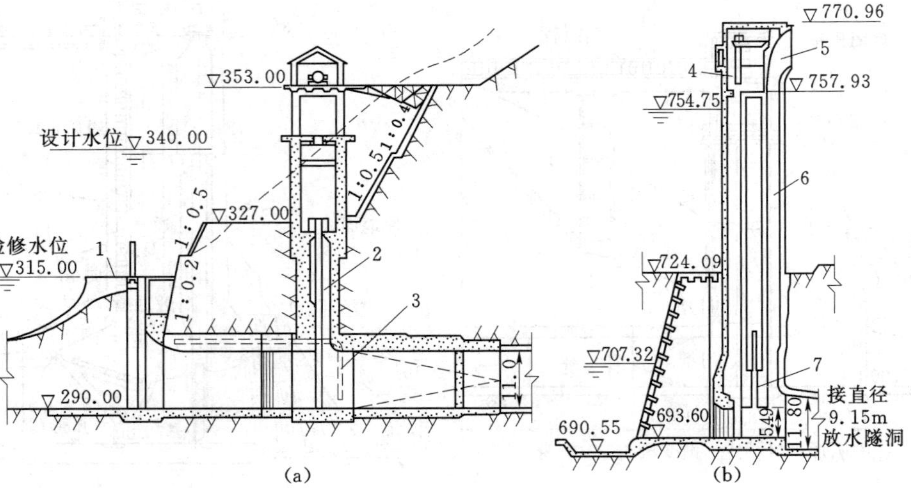

图 8-4 组合式进水口（单位：m）

(a) 三门峡泄洪洞进水口；(b) 沙特麦加放水隧洞进口

1—叠梁门平台；2—事故检修闸门井；3—平压管；4—事故闸门；5—空气进口；6—通气井；7—工作闸门

③检修完成后，需要向检修闸门和工作闸门之间充水，以便平压来开启检修闸门，此时，通气孔用以排气。对于无压洞，设通气孔是为了适应高速水流水面自然掺气的需要。所以，通气孔在隧洞运用中，承担着补气、排气的双重任务，对改善流态、避免运行事故起着重要的作用。

(3) 平压管。检修门设在工作闸门之前，仅在隧洞或工作闸门检修时才使用，由于使用的机会较少，启闭设备尽可能简单些。为了减小启门力，往往要求检修门在静水中开启。为此，常在闸墙内设置绕过检修门槽的平压管（图 8-6）。当检修工作结束后，在开启检修门之前，首先打开平压管的阀门，将水放进检修门与工作门之间的空间，使检修门两侧的水位相同，水压平衡，此时再开启检修门，由于是在静水中开启，可以大大减小启门力。

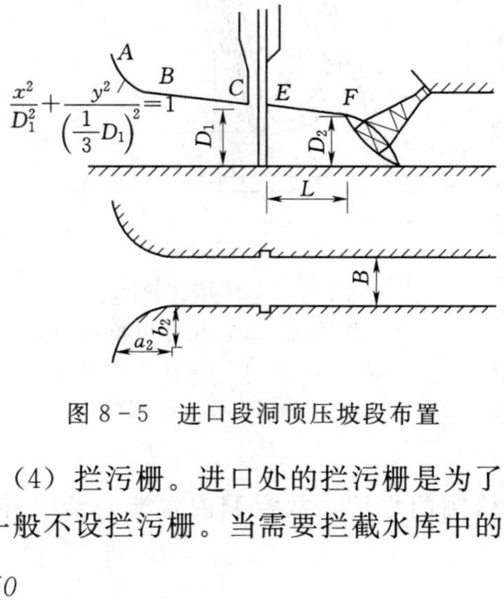

图 8-5 进口段洞顶压坡段布置

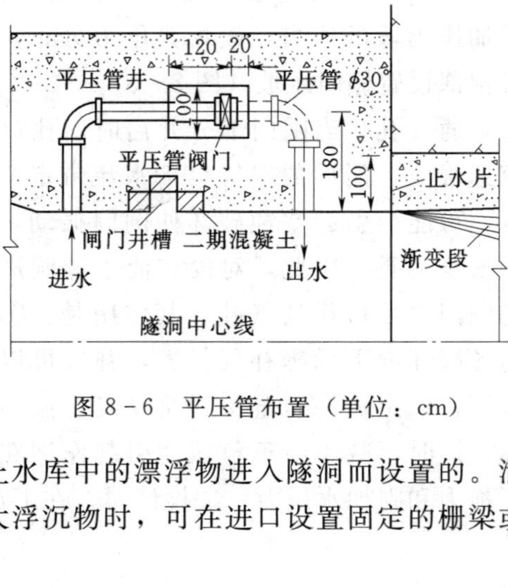

图 8-6 平压管布置（单位：cm）

(4) 拦污栅。进口处的拦污栅是为了防止水库中的漂浮物进入隧洞而设置的。泄水隧洞一般不设拦污栅。当需要拦截水库中的较大浮沉物时，可在进口设置固定的栅梁或粗格拦污栅。引水发电的有压隧洞进口应设置较密的细格栅，以防污物阻塞和破坏阀门及水轮机叶片。

（5）渐变段、闸门室。渐变段及闸门室等，可参见第四章第四节等有关内容。

二、洞身段

（一）洞身断面形式及尺寸

1. 无压隧洞的断面形式及尺寸

无压隧洞多采用圆拱直墙形（城门洞）断面［图 8－7（d）、（i）］。由于这种断面的顶部为圆拱形，适宜于承受垂直围岩压力，并且在施工时便于开挖和衬砌。顶拱中心角一般在 90°～180°，当垂直围岩压力较小时，可采用较小的中心角。一般情况下，较大跨度泄水隧洞的中心角常采用 120°左右。断面的高宽比一般为 1～1.5，水深变化大时，采用较大值。在侧向围岩压力较大时，为了减小或消除作用在边墙上的侧向围岩压力，也可把边墙做成向内倾斜状［图 8－7（e）］。如围岩条件较差还可以采用马蹄形断面［图 8－7（f）］，马蹄形断面由上部半圆和下部三心圆或多心圆构成，以尽量减小隧洞衬砌截面弯矩。当围岩条件差，而且又有较大的地下水压力时，可以考虑采用圆形断面。

无压隧洞的断面尺寸主要根据其泄流能力要求及洞内水面线来确定。

对于表孔溢流式进口，泄流能力按堰流计算。对于深式进口，泄流能力取决于进口压力短管段，可按管流计算。

为了保证洞内无压流状态的稳定，水面以上应有足够的净空。当洞内的水流流速大于 15～20m/s 时，应考虑由高速水流引起的掺气和冲击波的影响。流速较低、通气良好的隧洞，要求水面以上净空不小于洞身断面面积的 15％，其高度不小于 40cm；流速较高的隧洞，考虑掺气和冲击波的影响，在掺气升高的水面以上的净空面积一般为洞身断面面积的 15％～25％，冲击波波峰高不应超过城门洞形断面的直墙范围。

在确定隧洞断面尺寸时，还应考虑到洞内施工和检查维修等对最小尺寸的要求，圆形断面内径一般不小于 1.8m，非圆形断面尺寸不小于 1.5m×1.8m（宽×高）。

2. 有压隧洞的断面形式

有压隧洞由于内水压力较大，从水流条件（过水断面湿周最小）及受力条件（受力方向对称）考虑，一般均采用圆形断面［图 8－7（a）、（b）、（c）、（g）］。当围岩条件较好，洞径和内水压力都不大时，为了施工方便，也可采用上述无压隧洞常用的断面形式。

在隧洞出口处应设置压坡段，减小隧洞出口段面积，以保证洞内水流始终处于有压状态，并要求在最不利运行的条件下，洞顶应有 2m 以上的压力水头。洞内水流流速越大，要求压力水头越大，对于高流速的有压泄水隧洞，压力水头可高达 10m 左右。

（二）洞身衬砌的类型及构造

衬砌是指沿开挖洞壁而做的人工护壁，主要作用是：①阻止围岩变形的发展，保证围岩的稳定；②根据需要，承受围岩压力、内水压力和其他荷载；③防止渗漏；④保护围岩免受水流、空气、温度、干湿变化等的冲蚀破坏作用；⑤平整围岩，减小表面糙率，增大过流能力；⑥满足环境保护的要求。

1. 衬砌的类型

隧洞衬砌主要可分为以下几种类型：

（1）平整衬砌（也称护面）。用混凝土、喷混凝土和浆砌石（图 8－8）做成的护面，它不承受荷载，仅起到平整隧洞表面、减小糙率、防止渗漏、保护岩石不受风化的作用。平整衬砌适用于围岩坚固、完整，能自行保持稳定，水头和流速较小的情况。对于无压隧洞，如岩石不易风化，可只衬砌过水边界部分。平整衬砌的厚度由构造决定，一般混凝土或喷混凝土可采用 5～15cm，浆砌石衬砌可采用 25～30cm。

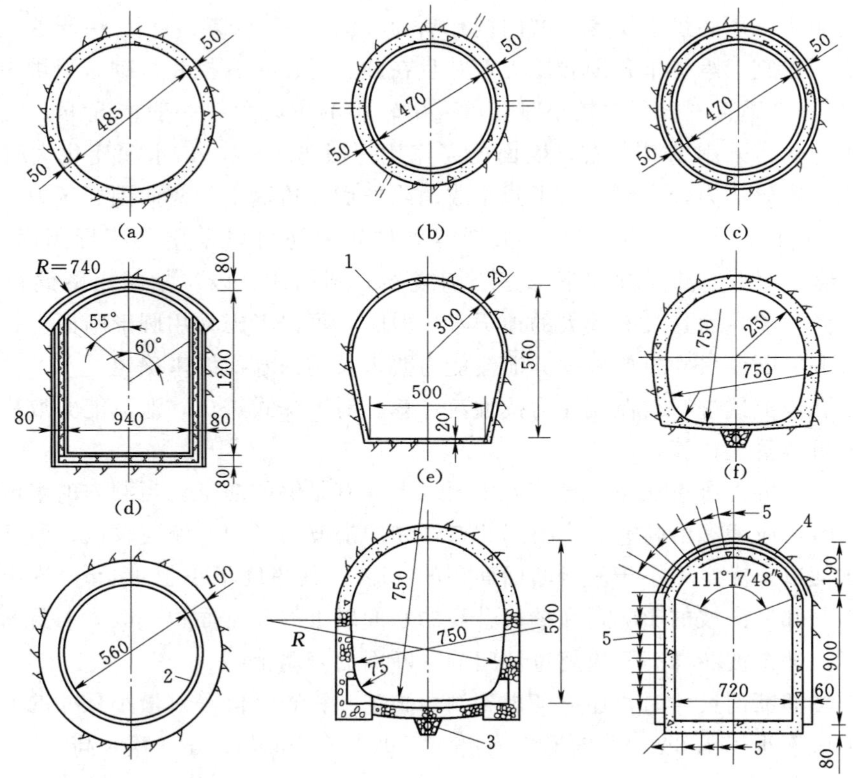

图 8－7　隧洞断面形式及衬砌类型（单位：cm）

（a）～（f）单层衬砌；（g）～（i）单组合式层衬砌

1—喷混凝土；2—16mm 钢板；3—25cm 排水管；4—20cm 钢筋网喷混凝土；5—锚筋

（2）单层衬砌。用混凝土［图 8－7（a）］、钢筋混凝土［图 8－7（b）、（c）、（d）］或浆砌石做成。单层衬砌适用于中等地质条件、隧洞断面较大、水头及流速较高的情况，是我国应用最广的受力衬砌。由于混凝土的抗拉强度较低，靠增加混凝土的厚度来提高其抗弯能力是不经济的，因为在衬砌厚度增加的同时，也增加了自重，并增加岩石的开挖量，所以衬砌厚度应在满足要求的前提下尽量采用较小的尺寸。根据《水工隧洞设计规范》，混凝土和单层钢筋混凝土衬砌的厚度不宜小于 25cm，双层钢筋混凝土衬砌的厚度不宜小于 30cm，并由衬砌受力计算最终确定。衬砌所用混凝土的强度等级不应低于 C15。

（3）锚喷衬砌。锚喷衬砌是利用锚杆和喷混凝土加固围岩措施的总称，是逐渐发展起来的一项新型加固措施。喷混凝土不需模板，施工进度快，能紧跟掘进工作面施工，缩短围岩暴露时间，使围岩的风化、潮解和应力松弛等不致有大的发展。但由于喷层较薄，随开挖岩面起伏不平，糙率较大，且大面积喷射施工质量难以控制，在内水压力及水流作用下，有可能引起渗漏及冲蚀破坏。喷混凝土的厚度不宜小于 8cm，最大不宜超过 20 cm。混凝土的设计强度等级不宜低于 C20。

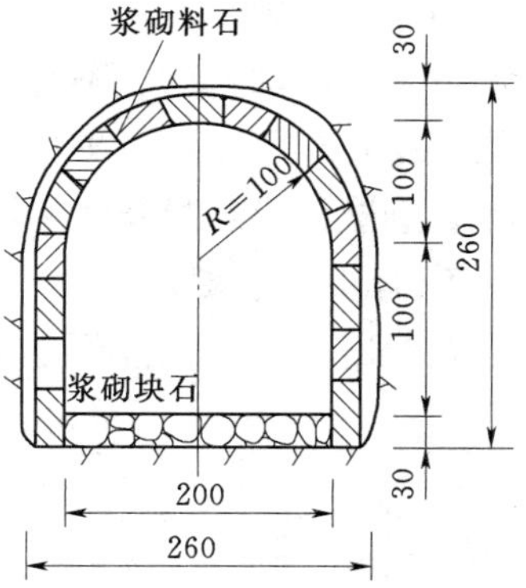

图 8-8　砌石衬砌（单位：cm）

锚杆支护是用特定的锚杆锚固于岩石内部，把原来不够完整、不够稳定的围岩固结成一个整体，增加围岩的整体性和稳定性（图 8-9）。

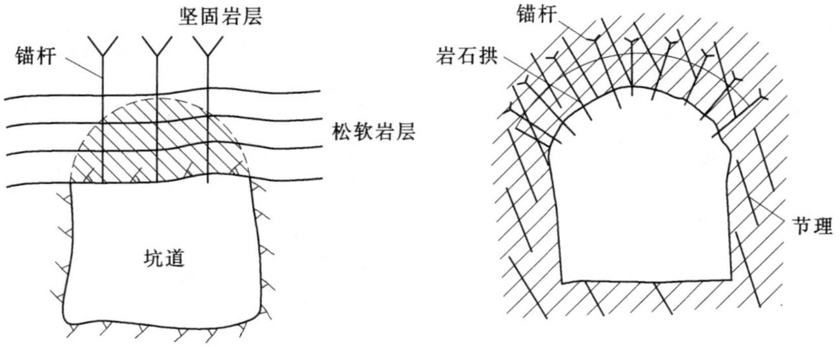

图 8-9　锚杆支护

（4）组合式衬砌。根据开挖断面周边不同部位衬砌的受力特点和运用要求，可采用不同的衬砌材料组合而成。如内层为钢板、钢筋网喷浆，外层为混凝土或钢筋混凝土［图 8-7（g）］；如顶拱为混凝土，边墙和底板采用浆砌石［图 8-7（h）］；又如顶拱和边墙先锚喷后再进行混凝土或钢筋混凝土衬砌等形式。实践证明，在软弱、破碎的岩体中开挖隧洞，由于岩体稳定性差，采用先锚喷，再做混凝土或钢筋混凝土衬砌，是一种较安全、经济的组合形式。

（5）预应力衬砌。预应力衬砌是对混凝土、钢筋混凝土衬砌的外壁施加预压应力，以便在运用时抵消内水压力产生的拉应力，克服混凝土抗拉强度低的缺点，这样不仅能减小衬砌厚度，减少隧洞开挖量，节约材料，还可以增强衬砌的抗裂性和不透水性。其缺点是工序多，施工复杂，高压灌浆技术要求高，工期较长。最简单的预应力方法是向衬砌和围岩之间进行压力灌浆，使衬砌产生预压应力。为保证灌浆效果，应在衬砌与围岩之间预留有 2～3cm 的空隙，灌浆浆液应用膨胀性水泥，以防止干缩时导致预压应力降低。预应力衬砌多用于高水头圆形有压隧洞。

洞身衬砌类型的选择，应根据隧洞的任务、地质条件、断面尺寸、受力状态、施工方法及运行条件等因素，通过技术经济比较后确定。

在进行隧洞衬砌形式选择时，可参考表 8-1 并通过工程类比研究确定。

当围岩坚硬、完整、裂隙少、稳定性好且抗风化性能好时，对于流速低、流量较小的隧洞，可以不加衬砌。不衬砌的有压隧洞，其内水压力应小于地应力的最小主应力，以保证围岩稳定。由于不衬砌隧洞的糙率大，泄放同样流量就要增大开挖断面，因此，是否采用不衬砌隧洞应经过技术经济比较之后确定。

2. *衬砌的分缝与止水*

在混凝土及钢筋混凝土衬砌中，一般设有施工工作缝和永久性的横向变形缝。

表 8-1　隧洞衬砌形式选择

<table>
<tr><th rowspan="2">压力状态</th><th rowspan="2">设计原则</th><th rowspan="2">最小覆盖厚度要求</th><th rowspan="2">承担内水压力能力</th><th colspan="3">围岩分类</th><th rowspan="2">备注</th></tr>
<tr><th>Ⅰ类、Ⅱ类</th><th>Ⅲ类</th><th>Ⅳ类、Ⅴ类</th></tr>
<tr><td rowspan="3">无压</td><td>抗裂</td><td></td><td></td><td colspan="3">钢筋混凝土并加防渗措施</td><td>研究是否采用预应力混凝土</td></tr>
<tr><td>限裂</td><td></td><td></td><td>锚喷、钢筋混凝土</td><td colspan="2">钢筋混凝土</td><td></td></tr>
<tr><td>非限裂</td><td></td><td></td><td colspan="2">不衬砌、混凝土、锚喷</td><td>锚喷、钢筋混凝土</td><td></td></tr>
<tr><td rowspan="9">有压</td><td rowspan="3">抗裂</td><td rowspan="2">满足</td><td>具备</td><td colspan="2">预应力混凝土、钢筋混凝土并加防渗措施</td><td>预应力混凝土、钢板</td><td rowspan="3">钢筋混凝土并加防渗措施宜在低压洞使用</td></tr>
<tr><td>不具备</td><td colspan="3">预应力混凝土、钢板</td></tr>
<tr><td>局部不满足</td><td></td><td colspan="3">预应力混凝土、钢板</td></tr>
<tr><td rowspan="3">限裂</td><td rowspan="2">满足</td><td>具备</td><td colspan="2">锚喷、钢筋混凝土</td><td>钢筋混凝土</td><td rowspan="3">锚喷宜在低压洞使用</td></tr>
<tr><td>不具备</td><td colspan="3">钢筋混凝土</td></tr>
<tr><td>局部不满足</td><td></td><td colspan="3">钢筋混凝土、预应力混凝土</td></tr>
<tr><td rowspan="3">非限裂</td><td rowspan="2">满足</td><td>具备</td><td colspan="2">不衬砌、混凝土、锚喷、钢筋混凝土</td><td>锚喷、钢筋混凝土</td><td rowspan="3">不衬砌隧洞宜在Ⅰ类、Ⅱ类围岩使用</td></tr>
<tr><td>不具备</td><td colspan="3">钢筋混凝土</td></tr>
<tr><td>局部不满足</td><td></td><td colspan="3">钢筋混凝土</td></tr>
</table>

隧洞在穿过断层、软弱破碎带以及和竖井交接处，或其他可能产生较大的相对变位时，衬砌需要加厚，应设置横向变形缝。变形缝的缝面不凿毛，分布钢筋也不穿过，无防渗要求的无压洞，可不设止水，对有压洞或有防渗要求的无压洞，则缝内应设止水片及充填 1～2 cm 厚的沥青油毡或其他相应的防渗措施（图 8-10）。

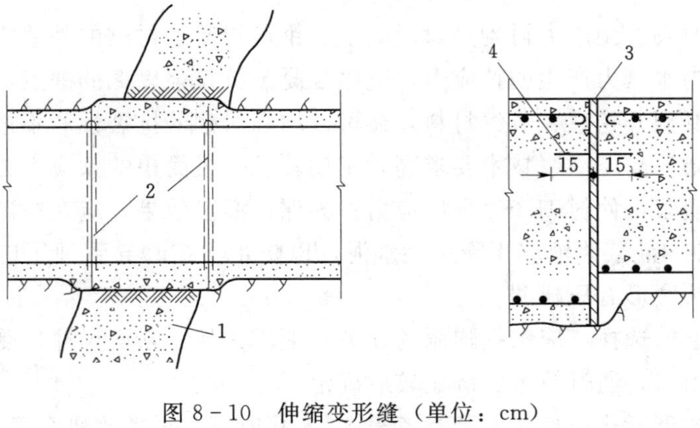

图 8-10　伸缩变形缝（单位：cm）

1—断层破碎带；2—沉陷缝；3—1～2cm 厚沥青油毛毡；4—止水片或止水带

围岩地质条件比较均一的洞身段只设施工缝。根据浇筑能力和温度收缩等因素分析确定沿洞线的浇筑分段长度，一般分段长度可采用 6～12m，底拱和边拱、顶拱的环向缝不得错开。衬砌的环向施工缝需要进行凿毛处理，或设一些插筋穿过缝面以加强整体性。纵向施工缝应根据浇筑能力，设置在衬砌结构拉应力及剪应力较小的部位，对于圆形隧洞常设在与中心垂直线夹角为 45°处（图 8－11）；对于城门洞形隧洞，为便于施工可设在顶拱、边墙、底板交界附近。纵向施工缝必须进行凿毛处理，必要时缝内可设键槽。

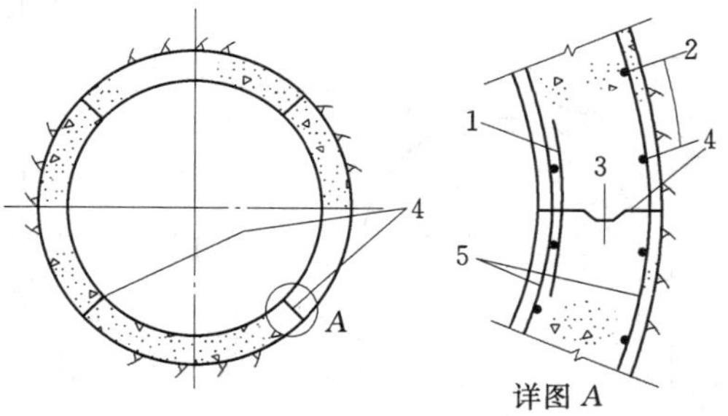

图 8－11　纵向施工缝

1—插筋；2—分布钢筋；3—止水片；4—纵向施工缝；5—受力筋

3. 灌浆

隧洞灌浆分为回填灌浆和固结灌浆两种。

（1）回填灌浆。回填灌浆的目的是为了填充衬砌与围岩之间的空隙，使之结合紧密，共同受力，以改善传力条件和减少渗漏。回填灌浆的范围、孔距、排距、灌浆压力及浆液浓度，应根据衬砌结构的形式、隧洞的工作条件、施工方法及隧洞开挖后断面的裂缝情况来确定。混凝土和钢筋混凝土衬砌的顶部必须进行回填灌浆，砌筑顶拱时，可预留灌浆管，待衬砌完成后通过预埋管进行灌浆（图 8－12），灌浆范围一般在顶拱中心角90°～120°以内，孔距和排距一般为 2～6m，灌浆孔应深入围岩 5cm 以上，灌浆压力一般为 0.2～0.3MPa。

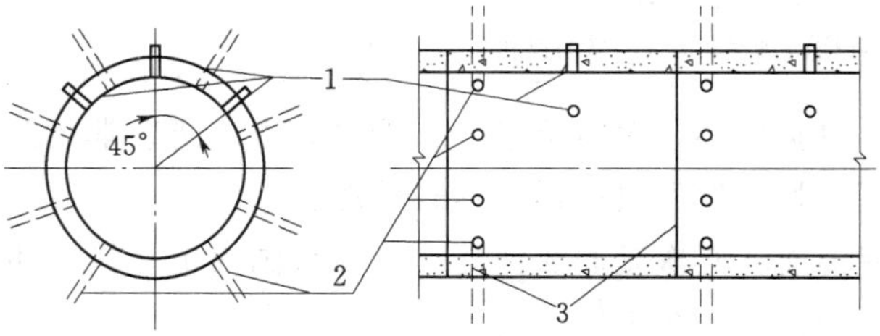

图 8－12　灌浆孔布置

1—回填灌浆孔；2—固结灌浆孔；3—伸缩缝

（2）固结灌浆。固结灌浆的目的在于加固围岩，提高围岩的整体性，减小围岩压力，保证岩石的弹性抗力，减小地下水对衬砌的压力和减少渗漏。对围岩是否需要进行固结灌浆，应通过技术经济比较而定。固结灌浆参数，应根据围岩地质条件，衬砌结构形式，内、外水压力大小以及围岩的防渗、加固要求，通过工程类比或现场试验来确定。固结灌浆孔一般深入围岩约为隧洞半径的 1 倍，一般排距 2～4m，每排不少于 6 孔，做对称布置（图 8－12）。灌浆压力可采用1.5～2.0 倍的内水压力。固结灌浆应在回填灌浆 7～14h 之后进行，灌浆时应加强观测，以防洞壁产生变形或破坏。

4. 排水

设置排水的目的是为了降低作用在衬砌外壁上的外水压力。对于无压隧洞衬砌，当地下水位较高时，外水压力成为衬砌的主要荷载，对衬砌结构应力影响很大。为此，可在洞底设纵向排水管通向下游，或在洞内水面线以上，通过衬砌设置排水孔，将地下水直接引入洞内（图 8－13）。排水孔间距、排距以及孔深一般为 2～4m。

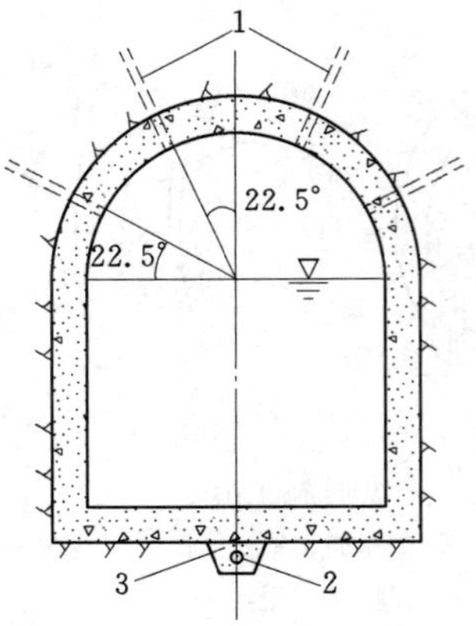

图 8-13 无压隧洞排水布置
1—径向排水孔；2—纵向排水孔；3—小石子

对于有压圆形隧洞，外水压力在衬砌设计中一般不起控制作用，可不设置排水设备。当外水位很高，外水压力很大，对衬砌设计起控制作用时，可在衬砌底部外侧设纵向排水管，通至下游，纵向排水管由无砂混凝土管或多孔缸瓦管做成。必要时，为提高排水效果，可沿洞轴线每隔 6～8m，设一道环向排水槽，环向排水槽可用砾石铺筑，将搜集渗水汇入纵向排水管（图 8-14）。设置排水设施时，应避免内水外渗。

（三）出口段及消能设施

有压隧洞的出口常设有工作闸门及启闭机室，闸门前有渐变段，水流出隧洞口之后进入消能设施。无压隧洞出口山体需要防护，其作用是防止洞口山体及其以上岩石崩塌，并与扩散消能设施的两侧边墙相衔接（图 8-15）。

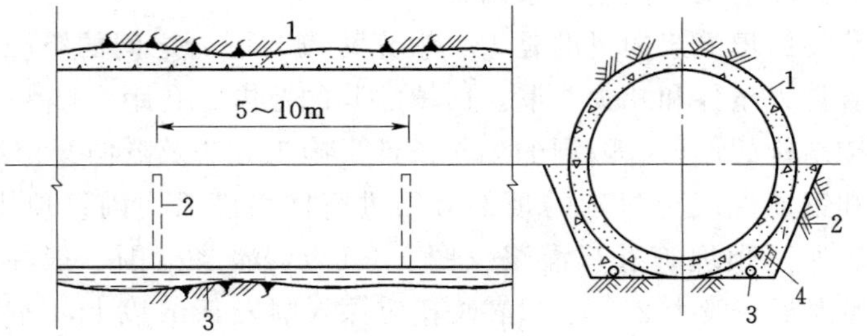

图 8-14 有压隧洞排水布置
1—隧洞混凝土衬砌；2—横向排水槽；3—纵向排水管；4—卵石

泄水隧洞出口水流的特点是隧洞出口宽度小，单宽流量大，能量集中，所以常在出口处设置扩散段，使水流扩散，减小单宽流量，然后再以适当形式消能。

泄水隧洞的消能方式大多采用挑流消能，其次是底流消能。近年来国内也在研究和采用新的消能方式，如窄缝挑流消能和洞内孔板突扩消能等。

1. 挑流消能

当隧洞出口高程高于或接近下游水位，且地形地质条件允许时，采用扩散式挑流消能比较经济合理，因为它结构简单，施工方便，国内外泄洪、排沙隧洞广泛采用这种消能方式。当隧洞轴线与河道水流交角较小时，可采用斜向挑坎，靠河床一侧鼻坎较低，使挑射主流沿河床纵向扩散，减轻对河岸的冲刷（图 8-16）。

2. 底流消能

当隧洞出口高程接近下游水位时，也可采用扩散式底流水跃消能。底流消能具有工作可靠、消能比较充分、对下游水面波动影响范围小的优点，但缺点是开挖量大、施工复杂、材料用量多、造价高。图 8-17 为一有压泄水隧洞出口底流消能的典型布置。

水流由隧洞出口经水平扩散段横向扩散，再经曲线扩散段和斜坡段继续扩散，最后进入消力池。这种布置方式由于使水流横向充分扩散，单宽流量减小，可使消力池的长度和

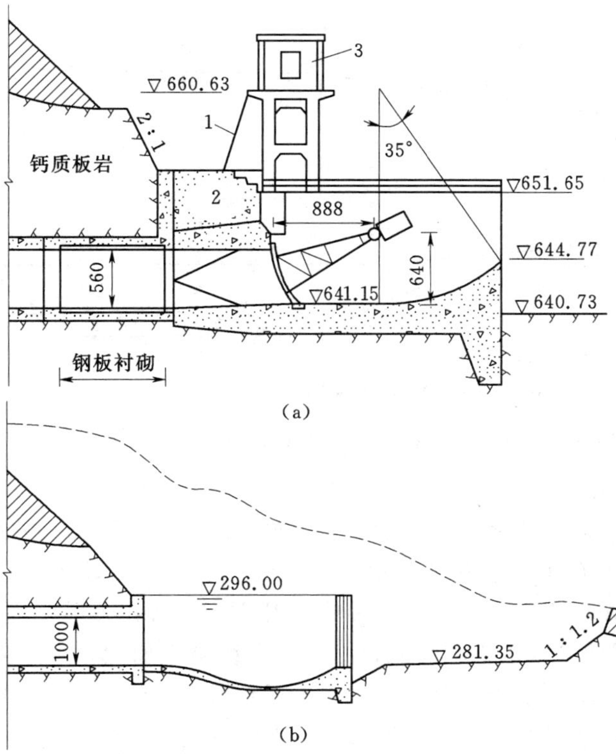

图 8－15　隧洞出口段构造（高程单位：m；尺寸单位：cm）

(a) 有压隧洞；(b) 无压隧洞

1—钢爬梯；2—混凝土压重；3—启闭机室

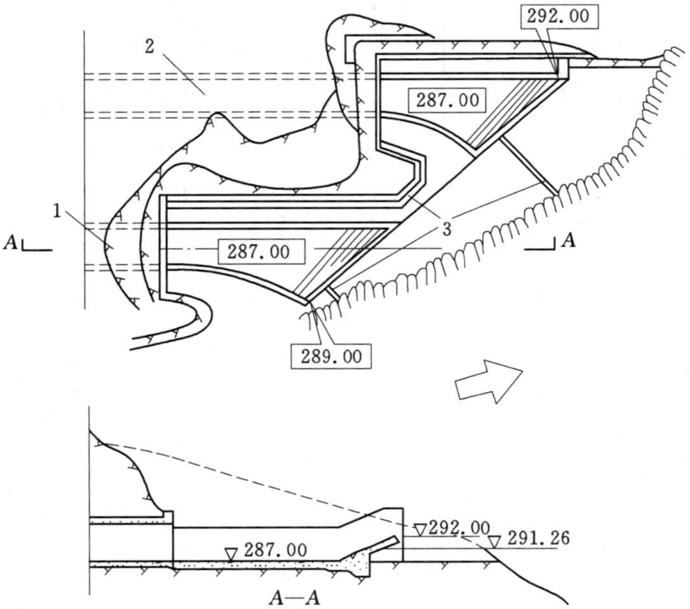

图 8－16　斜向挑坎布置（单位：m）

1—1 号隧洞；2—2 号隧洞；3—排水沟

深度也相应减小。

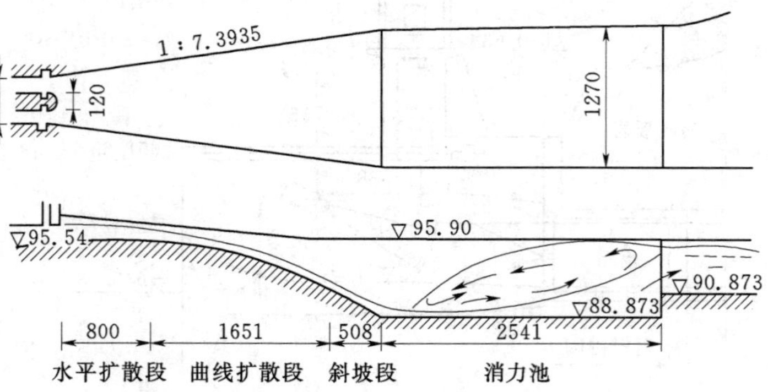

图 8-17　底流消能布置（高程单位：m；尺寸单位：cm）

3. 窄缝式挑坎消能

窄缝式挑坎消能为挑坎处采用收缩成窄缝的布置形式，如图 8-18 所示。窄缝式挑坎与等宽挑坎的不同之处在于，它的挑角很小，一般取 0°，顺水流方向，两侧边墙向中心的显著收缩使出水口处水流迅速加深，水舌的出射角在底部和表层差别很大，底部约 0°，表层可达 45°左右，因此导致水舌下缘挑距缩短，上缘挑距加大，水流挑射高度增加，使水流沿纵向扩散延长，增大空中扩散面积，减小了对河床单位面积上的冲刷强度和冲击动能，同时水舌在空中扩散时及入水时大量掺气，在水舌进入水垫后气泡上升，减小了水舌

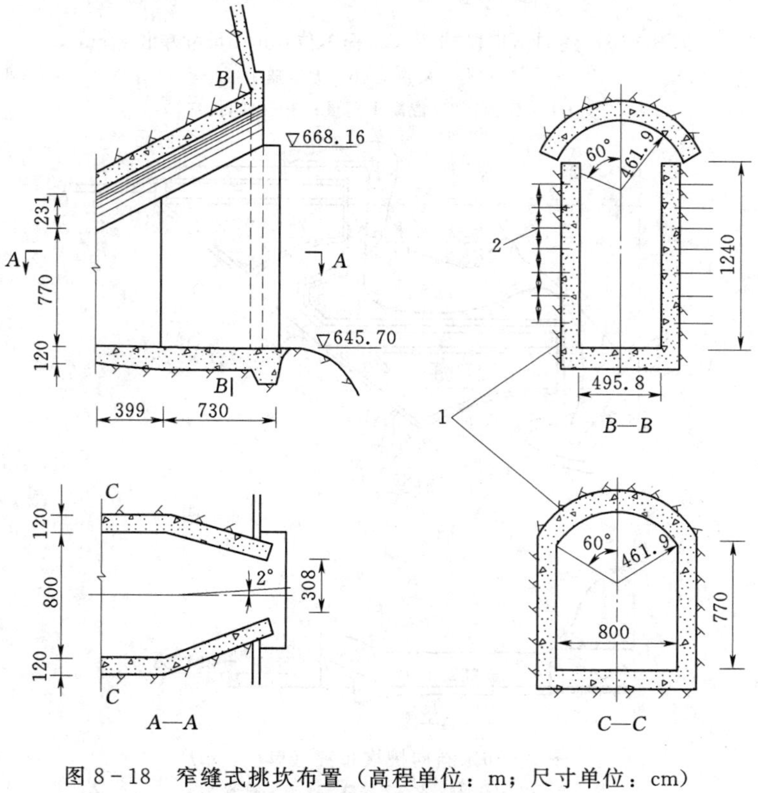

图 8-18　窄缝式挑坎布置（高程单位：m；尺寸单位：cm）

1—钢筋混凝土衬砌；2—锚筋

入水的潜水深度并改善水流流态，从而大大减轻了对下游河床的冲刷。

4. 洞中突扩消能

洞中突扩消能也称为孔板消能，它是在有压隧洞中设置过流断面较小的孔板，利用水流流经孔板时突缩和突扩造成的阻力使水流漩滚，在水流内部产生摩擦和碰撞，消减大量能量，同时又将动能转化为热能随水流带走，从而达到降低流速、减少磨损的消能目的。

在高水头的水利枢纽中，利用高程相对较低的导流洞改建为泄流洞后，由于水头高，洞内流速必然很大。为了防止高速水流引起的空蚀及高速含砂水流产生的磨损破坏，可在洞内设孔板进行突扩消能。

黄河小浪底水利枢纽中将导流洞改建为压力泄洪洞，就采用了多级孔板消能方案（图8-19），在直径为 D=14.5m 的洞中布置了 3 道孔板，孔板间距为 $3D$=43.5m，为防止空化的产生，Ⅲ级孔板采用不同的孔径比 d/D（d 为孔板的内径，D 为泄洪洞的内径）。由上游至下游的Ⅰ级、Ⅱ级、Ⅲ级孔板孔径比 d/D 分别为 0.689、0.724、0.724，孔缘圆弧半径 R 分别为 0.02m、0.2m、0.3m，孔板厚度均为 2.0m，为防止孔板上游角隅漩涡出现空蚀，孔板前根部还设有 1.2m×1.2m 的消涡环。由导流洞改建的泄洪洞，经过 3 级孔板消能，可将 140m 水头消去 60m 水头，洞内平均流速仅 10m/s。不仅可节省投资，控制了洞内流速，而且有助于山体稳定，同时一洞多用也解决了泄水建筑物总体布置上的困难。

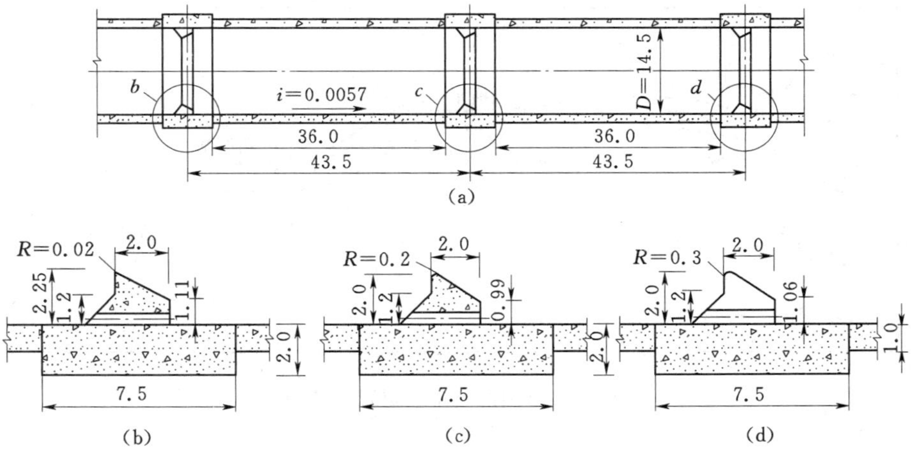

图 8-19　孔板布置图（单位：m）

第九章　水　闸

第一节　概　述

水闸是一种低水头的水工建筑物，兼有挡水和泄水的作用，用以调节水位、控制流量，以满足水利事业的各种要求。

我国为达到防洪、排涝、灌溉、挡潮以及供水、发电等各种目的，修建了上千座大中型水闸和大量的小型涵闸，促进了工农业生产的不断发展，给国民经济带来了很大的效益，并积累了丰富的工程经验。

一、水闸的类型

水闸的种类很多，如图 9-1 所示。通常按其所承担的任务和闸室的结构形式来进行分类。

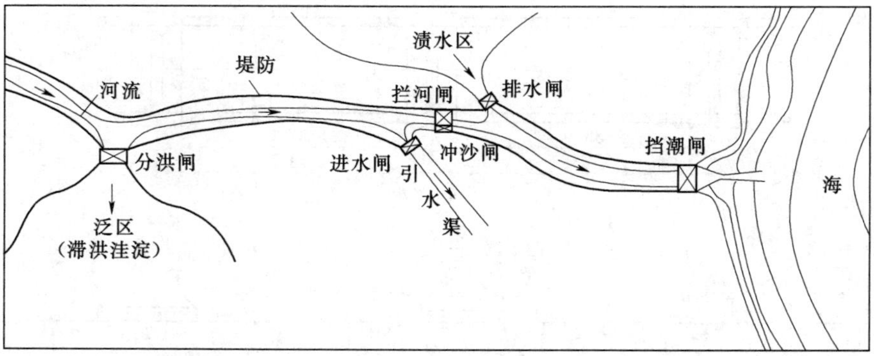

图 9-1　水闸的类型及位置示意图

（一）按水闸所承担的任务分类

1. 节制闸

节制闸通常是拦河或在渠道上建造的。枯水期用以拦截水流并抬高水位，以利于上游取水或航运要求；洪水期则开闸泄洪，控制下泄流量以便防洪。位于河道上的节制闸称为拦河闸。

2. 进水闸

建在渠首河道、水库或湖泊的岸边，用来控制引水流量，以满足灌溉、发电或供水的需要。进水闸又称取水闸或渠首闸。

3. 分洪闸

常建于河道的一侧，用来将超过下游河道安全泄量的洪水泄入预定的湖泊、洼地，及时削减洪峰，保证下游河道的安全。

4. 排水闸

常建于江河沿岸，外河水位上涨时关闸以防外水倒灌，外河水位下降时开闸排水，排除两岸低洼地区的积水。排水闸具有双向挡水和双向过流的特点。

5. 挡潮闸

建在入海河口附近，涨潮时关闸不使海水倒灌，退潮时开闸泄水。挡潮闸具有双向挡水的特点。

此外，还有为排除泥沙、冰块、漂浮物等而设置的排沙闸、排冰闸、排污闸等。

（二）按闸室结构形式分类

水闸按闸室结构形式分为开敞式水闸和封闭式水闸两类。

1. 开敞式水闸

闸室上面不填土封闭的水闸为开敞式水闸［图 9－2（a）、（b）］。一般有泄洪、排水、过木等要求时，多采用不带胸墙的开敞式水闸［图 9－2（a）］，多用于拦河闸、排冰闸等；当上游水位变幅大，而下泄流量又有限制时，为避免闸门过高，常采用带胸墙的开敞式水闸，如进水闸、排水闸、挡潮闸多用这种形式［图 9－2（b）］。

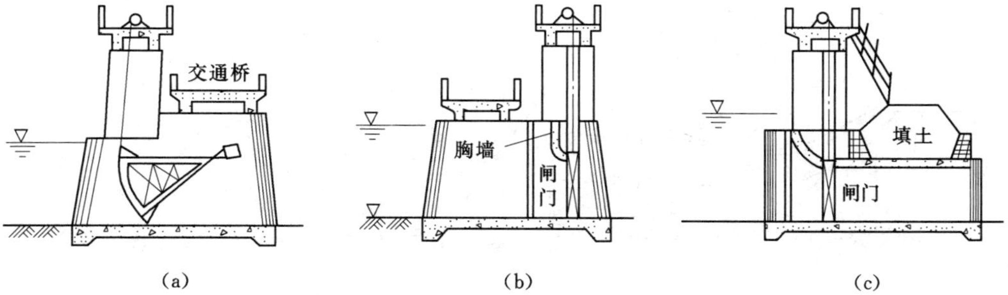

图 9－2　闸室结构形式

（a）不带胸墙开敞式；（b）带胸墙开敞式；（c）封闭式

2. 封闭式水闸（涵洞式水闸）

洞身上面填土封闭的水闸［图 9－2（c）］称封闭式水闸，又称涵洞式水闸。常用于穿堤取水或排水的水闸。洞内水流可以是有压的，也可以是无压的。

二、水闸的工作特点

水闸既能挡水，又能泄水，且多修建在软土地基上，因而它在稳定、防渗、消能防冲及沉降等方面都有其自身的特点。

1. 稳定方面

关门挡水时，水闸上、下游较大的水头差造成较大的水平推力，使水闸有可能沿基面产生向下游的滑动，为此，水闸必须具有足够的重力，以维持自身的稳定。

2. 防渗方面

由于上下游水位差的作用，水将通过地基和两岸向下游渗流。渗流会引起水量损失，同时地基土在渗流作用下，容易产生渗透变形。严重时闸基和两岸的土壤会被淘空，危及水闸安全。渗流对闸室和两岸连接建筑物的稳定不利。因此，应妥善进行防渗设计。

3. 消能防冲方面

水闸开闸泄水时，在上、下游水位差的作用下，过闸水流往往具有较大的动能，流态也较复杂，而土质河床的抗冲能力较低，可能引起冲刷。此外，水闸下游常出现波状水跃和折冲水流，会进一步加剧对河床和两岸的淘刷。因此，设计水闸除应保证闸室具有足够的过水能力外，还必须采取有效的消能防冲措施，以防止河道产生有害的冲刷。

4. 沉降方面

土基上建闸，由于土的压缩性大，抗剪强度低，在闸室的重力和外部荷载作用下，可能产生较大的沉降影响正常使用，尤其是不均匀沉降会导致水闸倾斜，甚至断裂。在水闸设计时，必须合理地选择闸型、构造，安排好施工程序，采取必要的地基处理等措施，以减少过大的地基沉降和不均匀沉降。

三、水闸的组成

水闸通常由上游连接段、闸室段和下游连接段 3 部分组成，如图 9-3、图 9-4 所示。

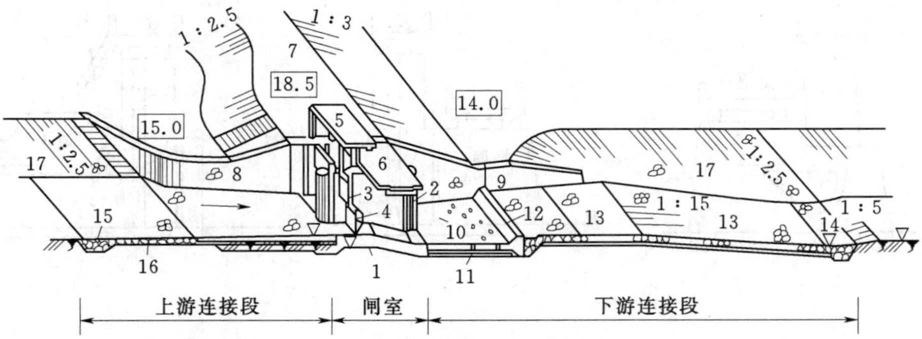

图 9-3 水闸的组成（单位：m）

1—闸室底板；2—闸墩；3—胸墙；4—闸门；5—工作桥；6—交通桥；7—堤顶；8—上游翼墙；9—下游翼墙；10—护坦；11—排水孔；12—消力坎；13—海漫；14—下游防冲槽；15—上游防冲槽；16—上游护底；17—上、下游护坡

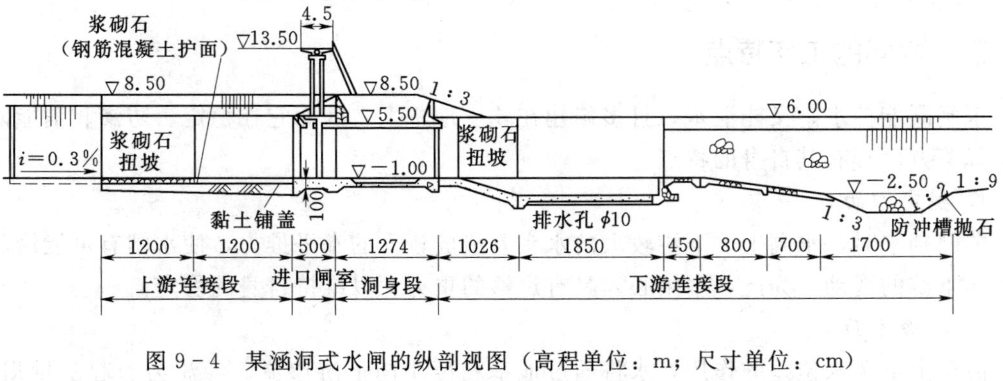

图 9-4 某涵洞式水闸的纵剖视图（高程单位：m；尺寸单位：cm）

1. 上游连接段

上游连接段的主要作用是引导水流平稳地进入闸室，同时起防冲、防渗、挡土等作用。一般包括上游翼墙、铺盖、护底、两岸护坡及上游防冲槽等。上游翼墙的作用是引导水流平顺地进入闸孔并起侧向防渗作用。铺盖主要起防渗作用，其表面应满足抗冲要求。护坡、护底和上游防冲槽是保护两岸边坡、河床及铺盖头部不受冲刷。

2. 闸室段

闸室是水闸的主体部分，通常包括底板、闸墩、闸门、胸墙、工作桥及交通桥等。底板是闸室的基础，承受闸室全部荷载，并较均匀地传给地基，此外，还有防冲、防渗等作用。闸墩的作用是分隔闸孔并支承闸门、工作桥等上部结构。闸门的作用是挡水和控制下泄水流。工作桥供安置启闭机和工作人员操作之用。交通桥的作用是连接两岸交通。

3. 下游连接段

下游连接段具有消能和扩散水流的作用。一般包括护坦、海漫、下游防冲槽、下游翼墙及护坡等。下游翼墙引导水流均匀扩散兼有防冲及侧向防渗等作用。护坦具有消能防冲作用。海漫的作用是进一步消除余能，扩散水流，调整流速分布，防止河床受冲。下游防冲槽是海漫末端的防护设施，避免冲刷向上游扩展。

第二节　闸室的布置和构造

闸室是水闸的主体部分。开敞式水闸闸室由底板、闸墩、闸门、工作桥和交通桥等组成，有的还设有胸墙。

闸室的结构形式、布置和构造，应在保证稳定的前提下，尽量做到轻型化、整体性好、刚性大、布置匀称，并进行合理的分缝分块，使作用在地基单位面积上的荷载较小，较均匀，并能适应地基可能的沉降变形。本节讲述闸室各组成部分的形式、尺寸及构造，闸门部分将在本章第五节讲述。

一、闸孔形式

闸孔形式一般有宽顶堰、低实用堰和胸墙孔口 3 种形式，如图 9－5 所示。

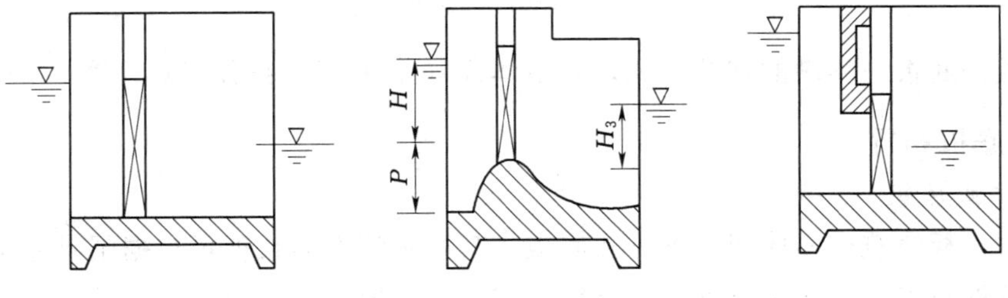

图 9－5　闸孔形式

(a) 宽顶堰；(b) 低实用堰；(c) 胸墙孔口

1. 宽顶堰

宽顶堰是水闸中最常用的底板结构形式。其主要优点是结构简单、施工方便，泄流能力比较稳定，有利于泄洪、冲沙、排淤、通航等；其缺点是自由泄流时流量系数较小，容易产生波状水跃。

2. 低实用堰

低实用堰有梯形的、曲线形的和驼峰形的。实用堰自由泄流时流量系数较大，水流条件较好，选用适宜的堰面曲线可以消除波状水跃；但泄流能力受尾水位变化的影响较为明显，当 $h_s>0.6H$ 以后，泄流能力将急剧降低，不如宽顶堰泄流时稳定。上游水深较大时，采用这种孔口形式，可以减小闸门高度。

3. 胸墙孔口

当上游水位变幅较大而过闸流量较小时，采用胸墙孔口型，可以减小闸门高度和启门力，从而降低工作桥高和工程造价。

二、底板布置与结构要求

常用的底板有平底板和钻孔灌注桩底板。在特定的条件下，也可采用箱式底板［图 9-6（a）］、斜底板［图 9-6（b）］、反拱底板［图 9-6（c）］等。下面着重介绍平底板。

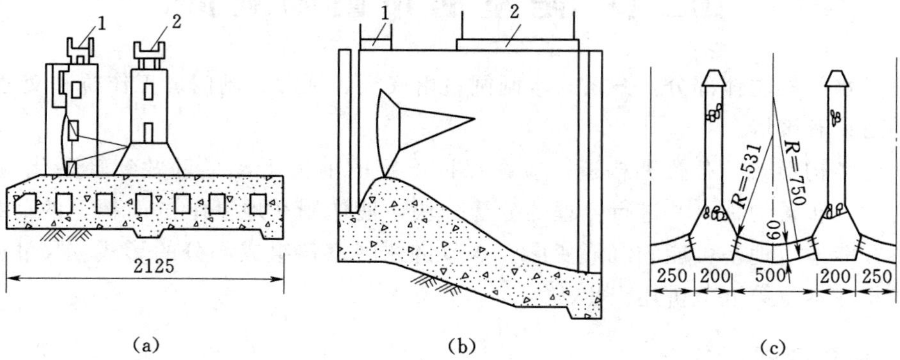

图 9-6 闸底板形式（单位：cm）
（a）箱式底板；（b）斜底板；（c）反拱底板
1—工作桥；2—交通桥

平底板按底板与闸墩的连接方式，有整体式（图 9-7）和分离式（图 9-8）两种。

（一）底板布置

1. 整体式底板

闸墩与底板浇筑成整体即为整体式底板。其顺水流方向长度可根据闸身稳定和地基应力要求等条件来确定，同时应满足上层结构布置的需要。水头愈大，地基愈差，底板应愈长。初拟底板长度时，对于砂砾石地基可取（1.5～2.5）H；对于砂土、砂壤土地基可取（2.0～3.5）H；对于黏壤土地基可取（2.0～4.0）H；对于黏土地基可取（2.5～4.5）H。其中 H 为上、下游最大水位差。底板厚度必须满足强度和刚度的要求。大中型水闸可取闸孔净宽的 1/6～1/8，一般为 1～2m，最薄不小于 0.7m，渠系小型水闸可薄至

0.3m。底板内配置钢筋。底板混凝土强度等级应满足强度、抗渗及防冲要求，一般选用C15或C20。闸墩中间分缝的底板一般适用于孔径8～12m和较松软地基或地震烈度较高的地区；对于中等密实以上、承载力较大的地基也可将缝分在闸室底板中间，如图9-7（b）所示。

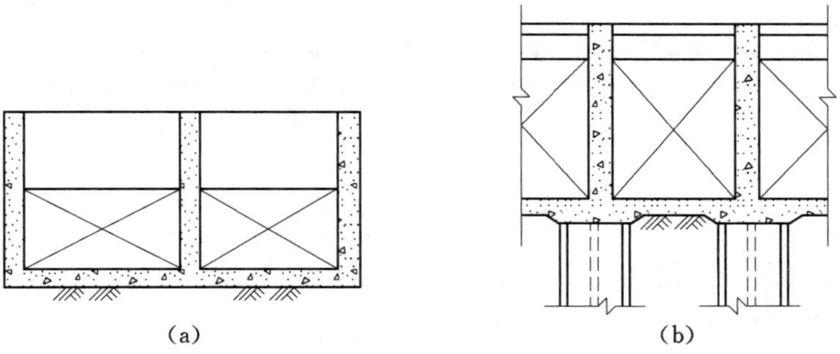

图9-7　整体式底板

（a）墩中分缝底板；（b）跨中分缝底板

2. 分离式底板

在闸室底板两侧分缝，使底板与闸墩分离，成为分离式底板，如图9-8所示。一般适用于孔径大于8m和密实的地基或岩基。一般用混凝土或浆砌石建成，必要时加少量钢筋。闸孔中间部分底板称为小底板，仅有防冲、防渗的要求，另一部分是闸墩底板，闸墩及上部结构的重量通过闸墩底板传递给地基。

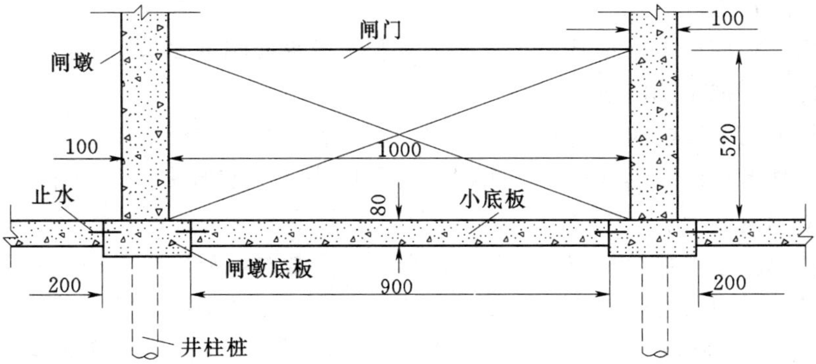

图9-8　分离式底板（单位：cm）

（二）整体式平底板结构要求

整体式平底板的平面尺寸远较厚度大，可视为地基上受力复杂的一块板。目前工程实际仍用近似简化计算方法进行强度分析。一般认为闸墩刚度较大，底板顺水流方向弯曲变形远较垂直水流方向小，受力钢筋布置在垂直水流方向上，每米不少于3根，直径不宜小于12mm和大于32mm，一般为ϕ12～25mm，构造钢筋垂直于受力钢筋方向，布置在顺水流方向上，每米可配置3～4根ϕ10～12mm。底板的主拉应力一般不大，可由混凝土承担，不需要配置横向钢筋，故面层、底层钢筋作分离式布置（图9-9）。底板底层如计算不需配筋，施工质量有保证时，可不配置。面层如计算不需配筋，每米可配 3～4 根构造钢筋以抵抗表面水流的剧烈冲刷。受力钢筋在中墩处不切断，相邻两跨直通至边墩或缝墩外侧处切断，并留保护层。

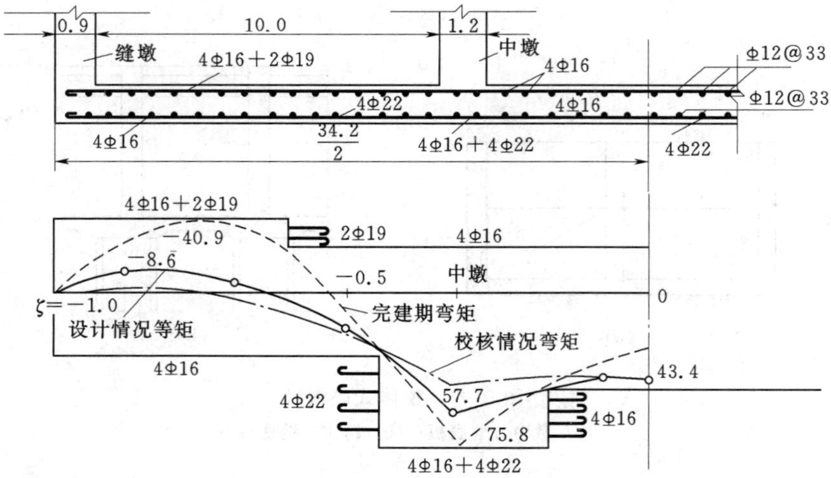

图 9－9　底板的钢筋布置形式

（单位：长度 m；弯矩 kN·m；直径 mm；间距 cm）

三、闸墩布置与结构要求

（一）闸墩布置

闸墩结构形式应根据闸室结构抗滑稳定性和闸墩纵向刚度要求确定，一般宜采用实体式，也可考虑采用框架式闸墩。

闸墩的外形轮廓应能满足过闸水流平顺、侧向收缩小、过流能力大的要求。一般墩头有半圆形、三角形和流线形 3 种，多采用半圆形墩头，上游墩头宜采用半圆形或三角形，下游墩头宜采用流线形。

闸墩长度取决于上部结构布置和闸门的形式，一般与底板同长或稍短些。闸墩厚度应根据闸孔孔径、受力条件、结构构造要求和施工方法确定。根据经验，一般浆砌石闸墩厚 0.8～1.5m，混凝土闸墩厚 1～1.6m，少筋混凝土墩厚 0.9～1.4m，钢筋混凝土墩厚 0.7～1.2m。闸墩在门槽处厚度不宜小于 0.4m。如采用油压启闭机，闸门门槽厚度应根据油压管路布置的需要加以确定，有时为了布置油缸，可以不增加闸墩厚度而将闸门槽前后错开布置，如图 9－10（a）所示。

平面闸门的门槽尺寸应根据闸门的尺寸确定，一般检修门槽深 0.15～0.25m，宽约 0.15～0.30m，工作门槽深一般不小于 0.3m，宽约 0.5～1.0m。检修门槽与工作门槽之间应留 1.5～2.0m 的净距，以便于工作人员检修。弧形闸门的闸墩不需设门槽。

（二）闸墩结构要求

1. 平面闸门闸墩配筋

闸墩的内部应力不大，一般不会超过墩体材料的允许应力，按理可不配置钢筋。但考

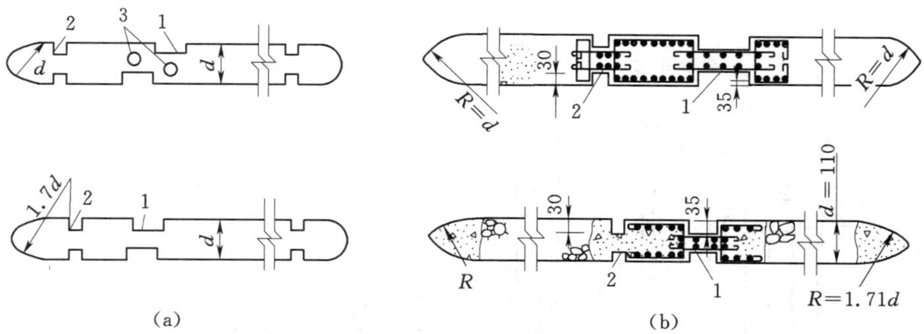

图 9-10 闸墩布置形式（单位：cm）

1—工作门槽；2—检修门槽；3—通气孔

虑到混凝土的温度、收缩应力的影响，以及为了加强底板与闸墩间施工缝的连接，仍需配置构造钢筋。垂直钢筋一般每米配 3～4 根 ϕ10～ϕ14mm 的钢筋，下端伸入底板 25～30 倍钢筋直径，上端伸至墩顶或底板以上 2～3m 处截断（温度变化较小地区）；考虑到检修时受侧向压力的影响，底部钢筋应适当加密。水平向分布钢筋一般用 ϕ8～ϕ12mm，每米布置 3～4 根。这些钢筋都沿闸墩表面布置。

闸墩的上下游端部（特别是上游端），容易受到漂流物的撞击，一般自底至顶均布置构造钢筋，网状分布。闸墩墩顶支承上部桥梁的部位，亦要布置构造钢筋网。

2. 门槽配筋

一般情况下，门槽顶部为压应力，底部为拉应力。若拉应力超过混凝土的允许拉应力时，则按全部拉应力由钢筋承担的原则进行配筋；否则配置构造钢筋，布置在门槽两侧，水平排列，每米 3～4 根，直径较墩面水平分布钢筋适当加大（图 9-11）。

3. 弧形闸门闸墩配筋

弧形闸门通过牛腿支承在闸墩上，故不需设置门槽（图 9-12）。牛腿宽度 b 不小于 50～70cm，高度 h 不小于 80～100cm，并在其端部设 45°斜坡，牛腿轴线尽量与闸门关闭时门轴处合力作用线一致。在牛腿前约 2 倍牛腿宽，1.5～2.5 倍牛腿高范围，墩内的主拉应力大于混凝土的容许拉应力，需要配筋。重要的大型水闸，应经试验确定闸墩的应力状态，并据此配置钢筋。

四、胸墙的布置与构造

胸墙顶部高程与闸墩顶部高程齐平。胸墙底高程应根据孔口泄流量要求计算确定，以不影响泄水为原则。胸墙相对于闸门的位置，取决于闸门的形式。对于弧形闸门，胸墙位于闸门的上游侧；对于平面闸门可设在闸门下游侧，也可设在闸门上游侧。设在闸门上游侧止水结构复杂，易磨损漏水，但有利于闸门启闭，钢丝绳也不易锈蚀，如图 9-13 所示。

胸墙结构形式可根据闸孔孔径大小和泄水要求选用。当孔径小于或等于 6.0m 时可采用板式［图 9-14（a）］，孔径大于 6.0m 时宜采用板梁式［图 9-14（b）］，当胸墙高度大于 5.0m，且跨度较大时，可增设中梁及竖梁构成肋形结构［图 9-14（c）］。

板式胸墙顶部厚度一般不小于 20cm。梁板式的板厚一般不小于 12cm；顶梁梁高约为

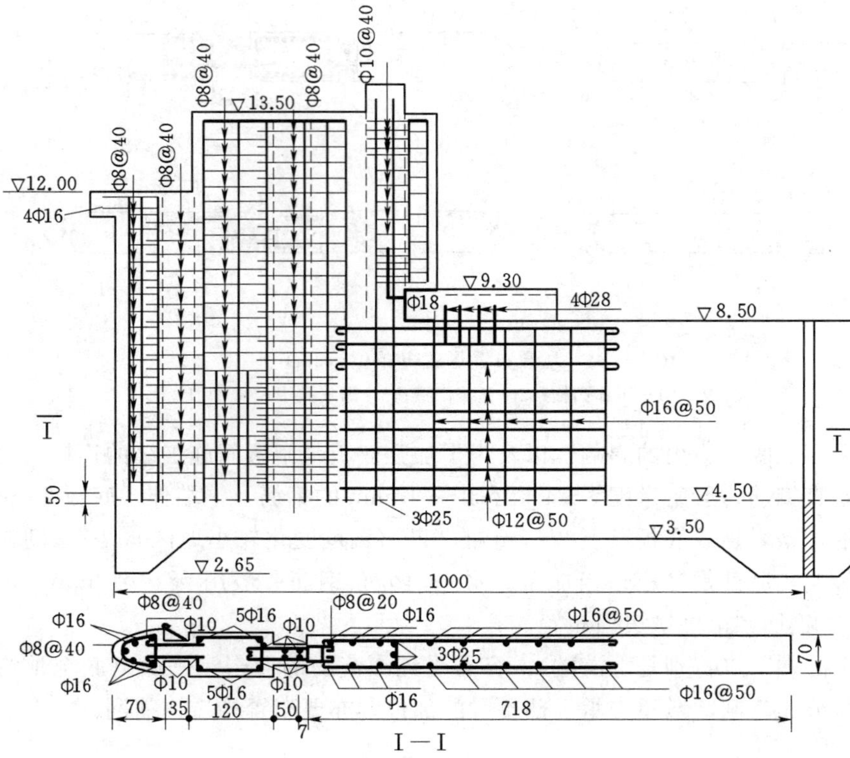

图 9-11 闸墩配筋（高程单位：m；尺寸单位：cm）

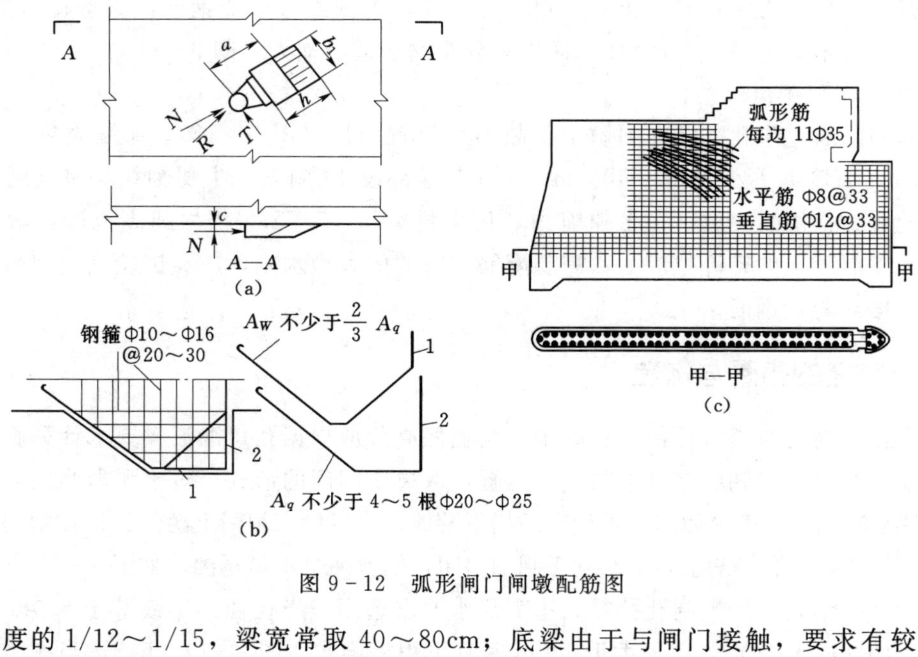

图 9-12 弧形闸门闸墩配筋图

胸墙跨度的 1/12～1/15，梁宽常取 40～80cm；底梁由于与闸门接触，要求有较大的刚度，梁高约为胸墙跨度的 1/8～1/9，梁宽为 60～120cm。为使过闸水流平顺，胸墙迎水面底缘应做成圆弧形。

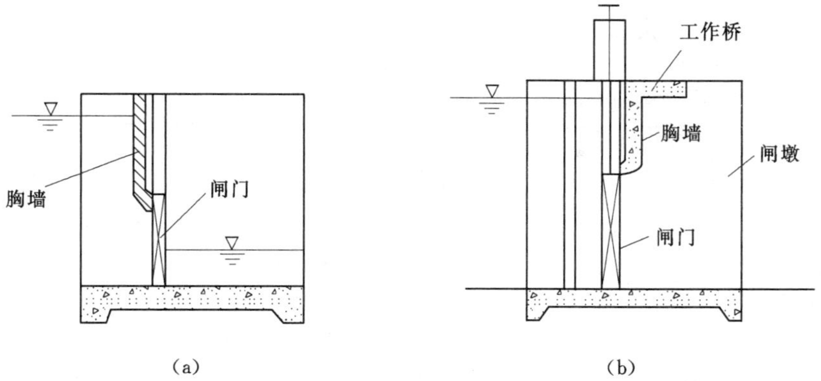

图 9-13　胸墙与闸门的相对位置

(a) 胸墙在闸门前；(b) 胸墙在闸门后

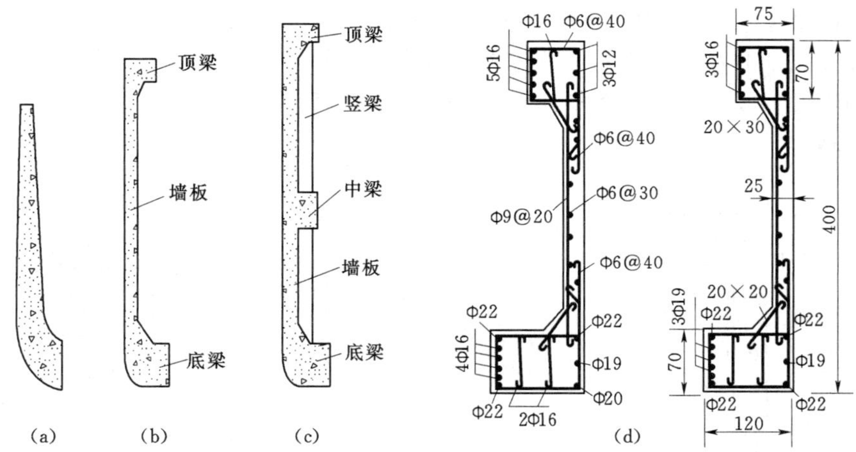

图 9-14　胸墙形式与配筋（单位：cm）

(a) 板式；(b) 板梁式；(c) 肋形板梁式；(d) 胸墙配筋

胸墙板内的主拉应力很小，但胸墙经常处于水下，必须进行抗裂计算。板内受力钢筋直径一般不小于 8mm，间距为 20～25cm。分布钢筋直径可取 6～8mm，间距为 30～40cm。顶梁受力不大，一般按构造配筋，但不宜少于 3ф16。图 9-14（d）为胸墙钢筋布置图，可供参考。

胸墙与闸墩的连接方式可根据闸室地基、温度变化条件、闸室结构横向刚度和构造要求等采用简支式或固接式（图 9-15）。简支胸墙与闸墩分开浇筑，可避免在闸墩附近迎水面出现裂缝，但截面尺寸较大。固接式胸墙与闸墩同期浇筑，胸墙钢筋伸入闸墩内，形成刚性连接，截面尺寸较小，容易在胸墙支点附近的迎水面产生裂缝。整体式底板可用固接式，分离式底板多用简支式。

五、工作桥与交通桥布置

1. 工作桥

工作桥是为安装启闭机和便于工作人员操作而设在闸墩上的桥（图 9-16、图 9-17）。

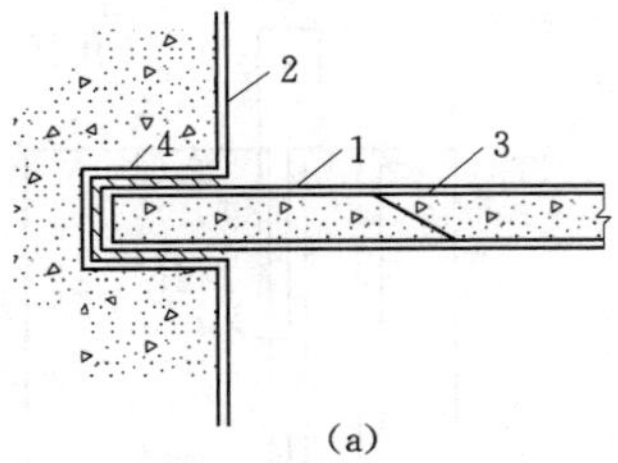

图 9-15 胸墙的支承形式

(a) 简支式；(b) 固接式

1—胸墙；2—闸墩；3—钢筋；4—涂沥青

当桥面很高时，可在闸墩上部设排架支承工作桥。工作桥设置高程与门型有关。如平面闸门，当采用固定式启闭机时，由于闸门开启后悬挂的需要，应使闸门提升后不影响泄放最大流量，并留有一定的裕度。如采用活动式启闭机，桥高则可适当降低。若采用升卧式平面闸门，由于闸门全开后处于平卧位置，因而工作桥可以做得较低。

小型水闸的工作桥一般采用板式结构。大中型水闸多采用板梁结构。工作桥的总宽度取决于启闭机的类型、容量和操作需要。小型水闸总宽度在 2.0～2.5m，大型在 2.5～4.5m。

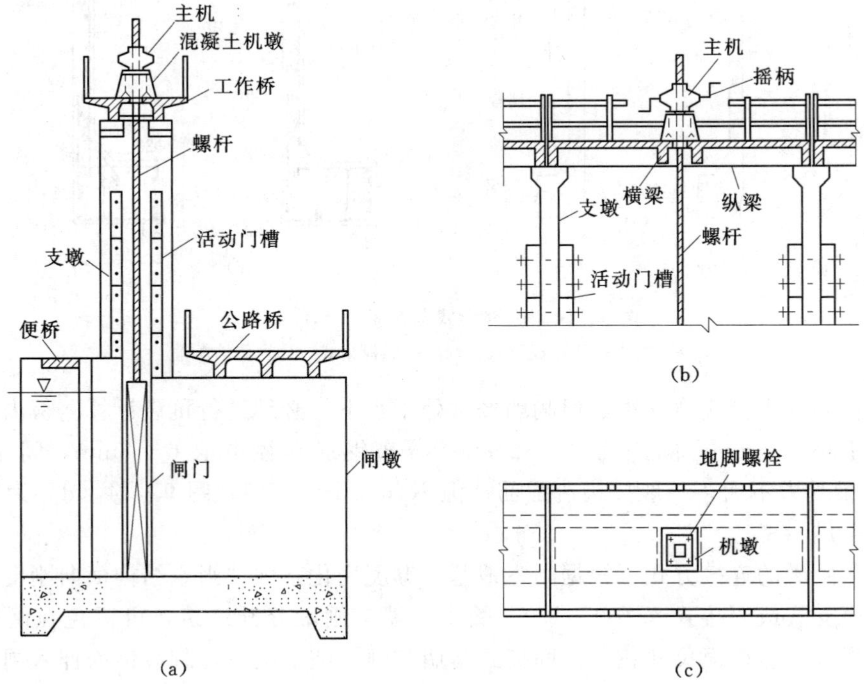

图 9-16 螺杆式启闭机工作桥布置图

(a) 闸室纵剖面图；(b) 工作桥剖面图；(c) 工作桥平面图

2. 交通桥

交通桥的位置应根据闸室稳定及两岸交通连接等条件确定，通常布置在闸室下游。仅供人畜通行的交通桥，其宽度常不小于 3m；行驶汽车等的交通桥，应按交通部制定的规

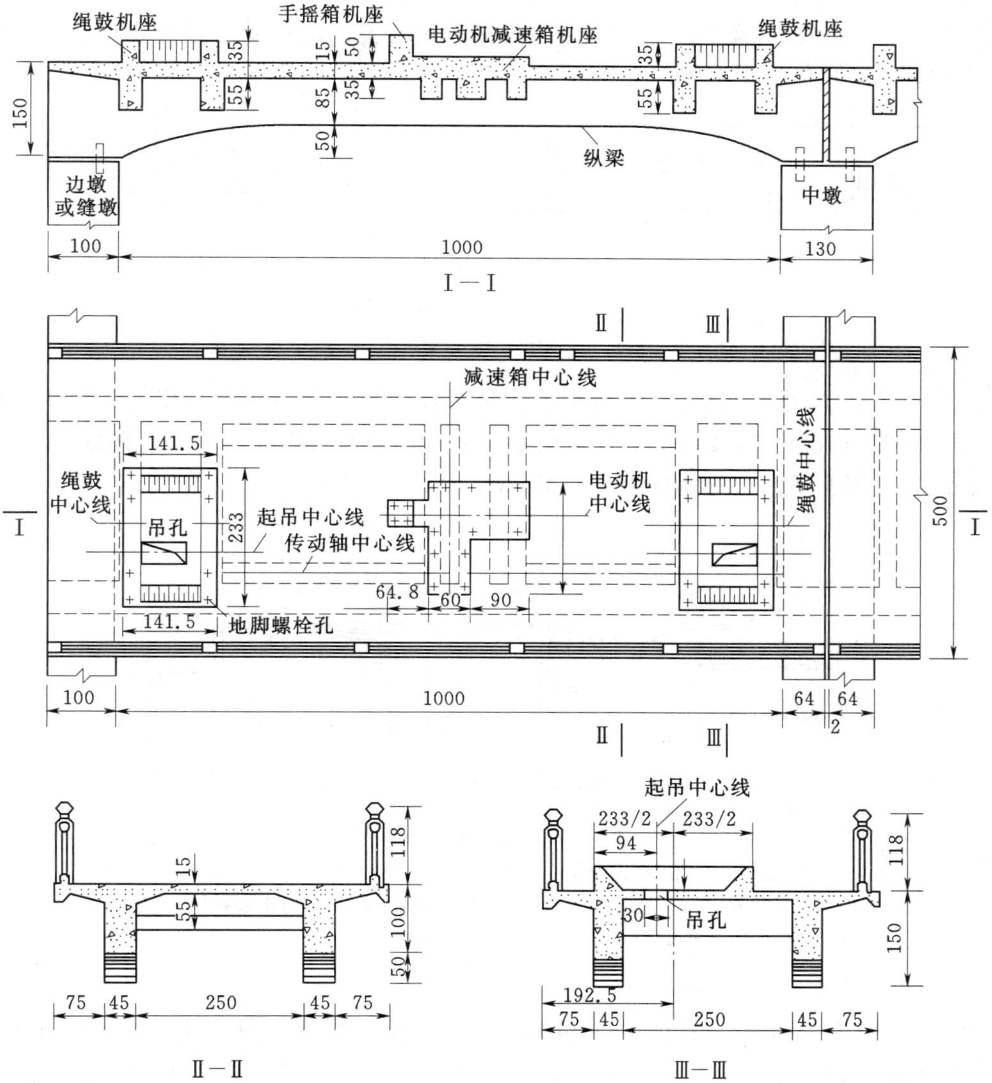

图 9-17 设有 2×22.5kN 绳鼓式启闭机工作桥布置图（单位：cm）

范进行设计，一般公路单车道净宽 4.5m，双车道 7～9m。交通桥的形式可采用板式、板梁式和拱式，中、小型工程可使用定型设计。

六、闸室的分缝及止水设备布置

1. 分缝方式及布置

水闸沿轴线每隔一定距离必须设沉降缝，兼作温度缝，以免闸室因地基不均匀沉降及温度变化而产生裂缝。缝距一般为 15～30m，缝宽为 2～3cm，视地基及荷载变化情况而定。

整体式底板闸室沉降缝，一般设在闸墩中间，一孔、两孔或三孔一联，成为独立单元，其优点是保证在不均匀沉降时闸孔不变形，闸门仍然正常工作。靠近岸边时，为了减轻墙后填土对闸室的不利影响，特别是在地质条件较差时，最好一孔一缝或两孔一缝，而后再接两孔或三孔的闸室［图 9-18（a)］。如果地基条件较好，也可以将缝设在底板中间［图 9-18（b)］，这样不仅减小闸墩厚度和水闸总宽，底板受力条件也可改善，但地基的不均匀沉降可能会影响闸门工作。

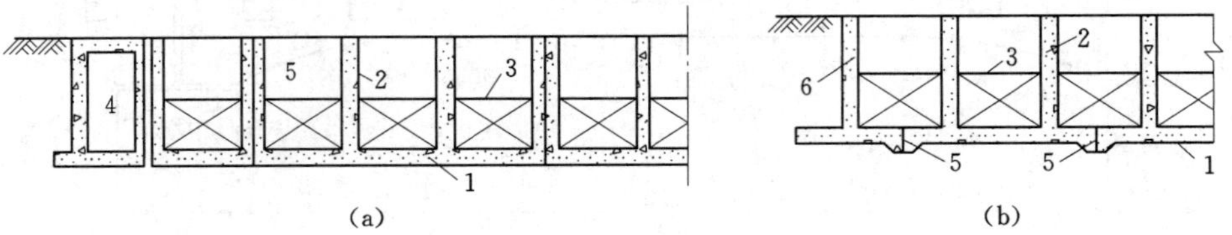

图 9-18　闸底板分缝形式

1—底板；2—闸墩；3—闸门；4—岸墙；5—沉降缝；6—边墩

土基上的水闸分缝原则是，除闸室本身分缝外，凡相邻结构荷重相差悬殊或结构较长、面积较大的结构，都要设缝分开。例如，铺盖、护坦与底板、翼墙连接处都应设缝；翼墙、混凝土铺盖及消力池底板本身也需分段、分块（图 9-19）。

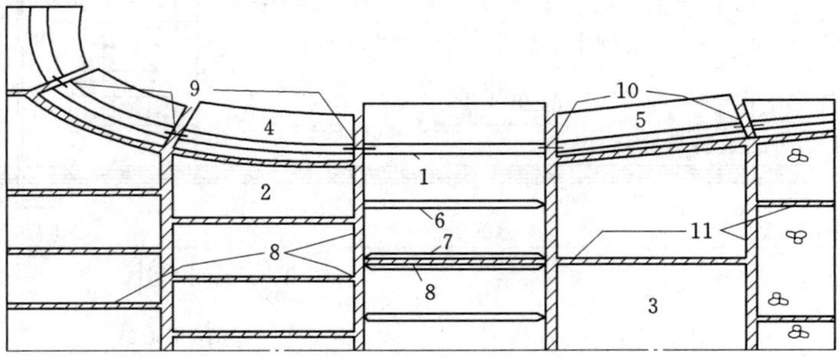

图 9-19　水闸分缝布置图

1—边墩；2—混凝土铺盖；3—消力池；4—上游翼墙；5—下游翼墙；
6—中墩；7—缝墩；8—柏油油毛毡嵌紫铜片；9—垂直止水甲；
10—垂直止水乙；11—柏油油毛毡止水

2. 止水

凡具有防渗要求的缝，都应设止水设备。止水分铅直和水平止水两种。前者设在闸墩中间、边墩与翼墙间以及上游翼墙本身；后者设在铺盖、消力池与底板和翼墙、底板与闸墩间以及混凝土铺盖及消力池本身的温度沉降缝内。在无防渗要求的缝中，一般铺贴沥青油毛毡。

图 9-20 为铅直止水构造图。图 9-20（a)、图 9-20（b）均为闸墩止水，一般布置在闸门上游，以减少缝墩侧向压力。图 9-20（a）形施工简便，采用较广；图 9-20（b）形能适应较大的不均匀沉降，但施工麻烦。图 9-20（c）形构造简单，施工方便，适用于不均匀沉降较小或防渗要求较低的缝位，如岸墙与翼墙的止水等。在接缝底部与地基土壤接触处常铺有 2～3 层油毛毡沥青麻布，或回填黏土，以提高防渗效果。

图 9-21 为水平止水构造图。

另外，必须做好止水交叉处的连接，否则，容易形成渗水通道。交叉有两类：一是铅直交叉，二是水平交叉。交叉处止水片的连接方式也可分为两种：一种是柔性连接，即将金属止水片的接头部分埋在沥青块体中，如图 9-22（a)、(b）所示；另一种是刚性连接，即将金属止水片剪裁后焊接成整体，如图 9-22（c)、(d）所示。在实际工程中可根据交叉类型

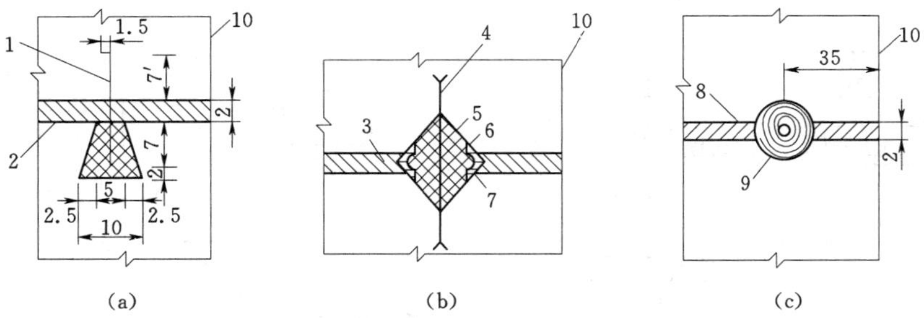

图 9-20　铅直止水构造图（单位：cm）

（a）紫铜片止水；（b）复合止水；（c）柏油油毛毡止水

1—紫铜片和镀锌铁片（厚 0.1cm，宽 18cm）；2—两侧各 0.25cm 柏油毛毡伸缩缝，其余为柏油沥青席；3—沥青油毛毡及沥青杉板；4—金属止水片；5—沥青填料；6—加热设备；7—角铁（镀锌铁片）；8—柏油油毛毡伸缩缝；9—ϕ10mm 柏油油毛毡；10—临水面

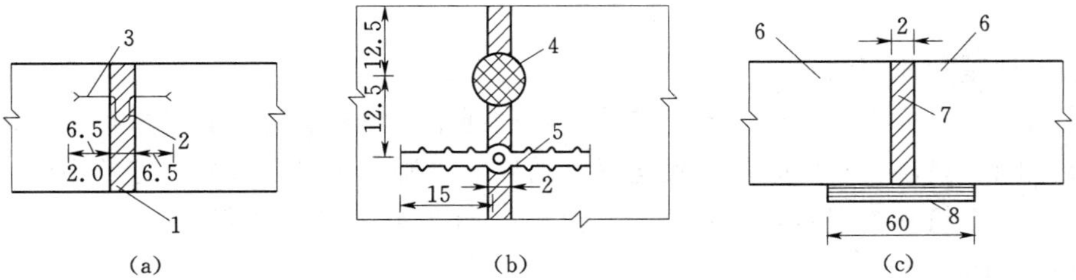

图 9-21　水平止水构造图（单位：cm）

（a）紫铜片止水；（b）塑料止水片止水；（c）柏油油毛毡止水

1—柏油油毛毡伸缩缝；2—灌 3 号松香柏油；3—紫铜片 0.1cm（或镀锌铁片 0.12cm）；4—ϕ7mm 柏油麻绳；5—塑料止水片；6—护坦；7—柏油油毛毡；8—三层麻袋两层油毛毡浸沥青

及施工条件决定连接方式，铅直交叉常用柔性连接，而水平交叉则多用刚性连接。

七、地基处理及桩基布置

根据工程实践，当黏性土地基的标准贯入击数大于 5，砂性土地基的标准贯入击数大于 8 时，可直接在天然地基上建闸，不需要进行处理。但对淤泥质土、高压缩性黏土和松砂所组成的软弱地基，则需处理。常用的处理方法有以下几种。

1. *换土垫层*

换土垫层法是工程上广为采用的一种地基处理方法，适用于软弱黏性土，包括淤泥质土。当软土层位于基面附近，且厚度较薄时，可全部挖除。如软土层较厚不宜全部挖除，可采用换土垫层法处理，将基础下的表层软土挖除，换以砂性土，水闸即建在新换的土基上，如图 9-23（a）所示。

砂垫层的主要作用是：①通过垫层的应力扩散作用，减小软土层所受的附加应力，提高地基的稳定性；②减小地基沉降量；③铺设在软黏土上的砂层，具有良好的排水作用，

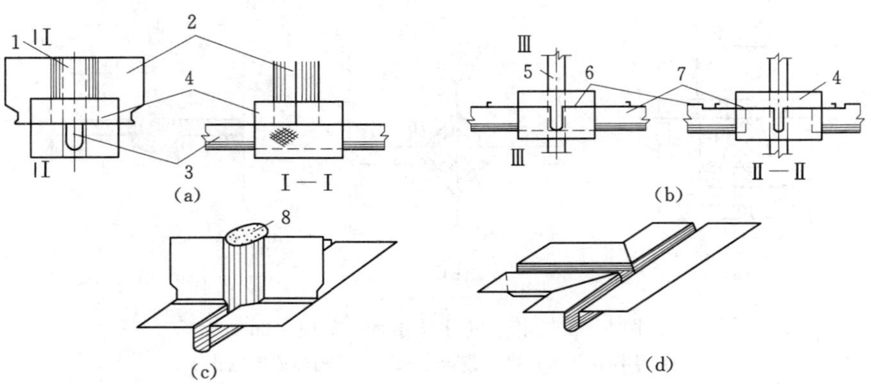

图 9-22 止水交叉构造图

(a)、(b) 刚性连接；(c)、(d) 柔性连接

1—铅直缝；2—铅直止水片；3—水平止水片；4—沥青块体；5—接缝；6—纵向水平止水；7—横向水平止水；8—沥青柱

有利于软土地基加速固结。

垫层的厚度一般为1.5～3.0m。垫层的宽度通常选用建筑物基底压力扩散至垫层的宽度再加2～3m。垫层材料以采用中壤土最为适宜，含砾黏土以及级配良好的中砂、粗砂也是适宜的，至于粉砂和细砂，因其容易“液化”，不宜作为垫层材料。

2. 桩基础法

水闸桩基础通常应采用摩擦型桩（包括摩擦桩和端承摩擦桩），即桩顶荷载全部或主要由桩侧摩阻力承受。桩的根数和尺寸按照承担底板底面以上的全部荷载（包括竖向荷载和水平荷载）确定，不考虑桩间土的承载能力。在同一块底板下，不应采用直径、长度相差过大的摩擦型桩，也不应同时采用摩擦桩和端承型桩。

桩的根数由单桩的允许水平承载力计算确定。桩位确定后，即可根据单桩承受的铅直荷载和单桩允许铅直承载力确定桩长。灌注桩长度尚需满足嵌固条件，即桩长要大于12倍桩径。对大型水闸，单桩允许铅直承载力应由现场试验验证。

常用的灌注桩直径为0.6～1.2m。桩的平面布置应尽量使桩群的重心与底板以上各种荷载的合力作用点相接近，以使每根桩上受力接近相等。桩在顺水流方向一般设一排，等距布置［图9-23 (b)］；当孔径较大，桩数较多，一排布置不下时，可设两排或三排，每排桩数不宜少于4根，在平面上呈梅花形、矩形或正方形［图9-23 (c)］。预制桩的中心距不应小于3倍桩径，钻孔灌注桩的中心不应小于2.5倍桩径。

3. 沉井基础法

沉井基础与桩基础同属深基础，也是工程上广为采用的一种地基处理方法。

沉井是一筒状结构物，可以用浆砌块石、混凝土或钢筋混凝土筑成。施工时一般均就地分节砌筑或浇筑制成沉井，然后在井孔内挖土，这时沉井在自重下克服井外土的摩阻力和刃脚下土的阻力而下沉，当下沉至设计高程后，在井孔内用混凝土封底（也可不封底）即成沉井基础，如图9-24所示。

沉井基础的平面布置多呈矩形。沉井的平面尺寸不宜过大，单个沉井的长边不宜大于

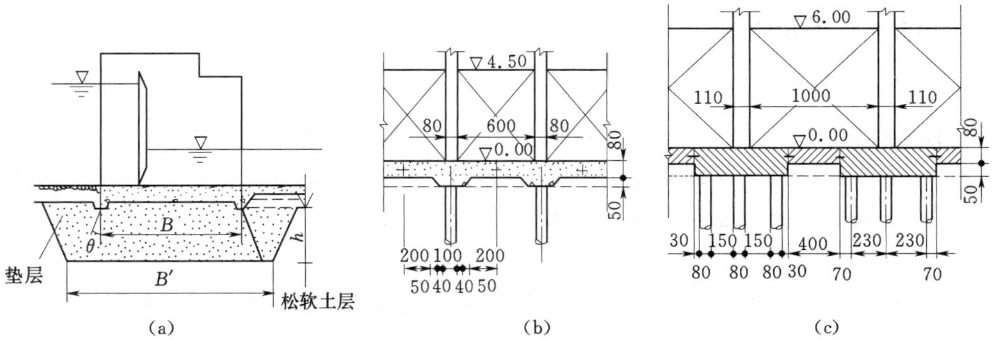

图 9-23　地基处理措施（高程单位：m；尺寸单位：cm）

(a) 换土垫层；(b)、(c) 桩基

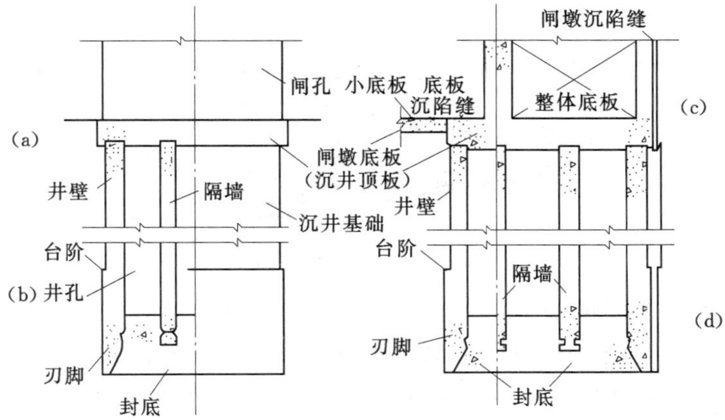

图 9-24　沉井基础

(a) 横剖视；(b) 横立面；(c) 闸墩或岸墙下

沉井；(d) 两个闸孔下的大沉井

30m，长宽比不宜大于 3.0。

当地基存在承压水层且影响地基抗渗稳定性时，不宜采用沉井基础。

此外，还有预压加固法、挤密砂桩法等地基处理方法。

近年来，随着科学技术的发展，不断提出了新的地基处理方法，如振冲砂桩法、强夯法、旋喷浆液法、真空预压法、硅化法、电渗法等。其中有的方法正在逐步推广应用。有的用于大面积的水闸地基处理尚有困难，有的造价太高，很不经济，不再介绍。

第三节　水闸的消能防冲

水闸泄水时，部分势能转化为动能，流速增大，具有较强的冲刷能力，而土质河床一般抗冲能力较低。因此，为了保证水闸的安全运行，必须采取适当的消能防冲措施。要设计好水闸的消能防冲措施，应先了解过闸水流的特点，进而采取妥善的防范措施。

一、过闸水流的特点

1. 水流形式复杂

初始泄流时，闸下水深较浅，随着闸门开度的增大而逐渐加深，闸下出流由孔流到堰流，由自由出流到淹没出流都会发生，水流形态比较复杂。因此，消能设施应在各种工作情况下，均能满足消能的要求并与下游水流很好的衔接。

2. 闸下易形成波状水跃

由于水闸上、下游水位差较小，出闸水流的佛汝德数较低（$Fr=1\sim1.7$），容易发生波状水跃，特别是在平底板的情况下更是如此。此时无强烈的水跃漩滚、水面波动，消能效果差，具有较大的冲刷能力。另外，水流处于急流状态，不易向两侧扩散，致使两侧产生回流，缩小河槽过水有效宽度，局部单宽流量增大，严重地冲刷下游河道，如图 9－25 所示。

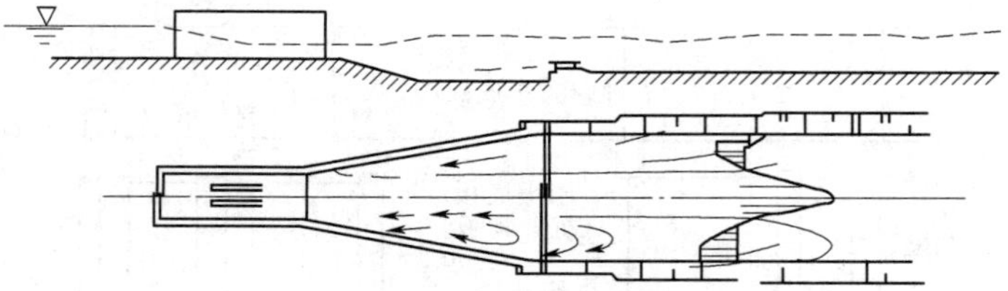

图 9－25　波状水跃示意图

3. 闸下容易出现折冲水流

一般水闸的宽度较上下游河道窄，水流过闸时先收缩而后扩散。如工程布置或操作运行不当，出闸水流不能均匀扩散，使主流集中，蜿蜒蛇行，左冲右撞，形成折冲水流，冲毁消能防冲设施和下游河道，如图 9－26 所示。

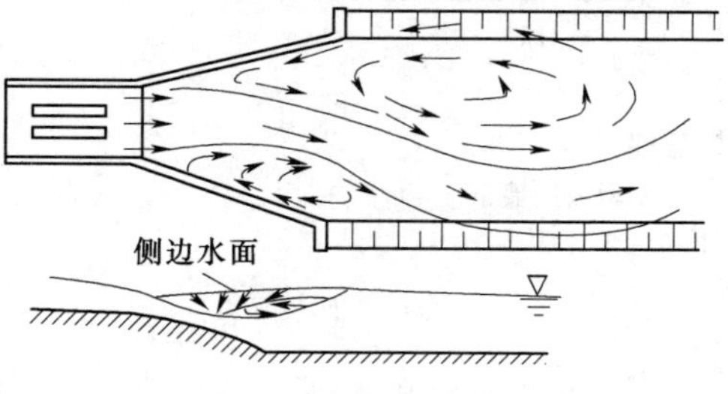

图 9－26　闸下折冲水流

4. 波状水跃、折冲水流的防止措施

（1）波状水跃的防止措施。对于平底板水闸，可在消力池斜坡段的顶部上游预留一段 0.5～1.0m 宽的平台，其上设置一道小槛［图 9－27（a）］，使水流越槛入池，促成底流式水跃。槛的高度 C 约为 h_c 的 1/4，h_c 为闸孔出流的第一共轭水深。小槛迎水面做成斜坡，以减弱水流的冲击作用，槛底设排水孔。如将小槛改成齿形槛分水墩［图 9－27（b）］，效果会更好。若水闸底板采用低实用堰型，则有助于消除波状水跃。

（2）折冲水流的防止措施。消除折冲水流首先应从平面布置上入手，尽量使上游河段具有较长的直线段，并能在上游两岸对称布置翼墙，出闸水流与原河床主流的位置和方向一致；其次是控制下游翼墙扩散角，每侧宜采用 7°～12°，且不宜采用圆弧形翼墙（大型水闸如采用圆弧形翼墙，其半径不小于 30m），墙顶应高于下游最高水位，以免回流由墙顶漫向消力池；另外，要制订合理的闸门开启程序，如低泄量时隔孔开启，使水流均匀出闸，或开闸时先开中间孔，继而开两侧邻孔至同一高度，直至全部开至所需高度，闭门与

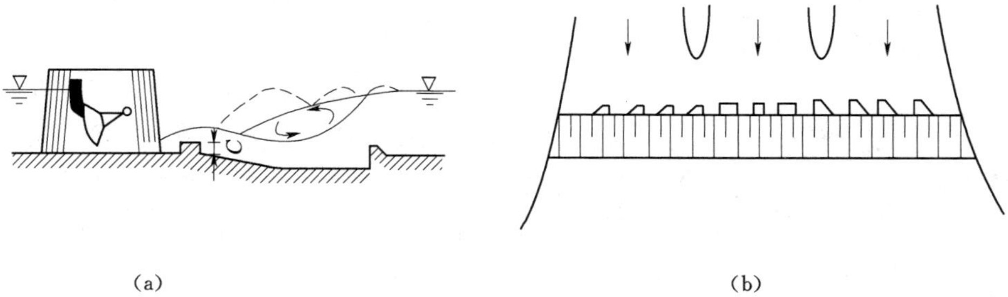

图 9－27　波状水跃的防止措施
(a) 小槛示意图；(b) 齿形槛分水墩示意图

之相反，由两边孔向中间孔依次对称地操作。

二、底流消能工构造

1. 布置

底流消能工的作用是通过在闸下产生一定淹没度的水跃来保护水跃范围内的河床免遭冲刷。淹没度过小，水跃不稳定，表面旋滚前后摆动；淹没度过大，较高流速的水舌潜入底层，由于表面漩滚的剪切，掺混作用减弱，消能效果反而减小。淹没度取 1.05～1.10 较为适宜。

底流式消能设施有 3 种形式：下挖式、突槛式和综合式，如图 9－28 所示。

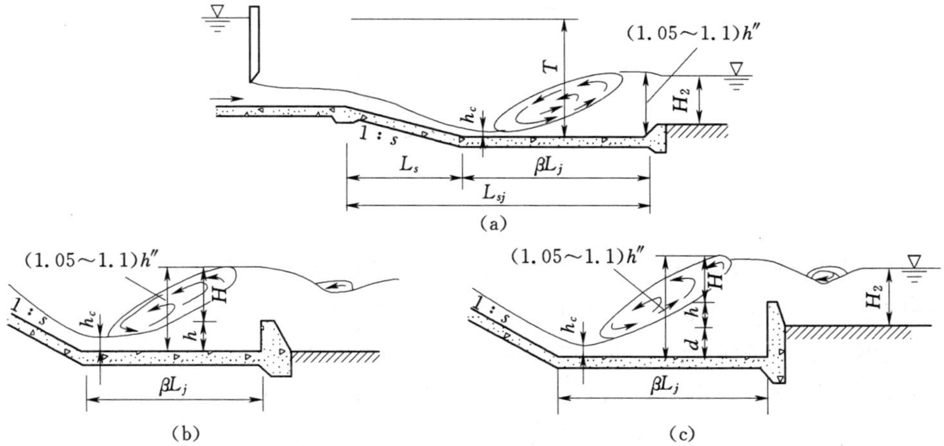

图 9－28　消力池形式
(a) 下挖式；(b) 突槛式；(c) 综合式

当闸下尾水深度小于跃后水深时，可采用下挖式消力池消能。当闸下尾水深度略小于跃后水深时，可采用突槛式消力池消能。当闸下尾水深度远小于跃后水深，且计算消力池深度又较深时，可采用下挖消力池与突槛式消力池相结合的综合式消力池消能。当水闸上、下游水位差较大，且尾水深度较浅时，宜采用二级或多级消力池消能。

消力池池深按构造要求为 0.5～1.0m。当池深计算深超过 3m 时，可考虑设置多级消力池。消力池的水平长度一般为自由水跃长度的 0.7～0.8m，闸底板与消力池之间采用斜坡连接，斜坡如设计过陡，当过闸流速过大时，水流将脱离斜坡表面而产生真空，以致结构破坏，所以斜坡一般不宜陡于1：4，工程中一般采用1：4～1：5。

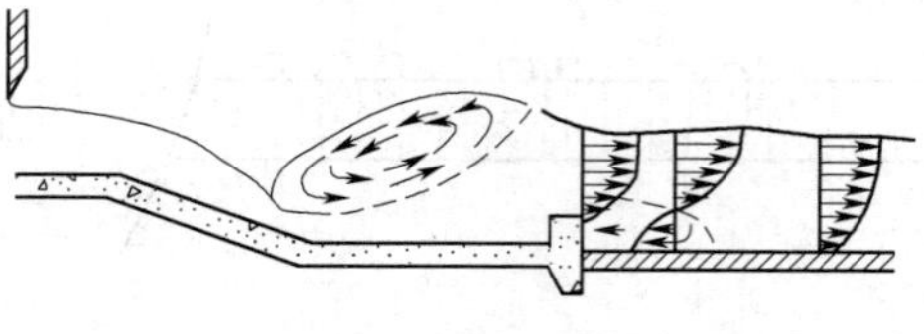

图9-29 尾槛后的流速分布

消力池末端一般布置尾槛，高约50cm，用以调整流速分布，将水流挑向水面，减小出池水流的底部流速，且可在槛后产生旋滚，防止在尾槛后发生冲刷，并有利于平面扩散和消减边侧下游回流（图9-29）。

图9-30为连续式的实体槛［图9-30（a）］和差动式的齿槛［图9-30（b）］。连续实体槛壅高池中水位的作用比齿槛好，也便于施工，一般采用较多。齿槛对调整槛后水流流速分布和扩散作用均优于实体槛，但其结构形式较复杂，当水头较高、单宽流量较大时易空蚀破坏，故一般多用于低水头的中、小型工程。图中几何尺寸可供选用时参考，最终应由水工模型试验来确定。

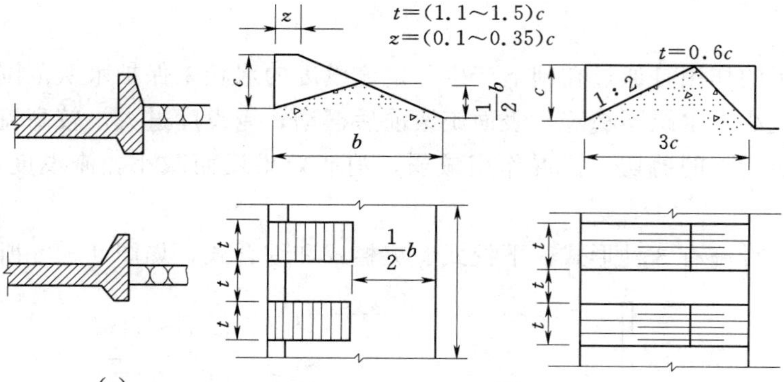

（a）

（b）

图9-30 尾槛形式

（a）连续式；（b）差动式

2. *护坦构造要求*

消力池底板称为护坦，它承受水流的冲击力、水流脉动压力和底部扬压力等作用，应具有足够的重量、强度和抗冲耐磨的能力。护坦厚度可根据抗冲和抗浮要求，分别计算，并取其最大值。护坦一般是等厚的，但也可采用不同的厚度，始端厚度大，向下游逐渐减小。消力池末端厚度不宜小于0.5m。小型水闸可以更薄，但不宜小于0.3m。

为了降低护坦底部的渗透压力，可在水平护坦的后半部设置排水孔，孔下铺设反滤层，排水孔孔径一般为5～10cm，间距1.0～3.0m，呈梅花形布置［图9-31（a）］。

底板一般用C15或C20混凝土浇筑而成，并按要求配置构造钢筋。大型水闸消力池的顶、底面均需配筋，中、小型水闸可只在顶面配筋［图9-31（b）］。

护坦与闸室、岸墙及翼墙之间，以及其本身沿水流方向均应用缝分开，以适应不均匀沉陷和温度变形。护坦自身的缝距可取10～20m，缝宽2.0～2.5cm。靠近翼墙的消力池缝距应取得小一些。护坦在垂直水流方向通常不设缝，以保证其稳定性。缝的位置如在闸基防渗范围内，缝中应设止水设备；但一般都铺贴沥青油毛毡。

为增强护坦的抗滑稳定性，常在消力池的末端设置齿墙，墙深一般为0.8～1.5m，宽

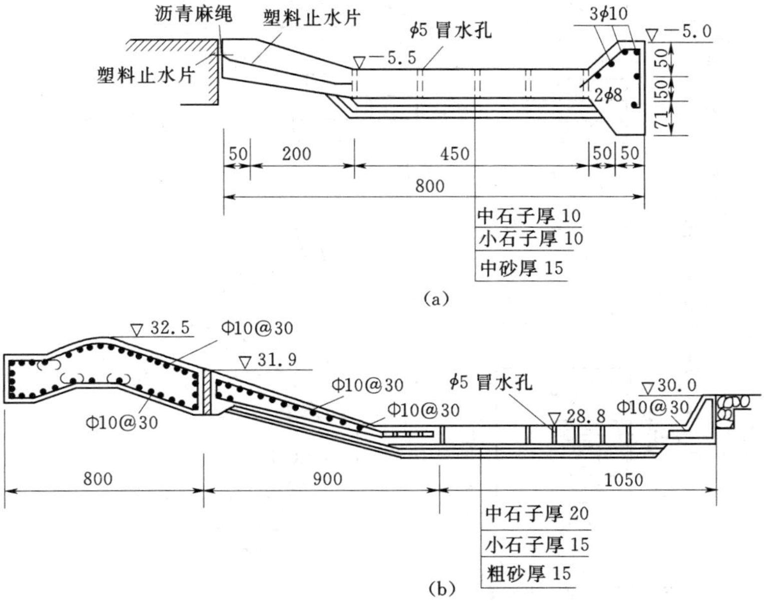

图 9-31　护坦构造（高程单位：m；尺寸单位：cm）
（a）护坦排水孔示意图；（b）护坦配筋示意图

为 0.6～0.8m。

3. 辅助消能工

为了提高消力池的消能效果，除尾槛外，还可设置消力齿（图 9-32）、消力墩（图 9-33）等辅助消能工，以加强紊动扩散，减小跃后水深，缩短水跃长度，稳定水跃和达到提高水跃消能效果的目的。消力墩可布置在消力池的前部或后部，由两排或三排交错排列布置，消力齿一般布置在陡坡的坡脚处。由于辅助消能工选用的布置形式和尺寸不同，其主要作用也不尽相同。对于有排冰和过木要求的水闸，如果辅助消能工选用不当，甚至还会产生副作用，危害消力池的安全。对低水头水闸一般不采用辅助消能工，对大型水闸，如果采用辅助消能工，其形式和尺寸应通过水工模型试验确定。

三、海漫布置和构造

水流经过消力池，虽已消除了大部分能量，但仍留有一定的剩余动能，特别是流速分布不均，脉动仍较剧烈，具有一定的冲刷能力。因此，护坦后仍需设置海漫等防冲加固设施，以使水流均匀扩散，并将流速分布逐步调整到接近天然河道的水流形态（图 9-34）。

一般在海漫起始段做 5～10m 长的水平段，其顶面高程可与护坦齐平或在消力池尾槛顶部以下 0.5m 左右，水平段后做成不陡于 1∶10 的斜坡，以使水流均匀扩散，调整流速分布，保护河床不受冲刷。

对海漫的要求有：①表面有一定的粗糙度，以利于进一步消除余能；②具有一定的透水性，以便使渗水自由排出，降低扬压力；③具有一定的柔性，以适应下游河床可能的冲刷变形。常用的海漫结构有以下几种。

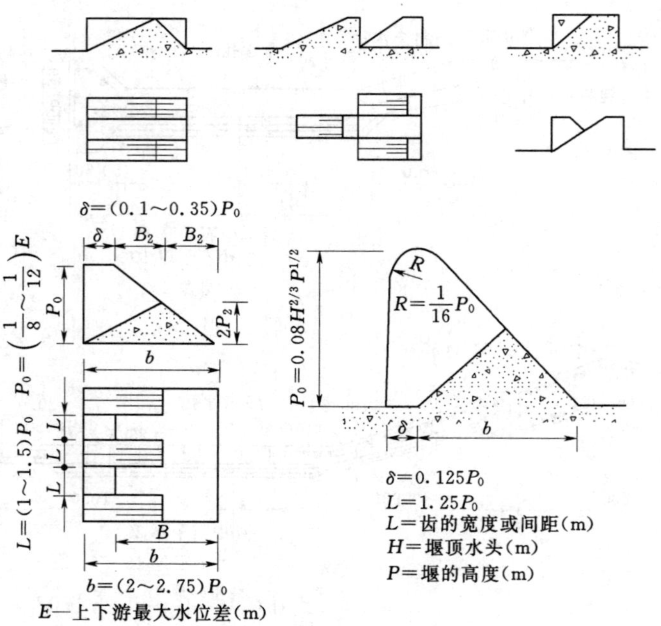

图 9-32 消力齿构造

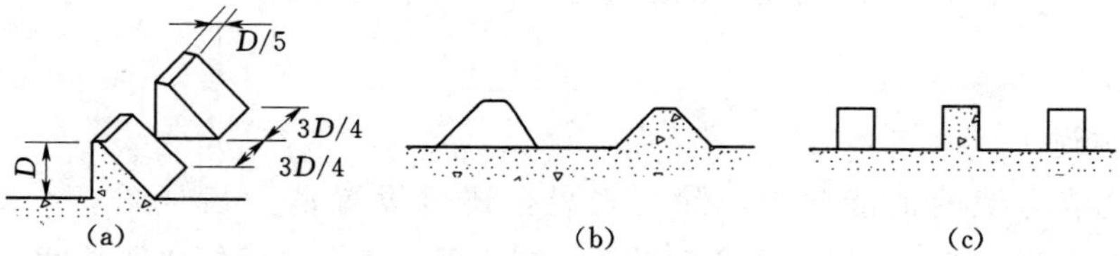

图 9-33 消力墩构造

(a) 单排消力墩；(b) 双排消力墩；(c) 三排消力墩

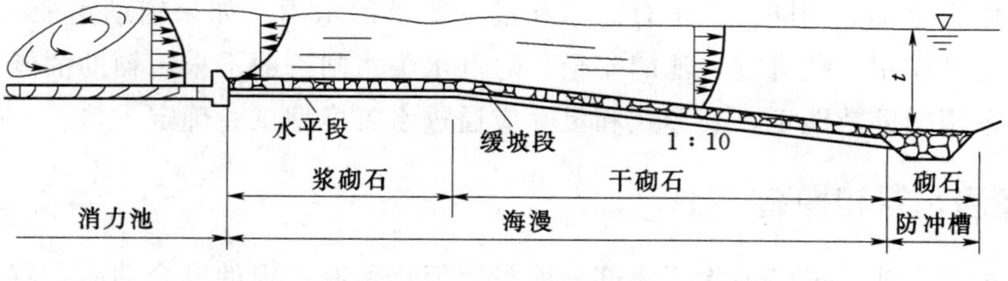

图 9-34 海漫布置示意图

(1) 干砌石海漫。一般由径向尺寸大于 30cm 的块石砌成，厚度为 0.4～0.6m，下面铺设碎石、粗砂垫层，厚 10～15cm［图 9-35 (a)］。干砌石海漫的抗冲流速为 2.5～4.0m/s。为了加大其抗冲能力，可每隔 6～10m 设一浆砌石埂。干砌石常用在海漫后段。

(2) 浆砌石海漫。采用强度等级为 M5 或 M8 的水泥砂浆，砌石粒径大于 30cm，厚度为 0.4～0.6m，砌石内设排水孔，下面铺设反滤层或垫层［图 9-35 (b)］。浆砌石海漫的抗冲流速可达 3～6m/s，但柔性和透水性较差，一般用于海漫的前部约 10m 范围内。

(3) 混凝土板海漫。整个海漫由混凝土板拼铺而成；每块板的边长 2～5m，厚度为

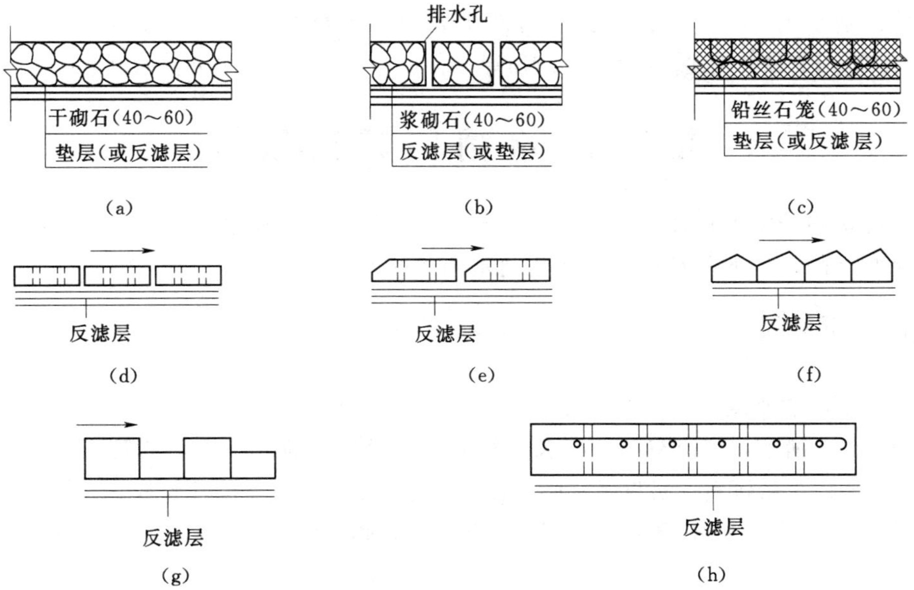

图 9-35　海漫构造示意图

(a) 干砌石海漫；(b) 浆砌石海漫；(c) 铅丝石笼海漫；(d)、(e) 混凝土海漫；(f) 斜面式海漫；(g) 城垛式混凝土块体海漫；(h) 钢筋混凝土板海漫

0.1～0.3m，板中有排水孔，下面铺设垫层［图 9-35 (d)、(e)］。混凝土板海漫的抗冲流速可达 6～10m/s，但造价较高。有时为增加表面糙率，可采用斜面式海漫［图 9-35 (f)］或城垛式混凝土块体海漫［图 9-35 (g)］。铺设时应注意顺水流流向不宜有通缝。

(4) 钢筋混凝土板海漫。当出池水流的剩余能量较大时，可在尾槛下游 5～10m 范围内采用钢筋混凝土板海漫，板中有排水孔，下面铺设反滤层或垫层［图 9-35 (h)］。

(5) 其他形式海漫。如铅丝石笼海漫［图 9-35 (c)］。

四、防冲槽布置和构造

水流经过海漫后，尽管多余能量得到了进一步消除，流速分布接近河床水流的正常状态，但在海漫末端仍有冲刷现象。为保证安全和节省工程量，常在海漫末端设置防冲槽或采取其他加固措施。

在海漫末端挖槽抛石预留足够的石块，当水流冲刷河床形成冲坑时，预留在槽内的石块沿斜坡陆续滚下，铺在冲坑的上游斜坡上，防止冲刷坑向上游扩展，保护海漫安全。如图 9-36 所示。

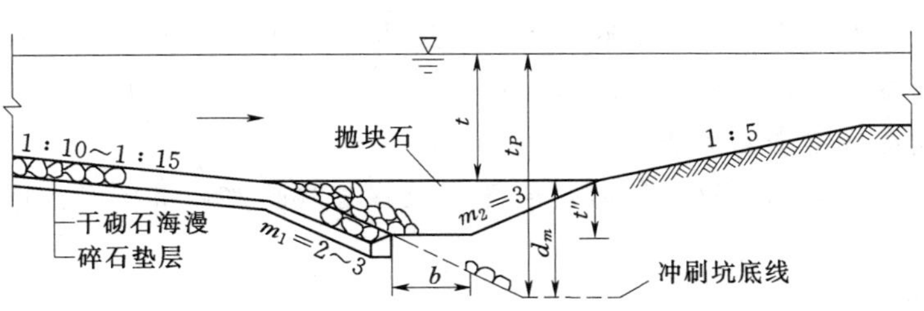

图 9-36　防冲槽

参照已建水闸工程的实践经验，防冲槽大都采用宽浅式的，其深度 t 一般取 1.5～2.5m，底宽 b 取 2～3 倍的深度，上游坡率 $m_1=2$～3，下游坡率 $m_2=3$。

第四节　水闸的防渗排水

水闸的防渗排水设计任务在于经济合理地拟定闸的地下轮廓线形式和尺寸，以消除和减小渗流对水闸产生的不利影响，防止闸基和两岸产生渗透破坏。

一、地下轮廓线

（一）地下轮廓线

如图 9-37 所示，水流在上下游水位差 H 作用下，经地基向下游渗透，并从护坦的排水孔等处排出。上游铺盖、板桩及水闸底板等不透水部分与地基的接触线，即图 9-37 中折线 0、1、2、…、15、16 是闸基渗流的第一条流线，亦称地下轮廓线，其长度称为闸基防渗长度。

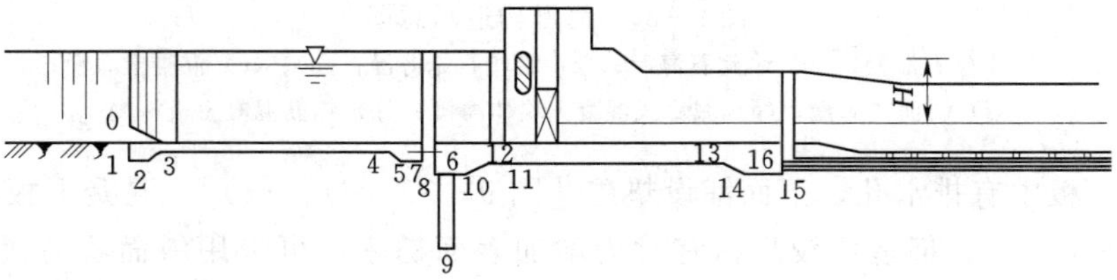

图 9-37　闸基渗流图

（二）不同地基地下轮廓线的布置

闸基防渗长度初步确定后，可根据地基特性，参考已建的工程经验进行闸基地下轮廓线布置。

防渗设计一般采用防渗与排水相结合的原则，即在高水位侧采用铺盖、板桩、齿墙等防渗设施，用以延长渗径、减小渗透坡降和闸底板下的渗透压力；在低水位侧设置排水设施，如面层排水、排水孔或减压井与下游连通，使地基渗水尽快排出，以减水渗透压力，并防止在渗流出口附近发生渗透变形。

地下轮廓布置与地基土质有密切关系，现分述如下。

1. 黏性土地基

黏性土壤具有凝聚力，不易产生管涌，但摩擦系数较小。因此，布置地下轮廓时，排水设施可前移到闸底板下，以降低底板下的渗透压力并有利于黏土加速固结（图 9-38），以提高闸室稳定性。防渗措施常采用水平铺盖，而不用板桩，以免破坏黏土的天然结构，在板桩与地基间造成集中渗流通道。

黏性土地基内夹有承压透水层时，应考虑设置垂直排水，如图 9-38（b）所示，以便将承压水引出。

2. 砂性土地基

砂性土粒间无黏着力，易产生管涌，要求防止渗透变形是其考虑的主要因素；砂性土

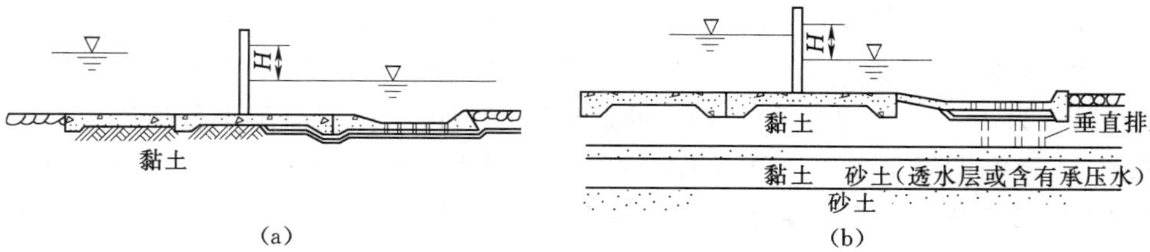

图 9－38　黏性地基上地下轮廓布置图
（a）黏性地基；（b）黏性地基夹有透水砂层

摩擦系数较大，对减小渗透压力要求相对较小。当砂层很厚时，可采用铺盖与板桩相结合的形式，排水设施布置在护坦上，如图 9－39（a）所示。必要时，在铺盖前端再加设一道短板桩，以加长渗径；当砂层较薄，下面有不透水层时，可将板桩插入不透水层，如图 9－39（b）所示；当地基为粉细砂土基时，为了防止地基液化，常将闸基四周用板桩封闭起来，图 9－39（c）是江苏某挡潮闸防渗排水的布置方式。因其受双向水头作用，故水闸上下游均设有排水设施，而防渗设施无法加长。设计时应以水头差较大的一边为主，另一边为辅，并采取除降低渗压以外的其他措施，提高闸室的稳定性。

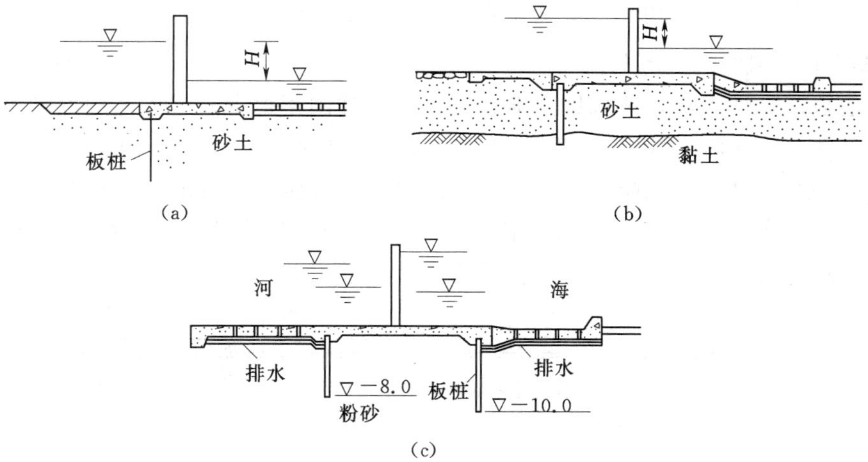

图 9－39　砂性地基上地下轮廓布置图（单位：m）
（a）砂层厚度较深时；（b）砂层厚度较浅时；（c）易液化粉细砂土地基

二、防渗及排水设施构造

防渗设施是指构成地下轮廓的铺盖、板桩及齿墙，而排水设施则是指铺设在护坦、浆砌石海漫底部或闸底板下游段起导渗作用的砂砾石层。排水常与反滤层结合使用。

（一）铺盖

铺盖主要用来延长渗径，应具有相对的不透水性；为适应地基变形，也要有一定的柔性。铺盖常用黏土、沥青混凝土做成，有时也可用钢筋混凝土作为铺盖材料。

1. 黏土和黏壤土铺盖

铺盖的渗透系数应比地基土的渗透系数小 100 倍以上。铺盖的长度应由闸基防渗需要确定，一般采用上、下游最大水位差的 3～5 倍。铺盖的厚度 δ 应根据铺盖土料的允许水力坡降值计算确定，即 $\delta=\Delta H/J$。其中，ΔH 为铺盖顶、底面的水头差，J 为材料的容许坡降，黏土为 4～8，黏壤土为 3～5。铺盖上游端的最小厚度由施工条件确定，一般为 0.6～0.8m，逐渐向闸室方向加厚至 1.0～1.5m。铺盖与底板连接处为一薄弱部位，通常将底板前端做成斜面，使黏土能借自重及其上的荷载与底板紧贴，在连接处铺设油毛毡等止水材料，一端用螺栓固定在斜面上，另一端埋入黏土铺盖中，如图 9-40 所示。为了防止铺盖在施工期遭受破坏和运行期间被水流冲刷，应在其表面先铺设砂垫层，然后再铺设单层或双层块石护面。

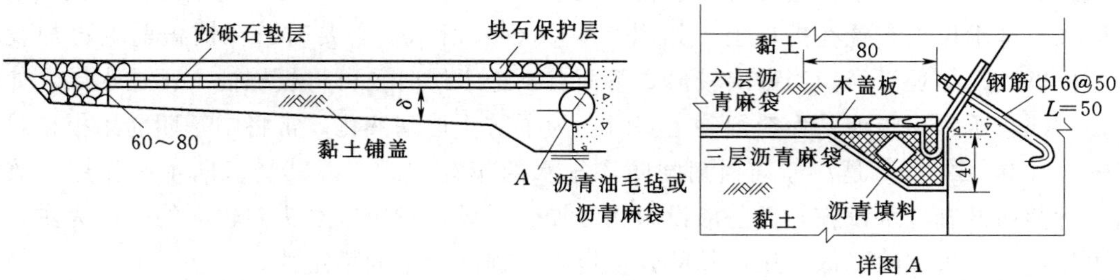

图 9-40 黏土铺盖的细部构造（单位：cm）

2. 混凝土、钢筋混凝土铺盖

如当地缺乏黏性土料，或以铺盖兼作阻滑板增加闸室稳定时，可采用混凝土或钢筋混凝土铺盖（图 9-41）。其厚度一般为 0.4～0.6m，与底板连接处应加厚至 0.8～1.0m。铺盖与底板、翼墙之间用沉降缝分开。铺盖本身亦应设温度沉降缝，缝距为 15～20m，靠近翼墙的缝距应小一些，缝中均应设止水。混凝土强度等级为 C15，配置温度和构造钢筋。对于要求起阻滑作用的铺盖，应按受力大小配筋。

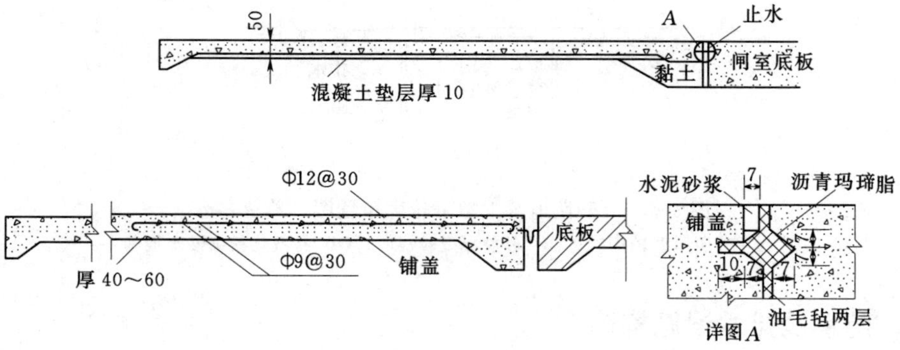

图 9-41 钢筋混凝土铺盖

用沥青混凝土作铺盖材料效果很好，首先是防渗性能好，渗透系数可达 10^{-3}～10^{-5} cm/s，几乎不透水；而且有较好的柔性，可适应地基变形，造价也较低。铺盖厚度约为 10cm，但是在与闸底板连接处仍然需要适当加厚。

3. 土工膜铺盖

目前使用的防渗土工膜有聚乙烯膜、聚氯乙烯膜等，代替了过去使用的聚氯乙烯沥青膜。防渗土工膜的厚度一般不宜小于 0.5mm。在敷设土工膜时，应排除膜下积水、积气，同时在膜上铺设保护层，可采用水泥砂浆、砌石或预制混凝土块进行防护。

（二）板桩

板桩的作用随其位置不同而不同。一般设在闸底板上游端或铺盖前端，主要用以降低渗透压力，有时也设在底板下游端，以减小出口段坡降或出逸坡降，但一般不宜过长，否则将过多地加大底板所受的渗透压力。

打入不透水层的板桩，嵌入深度不应小于1.0m。如透水层很深，则板桩长度视渗流分析结果和施工条件而定，一般采用水头的0.6～1.0倍。

板桩材料有木材、钢筋混凝土和钢材三种。木板桩长一般为3～5m，最大8m，厚8～12cm，适用于砂土地基。钢筋混凝土板桩，多为现场预制，长4～6m，宽50～60cm，厚10～50cm，适用于各种非岩石地基。板桩顶端与闸室底板的连接形式有两种，一种是把板桩紧靠底板前缘，顶部嵌入黏土铺盖一定深度，如图9－42（a）所示，另一种是把板桩顶部嵌入底板底面特设的凹槽内，桩顶填塞可塑性较大的不透水材料，如图9－42（b）所示。前者适用于闸室沉降量较大，而板桩尖已插入坚实土层的情况；后者则适用于闸室沉降量小，而板桩尖未达到坚实土层的情况。

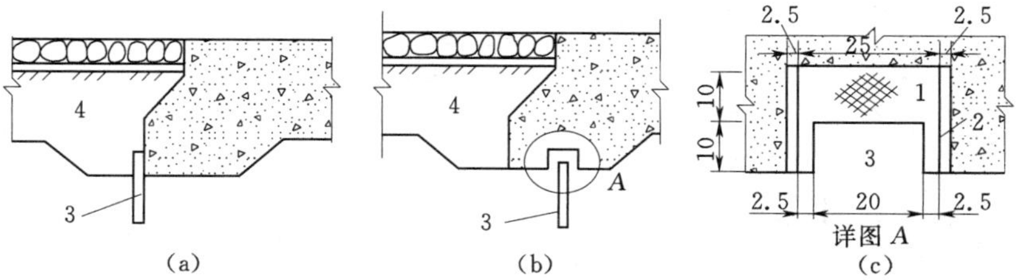

图9－42　板桩与底板的连接（单位：cm）

1—沥青；2—预制挡板；3—板桩；4—铺盖

（三）齿墙

齿墙有浅齿墙和深齿墙两种。浅齿墙常设在闸室底板上下游两端及铺盖起始处。底板两端的浅齿墙均用混凝土或钢筋混凝土做成，深度一般为1.5～1.8m。这种齿墙既能延长渗径，又能增加闸室的抗滑稳定性。深齿墙常用于如下情况：①当水闸在闸室底板后面紧接斜坡段，并与原河道连接时，在与斜坡段连接处的底板下游侧采用深齿墙（墙深大于1.5m），其作用主要是防止斜坡段冲坏后危及闸室安全；②当闸基透水层较浅时，可用深齿墙截断透水层，此时，齿墙可用混凝土、钢筋混凝土或黏性土等材料，齿墙底部需插入不透水层0.5～1.0m；③在小型水闸中，有时为了增加渗径和抗滑稳定性也使用深齿墙。

（四）灌浆帷幕

岩基上水闸的防渗设施是在基底设置灌浆帷幕，其灌浆孔宜设单排，孔距宜取1.5～3.0m，孔深宜取闸上最大水深的0.3～0.7倍。灌浆应在有一定厚度混凝土盖重及固结灌浆后进行。灌浆压力应以不掀动基础岩体为原则，通过灌浆试验确定。

（五）垂直土工膜

土工膜应用于垂直防渗体首先出现在福建省水利工程中，山东、江苏等省加以改进和发展，目前最深开槽深度已达16m。当地基符合以下条件时，要采用土工膜垂直防渗方案：①透水层深度一般在12m以内；②透水层中大于5cm的颗粒含量不超过10%（以重量计），少量大石头的最大粒径不超过15cm，或不超过开槽设备允许的尺寸；③透水层中水位应能满足泥浆的固壁要求。

垂直上工膜防渗材料可选用聚乙烯土工膜或防水塑料板等，土工膜厚度不宜小于0.25cm，重要工程可采用复合土工膜，其厚度不宜小于0.5cm。

（六）排水设施

在闸室下游侧的地基上需设置排水设施（包括排水孔、排水井、反滤层、垫层及排水孔等）。将闸基中的渗水安全地排到下游，以减小渗透压力，增加闸室稳定性。为此要求排水设施应有良好的透水性，并与下游畅通；同时能够有效地防止地基土产生渗透变形。工程中常用的排水位置如图9-43所示。

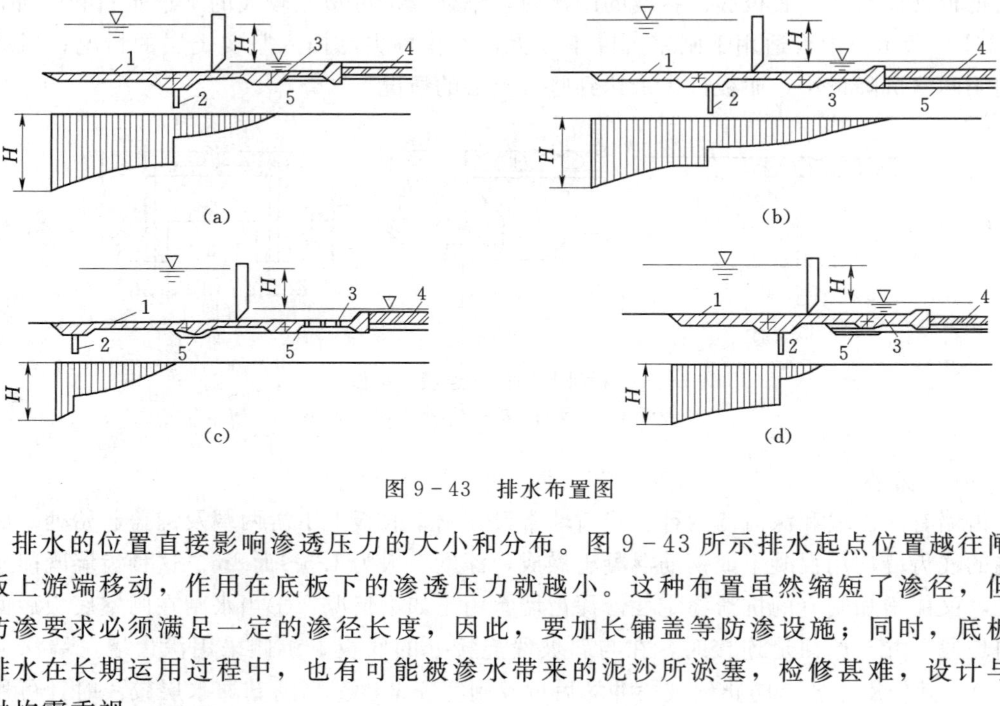

图9-43　排水布置图

排水的位置直接影响渗透压力的大小和分布。图9-43所示排水起点位置越往闸室底板上游端移动，作用在底板下的渗透压力就越小。这种布置虽然缩短了渗径，但由于防渗要求必须满足一定的渗径长度，因此，要加长铺盖等防渗设施；同时，底板下的排水在长期运用过程中，也有可能被渗水带来的泥沙所淤塞，检修甚难，设计与施工时均需重视。

排水形式有两种：

(1) 平铺式排水。这是常用的一种形式。即在地基表面铺设反滤层或垫层，在消力池底部设排水孔，让渗透水流与下游畅通。设置反滤层（图9-44）是防止地基土产生渗透变形的关键性措施，反滤层终点的渗透坡降必须小于地基土在无滤层保护时的容许坡降，应以此原则来确定反滤层铺设长度。反滤层向上游延伸至护坦形成平铺式排水，其正确布置形式如图9-45所示。

反滤层常由2～3层不同粒径的石料（砂、砾石、卵石或碎石）组成。每层厚度可在20～30cm。层面大致与渗流方向正交，其粒径则顺着渗流方向由细到粗进行排列。在黏土地基上，由于黏土有较大的黏结力，不易产生管涌，因而对反滤层级配的要求可以低些，常铺设1～2层。如图9-44、图9-45所示。

（2）铅直排水。铅直排水即排水井，如图9-38（b）所示。

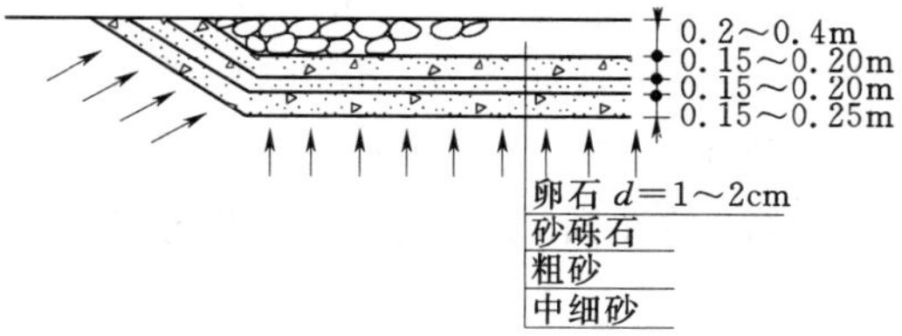

图9-44　反滤层布置图

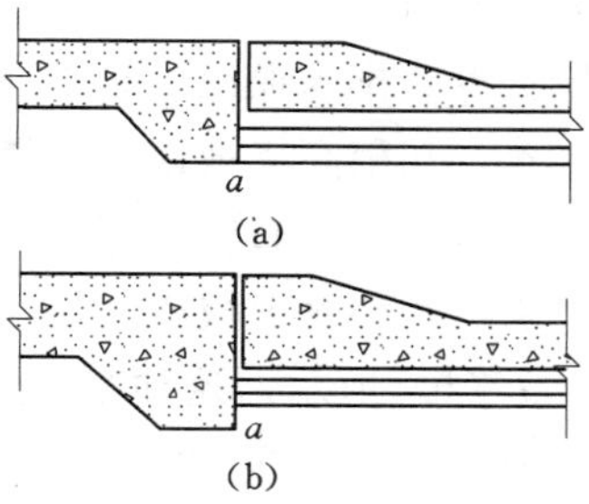

图9-45　排水体布置图

（a）不正确；（b）正确

三、侧向绕渗防渗措施

水闸建成挡水后，除闸基渗流外，渗流还从上游高水位绕过翼墙、岸墙和刺墙等流向下游，称为侧向绕渗（图9-46）。绕渗对翼墙、岸墙施加水压力，影响其稳定性；在渗流出口处，以及填土与岸、翼墙的接触面上可能产生渗透变形。因此，应做好侧向防渗排水设施。

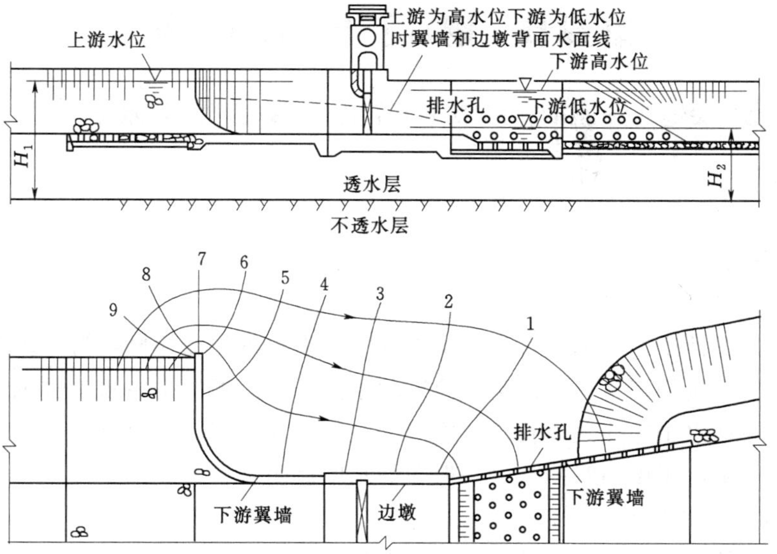

图9-46　侧向绕渗

侧向防渗排水布置（包括刺墙、板桩、排水井等）应根据上、下游水位，墙体材料，墙后土质以及地下水位变化等情况综合考虑，并应与闸基的防渗排水布置相适应，使其在空间上形成防渗整体。若铺盖长于翼墙，在岸坡上也应设铺盖，或在伸出翼墙范围的铺盖侧部加设垂直防渗措施，以保证铺盖的有效防渗长度，防止在空间上形成防渗漏洞。防渗设备除利用翼墙和岸墙外，还可根据需要，在岸墙或边墩后面靠近上游处增设板桩或刺墙，以增加侧向渗径。刺墙与边墩或岸墙之间需要用沉陷缝分开，缝中设止水设备。为避免填土与边墩、翼墙的接触面上产生集中渗流，常需设一些短的刺墙，并使边墩与翼墙的挡水面稍倾斜，使填土借自重紧压在墙背上。为排除渗水，单向水头的水闸可在下游翼墙和护坡上设置排水设施。排水设施多种多样，可根据墙后回填土的性质选用不同的形式：①排水孔，在稍高于地面的下游墙上，每隔 2～4m 留一直径 5～10cm 的排水孔，以排除墙后的渗水，这种布置适用于透水性较强的砂性回填土，如图 9－47（a）所示；②连续排水垫层，在墙背上覆盖一层用透水材料做成的排水垫层，使渗水经排水孔排向下游，如图 9－47（b）所示，这种布置适用于透水性很差的黏性回填土。连续排水垫层也可沿开挖边坡铺设，如图 9－47（c）所示。

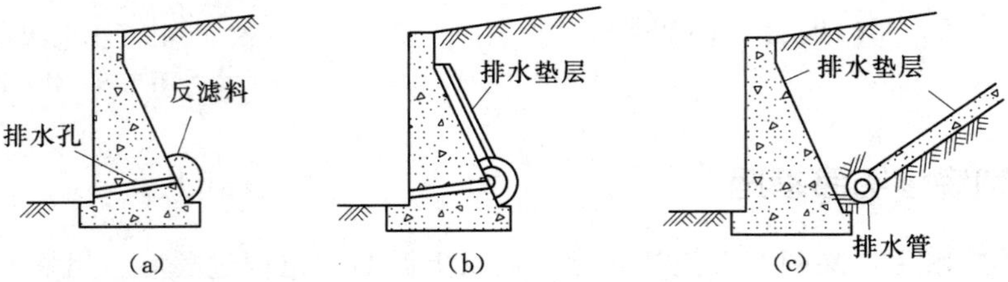

图 9－47　下游翼墙后的排水设施

（a）墙后设反滤料的排水孔；（b）墙后设排水垫层的排水孔；（c）墙后设排水管

第五节　闸门与启闭机

闸门是水闸的关键部分，用它来封闭和开启孔口，以达到控制水位和调节流量的目的。

一、闸门

（一）闸门的类型

1. 按工作性质分类

闸门按其工作性质的不同，可分为工作闸门、事故闸门和检修闸门等。工作闸门又称主闸门，是水工建筑物正常运行情况下使用的闸门。事故闸门是在水工建筑物或机械设备出现事故时，在动水中快速关闭孔口的闸门，又称快速闸门。事故排除后充水平压，在静水中开启。检修闸门用以临时挡水，一般在静水中启闭。

2. 按门体的材料分类

闸门按门体的材料可分为钢闸门、钢筋混凝土或钢丝网水泥闸门、木闸门及铸铁闸门等。钢闸门门体较轻，一般用于大、中型水闸。钢筋混凝土或钢丝网水泥闸门可以节省钢材，不需除锈，但前者较笨重，启闭设备容量大；后者容易剥蚀，耐久性差，一般用于渠系小型水闸。铸铁门抗锈蚀、抗磨性能好，止水效果也好，但由于材料抗弯强度较低，性能又脆，故仅在低水头、小孔径水闸中使用。木闸门耐久性差，已日趋不用。

3. 按结构形式分类

闸门按其结构形式可分为平面闸门、弧形闸门、翻板闸门等。

平面钢闸门一般分为直升式和升卧式两种。直升式平面闸门是最常用的形式，门体结构简单，可吊出孔口进行检修，所需闸墩长度较小，也便于使用移动式启闭机。其缺点是，启闭力较大，工作桥较高，门槽处易磨损。平面闸门一般采用单门叶闸门，但当闸门较高时也可采用双门叶闸门，如图 9-48 所示。

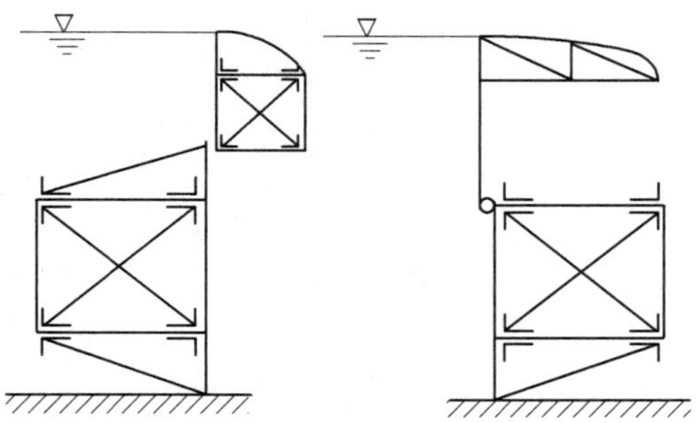

图 9-48　双叶平面闸门示意图

升卧式平面闸门是在直升式闸门的基础上发展起来的，如图 9-49 所示。闸门在关闭状态直立挡水，启门时首先直立上升，然后边上升边转动（向上游或向下游），全开时闸门平卧在闸墩顶部。这种闸门最大的特点是工作桥高度小，从而可以降低造价，提高抗震能力。闸门的吊点一般设在闸门底部的上游一侧，这样，启吊钢丝绳将长期浸在水中，易于锈蚀，为此，可将吊点位置放在下游一侧。

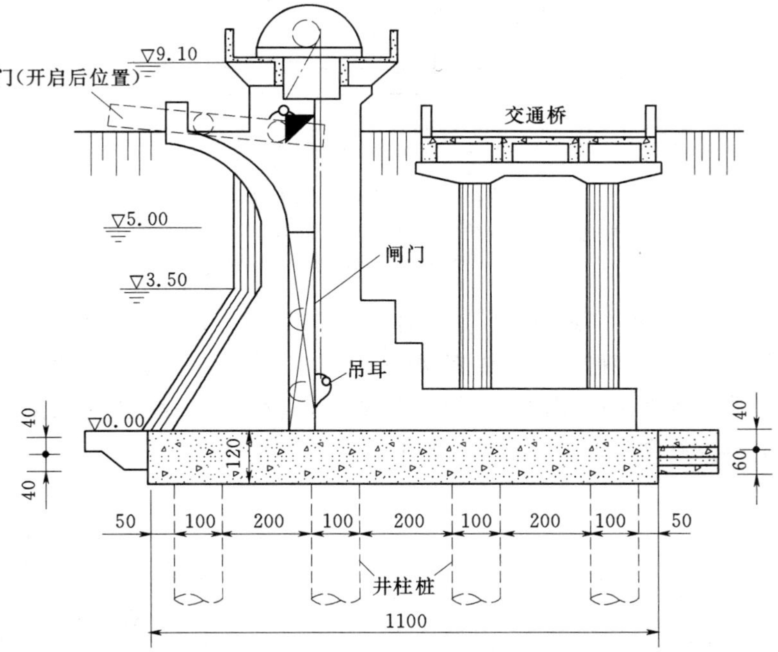

图 9-49　升卧式平面闸门（高程单位：m；尺寸单位：cm）

弧形闸门与平面闸门比较，其主要优点是启闭 力小，可以封闭相当大面积的孔口；无影响水流态的门槽，闸墩厚度较薄，机架桥的高度较低，埋件少。它的缺点是需要的闸墩较长；不能提出孔口以外进行检修维护，也不能在孔口之间互换；总水压力集中于支铰处，闸墩受力复杂，如图 9-50 所示。

早期的自动翻板闸门（图 9-51）多用钢筋混凝土框架结构，不设启闭设备，造价虽低，但在翻转过程中产生周期性的拍打门墩现象，容易造成闸门受损而漏水，而且也不能人工调节流量，这些都影响翻板闸门的推广。目前已逐渐发展为液压翻板闸门，门叶材料采用钢材，并由固定支铰（安置在闸墩两侧的支墩上）支承，又配置液压启闭机作为控制

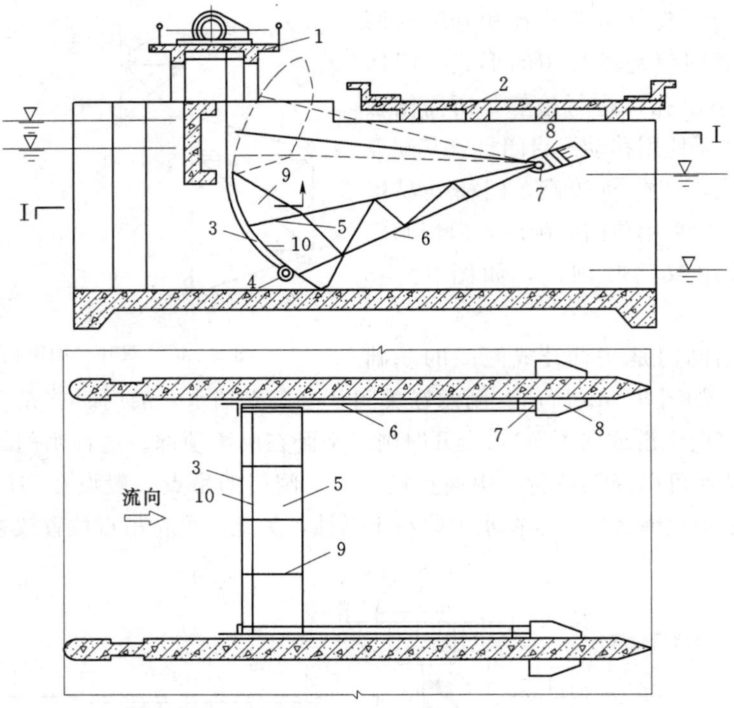

图 9-50 弧形闸门布置

1—工作桥；2—公路桥；3—面板；4—吊耳；5—主梁；6—支臂；
7—支铰；8—牛腿；9—整隔板；10—水平次梁

设备（图 9-52）。门叶采用平面闸门的结构，绕支铰中心作 90°转动，当孔径较大时，可选用双悬臂梁布置。在门叶边梁上设置两个支承垫（位于支铰上、下两侧），分别在全关、全开时与限位块（设在闸墩侧面）接触，有效地起着缓冲作用。液压翻板闸门虽然优点较多，但在过流时也有闸门振动等现象，检修、维护也不方便。

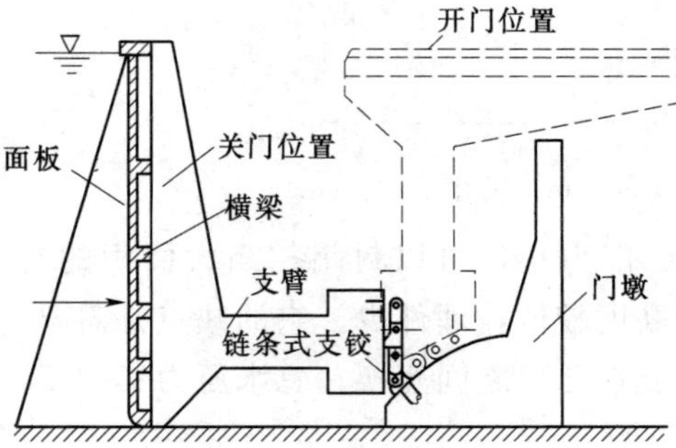

图 9-51 自动翻板闸门

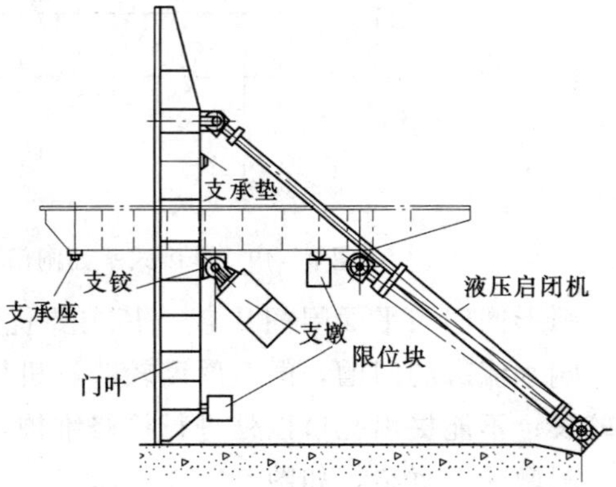

图 9-52 液压翻板闸门

(二) 平面闸门的构造

平面闸门由活动部分（即门叶）、埋固部分和启闭设备三部分组成。其中门叶由承重结构［包括面板、梁格、竖向联结系或隔板、门背（纵向）连接系和支承边梁等］、支承行走部件、止水装置和吊耳等组成（图 9－53）。埋固部分一般包括行走埋固件和止水埋固体等。启闭设备一般由动力装置、传动和制动装置以及连接装置等组成。

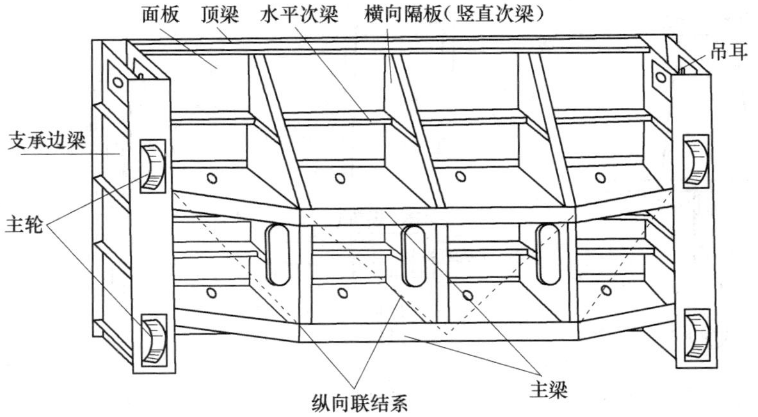

图 9－53 平面钢闸门门叶的结构组成

平面闸门的基本尺寸根据孔口尺寸确定。孔口尺寸应优先采用钢闸门设计规范中推荐的系列尺寸。露顶式闸门顶部应在可能出现的最高挡水位以上有 0.3～0.5m 的超高。

二、启闭机

闸门启闭机可分为固定式和移动式两种。启闭机型式可根据门形、尺寸及其运用条件等因素选定。选用启闭机的启闭力应等于或大于计算启闭力，同时应符合国家现行的 SL 41—93《水利水电工程启闭机设计规范》所规定的启闭机系列标准。

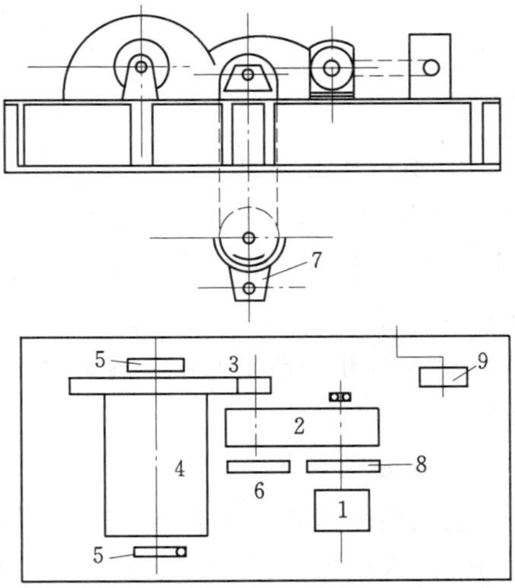

图 9－54 卷扬机

1—电动机；2—减速器；3—开式齿轮；4—绳鼓；5—轴承座；6—定滑轮；7—动滑轮；8—制动器；9—手摇装置

当多孔闸门启闭频繁或要求短时间内全部均匀开启时，每孔应设一台固定式启闭机。常用的固定式启闭机有卷扬式（图 9－54）、螺杆式（图 9－55）和油压式（图 9－56、图 9－57）3 种。

1. *卷扬式启闭机*

卷扬式启闭机主要由电动机、减速箱、传动轴和绳鼓所组成。绳鼓固定在传动轴上，围绕钢丝绳，钢丝绳连接在闸门吊耳上（图 9－54）。启闭闸门时，通过电动机、减速箱和传动轴使绳鼓转动，带动闸门升降。为了防备停电或电器设备发生故障，可使用人工操作，通过手摇箱进行人力启闭。卷扬式启闭机启闭能力较大，操作灵便，启闭速度快，但造价较高，适用于弧形闸门。某些平面闸门能靠自重关闭，且启闭力较大时，也可采用卷扬式启闭机。

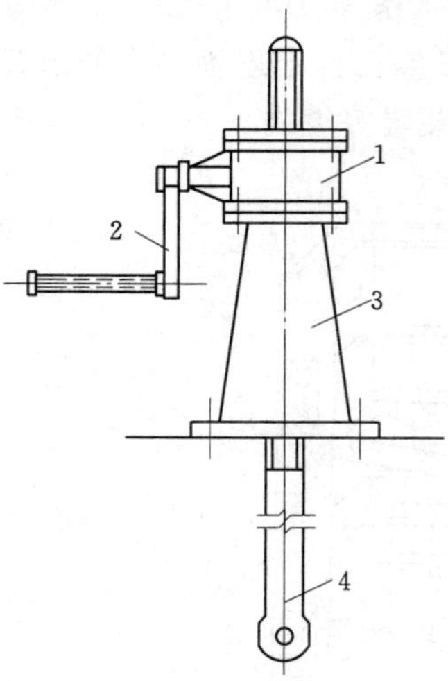

图 9-55 螺杆式启闭机

1—齿轮箱；2—手摇把；3—支座；4—螺杆

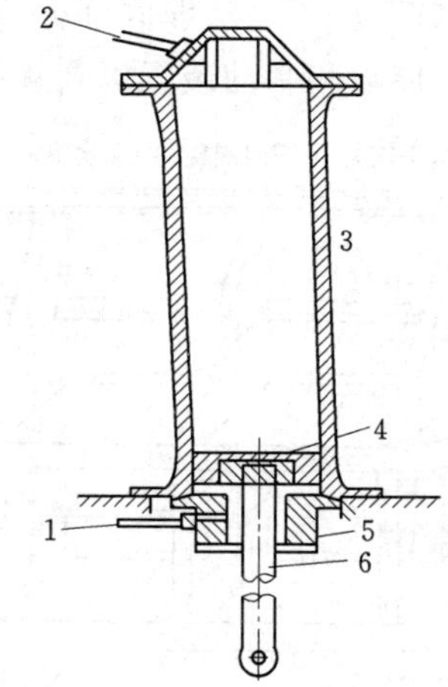

图 9-56 提升式油压启闭机构造示意图

1—进油；2—回油；3—油缸；4—柱塞；5—密封圈；6—柱塞杆

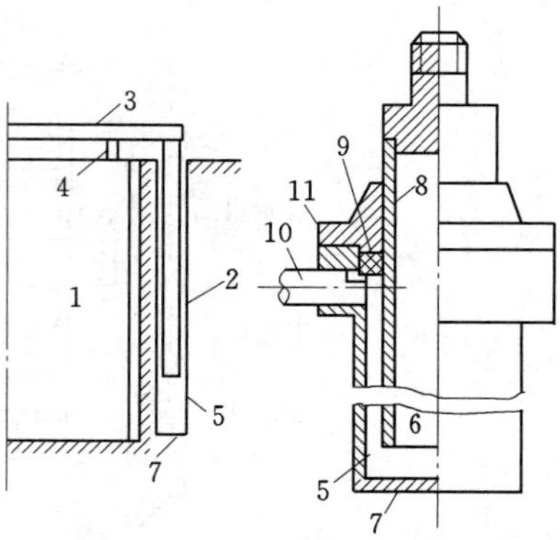

图 9-57 顶升式油压启闭机构造示意图

1—闭门；2—闸墩；3—顶升梁；4—连接杆；5—油缸；6—副塞；7—油缸底；8—油盖；9—橡胶油封；10—油管；11—密封间

2. 螺杆式启闭机

当闸门尺寸和启闭力都较小时，常用简便、廉价的单吊点螺杆式启闭机（图 9-55）。螺杆与闸门连接，用机械或人力转动主机，带动螺杆连同闸门上下移动。当水压力较大，门重不足时，为使闸门关闭到底，可通过螺杆对闸门施加压力。当螺杆长度较大（如大于3m）时，可在胸墙上每隔一定距离设支撑套环，以防止螺杆受压失稳。其启闭重量一般为 3～100kN。

3. 油压启闭机

油压启闭机近年来使用较多，其布置、构造、组成如图 9-56、图 9-57 所示。其主体为油缸和活塞。活塞经活塞杆或连杆和闸门连接。改变油管中的压力即可使活塞带动闸门升降。其优点是利用油泵产生的液压传动，可用较小的动力获得很大的启闭力，液压传动比较平稳和安全，较易实行遥控和自动化等。主要缺点是要求加工精度高，造价也较高。

第六节 水闸的两岸连接建筑物

一、连接建筑物的作用

水闸与河岸或堤、坝等连接时，必须设置连接建筑物，包括上、下游翼墙和边墩（或边墩和岸墙），有时还设有防渗刺墙，其作用是：

（1）挡住两侧填土，维持土坝及两岸的稳定。

(2) 当水闸泄水或引水时，上游翼墙主要用于引导水流平顺进闸，下游翼墙使出闸水流均匀扩散，减少冲刷。

(3) 保持两岸或土坝边坡不受过闸水流的冲刷。

(4) 控制通过闸身两侧的渗流，防止与其相连的岸坡或土坝产生渗透变形。

(5) 在软弱地基上设有独立岸墙时，可以减少地基沉降对闸身应力的影响。

在水闸工程中，两岸连接建筑在整个工程中所占比重较大，有时可达工程总造价的15%～40%，闸孔愈少，所占比重愈大。因此，在水闸设计中，对连接建筑的形式选择和布置，应予以足够重视。

二、连接建筑物的形式和布置

(一) 闸室与河岸的连接形式

水闸闸室与两岸（或堤、坝等）的连接形式主要与地基及闸身高度有关。当地基较好，闸身高度不大时，可用边墩直接与河岸连接，如图 9-58 (a)、(b)、(c)、(d) 所示。

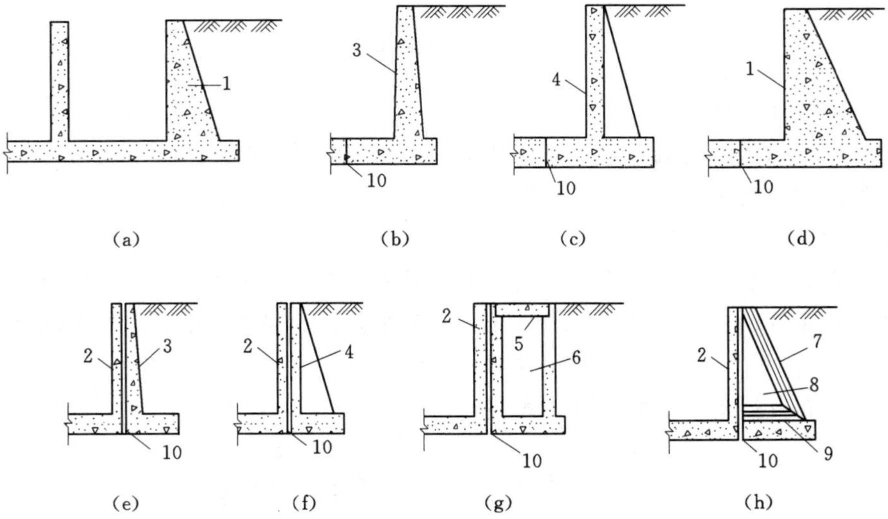

图 9-58　闸室与两岸或土坡的连接方式

(a) ～ (d) 边墩直接挡土；(e) ～ (h) 边墩外侧设岸墙挡土

1—重力式边墩；2—边墩；3—悬臂式边墩或岸墙；4—扶壁式边墩或岸墙；5—顶板；6—空箱式岸墙；7—连拱板；8—连拱式空箱支墩；9—连拱底板；10—沉降缝

在闸身较高、地基软弱的条件下，如仍采用边墩直接挡土，由于边墩与闸身地基的荷载相差悬殊，可能产生不均匀沉降，影响闸门启闭，并在底板内产生较大的内力。此时，可在边墩外侧设置轻型岸墙，边墩只起支承闸门及上部结构的作用，而土压力全由岸墙承担，如图 9-58 (e)、(f)、(g)、(h) 所示。这种连接形式可以减少边墩和底板的内力，同时还可使作用在闸室上的荷载比较均衡，可减少不均匀沉降。当地基承载力过低，可采用护坡岸墙的结构形式，如图 9-59 所示。其优点是边墩既不挡土，也不设岸墙挡土。因此，闸室边孔受力状态得到改善，适用于软弱地基。缺点是防渗和抗冻性能较差。为了挡水和防渗需要，在岸坡段设刺墙，其上游设防渗铺盖。

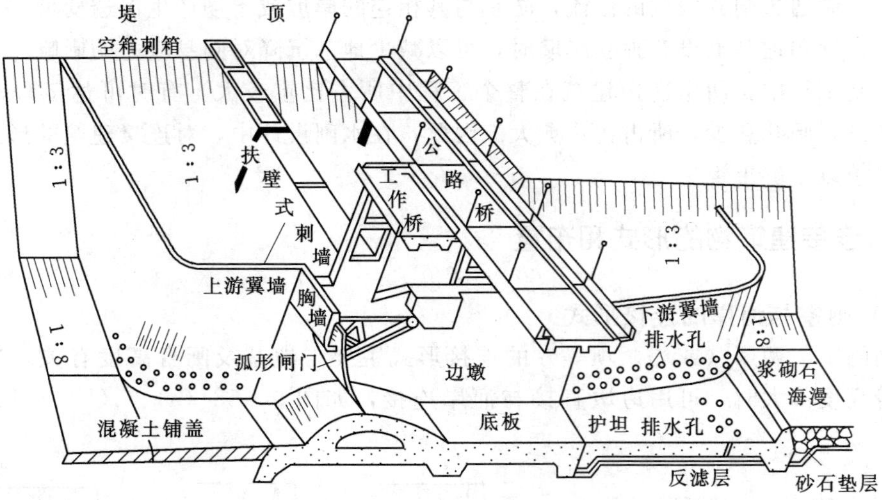

图 9-59　护坡连接式

（二）翼墙的布置

上游翼墙应与闸室两端平顺连接，其顺水流方向的投影长度应大于或等于铺盖长度。

下游翼墙的平均扩散角每侧宜采用 7°～12°，其顺水流方向的投影长度大于或等于消力池长度。

上、下游翼墙的墙顶高程应分别高于上、下游最不利的运用水位。翼墙分段长度应根据结构和地基条件确定，可采用 15～20m。建筑在软弱地基或回填土上的翼墙分段长度可适当缩短。

翼墙平面布置通常有下列几种形式。

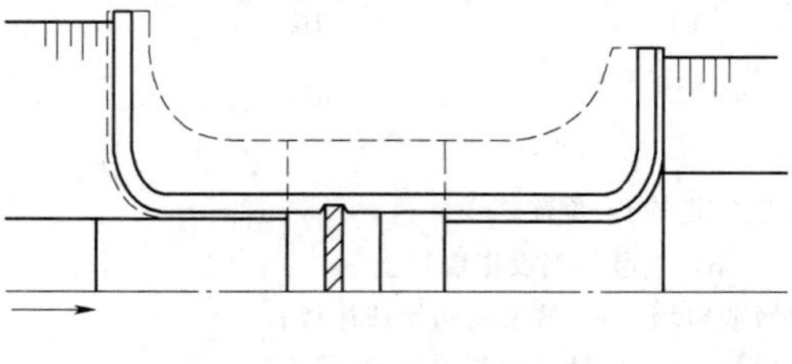

图 9-60　反翼墙

1. 反翼墙

翼墙自闸室向上、下游延伸一段距离，然后转弯 90°插入堤岸，墙面铅直，转弯半径约 2～5m，如图 9-60 所示。这种布置形式的防渗效果和水流条件均较好，但工程量较大，一般适用于大中型水闸。对于渠系小型水闸，为节省工程量可采用一字形布置，即翼墙自闸室边墩上下游端即垂直插入堤岸。这种布置形式进出水流条件较差。

2. 圆弧式翼墙

这种布置是从边墩开始，向上、下游用圆弧形的铅直翼墙与河岸连接。上游圆弧半径为 15～30m，下游圆弧半径为 30～40m，如图 9-61 所示。其优点是水流条件好，但模板用量大，施工复杂。适用于上下游水位差及单宽流量较大、闸室较高、地基承载力较低的大中型水闸。

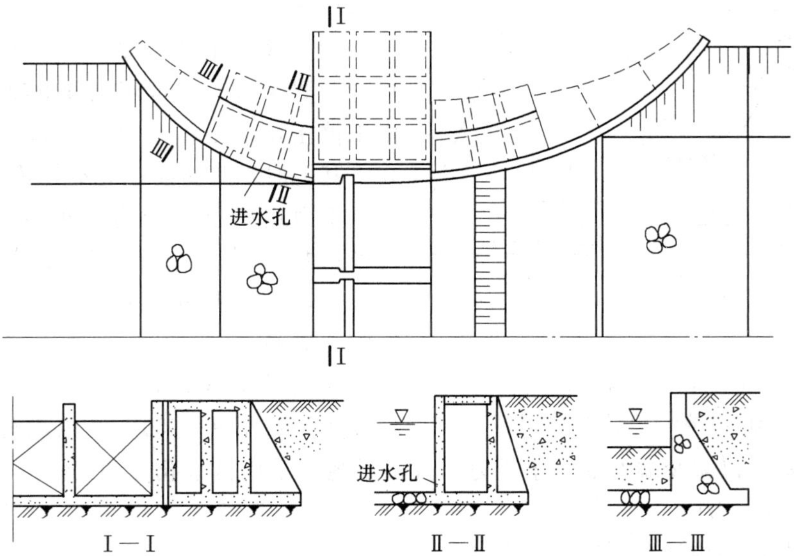

图 9-61　圆弧翼墙

3. 扭曲面翼墙

扭曲面翼墙是连接梯形断面渠道和矩形闸室的结构，翼墙迎水面与闸墩连接处的铅直面，向上或下游延伸而逐渐变为倾斜面，直至与其连接的河岸（或渠道）的坡度相同为止，如图 9-62 所示。翼墙在闸室端为重力式挡土墙断面形式，另一端为护坡形式。这种布置形式的水流条件好，且工程量小，但施工较为复杂，应保证墙后填土的夯实质量，否则容易断裂。这种布置形式在渠系工程中应用较广。

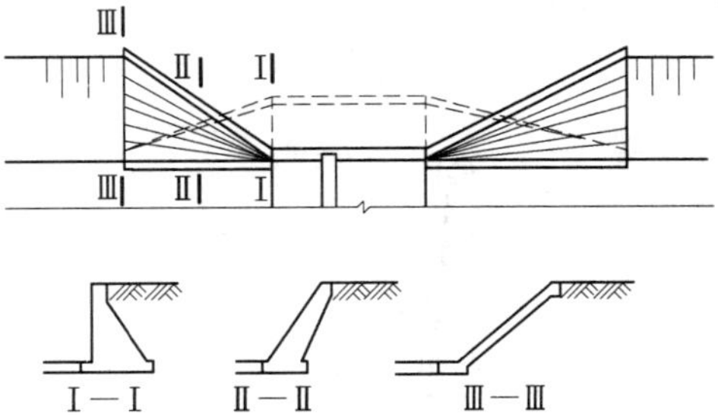

图 9-62　扭曲面翼墙

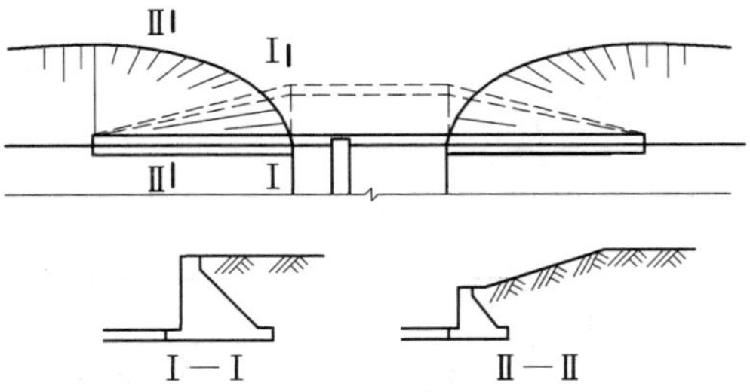

图 9-63　斜墙翼墙

4. 斜降翼墙

在平面上呈八字形，随着翼墙向上、下游延伸，其高度逐渐降低，至末端与河底齐平，如图 9-63 所示。这种布置的优点是工程量省，施工简单，但防渗条件差，泄流时闸孔附近易产生漩涡，冲刷河岸或坝坡，一般用于较小水头的小型水闸。

三、两岸连接建筑物的结构形式

两岸连接建筑物从结构上分析属于挡土墙。常用的形式有重力式、悬臂式、扶壁式、空箱式及连拱空箱式等。

1. 重力式挡土墙

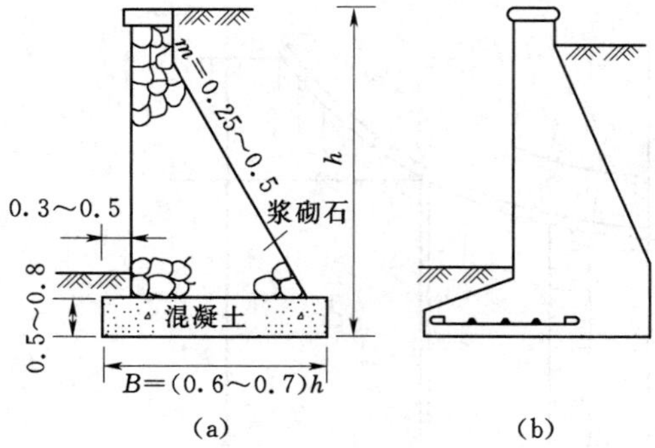

图 9-64 重力式挡土墙（单位：m）
(a) 浆砌石挡土墙；(b) 混凝土挡土墙

重力式挡土墙主要依靠自身的重力维持稳定（图 9-64）。常用混凝土和浆砌石建造。由于挡土墙的断面尺寸大，材料用量多，建在土基上时，其墙高一般不宜超过 5～6m。

重力式挡土墙顶宽一般为 0.4～0.8m，边坡系数 m 为 0.25～0.5，混凝土底板厚约 0.5～0.8m，两端悬出 0.3～0.5m，前趾常需配置钢筋。

为了提高挡土墙的稳定性，墙顶填土面应设防渗（图 9-65）；墙内设排水设施，如图 9-66 所示，以减少墙背面的水压力。排水设施可采用排水孔［图 9-66（a）］或排水暗管［图 9-66（b）］。

重力式翼墙结构计算同挡土墙。

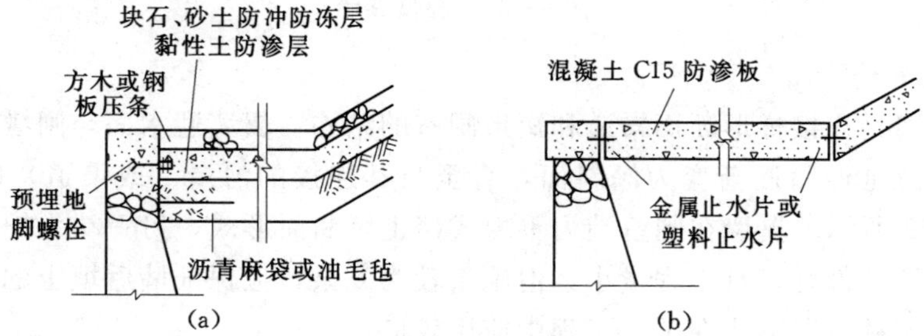

图 9-65 翼墙墙顶的防渗设施

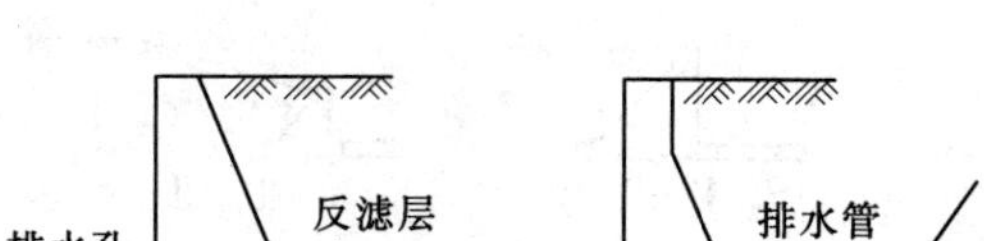

图 9-66 挡土墙的排水

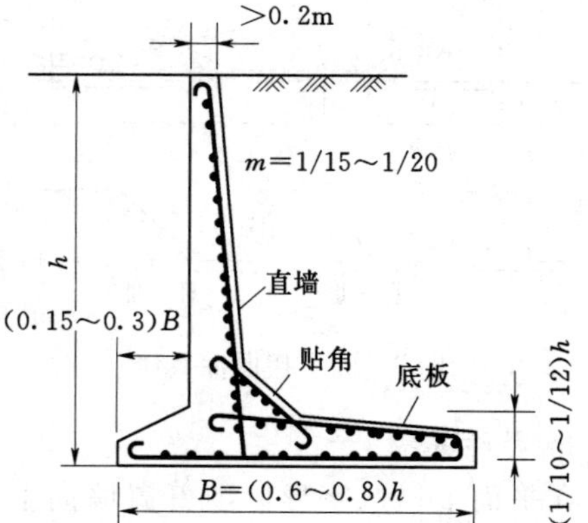

图 9-67 悬臂式挡土墙剖面图

2. 悬臂式挡土墙

悬臂式挡土墙是由直墙和底板组成的一种钢筋混凝土轻型挡土结构（图 9-67）。其适宜高度为 6～10m。用作翼墙时，断面为倒 T 形，用作岸墙时，则为 L 形［图 9-58（e）］，这种翼墙具有厚度小、自重轻等优点。它主要是利用底板上的填土维持稳定。

底板宽度由挡土墙稳定条件和基底压力分布条件确定。调整后踵长度，可以改善稳定条件；调整前趾长度，可以改善基底压力分布。直墙和底板近似按悬臂板计算。

3. 扶壁式挡土墙

当墙的高度超过 9～10m 以后，采用钢筋混凝土扶壁式挡土墙较为经济。扶壁式挡土墙由直墙、底板及扶壁三部分组成，如图 9-68 所示。利用扶壁和直墙共同挡土，并可利用底板上的填土维持稳定，当改变底板长度时，可以调整合力作用点位置，使地基反力趋于均匀。

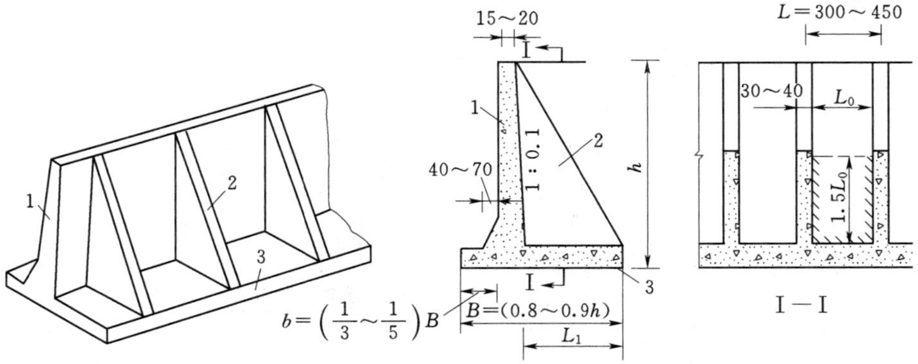

图 9-68 扶壁式挡土墙（单位：cm）

1—立墙；2—扶壁；3—底板

钢筋混凝土扶壁间距一般为 3～4.5m，扶壁厚度 0.3～0.4m；底板用钢筋混凝土建造，其厚度由计算确定，一般不小于 0.4m；直墙顶端厚度不小于 0.2m，下端由计算确定。悬臂段长度 b 约为（1/3～1/5）B。直墙高度在 6.5m 以内时，直墙和扶壁可采用浆砌石结构，直墙顶厚 0.4～0.6m，临土面可做成 1：0.1 的坡度；扶壁间距 2.5m，厚 0.5～0.6m。

4. 空箱式挡土墙

空箱式挡土墙由底板、前墙、后墙、扶壁、顶板和隔板等组成，如图 9-69 所示。利用前后墙之间形成的空箱充水或填土可以调整地基应力。因此，它具有重力小和地基应力分布均匀的优点，但其结构复杂，需用较多的钢筋和木材，施工麻烦，造价较高。故仅在

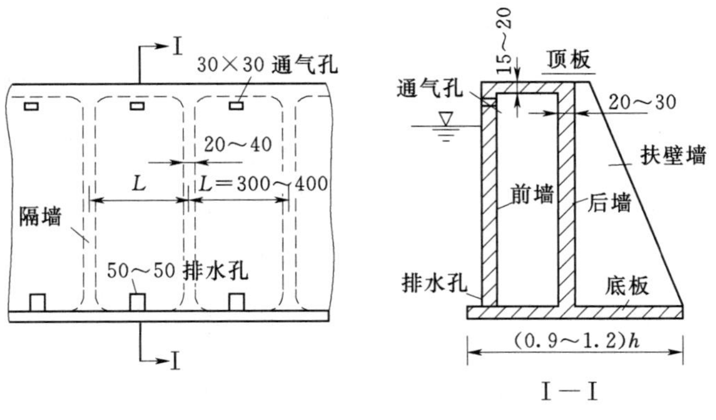

图 9-69 空箱式挡土墙（单位：cm）

某些地基松软的大中型水闸中使用。

5. 连拱式挡土墙

连拱空箱式土墙也是空箱式挡土墙的一种形式，它由底板、前墙、隔墙和拱圈组成，如图 9-70 所示。前墙和隔墙多采用浆砌石结构，底板和拱圈一般为混凝土结构。拱圈净跨一般为 2～3m，矢跨比常为 0.2～0.3，厚度为 0.1～0.2m。拱圈的强度计算可选取单宽拱条，按支承在隔墙（扶壁）上的两铰拱进行计算。连拱式挡土墙的优点是：钢筋用量少、造价低、重力小，适用于软土地基。缺点是挡土墙在平面布置上需转弯时施工较为困难，整体性差。

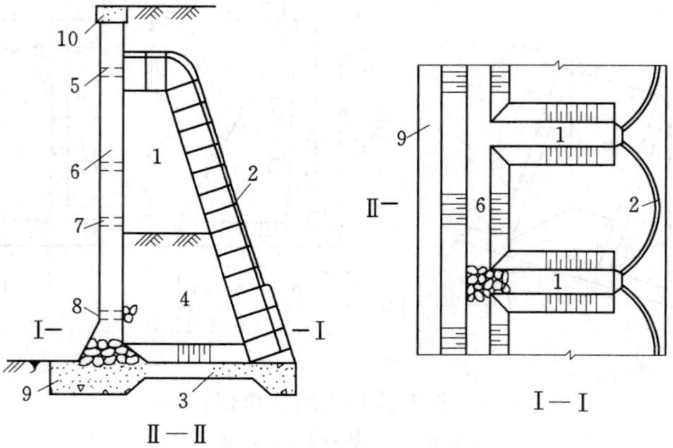

图 9-70 连拱空箱式挡土墙

1—隔墙；2—预制混凝土拱圈；3—底板；4—填土；5—通气孔；6—前墙；7—进水孔；8—排水孔；9—前趾；10—盖顶

第十章 橡　胶　坝

第一节 概　述

一、橡胶坝的特点

橡胶坝是由高强度的合成纤维织物受力骨架与橡胶构成，锚固在基础底板上，形成密封袋形，充入水或气而形成的水坝。橡胶坝出现于20世纪50年代末，我国第一座橡胶坝是1966年6月建成的北京右安门橡胶坝，坝高3.4m，坝顶长37.6m。山东省临沂市于1997年建成高为3.5m，总长为1135m的小埠东拦河橡胶坝，目前，除为数很少的几座充气式橡胶坝外，均为充水式橡胶坝。与传统的闸坝相比，橡胶坝具有以下特点：

(1) 造价低。橡胶坝的造价与同规模的常规水闸相比，一般可以减少投资30%～70%。

(2) 节省三材。橡胶坝袋是以合成纤维织物和橡胶制成的薄柔性结构代替钢木及钢筋混凝土结构，由于不需要修建中间闸墩、工作桥和安装启闭机等钢筋混凝土的上部结构，并简化水下结构，因此三材用量显著减少，一般可节省钢材30%～50%，节省水泥50%左右。

(3) 施工期短。橡胶坝袋是先在工厂生产，然后到现场安装，施工速度快，整个工程施工工艺简单，工期一般为3～6个月，多数橡胶坝工程是当年施工当年受益。

(4) 抗震性能好。橡胶坝的坝体为柔性薄壳结构，延伸率达6000%，具有以柔克刚的性能，故能抵抗强大地震波和特大洪水的波浪冲击。

(5) 不阻水，止水效果好。坝袋锚固于底板和岸墙上，基本能达到不漏水。坝袋内水泄空后，紧贴在底板上，不缩小原有河床断面，无需建中间闸墩、启闭机架等结构，故不阻水。

二、橡胶坝的适用条件

橡胶坝适用于低水头、大跨度的闸坝工程，橡胶坝的高度一般不高于6.0m，单跨长度一般为50～100m。主要用于灌溉、防洪和改善环境，如：

(1) 用于水库溢洪道上的闸门或活动溢流堰，以增加库容及发电水头，工程效益十分显著。从水力学和运用条件分析，建在溢洪道或溢流堰上的橡胶坝，坝后紧接陡坡段，无下游回流顶托现象，袋体不易产生颤动。在洪水季节，大量推移质已在水库沉积，过流时不致磨损坝袋，即使有漂浮物流过坝体，因为有过坝水层保护堰顶，也不易发生磨损。

(2) 用于河道上的低水头溢流坝或活动溢流堰，特别是平原河道水流比较平稳，河道

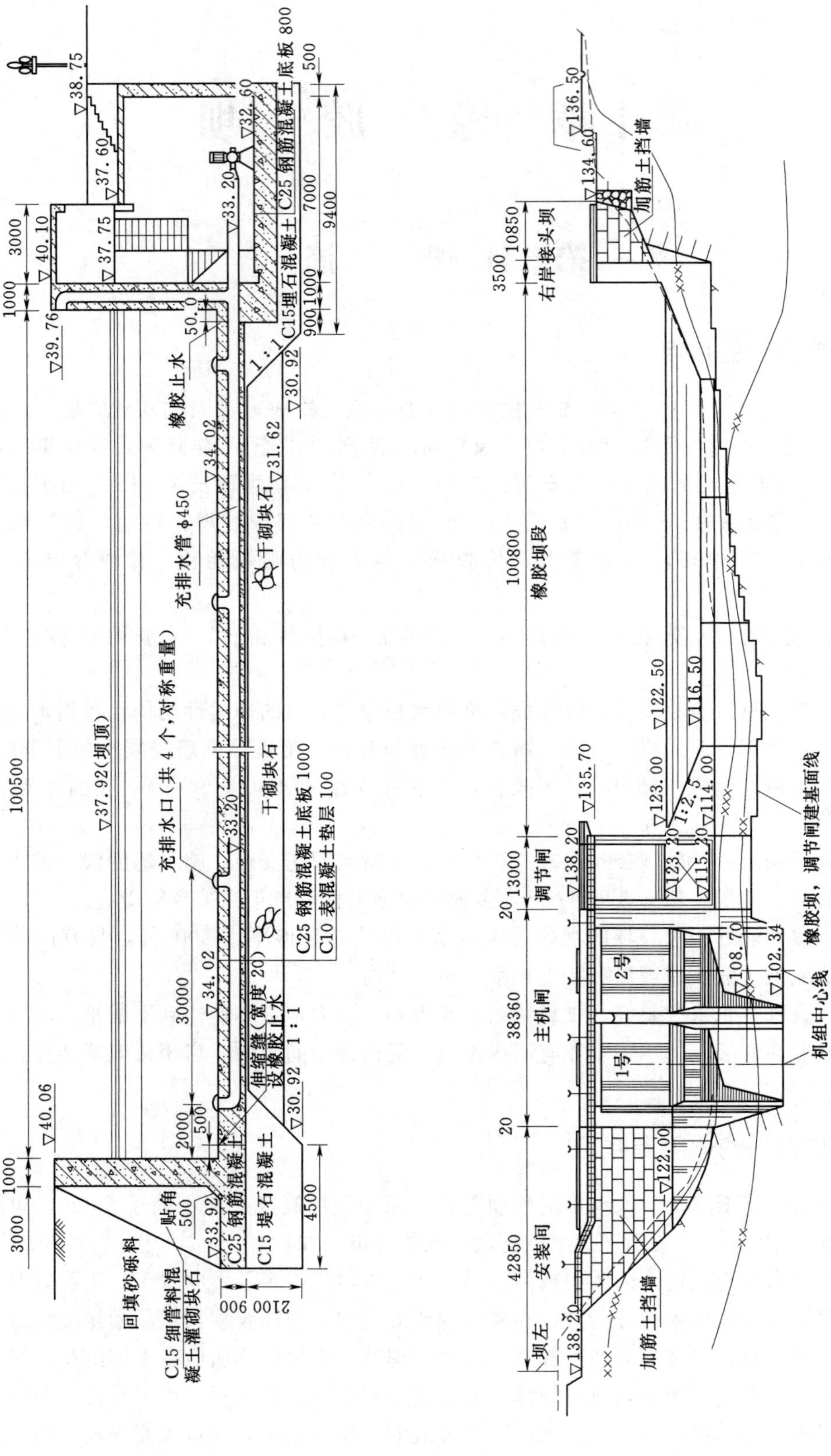

图 10－1　直墙式橡胶坝（高程单位：m；尺寸单位：mm）

断面较宽，宜建橡胶坝，它能充分发挥橡胶坝跨度大的优点。

(3) 可代替闸门用于渠系进水闸、分水闸、节制闸等工程上，建在渠系的橡胶坝，由于水流比较平稳，袋体柔性、止水性能好，能控制坝高和保持水位，用来调节水位和流量。

(4) 用于施工围堰或活动围堰。橡胶活动围堰有其特殊优越之处，如高度可升可降，并且可从堰顶溢流，解决在城市取土的困难，不需取土筑堰可保持河道清洁，节省劳力和缩短工期。

(5) 可用于海边挡潮闸及城区园林工程。橡胶坝造型优美，线条流畅。尤其是彩色橡胶坝更为园林建设增添了一幅优美的风景。

三、橡胶坝的形式

橡胶坝按充胀介质可分为充水式、充气式两种。充水坝的充排时间要长于充气坝。在造价方面，两种坝型相差不多。充水橡胶坝在坝顶溢流时袋形比较稳定，过水均匀，对下游冲刷较小；由于气体具有较大的可压缩性，充气橡胶坝在坝顶溢流时，出现凹口现象，水流集中，对下游河道冲刷较强。在有冰冻的地区，充气橡胶坝内的介质没有冰冻问题，但充气橡胶坝气密性要求高。

橡胶坝按岸墙的结构形式可分为直墙式和斜坡式两种。直墙式橡胶坝的所有锚固均在底板上，橡胶坝坝袋采用堵头式。堵头式的橡胶坝的坝袋不和直墙锚固，只利用堵头与直墙的挤压，达到止水的目的。充水后，坝袋全断面形状相同，不起褶皱，坝袋应力分布比较均匀。这种形式结构简单，适应面广，但充坝时在坝袋和岸墙结合部位出现坍肩现象，引起局部溢流，这就要求坝袋和岸墙结合部位尽可能光滑，如图 10－1 所示。斜坡式橡胶坝的端部锚固在岸坡上，这种形式的坝袋在岸墙和底板的连接处易形成褶皱，在护坡式的河道中，与上下游的连接容易处理，如图 10－2 所示。

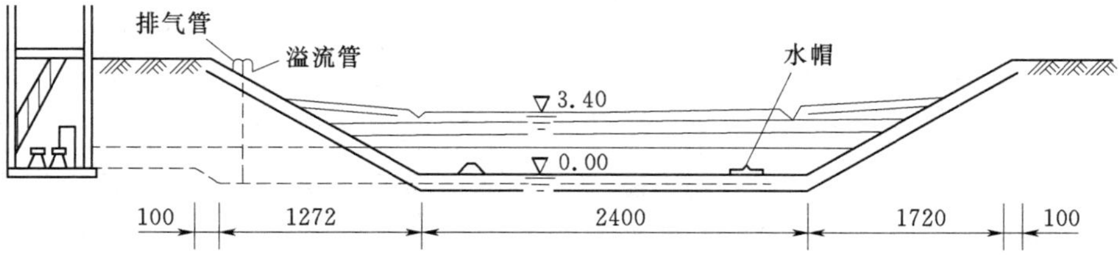

图 10－2　斜坡式橡胶坝（高程单位：m；尺寸单位：cm）

第二节　橡胶坝构造

一、橡胶坝的组成

橡胶坝由上游连接段、橡胶坝段、下游连接段和橡胶坝控制系统等四部分组成，其中的上、下游连接段的作用和设计方法同水闸的上、下游连接段；橡胶坝段由橡胶坝袋、底垫片、锚固系统、充排水管和坝基等组成，其主要作用是控制水位和下泄流量；控制系统由水泵（鼓风机或空压机）、机电设备、传感器、管道和阀门等组成，水泵（鼓风机或空压机）、机电设备和阀门一般都布置在专门的水泵房内，主要作用是控制橡胶坝的高度。

二、橡胶坝的坝袋

橡胶坝主要依靠坝袋内的胶布来承受拉力的，橡胶保护胶布免受外力的损害，根据坝的高度不同，可以选择一布二胶、二布三胶和三布四胶，采用最多的是二布三胶；一般情况下，夹层胶厚 0.3～0.5mm，内层覆盖胶厚大于 2.0mm，外层覆盖胶厚大于 2.5mm。目前国内坝袋胶布采用锦纶帆布，坝袋用的胶布必须满足如下性能：

（1）有足够的抗拉强度和抗撕裂性能，径向抗拉强度必须大于坝袋径向设计强度，纬向抗拉强度必须大于坝袋纬向设计强度。

（2）柔曲性、耐疲劳性、耐水浸泡及耐久性好。

（3）与橡胶具有良好的粘合性能。

（4）重量轻、加工工艺成熟。

坝袋用的胶料必须满足下列基本要求：

（1）耐大气老化、耐腐蚀、耐磨损、耐水性好。

（2）有足够的强度。

（3）在寒冷地区要有抗冻性等。

（4）坝袋使用的胶料达到或超过表 10－1 的规定。

坝袋选择的步骤：首先计算出坝袋的设计强度，然后根据设计强度的要求选择胶布的型号和层数，最后确定各层橡胶的厚度和坝袋的总厚度。

表 10－1　　坝袋胶料物理机械性能要求

项　目		外层胶	夹层胶内层胶	底垫片胶
扯断强度/MPa		≥14	≥12	≥6
扯断伸长率/%		≥400	≥400	≥250
扯断永久变形/%		≤30	≤30	≤35
硬度（邵尔 A）/度		55～65	50～60	55～65
脆性温度/℃		－30	－30	－30
热空气老化（100℃×96h）	扯断强度/MPa	≥12	≥10	≥5
	扯断伸长率/%	≥300	≥300	≥200
热淡水老化（70℃×96h）	扯断强度/MPa	≥12	≥10	≥5
	扯断伸长率/%	≥300	>300	≥200
	体积膨胀率/%	≤15	≤15	≤15
臭氧老化：10000ppm，温度 40℃，拉伸 20%，不龟裂/mm		120	120	100
磨耗量（阿克隆）/[$cm^3 \cdot (1.61km)^{-1}$]		≤0.8	≤1	≤1.2
屈挠性、不裂/万次		20	20	20

三、消能防冲与防渗排水设施

建在溢洪道上的橡胶坝，无需另设消能设施。建在河渠上的橡胶坝，基本采用底流式水跃消能。

消能防冲设施包括上游铺盖、护坦、排水设施和海漫，如图 10－3 所示。消力池与底板之间采用陡坡段连接，坡度为 1∶3～1∶4。如基坑开挖有困难时，坝下游护坦与底板高程齐平，护坦的设置范围应根据计算综合分析决定。

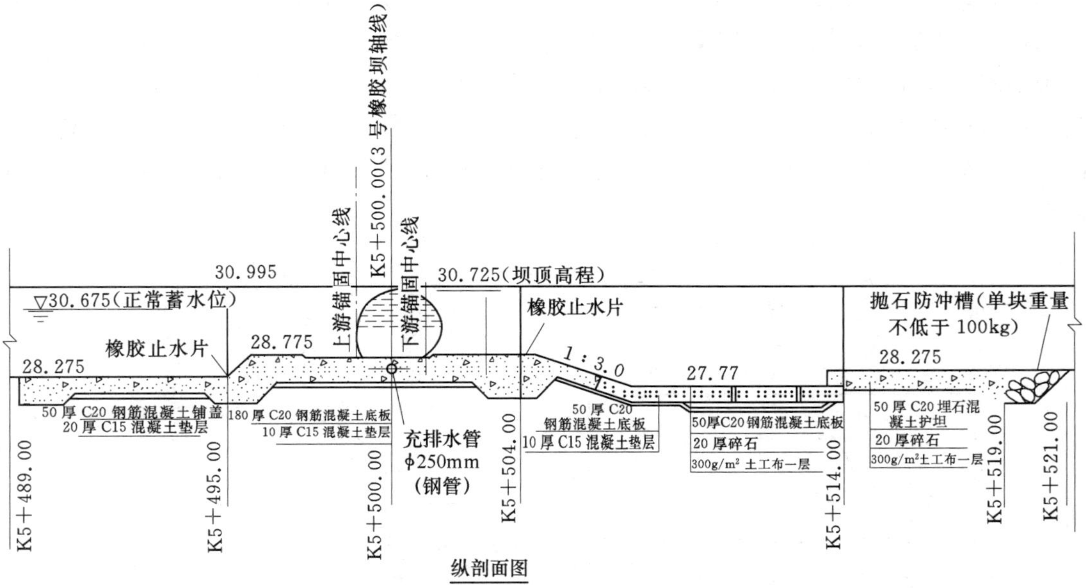

图 10－3　橡胶坝剖面图（单位：m）

（1）铺盖。铺盖的作用一方面是增加防渗长度，减小底板扬压力，同时也可以防止上游河底冲刷。铺盖常采用混凝土或黏土结构，铺盖的长度应满足防渗长度要求，铺盖的厚度视不同材料而定，一般混凝土铺盖厚 0.3m，黏土铺盖厚不小于 0.5m。

（2）护坦一般采用混凝土结构，其厚度一般为 0.3～0.5m。

（3）排水设施。减少底板扬压力的另一种措施是设置排水，由防渗设计综合考虑后确定排水的位置。排水的起始点便是防渗段的终点。排水设施一般用直径 1～2cm 的卵石、砾石、碎石等做成，平铺在地基上，厚度 0.2～0.6m，其上铺设土工布 1～2 层。排水设施和地基土壤接触处容易发生破坏，应予注意。

（4）海漫一般采用浆砌石、干砌石或铅丝石笼，其厚度一般为 0.3～0.5m。

四、坝基锚固类型与布置

橡胶坝袋必须锚固在坝基上，坝袋才能发挥作用。坝基除了有锚固坝袋的作用外，同水闸底板一样，还要承担橡胶坝自重和挡水后的水平水压力，同时还具有防渗、抗冲、拦沙等作用。

1. 锚固构造

橡胶坝锚固的作用是用锚固构件将坝袋胶布固定在承载底板和端墙（或边坡）上，形成一个封闭袋囊。因此，锚固是橡胶坝能否起挡水作用的关键部位，其构件必须满足设计的强度和耐久性，达到牢固可靠和严密不透水的要求。

锚固按锚固线布置分单锚固线和双锚固线两种。

锚固按结构形式可分为螺栓压板锚固、楔块挤压锚固以及胶囊充水锚固3种。

(1) 单线锚固和双线锚固。单线锚固只有上游一条锚固线，锚线短，锚固件少，但坝袋胶布多，低坝和充气坝多采用单线锚固，如图10-4(a)所示。由于单线锚固仅在上游侧锚固，坝袋可动范围大，对坝袋防振防磨损不利，尤其在坝顶溢流时，有可能在下游坝脚处产生负压，将泥沙(或漂浮物)吸进坝袋底部，造成坝袋磨损。双线锚固是将胶布分别锚固于四周，锚线长，锚固件多，安装工作量大，密封质量要求高。相应地处理密封的工作量也大，但因为坝袋四周锚固，坝袋可动范围小，所以对坝袋防振防磨损有利，如图10-4(b)所示。另外，在上下游锚固线间可用纯胶片代替坝袋胶布防渗，从而节省胶布约1/3。

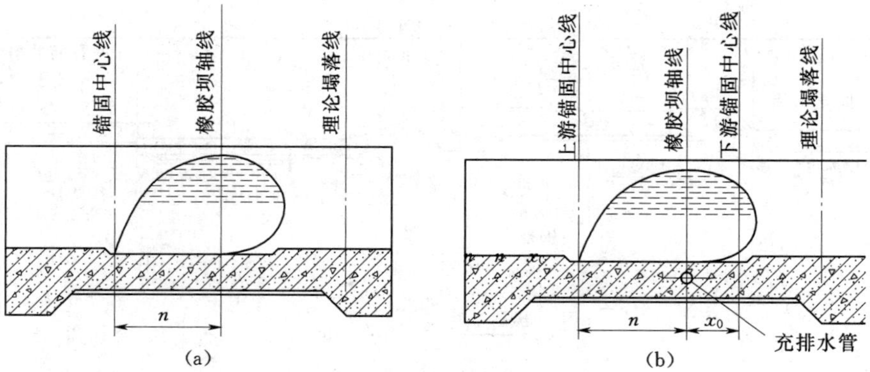

图10-4 单线锚固和双线锚固布置示意图
(a) 单线锚固；(b) 双线锚固

在感潮河段，由于河水位和海水位经常变动，可采用对称双线布置。对有双向挡水任务的橡胶坝，也宜双线锚固布置。双线布置时，两条锚固线在底板上的距离为设计条件下计算的上下游坝袋贴地长度，最好锚固在底板的同一高程上。

(2) 螺栓压板式锚固。锚固构件由螺栓和压板组成。螺栓压板式锚固按锚紧坝袋的方式可分为穿孔锚固和不穿孔锚固。穿孔锚固是在锚固部位将坝袋穿孔套进预埋的地脚螺栓，用压板锚紧，如图10-5(a)所示。穿孔锚固的优点是胶布和锚件所需长度较短，约为不穿孔锚固长度的一半；施工安装和拆卸检修方便。缺点是锚固部位要穿孔，在孔的周边要补强，以防应力集中将坝袋撕裂。另外，穿孔锚固是靠螺栓和钢压板锚紧，其构件在污水河道中使用，容易锈蚀而失效。不穿孔锚固是将锚固部位的胶布用一根压轴卷起或塞入锚固槽内，用压板压紧，如图10-5(b)所示。锚固部位的压轴材料可用圆木或钢管。其优点是不需在坝袋上打孔和补强，但锚固长度相对较长，施工安装费工。

按使用的压板材料分为不锈钢、普通钢、铸铁和钢筋混凝土压板等。为防止锈蚀，螺栓应用不锈钢材料，若用普通钢应经过防锈蚀处理，如镀锌等。因精制螺栓在运用中易于滑扣，应采用粗制螺栓较好。

(3) 楔块挤压式锚固。楔块挤压式锚固系由前楔块、后楔块和压轴组成，如图10-6所示。锚固槽有靴形和梯形两种，施工时用压轴将坝袋胶布卷塞入槽中，用楔块挤紧。坝袋充胀后，锚固槽受到坝袋拉力作用带动前楔块上升，槽前壁受到摩擦力，同时带动压轴挤压前楔块，其作用结果是挤压后楔块向上位移。因此楔块挤压式锚固受力比较复杂，重要工程应由锚固结构试验确定。

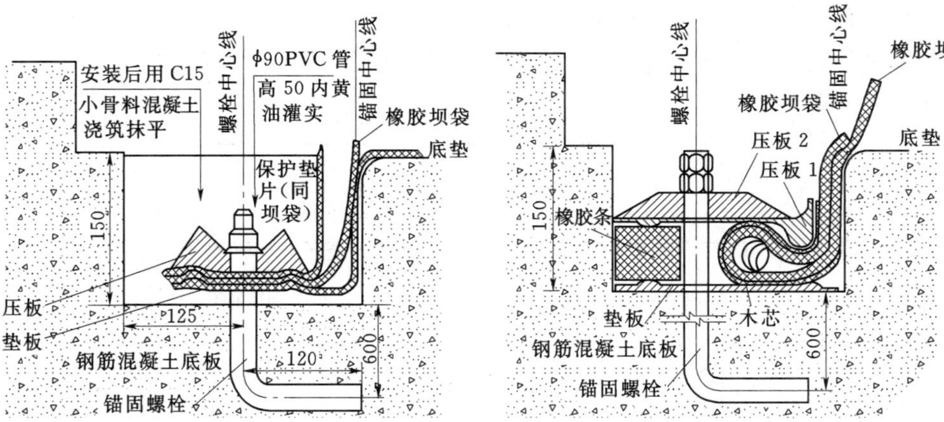

(a)　　　　　　　　　　　　(b)

图 10-5　螺栓压板式锚固布置示意图（单位：mm）

(a) 穿孔锚固；(b) 不穿孔锚固

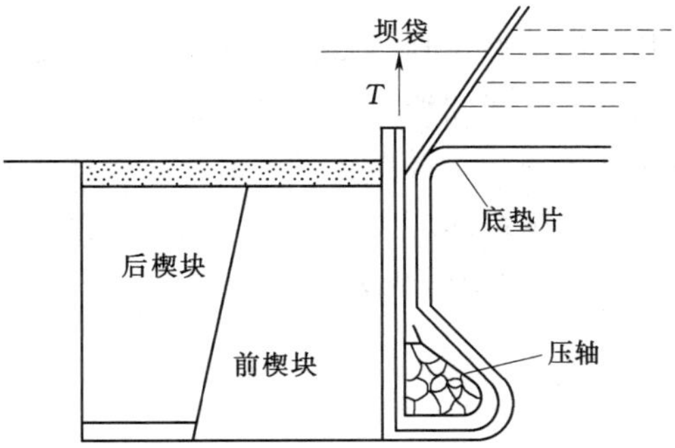

图 10-6　楔块挤压式锚固示意图

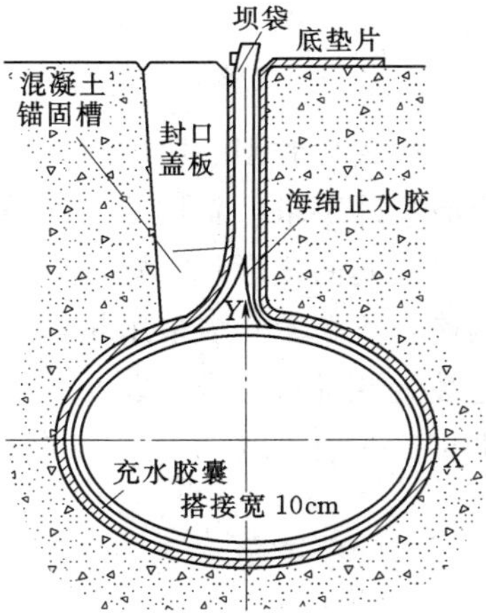

图 10-7　胶囊充水锚固

（4）胶囊充水锚固。胶囊充水锚固是用胶布做成胶囊，胶囊内充水或充气将坝袋挤紧，充水胶囊制造全部由厂家完成，拆装方便，止水性好。锚固槽尺寸可参照图 10-7 设计，槽形宜为椭圆，长半轴 b 和短半轴 a 的比值宜为 $b/a=1.22$，并且槽口下沿宽度不小于 7cm，上沿宽度不小于 9cm，胶囊黏接缝宽度为 10cm。

施工时，将底垫片、海绵止水胶条和橡胶坝袋放入锚固槽后，随之将胶囊置于坝袋胶布之间，整理平顺后即向胶囊内充水，边充水边用钝头棍振捣胶囊，使橡胶坝袋胶布与锚固槽壁紧贴密实，待胶囊水压达到设计压力时，即可向坝袋内充水，进行试验。

2. 锚固线布置

直墙式和斜坡式的锚固线布置是不同的，采用堵头式橡胶坝袋的直墙式橡胶坝的所有锚固线均布置在底板上；而斜坡式橡胶坝的底板和侧墙均布置有锚固线。

（1）直墙式橡胶坝的锚固线布置。锚固线可以分为 3 类，即上游锚固线、下游锚固线和侧锚固线。

上、下游锚固线的距离为橡胶坝的贴地长度，上、下游锚固中心线间的距离一般均大于或等于橡胶坝的贴地长度，如图 10－8 所示。侧锚固线尽可能地靠近侧墙，有的干脆做到侧墙内。

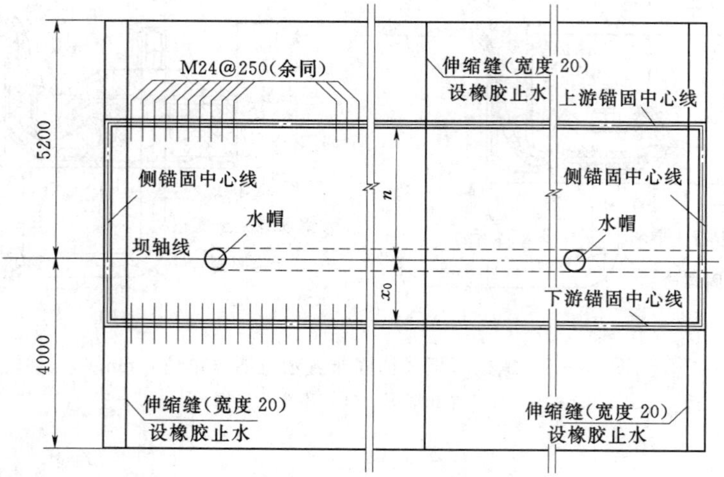

图 10－8　直墙式橡胶坝的锚固线布置（单位：mm）

（2）斜坡式橡胶坝的锚固线布置。斜坡式橡胶坝在底板的锚固线同直墙式橡胶坝，但斜坡部分有特殊要求。斜坡部分的锚固，其锚线最好按坝袋设计充涨断面在斜坡上的空间投影形成的空间曲线形状布置，但这样坝袋须加工成曲线形，锚固件也应做成曲线形，加工安装困难，故上游侧多采用相切于坝袋设计外形的折线布置，下游侧呈直线布置。上游锚线在边坡上要延长一段，以便在坝袋充涨时减少纬向应力，经过试验并根据工程实践经验，坝端坝高一般可取 1.1～1.2 倍设计坝高，如图 10－9 所示。

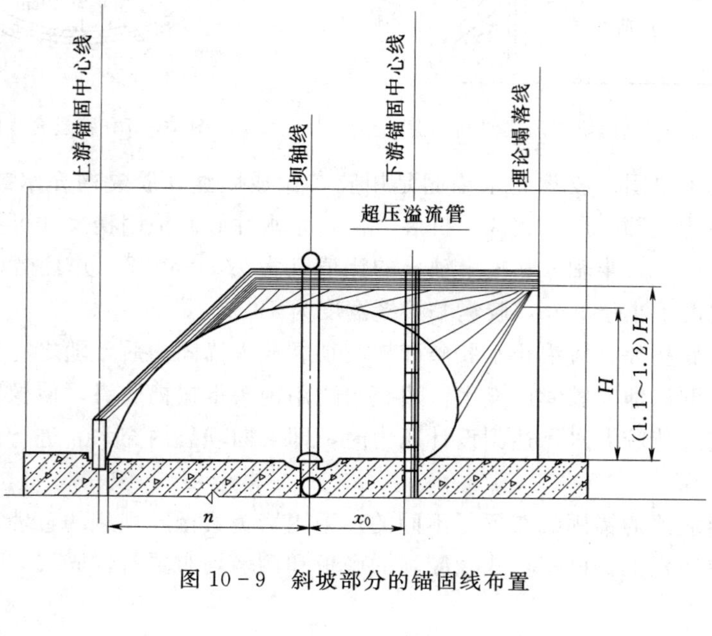

图 10－9　斜坡部分的锚固线布置

五、橡胶坝充排水设施

坝袋的充排水方式有两种，即动力式、混合式。所谓动力式，即坝袋的上升、下降完全利用水泵进行；混合式即坝袋的上升、下降部分利用水泵来完成，部分利用现有工程条件自充或自排。

橡胶坝充排水系统由管道系统、水泵机组、水帽、闸阀和辅助设备等组成，如图 10－10 所示。

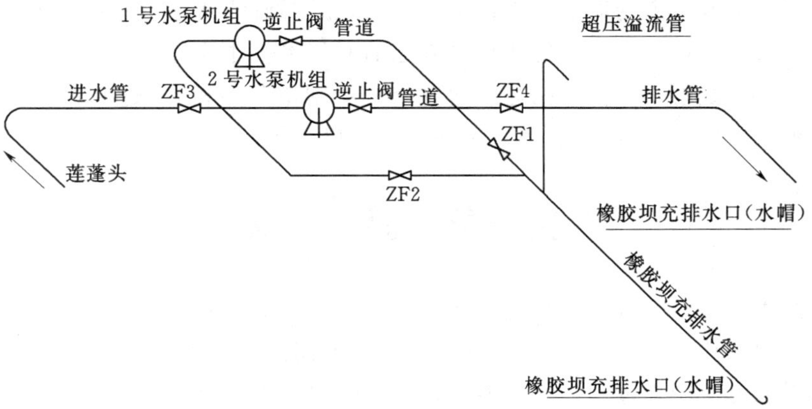

图 10－10　橡胶坝充排水系统的组成

（1）管道系统。管道系统由进水管、出水管、充排水管和超压溢流管等组成。

（2）水泵机组。水泵机组主要包括动力设备、水泵及辅助设备，像真空泵、压力表、真空表及电气设备均属于辅助设备。

橡胶坝优点较多，用途广泛，但在具体实践中还有许多新的课题有待解决，如高度大于 5m 的橡胶坝的工程设计和制造问题，坝袋防振动问题，如何进一步提高坝袋强度（在坝袋胶布内加入钢丝网）问题，坝袋的耐老化和耐磨损问题，坝袋的修补和维护问题，活动式橡胶坝的开发应用问题，橡胶坝的自动控制问题等。

橡胶坝是随着科学技术的发展而诞生的一种新型的水工建筑物，它必将随着科学技术的发展，从材料、设计以及施工和管理等方面得到进一步的发展和完善。

第十一章 过坝建筑物

在河道或渠道中修建水利枢纽工程将会截断水流，并产生巨大的上、下游水头差，因此，截断了原河道或渠道的通航、木筏运输以及鱼类洄游的通道。过坝（闸）建筑物，就是指为了满足通航、过木、过鱼等要求而修建的专门水工建筑物。

过坝（闸）建筑物，主要包括通航建筑物（船闸或升船机）、过木建筑物（筏道、漂木道、过木机）、过鱼建筑物（鱼道、鱼闸、举鱼机）等。

第一节 船 闸

船闸是指通过闸室的水位自动上升或下降，分别与上游或下游水位齐平，从而使得船舶克服航道上的集中水位落差，从上游（下游）水面驶向下游（上游）水面的专门建筑物，船闸利用水力使船只过坝，通航能力较大，应用较为广泛。

升船机是指用于船只升送过坝的专门机械，主要特点是耗水量小、一次性提升高度较大。

通航建筑物的适用条件为：①在河道上拦河筑坝，形成上、下游水位差；②在渠化河道时，为了克服水浅流急的自然状态，以增加水深、减小流速，而进行分级筑坝；③开通运河，遇到地面高差过大或坡度过陡时，为了保持一定的水面坡度，需要将高差集中。

一、船闸的组成及作用

船闸一般由闸室、闸首、引航道三部分组成，如图 11-1 所示。

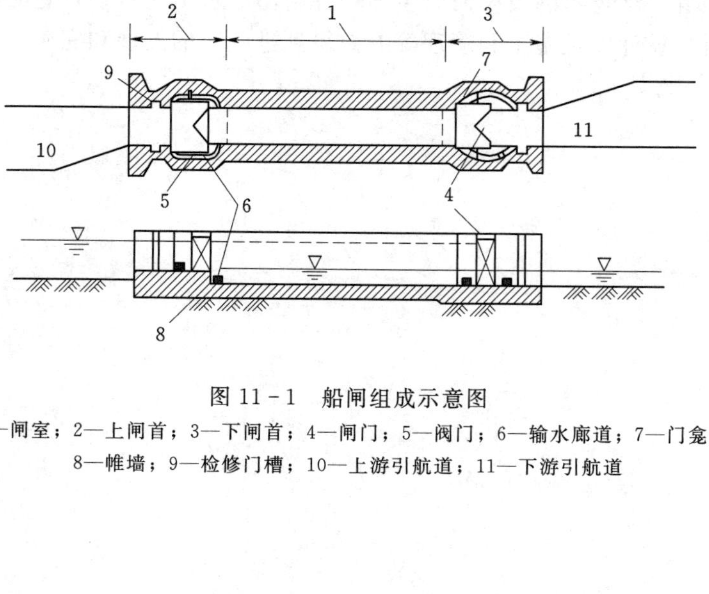

图 11-1　船闸组成示意图

1—闸室；2—上闸首；3—下闸首；4—闸门；5—阀门；6—输水廊道；7—门龛；8—帷墙；9—检修门槽；10—上游引航道；11—下游引航道

（1）闸室。闸室是指由上、下闸首和两侧边墙所组成的空间，通过船闸的船舶可在此暂时停泊。闸室一般由闸底板及闸墙构成，并以闸首内的闸门与上、下游引航道隔开。闸底板及闸墙的建筑材料，可以用浆砌石、混凝土或钢筋混凝土；闸底板及闸墙的连接形式有整体式结构和分离式结构。

当船闸充水或放水时，闸室水位就自动升降，船舶在闸室中随闸室水位而升降，由于水位升降较快，要求在闸室中的船舶能稳定和安全地停泊，两侧闸墙上还有系船柱和系船环等辅助设备。

（2）闸首。闸首是指将闸室与上、下游引航道隔开的挡水建筑物，一般由侧墙和底板组成。位于上游的叫上闸首，位于下游的叫下闸首。在闸首内设有工作闸门、检修闸门、输水系统（输水廊道和输水阀门等）及启闭机械等设备。船闸的闸门，常用人字闸门。

（3）引航道。它是指保证过闸船舶安全进出闸室时交错避让和停靠用的一段航道。与上闸首相连接的称为上游引航道，与下闸首相连接的称为下游引航道。

在引航道内一般设有导航和靠船建筑物。导航建筑物与闸首相连接，其作用是引导船舶顺利地进出闸室；靠船建筑物与导航建筑相连接，布置于船舶过闸方向的一岸，其作用是供等待过闸船舶停靠使用。

二、船闸的工作原理

当船舶从下游驶向上游时，其过闸程序如图 11－2 所示：①关闭上、下游闸门及上游输水阀门；②开启下游输水阀门，将闸室内的水位泄放到与下游水位相齐平；③开启下游闸门，船舶从下游引航道驶向闸室内；④关闭下游闸门及下游输水阀门；⑤打开上游输水阀门向闸室充水，直到闸室内水位与上游水位相齐平；⑥最后将上游闸门打开，船舶即可驶出闸室，进入上游引航道。

船舶从上游驶向下游时，其过闸程序与此相反。

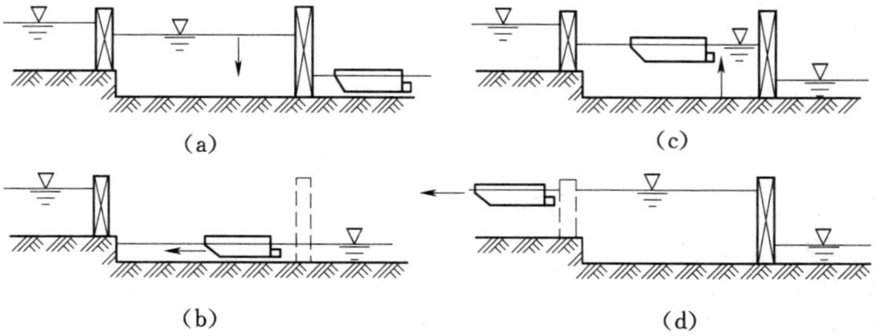

图 11－2　船闸工作原理示意图

（a）关闭上游阀门；（b）开启下游阀门；（c）关闭下游阀门，开启上游阀门；（d）打开上游闸门

三、船闸的类型

船闸的类型较多，影响船闸形式的主要因素有水头的大小、流量的多少、地形的陡缓、地质的优劣、所需的通过能力、建筑材料的供应情况以及当地施工技术条件等。

1. 按船闸的闸室级数分类

（1）单级船闸。沿船闸纵向只建有一级闸室的船闸，如图 11－2 所示。这种形式的船闸，船舶通过时，只需要进行一次充泄水即可克服上、下游水位的全部落差，过闸时间短，船舶周转快，通过的能力较大，建筑物以及设备集中，管理较为方便。一般单级船闸的适用水头不超过15～20m。

(2) 多级船闸。是指沿船闸纵向连续建有两级以上闸室的船闸，如图11-3所示。船舶通过多级船闸时，需进行多次充泄水才能克服上、下游水位的全部落差。当水头较大时，采用多级船闸，过闸的用水量将会增大，充泄水进入闸室和引航道的水流流速较高，对船舶及输水系统的工作条件不利，而且还将使闸室及闸门的结构复杂化。多级船闸一般适用于水头超过15～20m的情况。

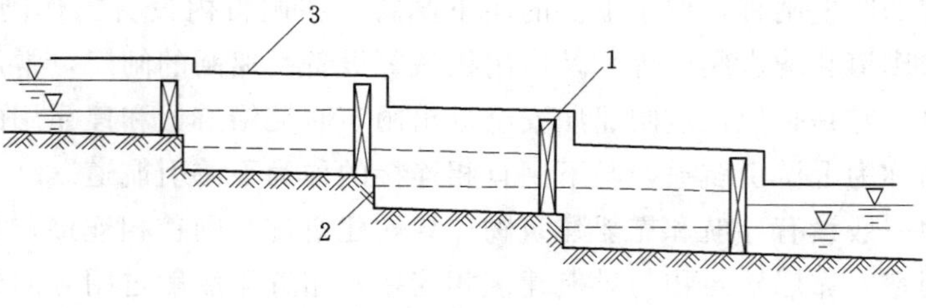

图11-3 多级船闸示意图

1—闸门；2—帷墙；3—闸墙顶

2. 按船闸的线数分类

(1) 单线船闸。其特点是在一个枢纽内只建有一条通航线路的船闸。一般情况下，大多采用这种形式。

(2) 多线船闸。是指在一个枢纽内建有两条或两条以上通航线路的船闸。图11-4，为长江葛洲坝水利枢纽所采用的三线船闸。船闸线数的确定，主要取决于货运量与船闸的通过能力。当通过枢纽的货运量巨大，采用单线船闸不能满足通过能力要求时，或船闸所处河段的航道对国民经济具有特殊重要意义，不允许因船闸检修而停航时才修建多线船闸。

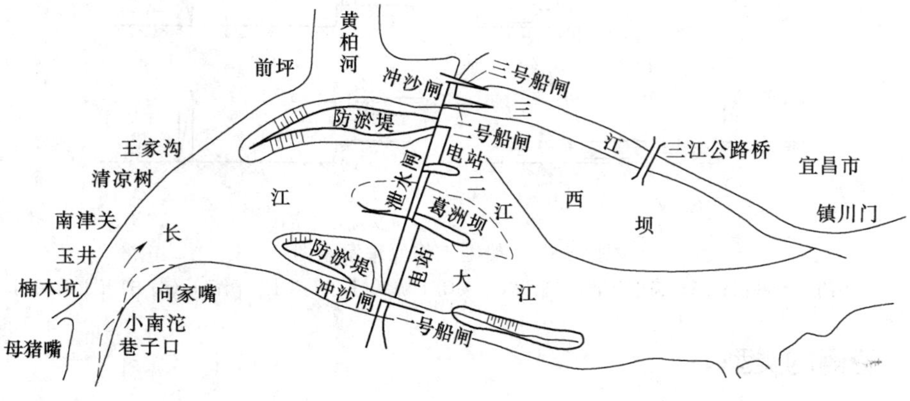

图11-4 三线船闸布置示意图

在双线船闸中，可将两个船闸的闸室并列，而在两个闸室之间采用一个公共的隔墙，如图11-5所示。这时可利用隔墙设置输水廊道，使两个闸室相互连通，一个闸室的泄水可以部分地用于另一个闸室的充水。因此，可以减少工程量和船闸用水量。

3. 按闸室的形式分类

（1）广厢船闸。其主要特点是闸首口门的宽度小于闸室的宽度，如图 11－6 所示。这种船闸可以缩窄闸门的宽度、简化启闭设施、降低工程造价。但是，船舶进、出闸室需要横向移动，操作运用较为复杂，过闸时间较长。因此，在通过以小型船舶为主的小型船闸上较为常用。

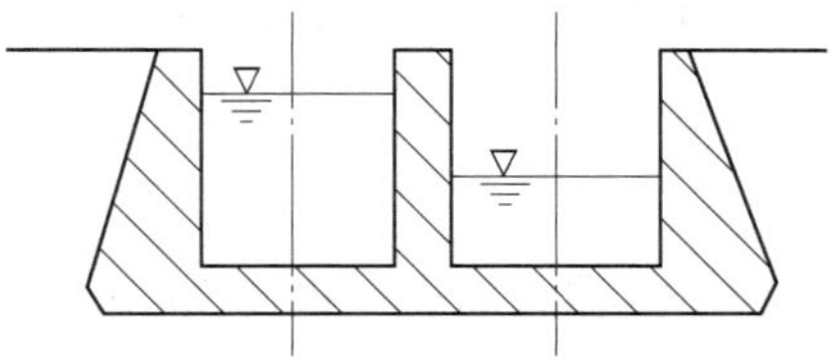

图 11－5　并列且互相连通的双线船闸

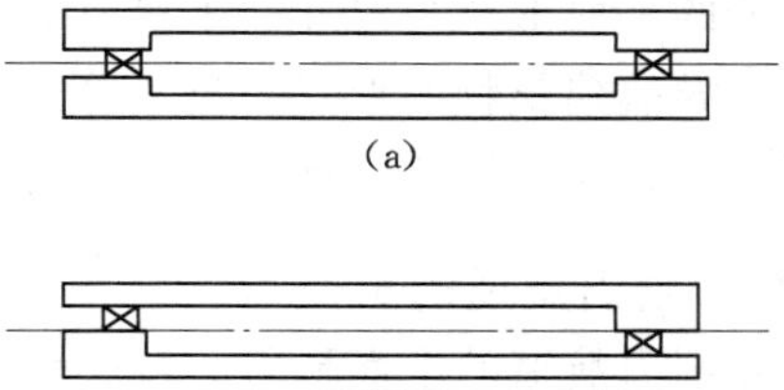

图 11－6　广厢船闸平面示意图

（a）对称式；（b）反对称式

（2）具有中间闸首的船闸。在上、下闸首之间增设一个中间闸首，将一个闸室分为前、后两部分，如图 11－7 所示。当所通过的船舶较小时，为了节省过闸用水量和过闸时间，可只用闸室的前半部或后半部；当通过较大的船舶或船只较多时，可将前、后闸室连为一体使用。

（3）竖井式船闸。在闸室的上游侧设有较高的帷墙，而在下游侧设有胸墙，船舶在胸墙下的净空通过，下游闸门采用平面提升式，如图 11－8 所示。这种形式的船闸，用于水头较高、地基良好的情况，可以减小下游闸门的高度。如俄罗斯的乌斯季卡缅诺戈尔斯克单级船闸，水头高达 42m，就采用了竖井式船闸。

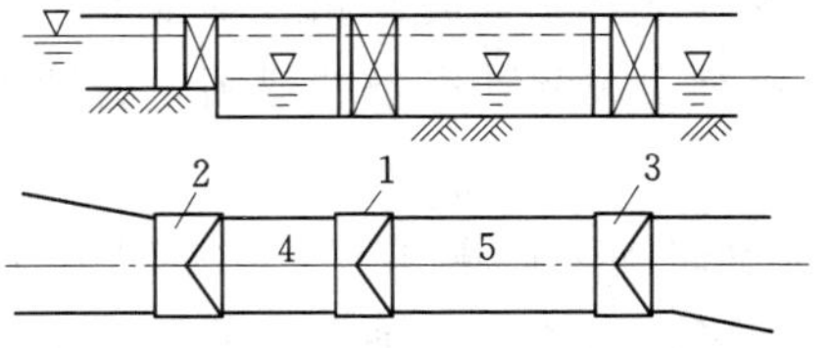

图 11－7　具有中间闸首的船闸

1—中间闸首；2—上闸首；3—下闸首；4—前闸室；5—后闸室

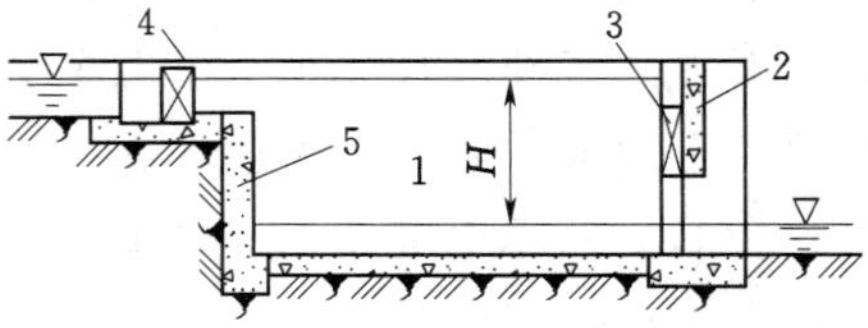

图 11－8　竖井式船闸纵剖面示意图

1—闸室；2—胸墙；3—提升式平面闸门；4—人字闸门；5—帷墙

4. 按地理位置不同分类

（1）内河船闸。是指建于内陆的渠化河流及人工运河上的船闸。其特点是，船闸平面尺寸及门上尺寸均较小，上闸首往往设有帷墙，一般只承受单向水头作用。但是，建于两条河流交汇的河口处，或受潮水位（或湖水位）影响的河段上的内河船闸，也承受双向水头的作用，且不设帷墙。建于山区河流上的有些船闸，洪水时期允许淹没，并参与枢纽泄洪。

（2）海船闸。是指专门建于封闭式海港港池口门、海运河及入海河口处的船闸。其特点是船闸平面尺寸及槛上水深均较大，承受双向水头作用，无帷墙，闸首没有上、下之分。

四、船闸的引航道

引航道的作用，是保证船舶安全、平顺地进出船闸，供等待过闸船舶安全停泊，使进出闸船舶能交错避让。在通航过程中，引航道应有足够的水深和一定的平面形状与尺寸。

引航道的平面形状与尺寸，主要取决于船舶过闸繁忙程度、船队进出船闸的行驶方式以及靠船和导航建筑物的形式与位置等。引航道平面形状与布置是否合理，直接影响船舶进出闸的时间，从而影响船闸的通过能力。

（一）船闸引航道的平面形状

单线船闸引航道的平面形状，可分为对称式和非对称式两类，如图 11-9 所示。

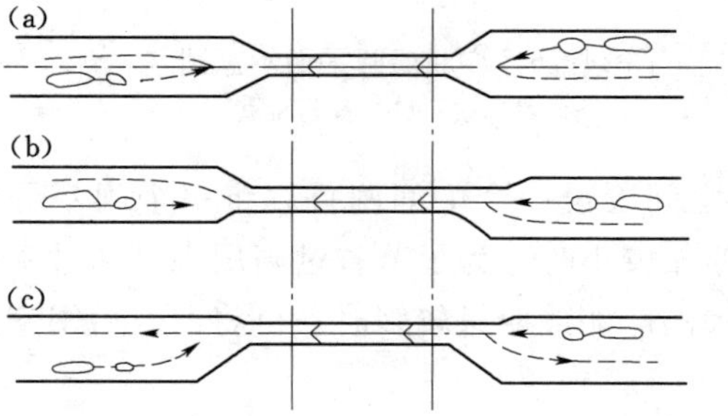

图 11-9　航道的平面形状

（a）对称式；（b）非对称式（一）；（c）非对称式（二）

1. 对称式引航道

对称式引航道的轴线与闸室的轴线相重合，如图 11-9（a）所示。当双向过闸时，为了进出闸船舶相交错避让，船舶进出闸都必须曲线行驶。因此，进出闸速度较慢，过闸时间较长，对提高船闸通过能力不利。

2. 非对称式引航道

非对称式引航道的轴线与闸室轴线不相重合，其布置方式通常有两种。

图 11-9（b）所示为非对称式引航道，引航道向不同的岸侧扩宽，双向过闸时船舶沿直线进闸，曲线出闸。因为船舶从较宽的引航道驶入较窄的闸室时，驾驶较困难，让船舶直线进闸就能提高船舶进闸速度，从而提高船闸的通过能力。这种形式适用于岸上牵引过闸及有强大制动设备的船闸，否则为防止船舶碰撞闸门，必须限制船舶进闸速度。

图 11-9（c）所示为非对称式引航道，引航道向同一岸侧扩宽，主要货流方向的船舶进出闸都走直线，而次要货流方向的船舶进出闸可走曲线。这种方式适用于岸上牵引过闸、货流方向有很大差别以及有大量木排过闸的情况，对于受地形或枢纽布置限制的情况，也可采用这种布置形式。

（二）引航道中的建筑物

在引航道中，主要的建筑物有防护建筑物、导航建筑物以及靠船建筑物等。

1. 防护建筑物

为了防止风浪和水流对船舶的袭击，保证船舶的安全过闸和停靠，应修建必要的防护建筑物。实际工程中，一般是在引航道范围内进行护底与护岸，护底的常用材料多为干砌块石，护岸一般为浆砌块石。

2. 导航建筑物

导航建筑物的主要作用，是为了保证船舶能从宽度较大的引航道安全、顺利地进入较窄的闸室。导航建筑物一般包括主、辅导航建筑物两种类型。主导航建筑物位于进闸航线一侧，用以引导船舶进闸；辅导航建筑物位于出闸航线一侧，用以引导受侧向风、水流和主导航建筑物弹力作用而偏离航线的船舶，使其循正确方向行驶。

非对称引航道中，主导航建筑物一般都是和船闸轴线平行的直线，且与靠船建筑物连接在一起，其辅导航建筑物一般为曲线。对称式引航道中，主、辅导航建筑物一般为弧形。

3. 靠船建筑物

靠船建筑物的主要作用，是专门为等待过闸的船舶停靠使用。靠船建筑物一般布置在靠船舶航线的一侧，即进闸航行方向的右侧。

在非对称式引航道中，靠船建筑物一般与导航建筑物相连接，且为闸室墙的延续，以便单向过闸时，船舶直接停靠于导航建筑物前等待过闸。

五、船闸的布置

在水利枢纽中，除坝与船闸外，还有电站、取水建筑物、鱼道、筏道等建筑物。因此，进行枢纽布置时，应合理确定船闸与各建筑物间的相互位置。

（一）船闸与坝的布置

根据枢纽处的具体条件，一般有以下两种布置形式：①闸坝并列式，即船闸布置在河床之中或河滩上；②闸坝分离式，即船闸布置在河湾的裁直引河中，如图 11－10 所示。

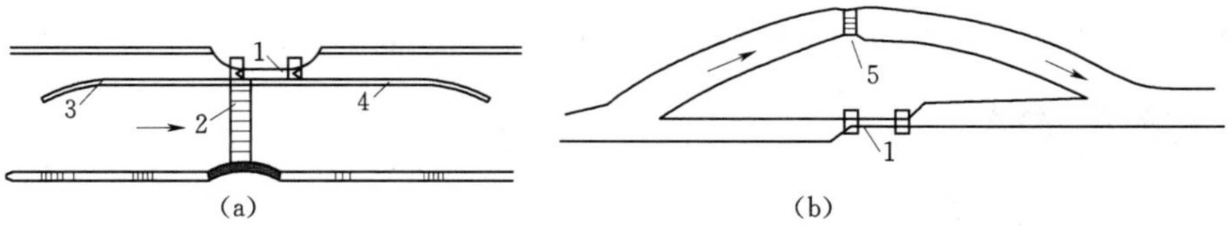

图 11－10　船闸布置示意图

（a）闸坝并列式；（b）闸坝分离式

1—船闸；2—泄水闸；3—上导航墙（堤）；4—下导航墙（堤）；5—节制闸

1. 闸坝并列式

如图 11－10（a）所示，船闸布置于河床之中，多用于低水头水利枢纽中。当河床宽度大，足以布置溢流坝和水电站时，宜将船闸设在水深较大、地质条件较好的一岸，当枢纽处于微弯河段时，大都将船闸布置在凹岸。这样，可使船闸及其引航道的挖方减少，而且引航道的进出口通航水深也易于保证。但是，施工时必须修筑围堰，工期较长，而且还需在上下游引航道中靠河一侧修建导堤，把引航道与河流隔开，以保证船舶的安全。

船闸布置在河滩上，通常用于高水头水利枢纽中，河滩（或台地）一般均被淹没，下游开挖引航道与河流相接，上游修筑导堤，以保证引航道不受水库风浪和水流的影响。这样，引航道进、出口远离溢流坝，船舶航行不受大坝溢流的影响，同时，施工期间束狭河床断面的时间短，可利用原河道维持通航。

2. 闸坝分离式

船闸布置于河湾凸岸的裁直引河中，如图 11－10（b）所示。其船闸的施工条件较为优越，一般都可干地施工，无需修筑围堰，施工质量也易于得到保证。由于船闸布置在引河中，远离溢流坝，引航道进、出口处流速较小，便于船舶航行。但是，这种布置需挖引河，土石方开挖量大。选用这种方案时，为保证航行方便，引河长度不应小于4倍闸室长度，下游引航道的出口应布置在河流凹岸水深较稳定处，同时，引航道的轴线与河道水流方向夹角应尽量减小。

（二）船闸与其他建筑物的布置

（1）船闸、电站分设两岸。当船闸、电站并列于同一河床断面内时，可将它们分别布置在河流的两岸，使电站远离船闸，这样，电站下泄的尾水不会影响船舶进出船闸，在电站施工或运转期间，向电站运送、更换设备比较方便，也便于电站变电所布置。两者的施工和管理，互不干扰。但须在两岸布置施工场地，费用较大。

（2）船闸、电站均设同岸。将电站与船闸布置在河流的同一岸，最好将电站布置于靠河一侧，而船闸靠岸一侧，并使两者间隔开一定距离。这样既可在两者之间设置变电所，又可改善引航道水流条件。如河床宽度不足，难于使船闸与电站之间隔开一定距离，也可将电站与船闸布置成一定的交角，使电站尾水远离航道，但工程长度将增加，从而增大工程量和投资。

（3）船闸、取水建筑物分设两岸。如果水利枢纽中有取水建筑物，也可将船闸与取水建筑物分别布置于河流的两岸，以避免取水建筑物运行时影响船闸引航道的水流条件，而且取水建筑物也不致受到船舶、木筏的撞击而被损坏。

如果必须将船闸与取水建筑物布置于同一河岸时，进水闸最好布置在船闸上游，并尽可能远离船闸，以减小取水建筑物对船闸引航道水流条件的不利影响。

六、船闸的结构

（一）闸室的结构形式

闸室是船闸的重要组成部分，它由两侧的闸墙和闸底组成。闸墙主要承受墙后土压力和水压力。由于闸室内水位是经常变化的，当室内处于高水位时，可能比墙后地下水位高，而当闸室内低水位时，又可能比墙后地下水位低。因此，闸室所受水压力的大小和方向是变化的，这是闸墙与一般挡土墙的不同之处。由于闸墙前后有水位差，因此闸墙和底板应满足防渗的要求。

闸室的结构形式与各地的自然、经济和技术条件有关。按闸室的断面形状，可将闸室分为斜坡式和直立式两大类。

1. *斜坡式闸室结构*

斜坡式闸室结构，是将河流的天然岸坡和底部加以砌石保护而成。为防止浅水时船只搁浅在两岸边坡上，在两侧岸坡脚处一般都建有垂直的栈桥，如图11－11所示。斜坡式闸室结构简单，施工容易，造价较低。但是，灌水体积大，灌水时间长，过闸耗水量大，由于闸室内水位经常变化，两侧岸坡在动水压力作用下容易坍塌，故需修筑坚固的护坡工程。这种形式主要适用于水头和闸室平面尺寸较小、河流水量较为充沛的小型船闸。

2. *直立式闸室结构*

直立式闸室结构，如图11－12所示。一般适用于大、中型船闸中，根据地基的性质，这种结构又分为非岩基上的闸室和岩基上的闸室结构两大类。

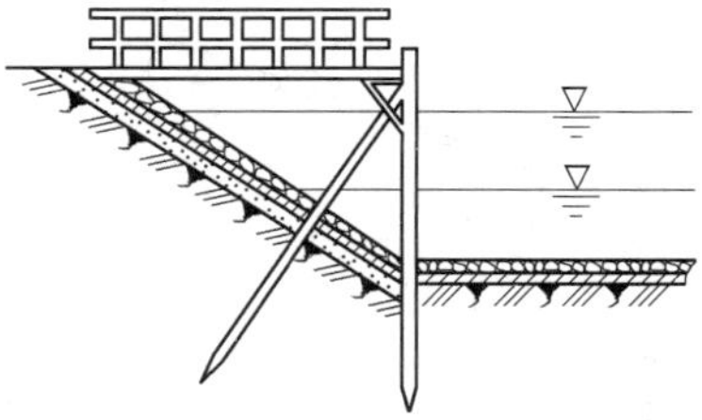

图 11－11 斜坡式闸室结构示意图

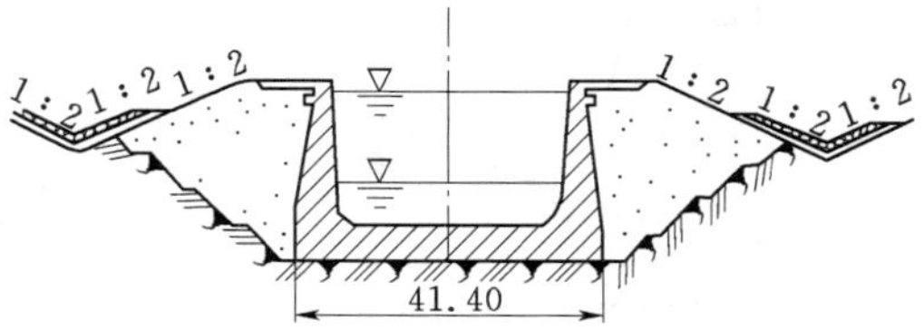

图 11－12 直立式闸室结构示意图（单位：m）

（二）闸首结构形式

和闸室结构形式一样，闸首结构形式主要取决于地基条件。对于非岩石地基，一般采用两侧边墩与底板为一体的整体式结构，以使闸首有足够的刚度，从而保证闸门的正常工作，同时也满足闸首整体稳定及地基承载力要求。非岩石地基上的闸首边墩，常用重力式及空箱式。对于岩石地基，一般可采用重力式结构。

非岩基上闸首的重力式边墩，多用于地基较好的中小型船闸。这种边墩除了阀门部分做成矩形断面外，其余部分均做成普通重力式挡土墙。若边墩墙顶布置启闭机房时，可在墙顶设悬臂板，板下用支柱支在廊道顶板上。

非岩基上闸首的空箱式边墩，是将输水廊道顶面以上的边墩墙做成若干个空箱。其自重较小，多用于软弱的地基。另外，空箱边墩宽度较大，便于墙顶布置启闭机房。设置阀门的空箱可兼作阀门井，并利用箱壁导引阀门升降。工作阀门和上、下游修理阀门槽不能同时设在一个空箱内，因为修理阀门槽在没装上修理阀门时不起挡水作用，水可从上游修理阀门槽经空箱绕过工作阀门，再由下游修理阀门槽流入下游。通常将空箱顶盖板和壁板浇筑在一起，并在顶板上设进人孔，以便进入检修或拆除箱内模板。靠闸门一侧的空箱面板上设有进水孔，以使空箱内、外水位一致，以改善空箱面板的受力条件。

（三）导航及靠船建筑物

导航及靠船建筑物，其结构形式与地基土壤性质、水位变幅及地形条件有关。常用的形式可分为两大类，即固定式与浮式两种。

1. 固定式

这种建筑物的形式很多，如墩式（靠船墩）、重力式、高桩承台式、框架式等。

在我国许多大中型船闸中，常将靠船建筑物做成一个单独的墩台，即所谓靠船墩，如图 11－13 所示。靠船墩与实体重力式靠船建筑物相比，其工程量较少、投资较省，因此应用较为广泛。

重力式结构，一般用于地基不能打桩或水深不大等情况，多采用砌石或混凝土建造。这种结构可以就地取材、节省材料、施工管理方便，但对地基条件要求较高，如图 11－14 所示。

2. 浮式

这种导航及靠船建筑物，主要用在水深及水位变幅均较大的情况，如船闸的上游引航道内。一般可以做成钢筋混凝土、钢丝网水泥或金属的浮码头形式，将它们限制在专设的墩柱之间漂浮，并将其所受的荷重传给墩柱。

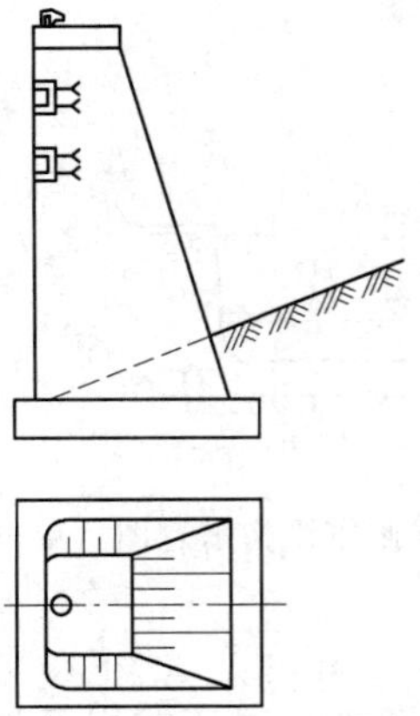

图 11-13 靠船墩

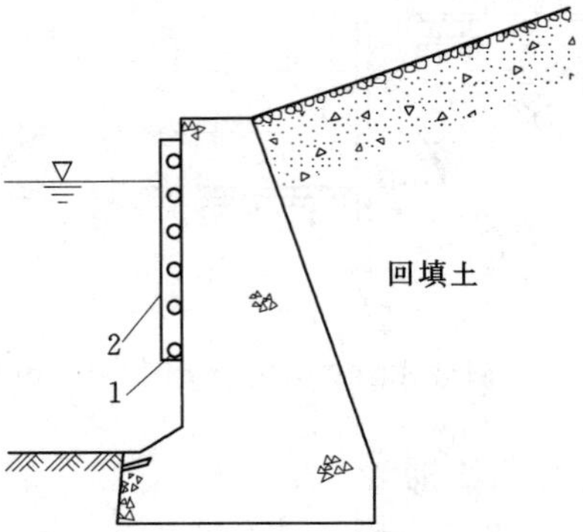

图 11-14 重力式导航及靠航建筑物
1—水平护木；2—垂直护木

七、船闸输水系统的主要形式

船闸输水系统的形式较多，概括起来可归纳为两大类，即集中输水系统和分散输水系统。

（1）集中输水系统。集中输水系统，也称头部输水系统，是将输水系统的设备集中布置在闸首范围内，灌水时，水经上闸首由闸室的上游端集中流入闸室，泄水时，水从闸室的下游端经下闸首泄入引航道。

（2）分散输水系统。分散输水系统，也称长廊道输水系统，是将输水系统的设备分散布置在闸首及闸室内，通过纵向输水廊道上的出水孔灌泄水。

第二节 升 船 机

一、升船机的组成及作用

升船机的组成，一般有承船厢、垂直支架或斜坡道、闸首、机械传动机构、事故装置和电气控制系统等几部分。

（1）承船厢。用于装载船舶，其上、下游端部均设有厢门，以使船舶进出承船厢体。

（2）垂直支架或斜坡道。垂直支架一般用于垂直升船机的支撑结构，并起导向作用，而斜坡道则用于斜面升船机的运行轨道。

（3）闸首。用于衔接承船厢与上、下游引航道，闸首内一般设有工作闸门和拉紧（将承船厢与闸首锁紧）、密封等装置。

（4）机械传动机构。用于驱动承船厢升降和启闭承船厢的厢门。

（5）事故装置。当发生事故时，用于制动并固定承船厢。

（6）电气控制系统。主要是用于操纵升船机的运行。

二、升船机的工作原理

升船机的工作原理与船闸的工作原理基本相同。船舶通过升船机的主要工作程序为：当船舶由大坝的下游驶向上游时，①先将承船厢停靠在厢内水位同下游水位齐平的位置上；②操纵承船厢与闸首之间的拉紧、密封装置，并充灌缝隙水；③打开下闸首的工作闸门和承船厢的下游厢门，并使船舶驶入承船厢内；④关闭下闸首的工作闸门和承船厢的下游厢门；⑤将缝隙水泄除，松开拉紧和密封装置，提升承船厢使厢内水位与上游水位相齐平；⑥开启上闸首的工作闸门和承船厢的上游厢门，船舶即可由厢体驶入上游。当船舶由大坝上游向下游驶入时，则按上述程序进行反向操纵，如图 11－15 所示。

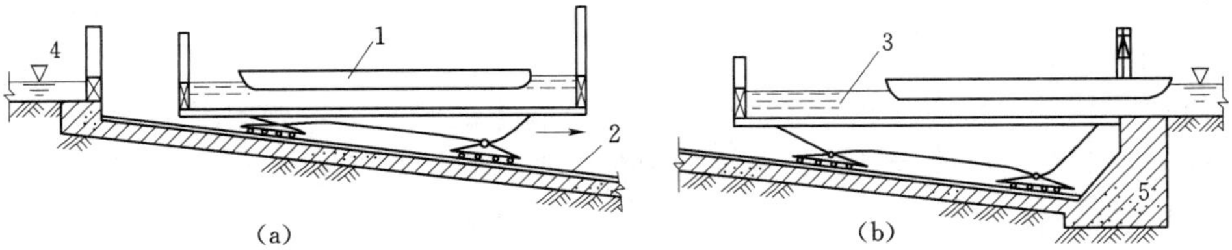

图 11－15　斜面升船机示意图

(a) 斜面升船机在运行中；(b) 斜面升船机停在下闸首

1—船只；2—轨道；3—船厢；4—上闸首；5—下闸首

三、升船机的类型

按照承船厢的工作条件，可将升船机分为干式和湿式两类。干式也称干运，是指将船舶置于无水的承船厢内承台上运送；湿式又称湿运，是指船只浮于有水的承船厢内运送。由于干运时船舶易于碰损，故目前已较为少用。

按承船厢的运行线路，一般将其分为垂直升船机和斜面升船机两大类。垂直升船机，是利用水力或机械力沿铅直方向升降，使船只过坝；而斜面升船机，船只过坝时的升降方向（运行线路）则是沿斜面进行的。下面仅对这两类升船机的特点予以简介。

（一）垂直升船机

垂直升船机按其升降设备特点，可以分为提升式、平衡重式和浮筒式等形式。

1. 提升式升船机

提升式升船机类似于桥式升降机，船只驶进船厢后，由起重机进行提升，经过平移，然后下降过坝。提升式升船机的主要特点是动力较大，一般只用于提升中小船只。如我国丹江口水利枢纽中就应用了这种垂直升船机，如图 11－16 所示。

2. 平衡重式升船机

平衡重式垂直升船机，是利用平衡重来平衡承船厢的重量，如图 11－17 所示。提升动力仅用来克服不平衡重及运动系统的阻力和惯性力，运动原理与电梯相似。其主要优点是：可节省动力，过坝历时短、通航能力大、耗费电量小、运行安全可靠，进出口条件较好。但是工程技术较复杂，工程量较为集中，耗用钢材也较多。

如德国的吕勒升船机，属于双船厢，单个船厢的长度 100m，宽度 12m，水深 3.5m，

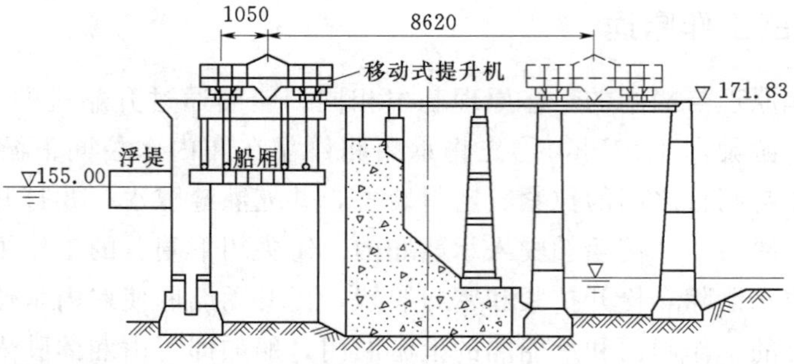

图 11-16 丹江口水利枢纽的垂直升船机（高程单位：m；尺寸单位：cm）

载船吨位为 1500t，其提升高度为 37.8m，为目前世界上最大的平衡重式升船机。

3. 浮筒式升船机

浮筒式升船机，其特点是将金属浮筒浸在充满水的竖井中，如图 11-18 所示，利用浮筒的浮力来平衡船厢的总重量，提升动力仅用来克服运动系统的阻力和惯性力。这种升船机的支承平衡系统简单，工作可靠。但是，提升高度因受到浮筒所需竖井深度的限制，其提升高度不宜太大，并且，一部分设备长期处于竖井的水下，检修较为困难。

目前世界上最大的浮筒式升船机，是德国亨利兴堡枢纽中的升船机，于 20 世纪 60 年代建成，其提升高度 14.5m，承船厢尺寸 90m×12m，厢内水深 3.0m，可通过 1350t 的船只。

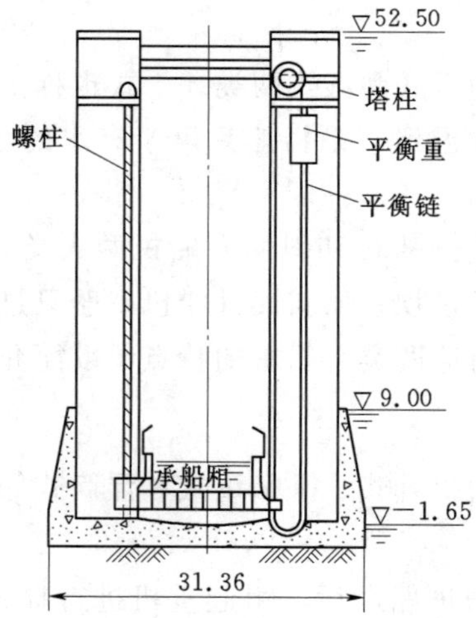

图 11-17 平衡重式垂直升船机（单位：m）

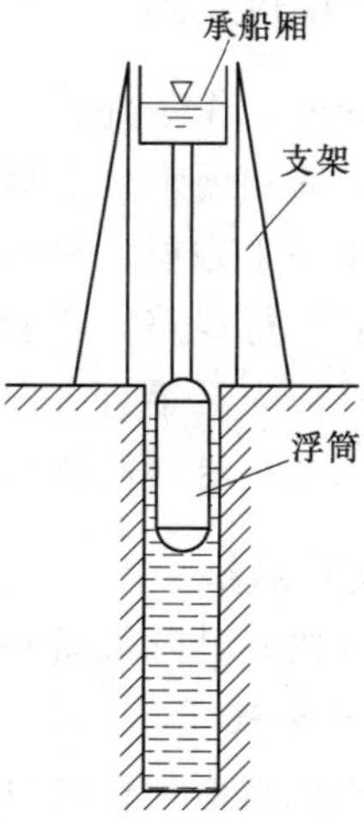

图 11-18 浮筒式垂直升船机

（二）斜面升船机

斜面升船机，是在斜坡上铺设升降轨道，将船舶置于特制的承船车中干运或在承船厢中湿运过坝，如图 11-15 所示。这种升船机按照运行方式不同，可以分为牵引式、自行式（或称自爬式）；按照运送方向与船只行驶方向的关系，又可分为纵向行驶和横向行驶两种。其中，牵引式纵向行驶的升船机应用最为广泛。

斜面升船机一般由承船厢、斜坡轨道和卷扬设备等部分组成。为了减小牵引动力，斜面升船机多设置平衡重块。在我国丹江口水利枢纽中，由于落差大，若采用单一的垂直升船机、斜面升船机或船闸方案，工程量都较大，同时考虑到近期货运量较小，经过比较，选用了垂直升船机与斜面升船机相结合的方式，船厢干湿两用，曾干运过300t的驳船和湿运过150t的驳船。

目前，世界上运载量最大、提升最高的斜面升船机，是俄罗斯的克拉斯诺雅尔斯克斜面升船机，其最大提升高度达118m，可以运载2000t的船舶。

四、升船机的适用条件

升船机作为通航建筑物，其形式确定主要取决于水头的大小、地形、地质条件、运输量、运行管理条件等，应经过技术经济比较后进行确定。

通常情况下，船闸的运行安全可靠，运输量比较大，运输费用低，建造和管理经验都较成熟。但是，船闸的运用耗费水量较多，其工程造价随水头的加高而显著加大。升船机的投资主要取决于提升重量，而提升高度影响较小，耗水量很小，水头较高时兴建升船机可能比建多级船闸有利，但是，其机械设备较为复杂，过船吨位易受到限制。一般斜面升船机比垂直升船机经济，施工、管理、维修也方便，但是，它需要具有适宜的地形条件，水头高时运行路线长，运转周期较长，运输能力较小。

一般来说，水头在10m以下时，选用船闸较为合理；水头在10～40m时，可考虑单级船闸或升船机；水头在40～70m时，可考虑多级船闸或升船机，应进行经济比较确定；水头超过70m时，一般应选用升船机。在中、小河道上，如船只少，吨位较小，宜采用斜面升船机，可能较为经济。当运输量大、保证要求高，采用单级船闸或升船机难于满足要求时，可以采用双线甚至多线船闸或升船机。

第三节 过鱼建筑物

修建水库大坝给鱼类的生存和繁殖带来了新的困难、威胁和挑战，大坝截断了鱼类洄游的原始通道，使一些鱼类无法洄游到上游产卵繁殖，在上游繁殖的幼鱼也无法顺利游到下游发育和成长。为了达到人类与自然和谐发展的目标，在修建大坝时，应当为鱼类的上溯和下行提供方便和可行的通道。目前，国内外保证鱼类平衡发展的主要措施有两类：一是在水利枢纽中设置过鱼建筑物；二是设置人工孵育场，将鱼类自然繁殖转向人工繁殖后放养。

一、过鱼建筑物的分类

最早的过鱼建筑物建于17世纪。目前，鱼类的过坝措施主要有鱼道（鱼梯）、鱼闸、升鱼机等。鱼道有斜槽式、池式鱼梯、隔板式梯级鱼道等；鱼闸有竖井式、斜井式；升鱼机有干运和湿运以及输鱼车等。

鱼道的主要优点是可以连续运转，不易产生故障，对保证洄游鱼类及时通过闸坝较为有利，一般在提升高度较小、过鱼数量较大、有足够流量条件下采用。但鱼道不适应水位的大幅度变化，且鱼类是靠自身力量上溯的，如水头过高，鱼的体力消耗过大、过于疲劳，会影响鱼的产卵和繁殖，甚至造成死亡。因此，对于提升水头较高的过鱼设施，常倾向于采用鱼闸或升鱼机。鱼闸和升鱼机是依靠机械的办法将鱼运送过坝，鱼的体力消耗少，比较经济。

目前世界上水头最高、长度最长的鱼道分别是美国在20世纪50年代建设的北汉坝鱼道（提升高度60m，全长2700m）和帕尔顿鱼道（提升高度57.5m，全长4800m）。我国在各类水利工程上已建鱼道40座以上，大多布置在沿江沿海平原地区的低水头闸坝上，提升高度不大，一般在10m左右，底坡较缓。

由于鱼类活动规律复杂，鱼道进、出口布置通常难以符合鱼类习性，诱鱼效果不佳。近年来广泛采用集运鱼船、输鱼车来输运产卵鱼过坝，以及建人工产卵场等综合方法，保护鱼类繁殖生长，取得了一些成效。

二、鱼道

鱼道是一条斜坡式或跌水式人工水道，水流顺着水道由上游流向下游，而鱼则在水道中逆水而上或顺流而下。控制好水道中的水流流速是鱼道能否成功过鱼的关键。如流速过大，超过鱼所能克服的最大流速，鱼将停止上溯；如流速过小，低于鱼的起点流速，鱼也将停止上溯。鱼能克服的允许流速和鱼的种类、大小、生活环境及季节有关，差别较大，比较复杂。设计鱼道时应调查研究，在全面掌握相关资料后再确定鱼道的流速。

1. 槽式鱼道

槽式鱼道是一条斜坡式或阶梯式水槽，水槽中的流速与水头及槽底、槽壁的糙率有关。为降低流速可在槽底或槽壁加糙，也可加设齿坎，但要防止大量掺气，因为水中含气量太大，不利于某些鱼类的生存。槽式鱼道适于水位差不大、较强劲的鱼类通过。在槽式鱼道中可加设挑水板，延长水流路径，减小流速，使水流平稳，缩短鱼道长度。挑水板在平面上交错布置，与槽壁呈不同夹角，如图11-15所示。

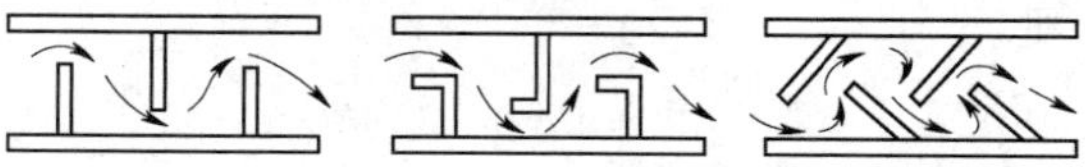

图11-15 挑水板槽式鱼道

2. 鱼梯

鱼梯是用隔板将水位差分成若干级，形成若干个小的梯级水池，在隔板上设有过鱼孔或竖缝。根据过鱼孔的形状不同可分为溢流堰式、淹没孔口式、竖缝式及组合式等多种型式。

堰式鱼梯由于适应水位变幅小，应用受限；淹没孔口式鱼梯适应水位变幅较大，孔口有各种形状，如矩形、圆孔等，孔口交错布置以得到较好的过鱼条件。

竖缝式鱼梯是目前应用较广的一种鱼梯型式，有单侧竖缝和双侧竖缝之分。它能适应较大的水位变幅，消能充分，能提供各种水深满足不同鱼类的上溯要求。我国斗龙港竖缝式鱼道应用比较成功，如图11-20所示，鱼道布置在水闸右岸，全长50 m，宽2m，设计上、下游水位差1.5m，槽内水深1.0m，平均底坡1∶33，鱼道内设计最大流速为0.8～1.0m/s，鱼道内共设置有36块隔板，隔板间距为1. 17m，隔板是双侧竖缝，每个缝宽0.16m。1967年建成后，过鱼效果良好。

国外单侧隔板竖缝宽度一般为鱼道宽度的1/6～1/8，水池长度的1/8～1/10；国内单侧竖缝宽度一般为鱼道宽度的1/5，水池长度的1/5～1/6。国外采用单侧竖缝式的鱼梯较多，而国内采用双侧竖缝较多。鱼梯中的流速依据过鱼品种的习性来确定，如以过鲤科鱼类为主的鱼梯，对体长大于30 cm的鱼类，流速控制在1.0～1.2m/s；对体长小于10cm的鱼类，流速不能超过0.3～0.5m/s。鱼梯中的紊流对鱼类的上溯能力有影响，如鱼类体长大于紊流漩涡的尺度，则紊动对鱼类游泳能力影响不大，若小于漩涡尺度则影响较大。

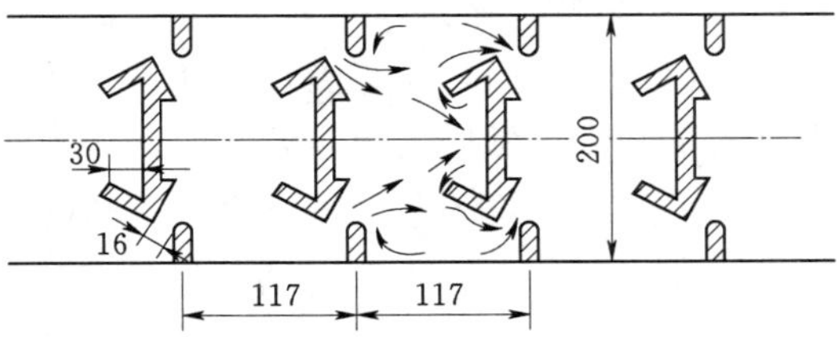

图11-16　斗龙港闸鱼道平面图（单位：cm）

组合式鱼梯有堰与孔、竖缝与孔及竖缝与堰流多种组合方式。江苏太平闸鱼道是竖缝与堰流的组合，如图11-17所示，设计水位差为3m，设计流速为0.5～0.8m/s，槽内水深1.8m，建成后过鱼效果良好。

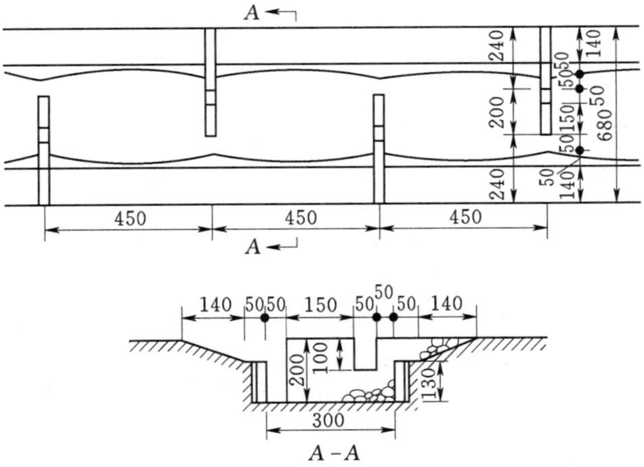

图11-17　太平闸鱼道（单位：cm）

三、鱼闸

鱼闸是解决中高水头过鱼所采取的重要工程措施，是一种利用闸室诱鱼过坝的过鱼建筑物。鱼闸有竖井式和斜井式两种，其工作原理类似于船闸。鱼闸占地少、投资省，鱼类不必克服水流阻力即能过坝，但需要进行机械操作，过鱼量受限。在工程实践中，也可将鱼闸与船闸合并为一，分时运行，在鱼类繁殖季节以过鱼为主，其他季节以过船为主。

图11-18是一座竖井式鱼闸，在其上、下游各设一段导渠与闸室相连，水经过输水管引入闸室和导渠中，引诱鱼进入导渠，由驱鱼栅将鱼推入4m×4m的闸室竖井，关闭下游闸门，向闸室充水使其水位上升，同时提升闸室底板上的升降栅，迫使鱼类随水位一起上升。当闸室水位与上游水位齐平后，打开上游闸门，启动上游驱鱼栅将鱼推入上游导渠，然后进入上游库区。

图 11－19 是一座斜井式鱼闸，由上、下闸室和斜井组成。过鱼时，打开下游闸门，并稍许开启上游闸门，使水流自斜井流入下闸室，在下闸室入口附近形成诱鱼水流，诱使鱼类进入下闸室，然后关闭下游闸门，让水流继续从水库流入闸室和斜井，并将其灌满。当水位与上游库水位齐平后，开启上游闸门，鱼就可以逆流进入水库。

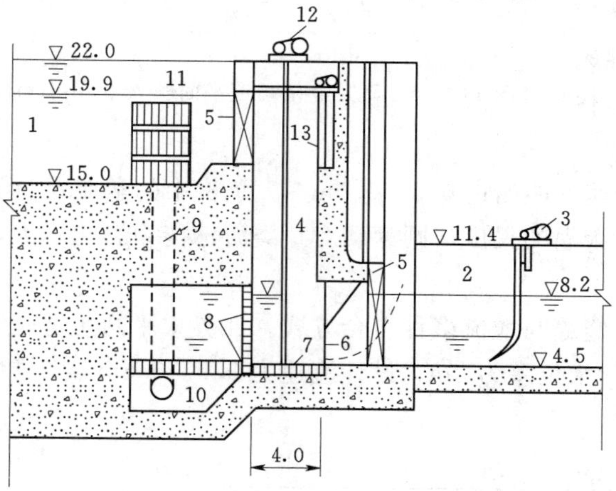

图 11－18 竖井式鱼闸（单位：m）

1—上游导渠；2—下游导渠；3 —下导渠驱鱼栅；4—竖井；5—闸门；6—转动栅；7—升降栅；8—垂直和水平消力栅；9—放水管；10—放水管圆筒门；11—拦污栅；12—启闭机；13—上游驱鱼栅

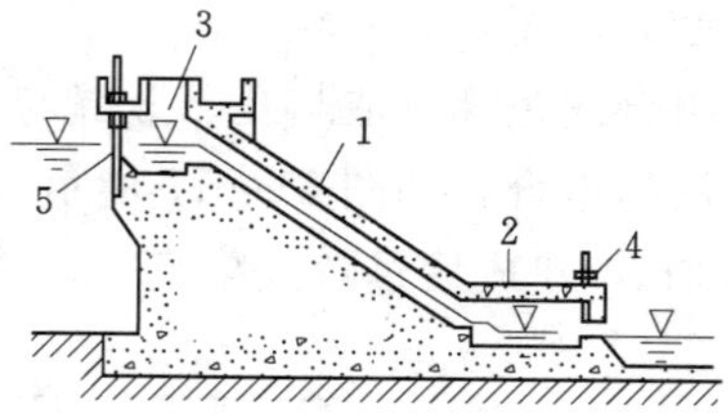

图 11－19 斜井式鱼闸

1—斜井；2—下闸室；3—上闸室；4—下游闸门；5—上游闸门

鱼闸的主要作用是确保下游闸门以上有合适的流速和流态，以利于鱼类进入，因此需要一系列供水、扩散、消能和排水设施。为了增大过鱼量，往往上、下游都放置诱鱼设施，如翻水花器、变频发生器、香精散发器等。

四、升鱼机及人工孵化场

当水头较大时，可用缆车等机械设施升鱼过坝。升鱼机是利用活动水箱或鱼网，用机械方式运送鱼类过坝的装置，其工作原理类似于升船机，分干运和湿运两种。美国的朗德布特坝（提升高度 132 m）、格陵彼得坝（106 m）以及加拿大的德克利夫兰坝（90 m）等都采用机械提运方式送鱼过坝。这种过坝方式具有投资省、灵活性好的特点，缺点是提运时间长、不利于大批鱼类过坝，并且运行费用较高。

当坝高超过一定高度时，修建鱼道、鱼闸和升鱼机不够经济且效果差。因此，人工孵化场和产卵槽在近年来发展较快。人工孵化场是一种更接近天然条件（水质、水深、流速及环境等）的解决鱼类繁殖的方法。国外著名的孵化场有美国的德沃歇克（坝高 219m）、大古里（坝高 165m）以及加拿大的底麦他魁克孵化场。产卵槽有美国的麦克纳里坝、黄尾坝产卵槽以及加拿大的琼斯、西顿溪产卵槽。我国为保护长江中的珍稀鱼类专门成立了中华鲟研究所，采用人工养殖等方法对中华鲟及其他珍稀鱼类进行了大量保护性研究，取得了一定成效。

第十二章　渠系建筑物

渠系建筑物是指为安全、合理地输配水量，以满足各部门的需要，在渠道系统上修建的建筑物。渠系建筑物是灌区灌排系统必不可少的重要组成部分，若缺少，则灌排系统就无法正常工作。

渠系建筑物按照作用不同，可分为控制建筑物、交叉建筑物、泄水建筑物、衔接建筑物、量水建筑物等。

本章介绍渠道和渡槽、倒虹吸管、桥梁、涵洞以及跌水、陡坡等建筑物。

第一节　渠　　道

渠道是连接灌溉水源与农田之间的输水工程。

渠道系统是指从水源取水、通过渠道及渠系建筑物向农田供水、经由田间工程进行农田灌水的工程系统，包括渠首工程、输配水工程、田间工程。

灌溉渠道遍布整个灌区，线长面广，其规划和设计是否合理，将直接关系到土方量的大小、渠系建筑物的多少、施工和管理的难易以及工程效益的大小，因此，渠道的布置一定要慎重进行。

灌溉渠道一般可分为干渠、支渠、斗渠、农渠四级固定渠道（图 12－1）。干渠、支渠主要起输水作用，称为输水渠道；斗渠、农渠主要起配水作用，称为配水渠道。

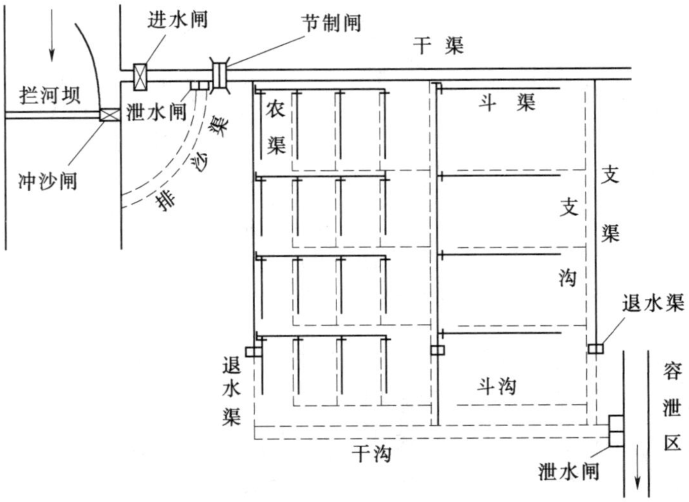

图 12－1　灌溉排水渠道系统示意图

一、渠道的纵横断面

渠道的设计包括横断面设计和纵断面设计。在实际设计中，纵断面和横断面设计应交替并且反复进行，最后经过分析比较，确定出合理的设计方案。

1. 渠道横断面

渠道横断面的形状有梯形、矩形、U 形、弧形底梯形等。梯形是最常用的横断面形状，因为它便于施工，并有利于保持渠道边坡的稳定，如图 12-2 (a)、(c) 所示。在坚固的岩石中开挖渠道时，宜采用矩形断面，如图 12-2 (b)、(d) 所示。当渠道通过城镇工矿区或斜坡地段，渠宽受到限制时，可采用混凝土、砌石等材料作为挡墙，如图 12-2 (d)、(e)、(f) 所示。

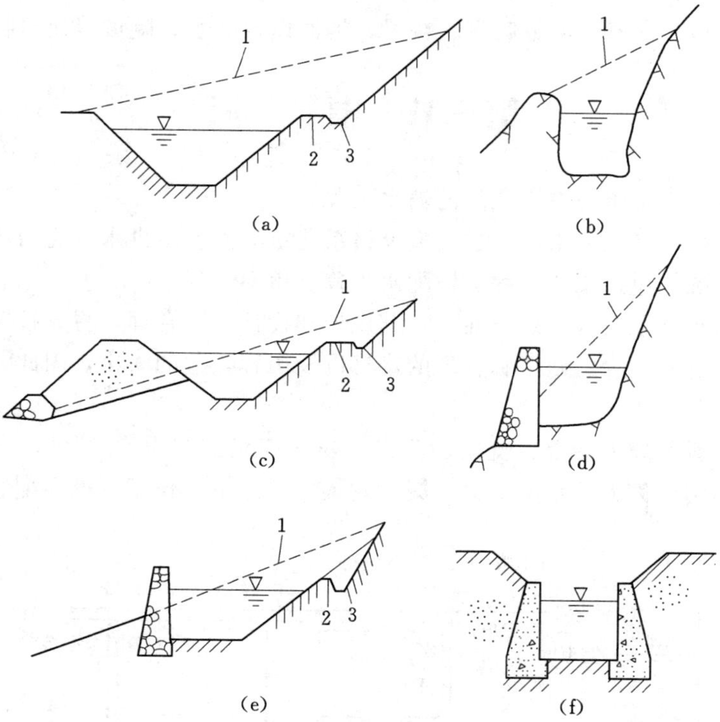

图 12-2 渠道横断面图

(a)、(c)、(e)、(f) 土基；(b)、(d) 岩基

1—原地面线；2—马道；3—排水沟

U 形渠道具有较大的输水输沙能力，占地较少，省工省料，并且整体性好，抵抗冻胀破坏的能力较强，在小型渠道中经常采用。

渠道横断面尺寸，应根据水力计算确定。梯形土渠的边坡应根据稳定条件确定，土渠的边坡系数 m 一般取 1～3。对于挖深大于 5m 或填高超过 3m 的土坡，必须进行稳定计算，计算方法与土石坝稳定计算相同。为了管理方便和边坡稳定，每隔 4～6m 应设一平台，平台宽 1.5～2m，并在平台内侧设排水沟。

按明渠均匀流公式确定渠道的横断面时，所选择的渠道的纵坡和糙率应尽量接近实际值，它们的大小将直接影响渠道断面尺寸的大小和渠道的冲淤，主要依据渠道有无护面、养护、施工情况等加以选定。当渠道的流量、纵坡、糙率及边坡系数已定时，即可根据明渠均匀流公式确定渠道横断面尺寸。

2. 渠道的纵断面

渠道纵断面设计的任务是根据灌溉水位要求确定渠道的空间位置，主要内容包括确定渠道纵坡、设计水位线、最低水位线、渠底高程线、渠顶高程线，在渠道的纵断面图（图12－3）上应标明建筑物类型和位置。

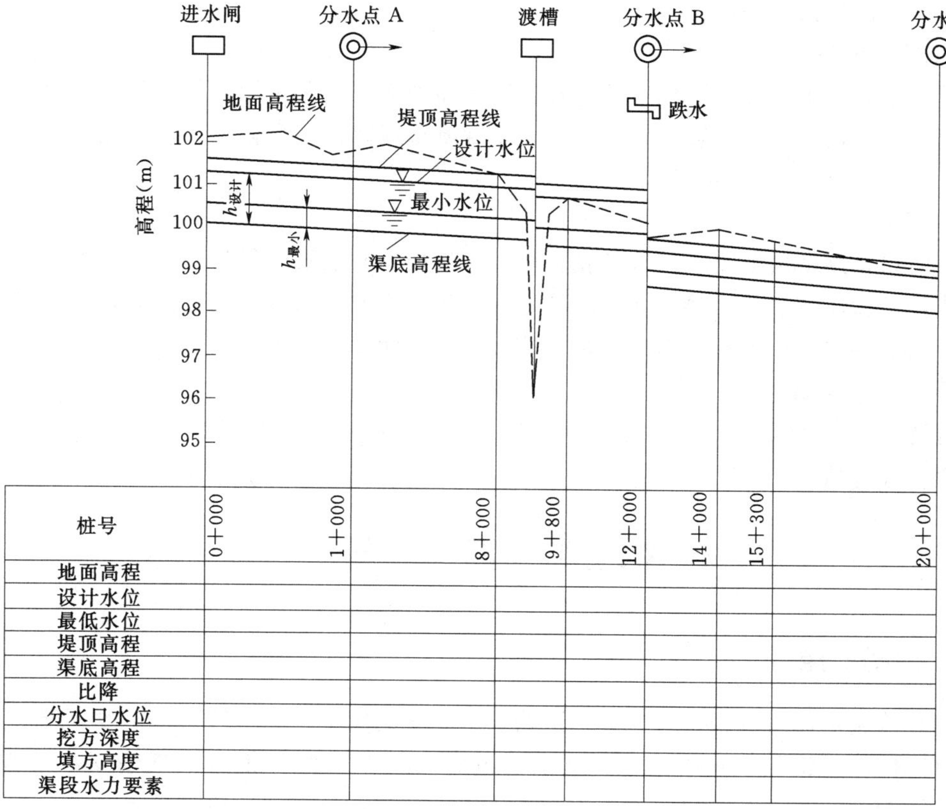

图12－3　渠道纵断面示意图

二、渠道防渗

渠道的渗漏不仅降低渠系水利用系数，缩小灌溉面积，而且会抬高地下水位，致使土壤次生盐碱化。因此，需要对渠道进行防渗处理。

渠道防渗材料常用土料、石料、水泥、膜料、混凝土、沥青混凝土等，也可利用上述材料构成复合结构，达到防渗目的。选用衬砌材料时应根据渠道大小、防渗效果、使用年限等工程要求，因地制宜、就地取材。

1. 土料防渗

土料防渗是将渠床夯实或者在渠床表面铺筑一层夯实的土料防渗层。铺筑的材料包括素土、黏砂混合土、三合土、四合土等。土料防渗具有一定的防渗效果，能就地取材，造价低廉，技术简单，但允许流速小，抗冻耐久性差，适用于气候温和且流速较小的中小型渠道。

2. *砌石防渗*

砌石防渗具有就地取材、施工简单、抗冲、抗磨、耐久等优点。石料有卵石、块石、条石、石板等，砌筑方法有干砌和浆砌两种。适用于石料采集方便的地区。

3. *水泥土防渗*

水泥土具有较好的防渗效果，可减少渗漏量 80%～90%，能就地取材，造价低，技术简单，群众容易掌握。但允许流速小，抗冻性差。适用于气候温和地区，且渠道附近有砂土和沙壤土而缺乏砂石料。

4. *混凝土防渗*

混凝土衬砌渠道具有防渗抗冲效果好、输水能力大、经久耐用、便于管理等特点。混凝土衬砌作为刚性护面应设置伸缩缝，以防止混凝土板因温度变化、渠基土冻胀等因素引起裂缝。

5. *膜料防渗*

膜料防渗是用塑料薄膜或复合类膜料作为防渗层，其上设置保护层的防渗方法。膜料防渗性能好，适应变形能力强。北方寒冷地区优先选用质地柔软、抗冻性能好的聚乙烯塑膜。在芦苇等穿透性植物丛生地区，优先选用抗穿透能力强的聚氯乙烯塑膜。

6. *沥青混凝土防渗*

沥青混凝土衬砌属于柔性结构，其防渗能力强，适应变形性能好，造价与混凝土相近，适用于冻害地区。

第二节 渡　槽

一、渡槽的组成

渡槽是输送水流跨越渠道、河流、道路、沟谷等的架空输水建筑物。一般由进口连接段、槽身、出口连接段、支承结构、基础等组成（图 12-4）。槽身搁置于支承结构上，槽身自重及槽中的水重等荷载通过支承结构传递给基础，由基础再传给地基。

渡槽一般适用于渠（沟）道跨越宽深河谷且洪水流量较大、跨越较广阔的滩地或洼地等情况。它与倒虹吸管相比较，水头损失小，便于通航，不易淤积堵塞，管理运用方便，是交叉建筑物中采用最多的一种形式。

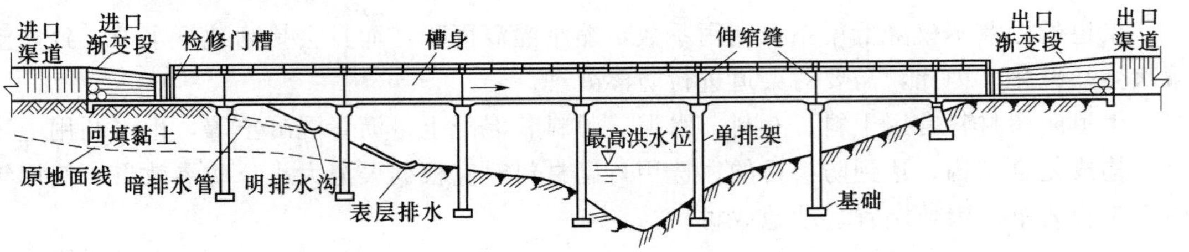

图 12-4　渡槽纵剖面图

二、渡槽的类型

渡槽的类型一般是指输水槽身及其支承结构的类型。槽身及支承结构的类型各式各样，所用材料又有所不同，施工方法也各异，因而分类方式就很多。

按施工方法分，有现浇整体式渡槽、预制装配式渡槽、预应力渡槽等。

按所用材料分，有木渡槽、砌石渡槽、混凝土渡槽、钢筋混凝土渡槽等。

按槽身断面分，有矩形槽、U形槽、梯形槽、圆管形槽等，通常用的是前两种。

按支承结构形式分，有梁式渡槽、拱式渡槽、桁架式渡槽、组合式渡槽、悬吊式渡槽、斜拉式渡槽等，其中常用的是前两类。

上述分类方法中，能反映渡槽的结构特点、受力状态、荷载传递方式、结构计算方法区别的是按支承结构形式分类。

长度不大的中小型渡槽，可采用一种类型的单跨或等跨渡槽。对于地形、地质条件复杂而长度较大的大中型渡槽，可根据具体情况，选用一种或两种类型和不同跨度的布置方式，但变化不宜过多，否则将增加施工难度和影响槽墩受力状况。具体选择渡槽形式时，主要应考虑地形条件、地质条件、建筑材料、施工条件。另外，还应考虑水、电供应条件、施工场地、交通运输条件，使方案的实现建立在可能而又可靠的基础上。

当地形平坦、槽高不大时，一般采用梁式渡槽，施工与吊装均比较方便；对于窄深的山谷地形，当两岸地质条件较好，有足够的强度与稳定性时，宜建大跨度拱式渡槽，以避免很高的中间墩架；地形、地质条件比较复杂时，应作具体分析。例如，跨越河道的渡槽，当河道水深流急、槽底距河床高度大、水下施工较困难，而滩地部分槽底距地面不高且渡槽较长时，可在河床部分采用大跨度的拱式渡槽，在滩地采用梁式或中小跨度的拱式渡槽，当地基承载能力较低时，可考虑采用轻型结构的渡槽。

三、梁式渡槽

梁式渡槽槽身置于槽墩或排架上，槽身侧墙在纵向起梁的作用，故称梁式渡槽。下面从进口段、槽身段、出口段、槽身纵向支承、基础等几个方面做介绍。

（一）进口段

为了使渠道水流平顺地进入渡槽，尽量减小水头损失，避免冲刷、淤积，避免因连接不当而引起漏水，致使岸坡或填方渠道产生过大的沉陷和滑坡现象，满足运用、交通、泄水等的要求，需要设置进口渐变段、连接建筑物（槽台、挡土墙等）以及为满足运用、交通和泄水等要求而设置的节制闸、交通桥等。布置时，应注意以下几个方面：

（1）进口前的渠道上应有一定长度的直线段。渡槽进口渠道的直线段与槽身连接，在平面布置上要避免急剧转弯。否则，易使水流不均匀而偏离一侧，从而影响渡槽的进流条件，影响正常输水，对于流量较大、坡度较陡的渡槽，尤其要注意这一问题。

（2）设置渐变段。渠道断面可以是梯形、矩形、U形，通常是梯形的，而且纵坡较缓，所以过水断面与水面宽度一般较大。为了降低渡槽造价，槽身纵坡常陡于渠道，所以槽身断面与宽度常常比渠道小。并且材质上往往也不相同，故为使水流进槽身时比较平顺，以利于减小水头损失和防止冲刷，渡槽进口需设置渐变段。渐变段可采用扭曲面、八字墙等形状。其中以扭曲面形式水流条件较好，应用较多；八字墙式施工简单、方便，但水流条件较差，小型渡槽使用较多。

(3) 设置连接段。渐变段与槽身之间常因各种需要再设置一节连接段。对于U形槽身需设置连接段与渐变段末端矩形断面连接；为交通需要，设置连接段以便布置交通桥或人行桥；为使停水检修等目的，需要在进口设置节制闸或检修门槽；为使槽身与进出口建筑物之间的伸缩缝便于检修，需要设置连接段伸入渠道填土边坡或岸坡范围内与渐变段连接。连接段与渐变段之间的接缝需设置止水以防渗。连接段的长度可根据具体情况决定。

(4) 设置护底与护坡，防止冲刷。对于抗冲能力较低的土渠，为了防冲，靠近渐变段的一段渠道可用砌石或混凝土护底、护坡，其长度等于渐变段长度。

(二) 槽身段

梁式渡槽槽身在纵向均匀荷载作用下，一部分受压，一部分受拉，故常采用钢筋混凝土结构。为了节约钢筋和水泥用量，还可采用预应力钢筋混凝土及钢丝网水泥结构，跨度较小的槽身也可用混凝土建造。

为了适应温度变化及地基不均匀沉陷等原因而引起的变形，必须设置横向变形缝将槽身分为独立工作的若干节，并将槽身与进口建筑物和出口建筑物分开。变形缝之间的每一节槽身沿纵向有两个支点，所以槽身既能输水又起纵梁作用。

1. 槽身横断面形式

常见的横断面形式有矩形、U形。大流量渡槽多采用矩形，中小流量可采用矩形也可采用U形。矩形槽身常采用钢筋混凝土或预应力钢筋混凝土结构，U形槽身还可以采用钢丝网水泥或预应力钢丝网水泥结构。

钢筋混凝土矩形及U形槽身横断面的造型，主要取决于槽身的宽深比。由于水力条件与结构受力条件的矛盾，实际设计中一般根据结构受力条件及节省材料的原则来选择宽深比。对于大流量或有通航要求的渡槽需要采用较大槽宽的矩形槽。

(1) 矩形槽身。矩形槽身按照结构形式、受力条件的不同，可以分为无拉杆的矩形槽、有拉杆的矩形槽、箱形槽。

1) 无拉杆矩形渡槽（图12-5）。其优点是结构简单，施工方便。当有通航要求时则不设拉杆，而适当加大侧墙厚度。中小型渡槽侧墙也可做成变厚度，顶部厚度按照构造要求一般不小于8cm，底部厚度应按计算确定，一般不小于15cm。大中型渡槽为了改善侧墙和底板的受力条件，减小厚度，可沿槽身长度方向每间隔一定距离加设一道肋而形成加肋矩形渡槽。当流量较大或有通航要求、槽身宽浅时，为了改善底板的受力条件，减小底板厚度，增加侧墙的稳定，可在底板下面两侧边纵梁（侧墙）内再设一根或几根中纵梁，从而成为多纵梁式结构矩形槽。

2) 有拉杆矩形渡槽（图12-6）。中小型渡槽无通航要求时，一般在侧墙顶部设置拉杆，以增加侧墙稳定，改善侧墙的受力条件，减少侧墙横向钢筋用量。侧墙常采用等厚。在拉杆上可铺板兼做维修便道。

3) 箱形渡槽（图12-7）。用于中小流量双悬臂梁式槽身时比较经济，既可以输水又可兼做交通桥。箱内按无压流设计，净空高度一般为0.2～0.6m，深宽比可采用0.6～0.8或更大。

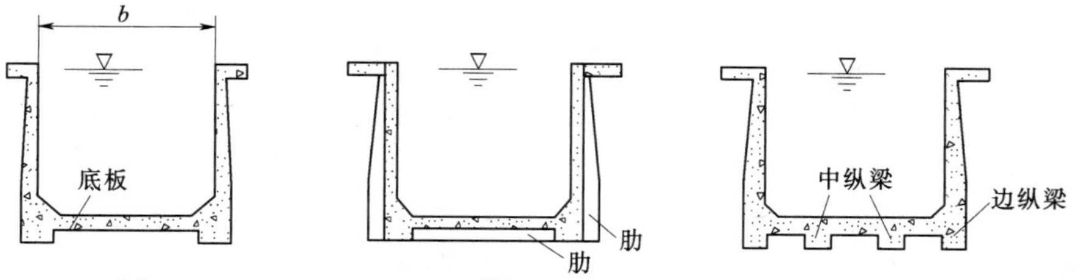

图 12-5　无拉杆的矩形槽

(a) 矩形渡槽；(b) 加肋矩形渡槽；(c) 多纵梁式矩形渡槽

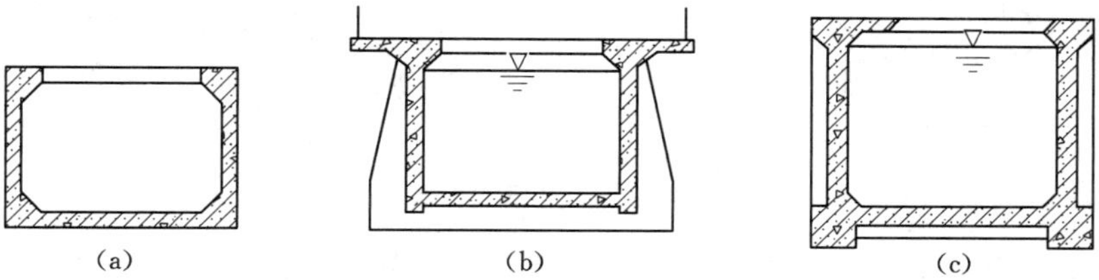

图 12-6　有拉杆的矩形槽

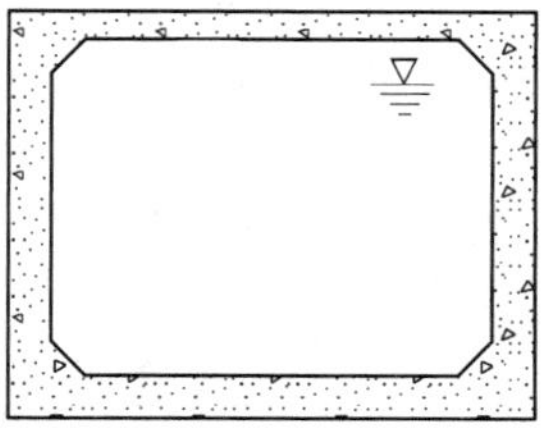

图 12-7　箱形渡槽

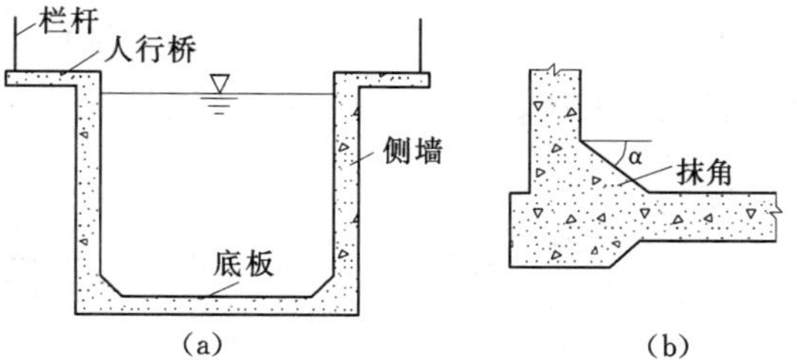

图 12-8　矩形槽抹角大样图

矩形槽的底板底面可与侧墙底缘齐平或高于侧墙底缘（图 12-8）。为了避免转角处的应力集中，常在侧墙与底板连接处设抹角，角度 $\alpha=30°\sim60°$，边长一般为 15～25cm。

（2）U 形槽身。U 形渡槽是一种轻型结构，它具有水力条件好、纵向刚度较大而横向内力小等优点。U 形槽常采用半圆形加直线段的断面形式。为了便于布置纵向受力钢筋，并增加槽壳的纵向刚度以利于满足底部抗裂要求，常将槽底弧形段加厚，如图 12-9 所示。

2. 渡槽纵坡

在相同的流量下，纵坡 i 大，过水断面就小，渡槽造价低；但 i 大，水头损失大，减少了下游自流灌溉面积，满足不了渠系规划要求，同时由于流速大可能引起渠道出口的冲刷。因此，确定一个适宜的底坡，使其既能满足渠系规划允许的水头损失，又能降低工程造价，常常需要多次试算。一般常采用 $i=1/500\sim1/1500$，槽内流速 1～2m/s，对于通航的渡槽，要求流速在 1.5m/s 以内，底坡小于 1/2000。

3. 分缝与止水

梁式渡槽的槽身多采用钢筋混凝土结构。为了适应槽身因温度变化引起的伸缩变形，

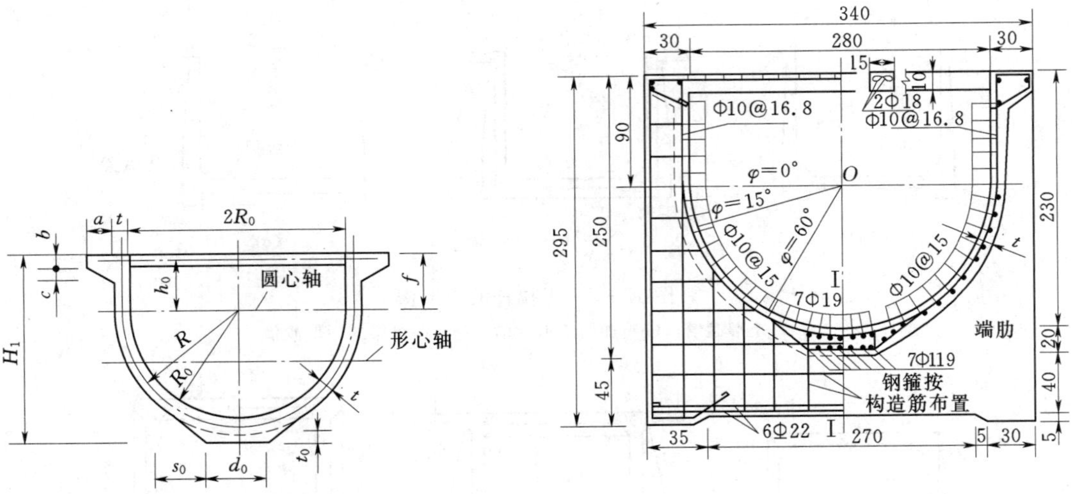

图 12-9　U形槽身断面及钢筋布置图（单位：cm）

渡槽与进口建筑物之间及各节槽身之间必须用变形缝分开，缝宽 3～5cm。变形缝需要用既能适应变形又能防止漏水的材料封堵。

槽身接缝止水所用的材料和构造形式多种多样。有紫铜片止水、橡胶止水带止水、橡皮压板式止水、塑料止水带压板式止水、沥青填料式止水、黏合式止水、木糠水泥填塞式止水、套环填料式止水等（图 12-10）。紫铜片止水、橡胶止水带止水见重力坝相关章节。

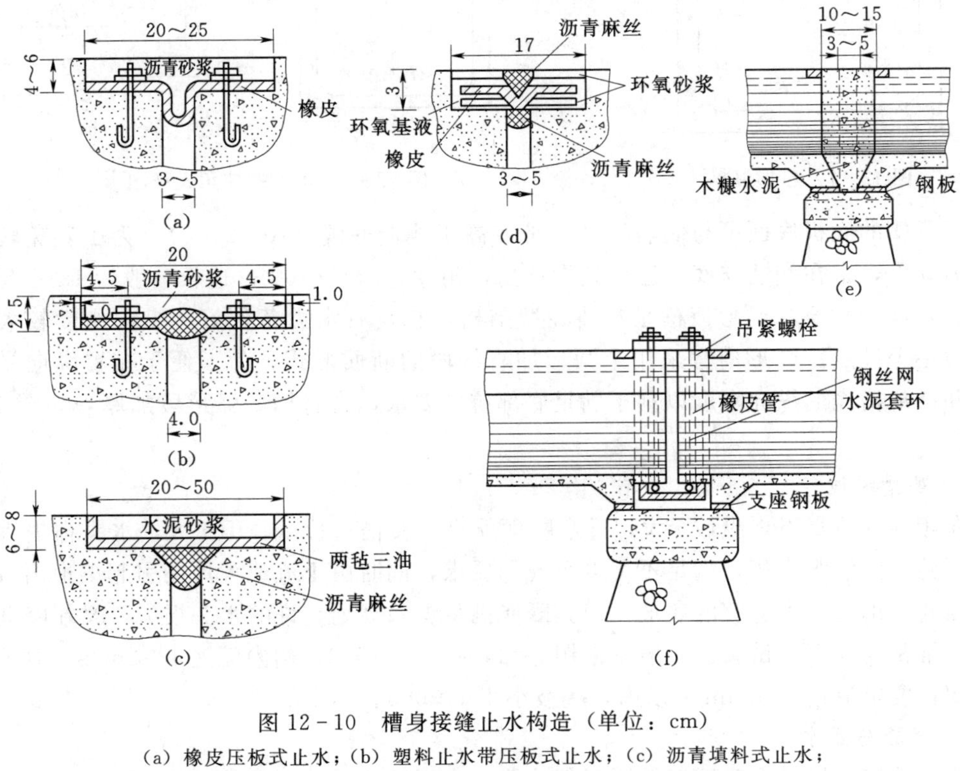

图 12-10　槽身接缝止水构造（单位：cm）

(a) 橡皮压板式止水；(b) 塑料止水带压板式止水；(c) 沥青填料式止水；
(d) 黏合式止水；(e) 木糠水泥填塞式止水；(f) 套环填料式止水

橡皮压板式止水是将厚6～12mm的橡皮带，用扁钢（厚4～8mm，宽6mm左右）和螺栓将其紧压在接缝处。螺栓直径9～12mm，间距等于16倍螺栓直径或20倍扁钢厚，常用20cm左右。凹槽内填沥青砂浆或1∶2水泥砂浆，可对止水起辅助作用并防止橡皮老化与铁件锈蚀。这种止水适应接缝变形的性能好，但检修与更换较不便。

塑料止水带压板式止水用聚氯乙烯塑料止水带代替橡皮止水带，止水性能良好，具有良好的弹性和韧性，适应变形能力强，易黏结且不易老化，价格只相当于橡皮止水带的一半左右。

沥青填料式止水造价低，维修方便，但适应变形的性能和止水效果不理想。

黏合式止水是用环氧树脂橡皮粘贴在接缝处，施工简便，止水效果较好。木糠水泥填塞式止水的填料是用木糠（粒径小于2mm）和水泥拌匀，加入适量的水再湿拌而成的。这种接缝止水构造简单，造价低，有一定适应变形的能力，我国南方小型渡槽采用较多。

套环填料式止水是在接缝两侧的槽端外壁上，套一钢筋混凝土或钢丝网水泥套环，以之紧压槽外壁与套环之间的橡皮管或沥青麻丝、石棉纤维水泥等止水填料。

变形缝之间的每节槽身沿纵向各有两个支点。为使支点接触面的压力分布比较均匀并减小槽身摩擦时所产生的摩擦力，常在支点处设置支座钢板或油毡坐垫。每个支点处的钢板有两块，每块钢板上先焊上直径不小于10mm的锚筋，以便分别固定于槽身及墩（架）的支承面上，钢板厚不小于10mm，面积大小根据接触面处混凝土的局部压力决定。对于跨度及纵坡较大的简支梁式槽身的支座构造，最好能做成一端固定一端活动的形式。

4. 槽身与两岸渠道的连接

（1）槽身与填方渠道的连接。槽身与填方渠道的连接常采用斜坡式和挡土墙式。

斜坡式连接（图12-11）是将连接段或渐变段伸入填方渠道末端的锥形土坡内，按照连接段的支承方式分为刚性连接和柔性连接两种。

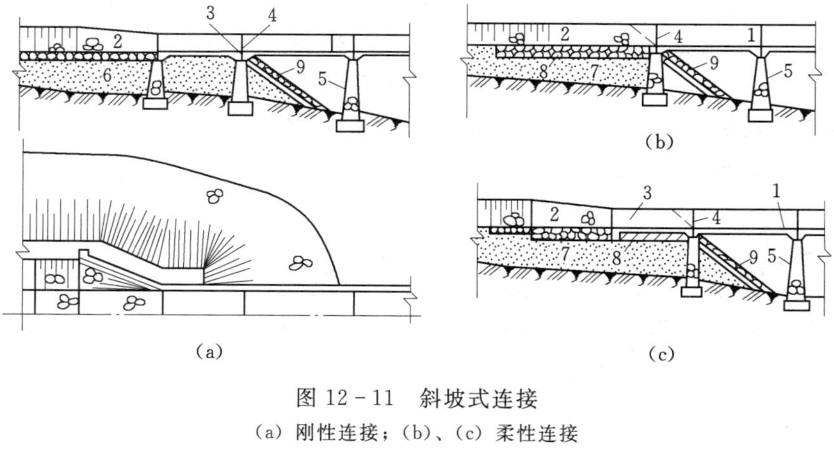

图12-11　斜坡式连接

（a）刚性连接；（b）、（c）柔性连接

1—槽身；2—渐变段；3—连接段；4—变形缝；5—槽墩；6—回填黏性土；7—回填砂性土；8—黏土铺盖；9—砌石护坡

刚性连接［图12-11（a）］是将连接段支承在埋置于锥形土坡内的支承墩上，支承墩建在固结原状土或基岩上，当填方渠道产生沉陷时，连接段不会因填土沉陷而下沉，变形缝止水工作可靠，但槽底会与填土脱离而形成漏水通道，故需作好防渗处理和采取措施减小填土沉陷。对于小型渡槽也可不设连接段，而将渐变段直接与槽身连接［图 12－11 (b)］，并按变形缝要求设置止水，防止接缝漏水影响渠坡安全。

柔性连接［图 12－11 (b)、(c)］是将连接段或渐变段直接置于填土上，填方下沉时槽底仍能与之较好地结合，对防渗有利且工程较省，但对施工技术要求较高，变形缝止水的工作条件差。因此要严格控制填土质量以尽量减小沉陷，并根据可能产生的沉陷量在连接段预留沉陷高度，以保证进出口建筑物的高程，变形缝止水应能适应因填土沉陷而引起的变形。

无论刚性连接还是柔性连接都应尽量减小填方渠道的沉陷，做好防渗、防漏处理，保证填土边坡的稳定。为了防止产生过大的沉陷，渐变段和连接段下面的填土宜采用砂性土填筑，并应严格分层夯实，上部铺筑厚 0.5～1.0m 的黏土铺盖以减小渗漏。若当地缺少砂性土时也可用黏性土填筑，但必须严格分层夯实，最好在填筑后间歇一定时间，待填土预沉后再建渐变段和连接段。为保证土坡稳定，填方渠道末端的锥体土坡不宜过陡，并采用砌石、混凝土或草皮护坡，在坡脚处设置排水沟以便导渗和排水。

挡土墙式连接（图 12－12）是将边跨槽身的一端支承在重力挡土墙式槽墩上，并与渐变段或连接段连接。挡土边槽墩应建在固结原状土或基岩上，以保证稳定并减小沉陷，两侧用一字形或八字形斜墙挡土。为了降低挡土墙背后的地下水压力，在墙身和墙背面应设置排水设施。其他关于防冲、防渗以及对填土质量的要求等与斜坡式连接相同。

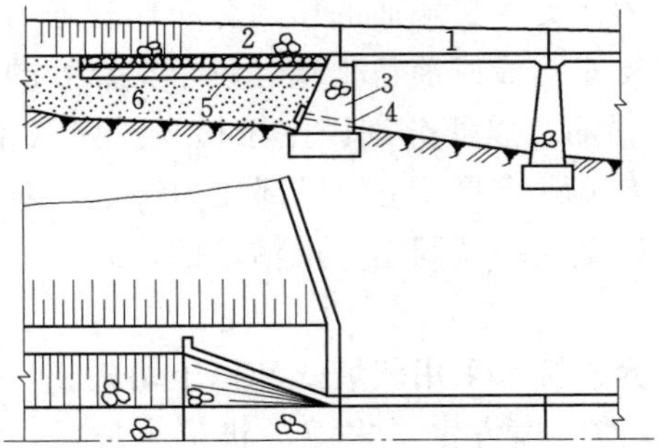

图 12－12　挡土墙式连接

1—槽身；2—渐变段或连接段；3—挡土边槽墩；4—排水孔；5—黏土铺盖；6—回填砂性土

挡土墙式连接常属柔性连接，工作较可靠，但用料较多，一般填方高度不大时采用。

(2) 槽身与挖方渠道的连接。槽身与挖方渠道的连接时常采用图 12－13 所示连接方式。边跨槽身靠近岸坡的一端支承在地梁或高度不大的实体墩上，与渐变段之间用连接段连接，小型渡槽也可不设连接段。

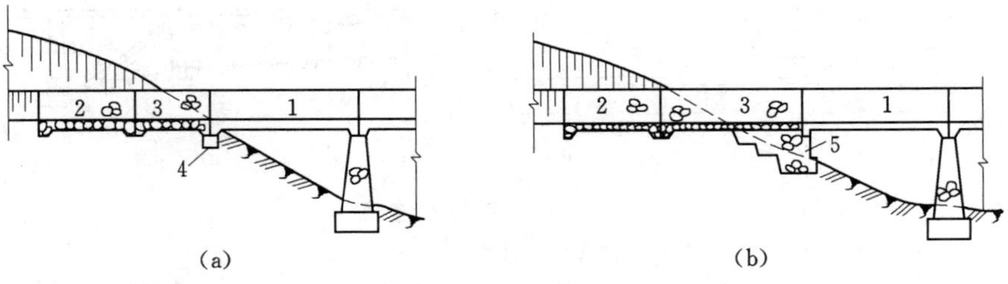

图 12－13　槽身与挖方渠道的连接

(a) 边跨槽的一端支承在地梁上；(b) 边跨槽的一端支承在底座上

1—槽身；2—渐变段；3—连接段；4—地梁；5—浆砌石底座

这种布置的连接段底板和侧墙沿水流方向不承受弯矩作用，故可采用浆砌石建造。有时为了缩短槽身长度，可将连接段向槽身方向延长，并建造在用浆砌石砌筑的底座上。

（三）出口段

出口段的目的是使水流平顺地从渡槽进入渠道，避免冲刷，减小水头损失。

（1）设置渐变段。为使水流平顺衔接，渡槽出口需设置渐变段。渐变段的形状有扭曲面式、八字墙式。

（2）设置护底与护坡，防止冲刷。

（3）设置连接段。渐变段与槽身之间根据需要设置一定长度的连接段。

（4）出口后的渠道上应有一定长度的直线段，以防止冲刷。

（四）槽身纵向支承

1. 支承形式

梁式渡槽的槽身根据其支承位置的不同，可分为简支梁式、双悬臂梁式［图 12-14 (a)］、单悬臂式［图 12-14 (b)］三种形式。

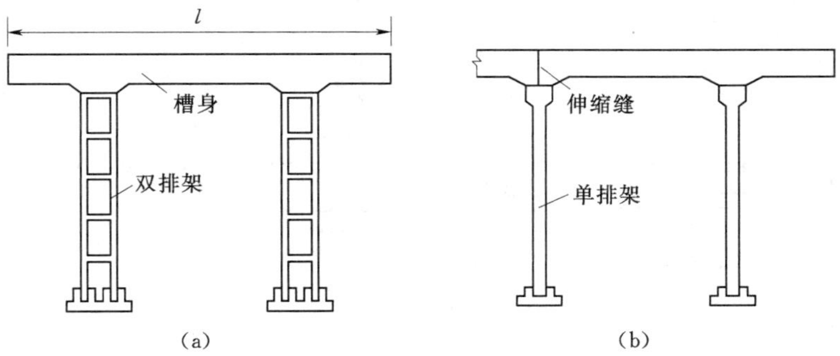

图 12-14　悬臂梁式渡槽

(a) 双悬臂式；(b) 单悬臂式

简支梁式渡槽的优点是结构简单，施工吊装方便，接缝止水构造简单。缺点是跨中弯矩较大，底板受拉，对抗裂防渗不利。其常用跨度为 8～15m，经济跨度大约为墩架高度的 0.8～1.2 倍。

双悬臂梁式渡槽根据其悬臂长度的不同，又可分为等跨双悬臂式和等弯矩双悬臂式。等跨双悬臂式（悬臂长度等于 0.25 倍的每节槽身总长度），在纵向受力时，其跨中弯矩为零，底板承受压力，有利于抗渗。等弯矩双悬臂式（悬臂长度等于 0.207 倍的每节槽身总长度），在均布荷载作用下的跨中弯矩与支座负弯矩相等，且绝对值较小，结构受力合理，但需上下层配置受力筋及一定数量的构造筋，总配筋量可能大于等跨双悬臂式，不一定经济，且由于墩架间距不等（跨度不等），对墩架工作不利，故应用不多。双悬臂梁式渡槽因跨中弯矩较简支梁小，每节槽身长度可为 25～40m，但由于一节槽身的总长度大、重量大，整体预制吊装较困难。当悬臂端部变形或地基产生不均匀沉陷时，接缝将产生错动而使止水容易被拉裂，在支座附近容易产生横向裂缝。

单悬臂式渡槽一般用在靠近两岸的槽身或双悬臂梁式向简支梁式过渡时采用。一般要求悬臂长度不宜过大，以保证槽身在简支端支座处有一定的压力，且绝对不出现拉力。

当槽高（槽底距地面的高度）较大、地基较好或基础施工困难时宜选用较大的跨度；当槽高不大或地基较差时宜采用较小的跨度。

梁式渡槽的槽身多采用钢筋混凝土结构。为了节约钢材和水泥用量，改善结构的力学性能以减小断面尺寸、减轻重量、加大槽跨，可选用预应力钢筋混凝土结构。

2. 支承结构

梁式渡槽的支承结构有墩式和排架式两种。

(1) 墩式。槽墩一般为重力墩，有实体墩（图 12－15）和空心墩（图 12－16）两种形式。

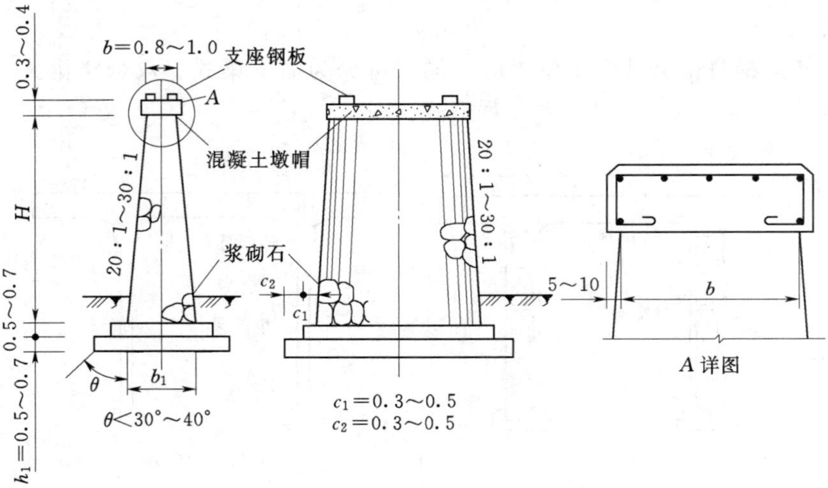

图 12－15 实体重力墩（单位：m）

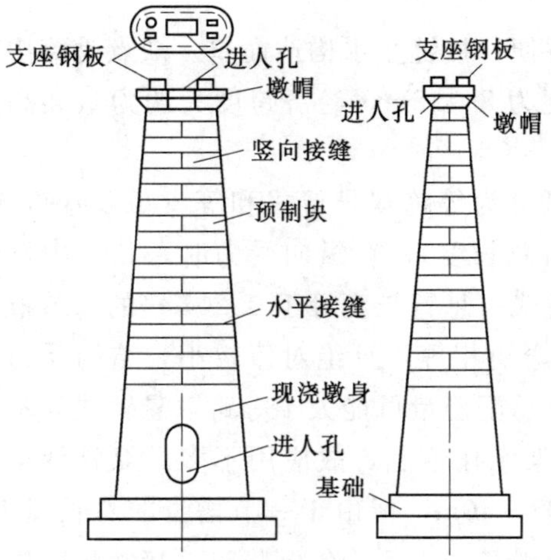

图 12－16 空心重力墩

1) 实体墩一般用浆砌石或混凝土建造，常用高度 8～15m。其构造简单，施工方便，但由于自身重力大，用料多，当墩身较高并承受较大荷载时，要求地基有较大的承载能力。

实体墩的墩头常作成半圆形或尖角形。墩顶长度应略大于槽身的宽度，每边外伸约 20cm；墩顶宽度应大于槽身支承面所需的宽度，常不小于 0.8～1.0m。墩顶设置混凝土墩帽，并布置一定的构造筋。墩帽上设置油毡垫座或钢板支座，以便将上部荷载均匀传到墩体上，并减小槽身因温度变化而产生的水平力。为满足墩体强度和地基承载力的要求，墩身两侧作成 20：1～30：1 的斜坡。

2) 空心墩的体型及部分尺寸与实体墩基本相同。其壁厚一般为 15～30cm，与实体墩相比可节省材料，与槽架相比，可节省钢材。其自身重力小，但刚度大，适用于修建较高的槽墩。其截面形式有圆矩形、矩形、双工字形、圆形等（图 12－17）。

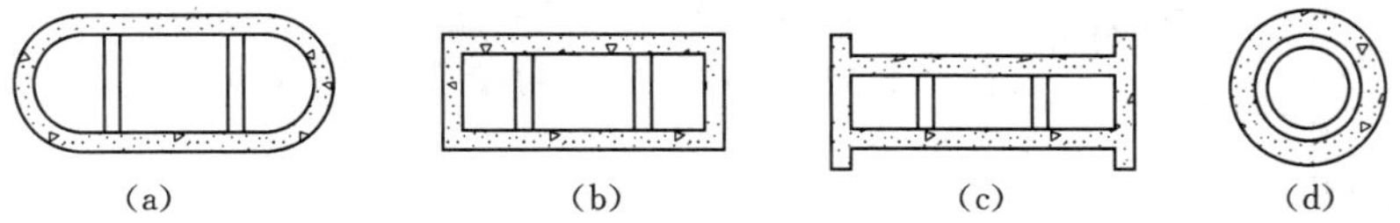

图 12－17　空心墩横截面形式

（a）圆矩形；（b）矩形；（c）双工字形；（d）圆形

空心墩墩身，可采用混凝土预制块砌筑，也可将墩身分段预制现场安装。在数量多、墩身较高时，可采用滑升钢模现浇混凝土施工，如湖北省的引丹干渠的排子河渡槽，空心墩平均墩高 24m，最大墩高 49m，就是采用滑升钢模整体现浇施工。

3）槽墩。渡槽与两岸连接时，常用重力式边槽墩，也称为槽台（图 12－18）。

槽台的作用是支承槽身和挡土，其高度一般在 5～6m 以下。台背坡一般为 $m=0.25\sim0.5$，为减小槽台背水压力，常设孔径为 5～8cm 的排水孔并作反滤层保护。墩顶设混凝土墩帽，其构造同槽墩。

重力墩应按一般稳定计算方法，验算空槽加风荷及有漂浮物撞击时的稳定性。

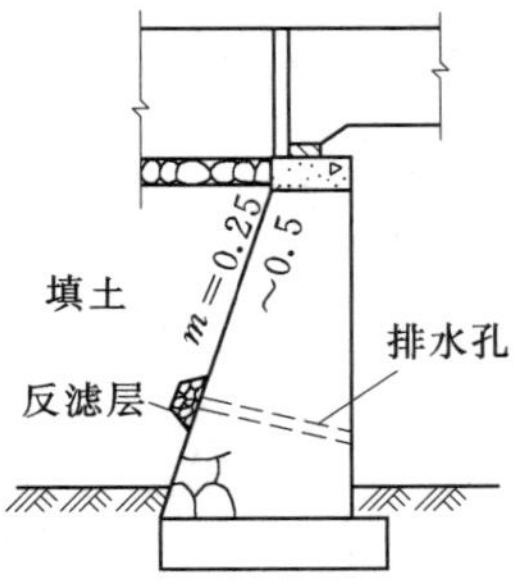

图 12－18　重力式槽台

（2）排架式。排架常采用钢筋混凝土排架结构，有单排架、双排架、A 字形排架和组合式槽架等形式（图 12－19）。单排架体积小、重量轻，可现浇或预制吊装，在渡槽工程中被广泛应用。单排架高度一般为 10～20m。湖南省的欧阳海灌区野鹿滩渡槽的单排架高度达 26.4m。

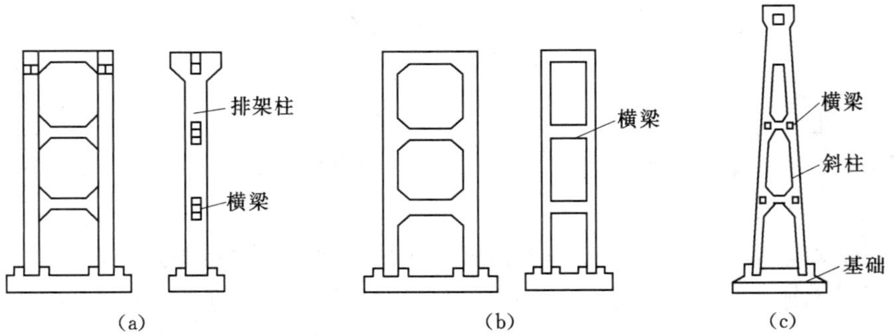

图 12－19　排架

（a）单排架；（b）双排架；（c）A 字形排架

单排架是由两根肢柱和横梁所组成的多层钢架结构，其构造如图 12－20 所示。

双排架由两个单排架及横梁组合而成，为空间框架结构。在较大的竖向及水平荷载作用下，其强度、稳定性及地基应力均较单排架容易满足要求。可适应较大的高度，通常为 15～25m。陕西省的石门水库灌区沥水沟渡槽，双排架高度为 26～28m。

A 字形排架常由两片 A 字单排架组成，其稳定性能好，适应高度大，但施工较复杂，

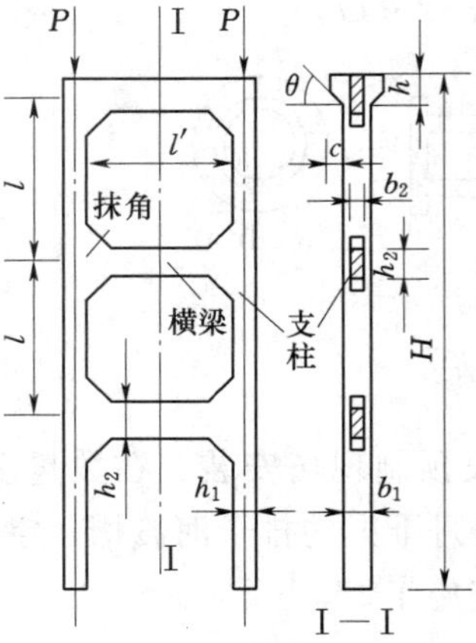

图 12-20 单排架构造图

造价较高。

组合式槽架适用于跨越河道主河槽部分，最高洪水位以下为重力式墩，其上为槽架，槽架可为单排架，也可为双排架。

排架与基础的连接形式，视具体情况不同，可采用固接和铰接。现浇排架与基础常整体结合，排架竖筋直接伸入基础内，按固结考虑。预制装配排架，根据排架吊装就位后的杯口处理方式而定。对于固接端，立柱与杯形基础连接时，应在基础混凝土终凝前拆除杯口内模板并凿毛，在立柱安装前将杯口清扫干净，于杯口底浇灌不小于 C20 的细石混凝土，然后将立柱插入杯口内，在其四周再浇灌细石混凝土，如图 12-21（a）所示。对于铰接，只在立柱底部填 5cm 厚的 C20 细石混凝土，在其上填沥青麻丝而成，如图 12-21（b）所示。

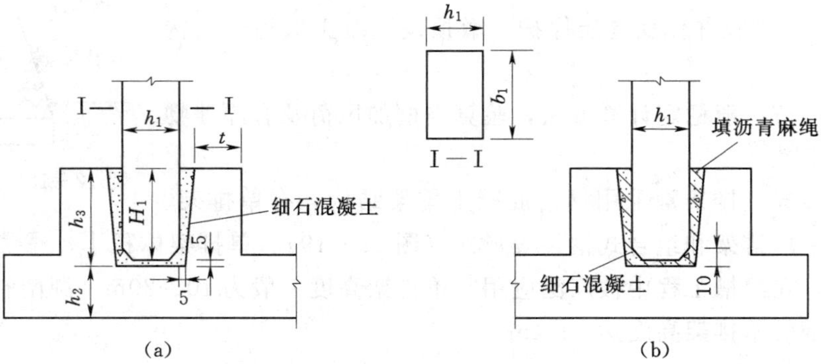

图 12-21 排架与基础连接形式（单位：cm）

（a）固接；（b）铰接

（五）基础

渡槽基础的类型较多，根据埋置深度可分为浅基础及深基础，埋置深度小于 5m 时为浅基础，大于 5m 时为深基础。

对于浅基础，基底面高程（或埋置深度）应根据地形、地质等条件选定。对于冰冻地区，基底面埋入冰冻层以下不少于 0.3m，以免因冰冻而降低地基承载力。耕作地内的基础，基顶面以上至少要留有 0.5 ～ 0.8m 的覆盖层，以利耕作。软弱地基上基础埋置深度，一般在 1.5～2.0m，如果地基的允许承载力较低时，可采取增加埋深或加大基底面尺寸的办法以满足地基承载力的要求。坡地上的基础，基底面应全部置于稳定坡线之下，并应削除不稳定的坡土和岩石以保证工程的安全。河槽中受到水流冲刷的基础，基顶面应埋入最大冲刷深度之下以免基底受到淘刷危及工程的安全。对于深基础，入土深度应从稳定坡线、耕作层深、最大冲刷深度等处算起，以确保深基础的承载能力。

基础是渡槽的下部结构，它将渡槽的全部重量传给地基。常用的渡槽基础有刚性基础、整体板基础、钻孔桩和沉井基础等（图 12-22）。

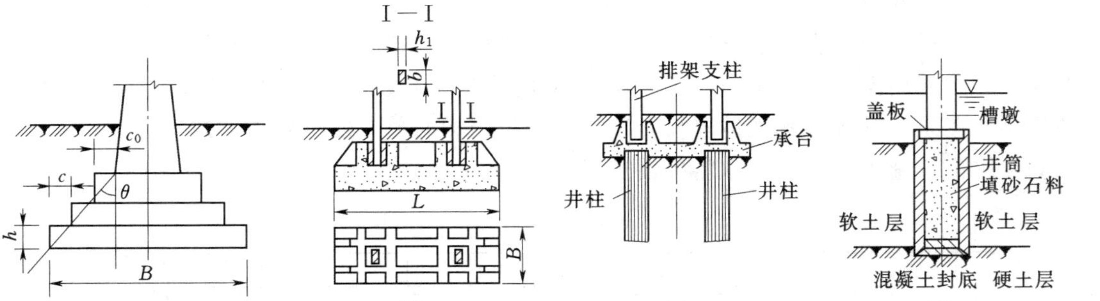

(a)　(b)　(c)　(d)

图 12-22　渡槽的基础

(a) 刚性基础；(b) 整体板式基础；(c) 钻孔桩基础；(d) 沉井基础

1. 刚性基础

常用于重力式实体墩和空心墩基础，一般用浆砌石或混凝土建造，其形状呈台阶形。因其抗弯能力小而抗压能力大，基础在墩底面的悬臂挑出长度不能太大，设计时不考虑其抗弯作用。

基础顶面伸出槽墩边缘的距离（襟边）按砌筑材料和施工条件确定，加襟边后不能满足地基承载能力要求时，应以台阶形式向下扩大。台阶高度一般为 0.5～0.7m，每一台阶的悬臂长 c 与高度 h 保持一定比值，用刚性角控制，即 $\theta=\arctan\frac{c}{h}<[\theta]$，$[\theta]$ 值与地基反力、基础型式及材料有关，一般为 30°～40°。

2. 整体板基础

整体板基础为钢筋混凝土梁板结构，因设计时考虑其弯曲变形而按梁计算，故又称柔性基础。其底面积大，可弹性变形，适应不均匀沉陷能力好，常用作排架基础。

3. 钻孔桩（又称井柱）基础

适用于荷载大、承载能力低的地基。施工机具简单，建造速度快，造价低。桩顶设承台以便与槽墩（架）连接，并将桩柱向上延伸而成桩柱式槽架。

4. 沉井基础

沉井基础的适用条件与钻孔桩基础相似，在井顶作承台（盖板）以便修筑槽墩（架）。井筒内可根据需要填砂石料或低标号混凝土。

渡槽基础的选型应结合渡槽形式选定基础结构的形式，基础结构的布置尺寸须在槽墩或槽架布置的基础上确定。

四、拱式渡槽

当槽身置于拱式支承结构上时，称为拱式渡槽。拱式渡槽的主要承重结构是拱圈。槽身通过拱上结构将荷载传给拱圈，它的两端支承在槽墩或槽台上。拱圈的受力特点是承受以压力为主的内力，故可应用石料或混凝土建造，并可用于较大的跨度。但拱圈对支座的变形要求严格。对于跨度较大的拱式渡槽应建筑在比较坚固的岩石地基上。

1. 分类

拱式渡槽按材料可分为砌石、混凝土和钢筋混凝土等；按照主拱圈的结构形式则可分为板拱、肋拱和双曲拱等拱式渡槽。

(1) 板拱。板拱多用于石拱渡槽。板拱在横截面的整个宽度内，砌筑成整体的实体矩形断面，除采用砌石（图 12-23）外，也可用混凝土现浇或预制块砌筑，小型渡槽的拱圈可用砖砌筑。其优点是就地取材，节省钢筋，结构简单，便于施工；缺点是自重大，对地基要求高，施工时需较多木料搭设拱架。

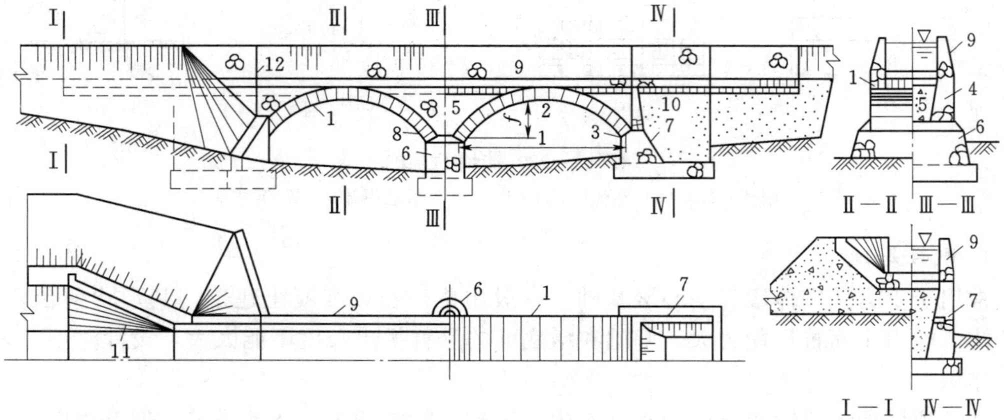

图 12-23 实腹式石拱渡槽

1—主拱圈；2—拱顶；3—拱脚；4—边墙；5—拱上填料；6—槽墩；7—槽台；8—排水管；9—槽身；10—垫层；11—渐变段；12—变形缝

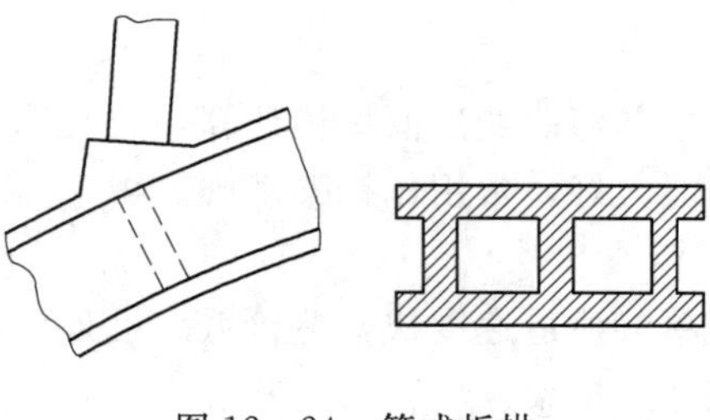

图 12-24 箱式板拱

拱圈的横向宽度一般与槽身宽度相同，且不宜小于拱圈跨度的 1/20，以保证拱圈有足够的横向刚度和稳定性。

对于大跨度拱圈，可采用图 12-24 所示的钢筋混凝土箱式板拱，每隔一定距离在横墙下面等位置设置横隔板，以加强拱圈的横向刚度与整体性。施工时，可分成几个工字形构件预制吊装。

(2) 肋拱。为了节省材料和减轻自重，可采用肋拱式拱圈，拱圈由 2～4 根拱肋组成，

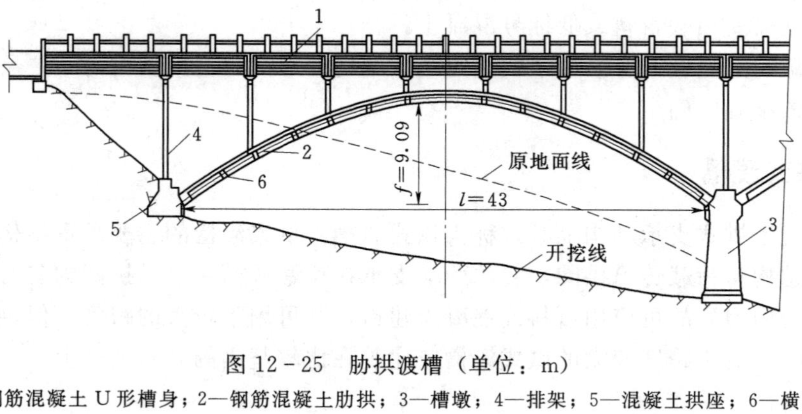

图 12-25 肋拱渡槽（单位：m）

1—钢筋混凝土 U 形槽身；2—钢筋混凝土肋拱；3—槽墩；4—排架；5—混凝土拱座；6—横系梁

拱肋间用横系梁连接以加强拱肋整体性，保证拱肋的横向稳定，如图 12－25 所示。肋拱渡槽一般采用钢筋混凝土结构。对于大中跨径的肋拱结构可分段预制吊装拼接，无需支架施工。这种形式的渡槽外形轻巧美观，自重较轻，工程量小，但钢筋用量较多。

（3）双曲拱。双曲拱渡槽的主要拱圈由拱肋、拱波、拱板和横系梁（横隔板）等组成，如图 12－26 所示。因主拱圈沿纵向和横向都呈拱形，故称为双曲拱，如图 12－27 所示。

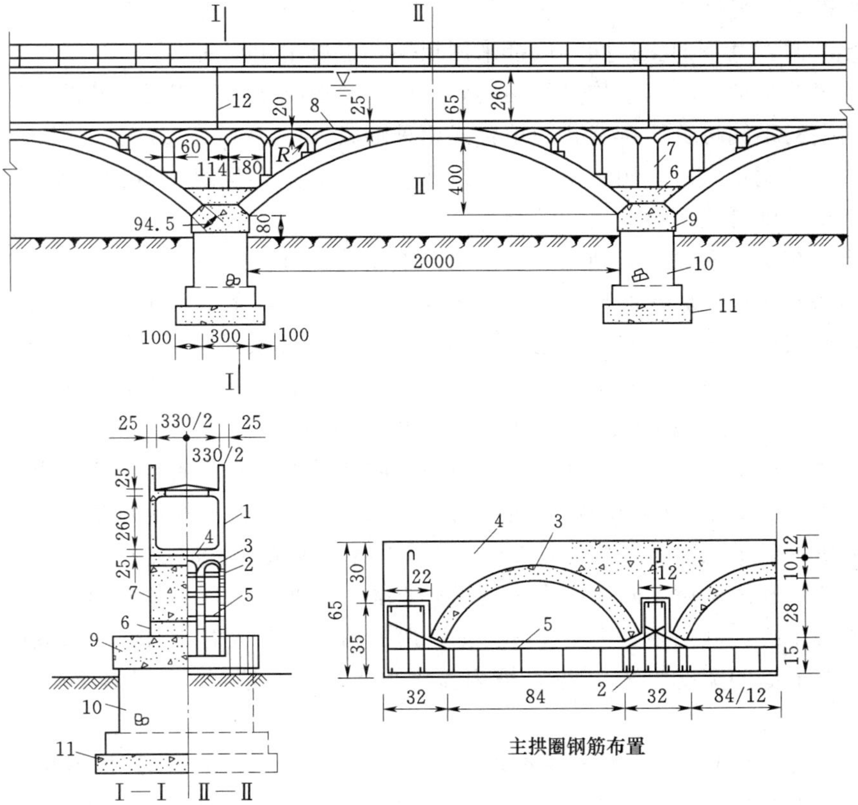

图 12－26　双曲拱渡槽（单位：cm）

1—槽身；2—拱肋；3—预制拱波；4—混凝土填平层；5—横系梁；6—护拱；7—腹拱横墙；8—腹拱；9—混凝土墩帽；10—槽墩；11—混凝土基础；12—伸缩缝

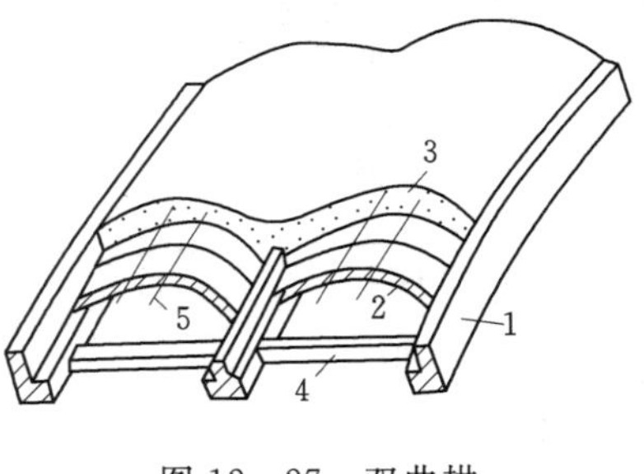

图 12－27　双曲拱

1—拱肋；2—预制拱波；3—现浇拱板；4—横系梁；5—纵向钢筋

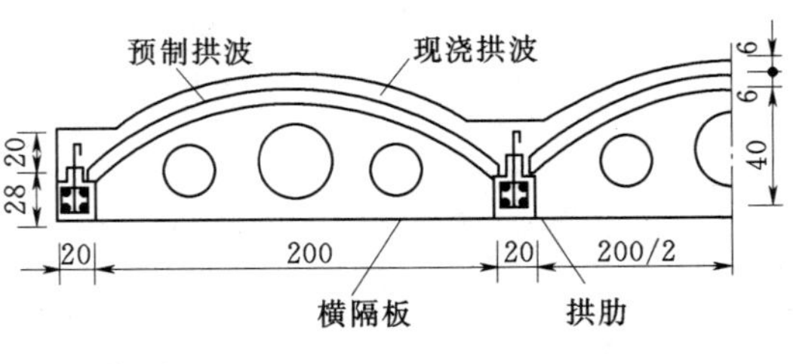

图 12－28　双曲拱横隔板（单位：cm）

双曲拱能充分发挥材料的抗压性能，造型美观，此外，主拱圈可分块预制，吊装施工，既节省搭设拱架所需的木料，又不需要较多的钢筋，适用于修建大跨径渡槽。

双曲拱的横向联系，常采用横系梁和横隔板。拱肋和拱波通过横向联系连接成整体，以加强拱圈的横向整体性和稳定性，如图 12-28 所示。

2. 拱上结构及槽身

拱式渡槽的拱上结构，有实腹式和空腹式两种形式。

(1) 实腹式。实腹式拱上结构（图 12-23）一般只用于小跨度渡槽，其上的槽身一般都采用矩形断面，其下的主拱圈一般都采用板拱，也可采用双曲拱。

实腹拱式渡槽的各个部分均可采用砌砖、砌石和混凝土等圬工材料建造。实腹式拱上结构，按构造的不同可分为砌背式和填背式两种形式。

砌背式在槽宽不大时采用，拱背上砌筑成实体，其上再砌筑槽身的挡水侧墙和底板。当槽宽较大时，则易采用填背式。

填背式是在拱背两侧砌筑挡土边墙。墙内填以砂石料或土料，在边墙和填料的上面再筑槽身的侧墙和底板。底板的作用主要是防渗和防冲，可以做得较薄，但不宜小于 20cm。挡水侧墙顶厚按构造要求决定，不宜小于 0.3～0.5m，自顶部向下以 1：0.3～1：0.4 的坡度放宽，具体尺寸由计算决定。挡土边墙的顶厚，一般等于挡水侧墙的底厚，向下也以 1：0.3～1：0.4 的坡度逐渐放宽，以承受填土的侧压力。

对于填背式拱上结构，还应在拱背及边墙的内坡用水泥砂浆或石灰三合土等铺设防水层，将槽身渗水沿防水层引至埋设于拱圈内的排水管或槽台背面的排水暗沟排出。排水管应设在靠近拱脚的最低处，进口铺设 2～3 层用砂石料组成的反滤层。为了适应主拱圈和拱上结构的变形和因温度下降槽身产生的纵向收缩，常在槽墩顶部设变形缝，将槽身和拱上结构分成若干段。缝距不宜大于 15m，如一跨的跨度已较大时，可在主拱圈的拱顶处再设一道缝。变形缝的宽度为 2～5cm，缝内需设止水，对于填背式拱上结构，应在内侧铺设反滤层。

(2) 空腹式。实腹式拱上结构用材多，重量大，故一般只用于小跨度渡槽。当跨度较大时，须将拱上结构筑成空腹式（图 12-29）的，以减小拱圈的荷载。空腹式拱上结构，有横墙腹拱式和排架式等形式。

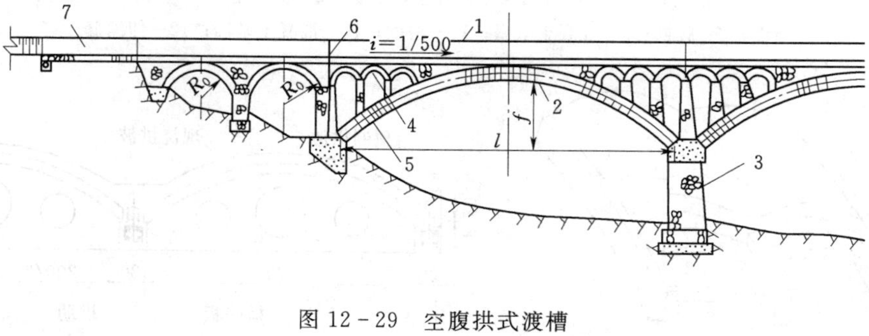

图 12-29 空腹拱式渡槽

1—槽身；2—主拱圈；3—槽墩；4—腹拱；5—横向墙；6—伸缩缝；7—进口段

第三节 倒 虹 吸 管

一、倒虹吸管的特点

倒虹吸管是输送渠水通过河流、山谷、洼地、道路或其他渠道的压力输水管道，是一种渠道交叉建筑物。

与渡槽相比，倒虹吸管具有工程量小、造价低、施工安全方便、不影响河道宣泄洪水等优点。缺点是水头损失较大，当输送小流量、多泥沙水时易淤积堵塞，且由于承受较高水头，所以运用和管理不方便，通航渠道上不能采用。

渠道与山谷等障碍物或其他渠道相交时，可选用倒虹吸管、渡槽、填方渠道下的涵洞等交叉建筑物。选用时应根据高程、造价等因地制宜、全面考虑。

二、倒虹吸管的分类与选型

倒虹吸管按断面形状分，有圆形、箱形、拱形；按建筑材料分，有木质、素混凝土、钢丝网水泥、钢筋混凝土、预应力钢筋混凝土、铸铁、钢管等多种。

（一）倒虹吸管的断面形式

1. 圆形管道

圆形管道（图 12－30）湿周小，与过水面积相同的箱形、拱形管道相比，水力摩阻小，水流条件好，过水能力最大。圆形管管壁所受的内水压力均匀，且具有拱的作用，抵抗外部荷载性能好，与通过同样流量的箱形钢筋混凝土管道相比，可节约 10%～15%的钢材。圆管能承受高水头压力，预应力钢筋混凝土圆管、小流量钢箍木质圆管和圆形钢管都可以承受 150～200m 的水头。圆管施工方便，且适宜于成批生产，质量较易掌握。因此圆管应用最多。当圆管直径太大时，管重很大，吊装及安装困难。

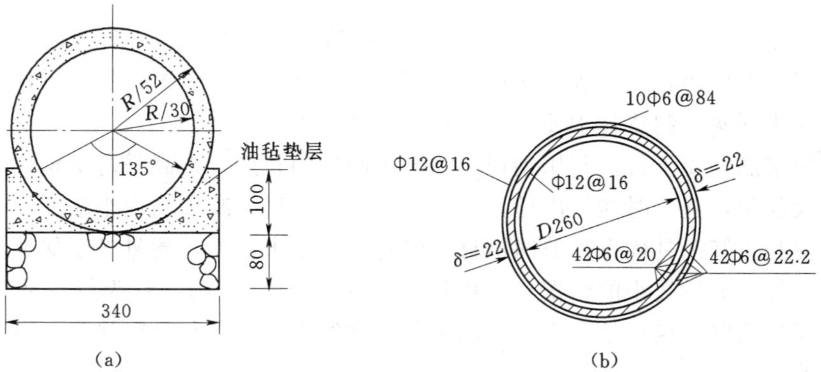

图 12－30 圆形倒虹吸管（单位：cm）

2. 箱形管道

箱形管道（图 12－31）有矩形、正方形。可做成单孔或多孔，其结构形式简单。大断面的钢筋混凝土箱形管在现场立模浇注比大直径圆管方便，虽然其受力性能不如圆管，材料用量比圆管稍多，但对于大流量、低水头的倒虹吸管采用箱形断面经济合理，应用较多。多孔箱形管有利于调节水量、检修和防止淤积。

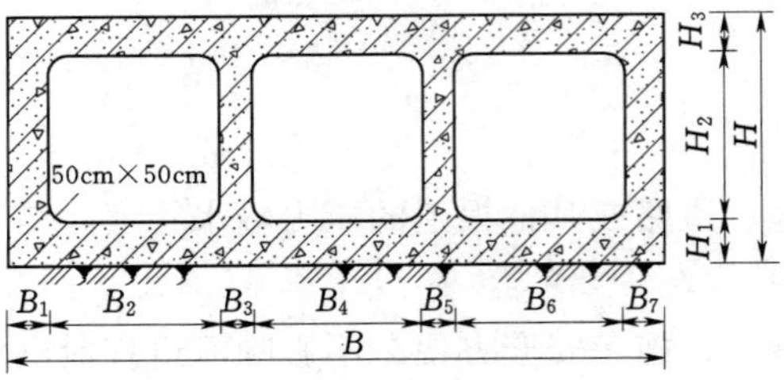

图 12-31　箱形倒虹吸管

小型箱形管道可用砖、石或钢筋混凝土做侧墙和底板，钢筋混凝土做盖板构成，适用于低水头、小流量倒虹吸管。

3. 拱形管道

过水能力比箱形管大。由于顶板和底板做成正、反拱形，更能适应平原河网地区的低水头、大流量和外水压力大、地基软弱的条件。缺点是施工麻烦。

（二）倒虹吸管的材料

倒虹吸管的材料应根据压力大小及流量的多少、就地取材、施工方便、经久耐用等原则综合分析选择。应用较多的是钢筋混凝土、预应力钢筋混凝土、钢板等。

（1）钢筋混凝土管。其优点是耐久、价廉、变形小、节约金属材料、制造简便、糙率变化小、抗震性能好等。缺点是管壁厚、自重大、钢筋未能充分发挥作用、抗裂性能较差等。适用于较高水头，一般为 30m 左右，可达 50～60m，管径通常不大于 3m。

（2）预应力钢筋混凝土管。预应力钢筋混凝土管除了具有钢筋混凝土管的优点外，还具有较好的弹性、不透水性和抗裂性，能充分发挥材料的性能。由于充分利用高强度钢筋，能节约大量钢材，又能承受高水头压力，在相同管径、相同压力条件下，金属用量为金属管的 10%～40%，为钢筋混凝土管的 70%～80%，并且由于管壁薄、工程量小，造价比钢筋混凝土管低。预应力钢筋混凝土管重量轻，吊装施工安装方便；不易锈蚀，使用寿命长。缺点是性脆、易碰坏、施工技术较复杂，远程运输后预应力值可能有损失。适用于高水头的情况。

（3）钢管。钢管由钢板焊接而成。具有很高的强度和不透水性，所以可用于任何水头和较大的管径。引大入秦工程中的光明峡倒虹吸管全长 524.8m，设计水头 107m；水磨沟倒虹吸管全长 567.96m，设计水头 67m，这两座倒虹吸管均由 $\phi 2.65$m 的双排钢管组成，是高水头大跨度钢质桥式倒虹吸。缺点是刚度较小，可能会由于主管的变形使伸缩节内填料松动而使接头漏水；制造技术要求高，且防锈与维护费用高。

（4）钢衬钢筋混凝土管。利用钢板与混凝土两者的长处，把高强薄壁钢筒内衬于管道内缘应力最大部位，施工时能做内模，运行时能把水头损失减少到最小程度。

（5）素混凝土管。其优点是节约钢材。但对施工要求很高，质量难于保证。混凝土管适用于水头较低、流量较小的情况，一般用于水头为 4～6m 的倒虹吸管。从混凝土管运行情况看，管身裂缝、接缝处漏水严重的现象经常发生，这多与材料强度、施工技术与质量等因素有关。

（6）钢丝网水泥管。其优点是弹性好、抗裂强度较高、抗渗性能好、重量轻、节约钢材、造价低。最大缺点是保护层薄，钢丝网易锈蚀，使用寿命短。

（7）铸铁管。其优点是不透水、变形小，可承受较高水头。缺点是金属材料用量大，锈蚀后水头损失大，寿命较短。一般用于高水头地段。

三、倒虹吸管的布置与构造

(一) 管路布置

倒虹吸管一般由进口、管身、出口三部分组成。进出口建筑物常见的是挡土墙、梁、板、柱结构。管路布置应根据地形、地质、施工、水力条件等分析确定。总体布置的一般原则是：管身最短、岸坡稳定、管基密实，进出口连接平顺，结构合理。根据流量大小及运用要求，可采用单管、双管或多管。根据管路埋设情况及高差大小，倒虹吸管的布置形式可分为以下几种。

1. 竖井式

多用于压力水头较小（$H<3\sim5m$）、穿越道路的倒虹吸（图 12－32）。这种形式构造简单、管路短。进出口一般用砖石或混凝土砌筑成竖井。竖井断面为矩形或圆形，其尺寸稍大于管身，底部设 0.5m 深的集沙坑，以沉积泥沙，并便于清淤及检修管路时排水。管身断面一般为矩形、圆形或其他形式。竖井式水力条件差，但施工比较容易，一般用于工程规模较小的倒虹吸管。

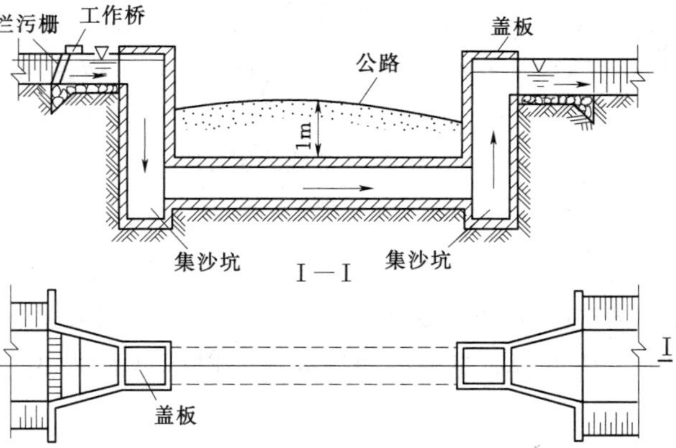

图 12－32　竖井式倒虹吸管

2. 斜管式

多用于压力水头较小，穿越渠道、河流的情况（图 12－33）。斜管式倒虹吸管构造简单，施工方便，水力条件好，实际工程中常被采用。

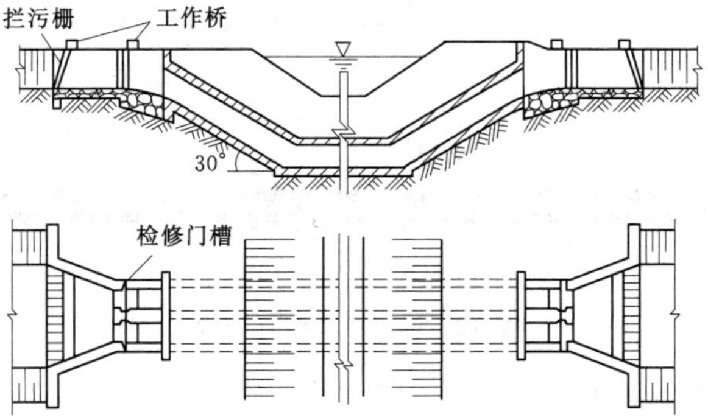

图 12－33　斜管式倒虹吸

3. 曲线式

当岸坡较缓（土坡边坡系数 $m>1.5\sim2.0$，岩石坡 $m\geqslant1.0$）时，为减少施工开挖量，管道可随地面坡度铺设成曲线形（图 12-34）。管身常为圆形的混凝土管或钢筋混凝土管，可现浇也可预制安装。管身一般设置管座。当管径较小且土基很坚实时，也可直接设在土基上。在管道转弯处应设置镇墩，并将圆管接头包在镇墩内。为了防止温度引起的不利影响，减小温度应力，管身常埋于地下，为减小工程量，埋置不宜过深。从已建倒虹吸管工程运行情况看，不少工程因温度影响或土基不均匀沉陷，造成管身裂缝，有的渗漏严重，危及工程安全。

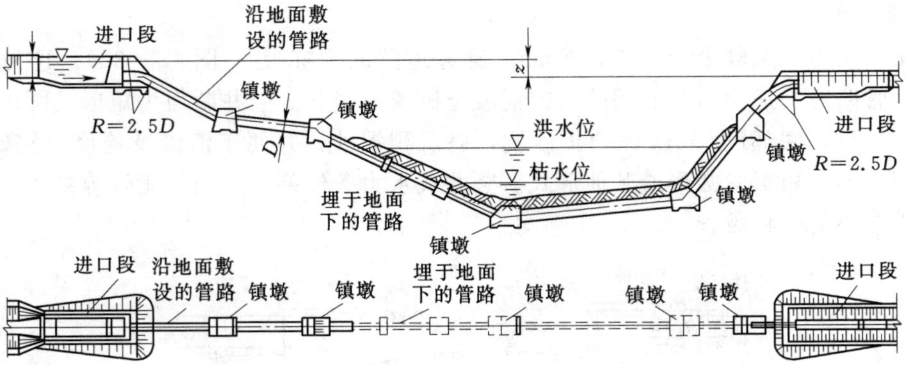

图 12-34 曲线式倒虹吸

4. 桥式倒虹吸管

当渠道通过较深的复式断面或窄深河谷时，为降低管道承受的压力水头，减小水头损失，缩短管身长度，便于施工，可在深槽部位建桥，管道铺设在桥面上或支承在桥墩等支承结构上（图 12-35）。桥下应有足够的净空高度，以满足泄洪要求。在通航河道上应满足通航要求。

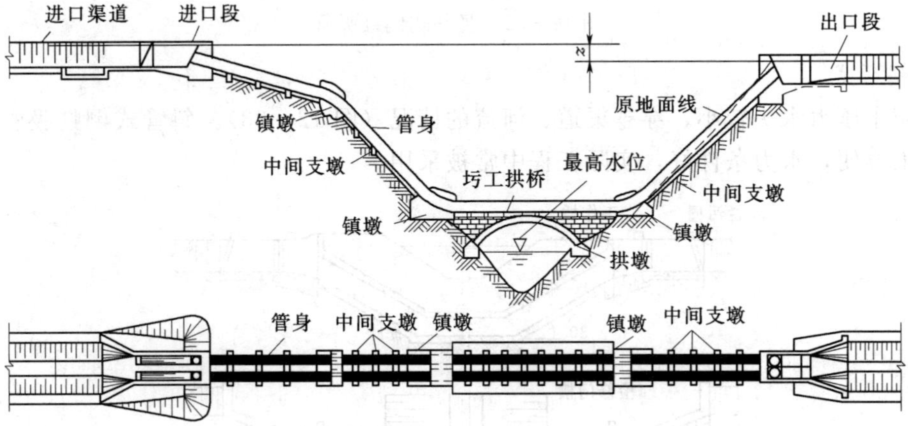

图 12-35 桥式倒虹吸管

管道在桥头转弯处设置镇墩，并在镇墩上设置放水孔（亦可兼作进人孔），以便于检查修理。

（二）进出口段及管身段布置

1. 进口段的形式和布置

进口段包括进水口、拦污栅、闸门、工作桥、进口渐变段及沉沙池等。进口段的结构形式，应保证通过不同流量时管道进口处于淹没状态，以防止水流在进口段发生跌落、产生水跃而使管身引起振动。进口具有平顺的轮廓，以减小水头损失，并应满足稳定、防冲和防渗等要求。

（1）进口段应修建在地基较好、透水性小的地基上。当地基较差、透水性大时应作防渗处理。通常做 30～50cm 厚的浆砌石或做 15～20cm 的混凝土铺盖，其长度约为渠道设计水深的 3～5 倍。

挡水墙可用混凝土浇筑，也可用圬工材料砌筑。砌筑时应妥善与管身衔接好。

对于岸坡较陡、管径较大的钢筋混凝土管，进口常做成喇叭口形。

当岸坡较缓时，可将管身直接伸入胸墙 0.5～1.0m，并与喇叭口连接。对于小型倒虹吸管，为了施工方便，一般将管身直接伸入挡水墙内。

（2）双管或多管倒虹吸，在其进口应设置闸门（ 图 12-36)。当小流量时可减少输水管道的根数，以防止进口水位跌落，同时可增加管内流速，防止管道淤积。

单管倒虹吸进口一般不设置闸门，通常在侧墙设闸门槽，以便在检修和清淤时使用，需要时临时安装插板挡水。

闸门常用平板闸门或叠梁闸门。

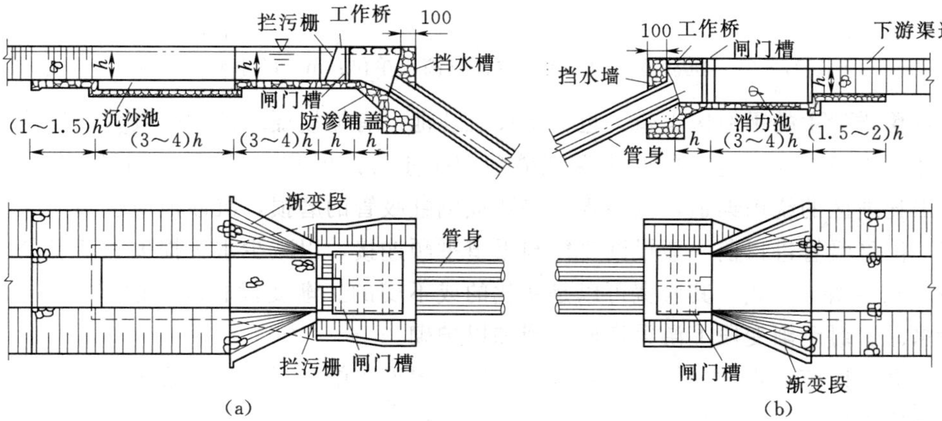

图 12-36　双管倒虹吸进出口布置图（单位：cm）

(a) 进口布置；(b) 出口布置

（3）为了防止漂浮物或人畜落入渠内被吸入倒虹吸管内，在闸门前需设置拦污栅。拦污栅的布置应有一定的坡度，以增加过水面积和减小水头损失，常用坡度为 1/3～1/5。栅条用扁钢做成，其间距为 20～25cm。

为了清污或启闭闸门可设工作桥或启闭台。启闭台台面高出闸墩顶的高度为闸门高加 1.0～1.5m。

（4）沉沙池的主要作用是拦截渠道水流携带的大粒径砂石和杂物，以防止其进入倒虹吸管内引起管壁磨损和淤积堵塞（图 12-37)。有的倒虹吸管由于管理不善，管内淤积的碎石杂物高度达管高之半，严重影响了输水能力。

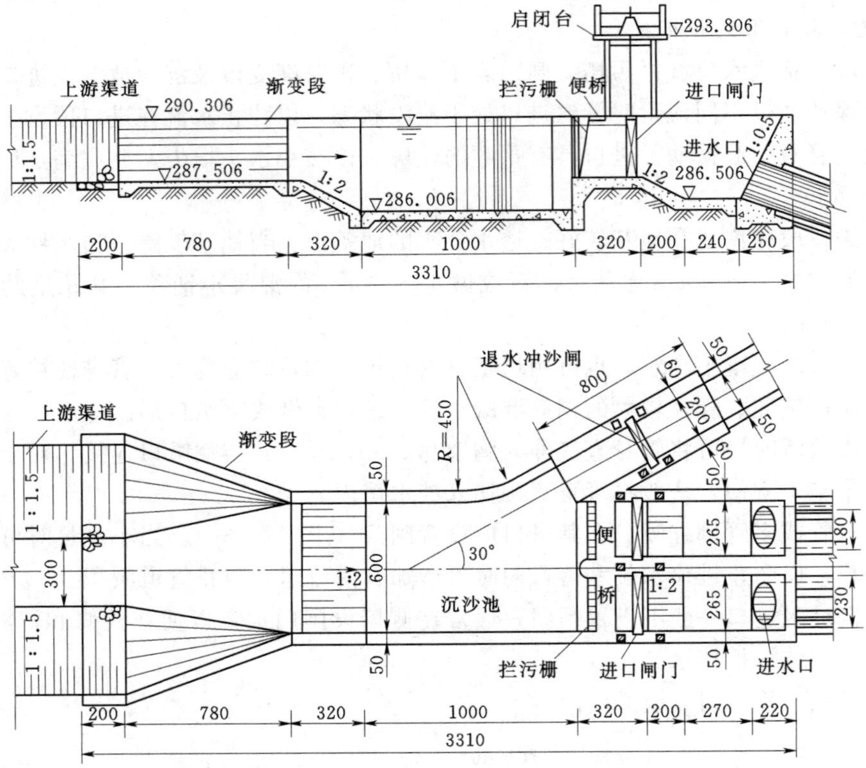

图 12-37　沉沙池及冲沙闸布置图（高程单位：m；尺寸单位：cm）

在悬移质为主的平原区渠道，也可不设沉沙池。有输沙要求的倒虹吸管，设计时应使管内流速不小于挟沙流速，同时为保证输沙和防止管道淤积，可考虑采用双管或多管布置。在山丘地区的绕山渠道，泥沙入渠将造成倒虹吸管的磨损，沉沙池应适当加深。

（5）倒虹吸管进口前一般设渐变段与渠道平顺连接，以减少水头损失。渐变段形式有扭曲面、八字墙等形式。其底宽可以是变化的或不变的。渐变段长度一般采用 3～5 倍渠道设计水深。对于渐变段上游渠道应适当加以护砌。

（6）大型或较为重要的倒虹吸管进口一般设置退水闸。当倒虹吸管发生事故时，关闭倒虹吸管前闸门，将渠水从退水闸泄出。

2. 管身段

（1）断面。倒虹吸管的断面尺寸主要是根据渠道规划所确定的上游渠底高程、水位、通过的流量和允许的水头损失，通过水力计算而确定的，通过计算还能确定倒虹吸管的水头损失值和进出口的水面衔接。

在实际工程中，渠道在规划时已确定渠道断面形式和上游渠底高程、倒虹吸管通过的流量和允许水头损失值。因此，倒虹吸管的水力计算内容有下列几种情况：根据需要通过的流量和允许的水头损失，初拟确定管道的断面形式和尺寸；校核能否通过规定的流量；计算管内流速，校核水头损失是否超过允许值。

管内流速应根据技术经济比较和不淤条件进行确定。

（2）分缝与止水。为了防止管道因地基不均匀沉陷及温度过低产生较大的纵向应力，使管身发生横向裂缝，管身应设置伸缩缝，缝内设止水。缝的间距应根据地基、管材、施工、气温等条件确定。对于现浇钢筋混凝土管，缝的间距一般为：在土基上 15～20m；在岩基上 10～15m。管身与岩基之间设置油毛毡垫层等措施，以减小岩基对管身收缩约束作用，管身采用分段间隔浇筑时，缝的间距可增大至 30m。

伸缩缝的形式主要有平接、套接、企口接以及预制管的承插式接头等（图 12－38）。缝的宽度一般为 1～2cm，缝中堵塞沥青麻绒、沥青麻绳、柏油杉板或胶泥等。

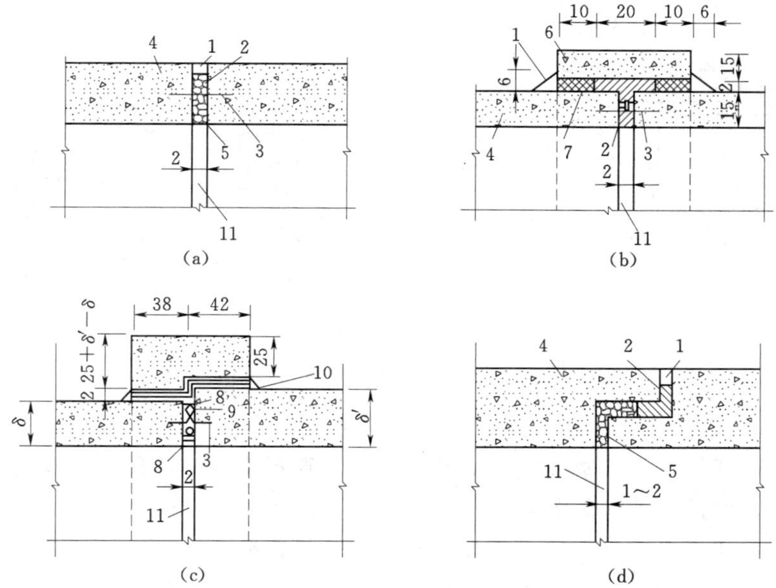

图 12－38 管身伸缩缝形式（单位：cm）

（a）平接；（b）管壁等厚套接；（c）管壁变厚套接；（d）企口接

1—水泥砂浆封口；2—沥青麻绒；3—金属止水片；4—管壁；5—沥青麻绳；6—套管；7—石棉水泥；8—柏油杉板；9—沥青石棉；10—油毛毡；11—伸缩缝

现浇管一般采用平接或套接，缝间止水用金属止水片等。近几年用塑料止水带代替金属止水，以及使用环氧基液贴橡皮已很普遍。

预制钢筋混凝土管及预应力钢筋混凝土管的管节接头处即为伸缩缝。接头形式有平口式和承插式。承插式接头安装方便，密封性好，具有较大的柔性，目前大多采用这种形式（图 12－39）。

为了清除管内淤积泥沙，放空管内积水和便于检修，在管段上应设置冲沙放水孔。冲沙放水孔也常兼作进人孔，进人孔也可设在镇墩上。

（3）镇墩。在倒虹吸管的变坡及转弯处都应设置镇墩，其主要作用是连接和固定管道。在斜坡段若坡度陡，长度大，为防止管身下滑，保证管身稳定，也

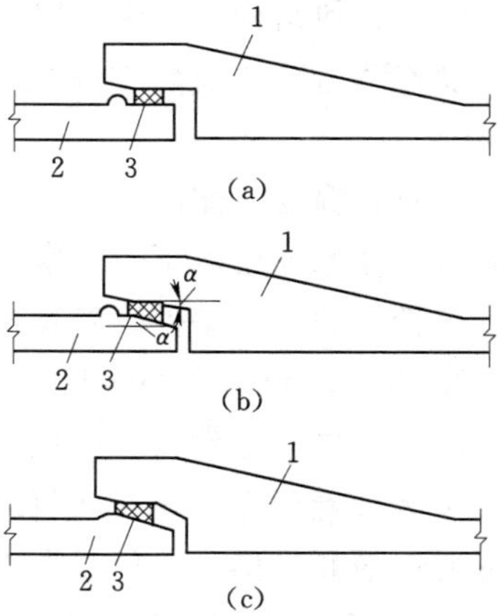

图 12－39 钢筋混凝土管承插式接头

（a）平直型；（b）双楔型；（c）“63”型

1—承口；2—插口；3—橡皮圈

应在斜坡段设置镇墩，其设置个数视地形、地质条件而定。

镇墩的材料主要为砌石、混凝土或钢筋混凝土。砌石镇墩多用于小型倒虹吸工程。在岩基上的镇墩，可加锚杆与岩基连接，以增加管身的稳定性。

镇墩承受管身传来的荷载及水流产生的荷载，以及填土压力、自身重力等，为了保持稳定，镇墩一般是重力式的。

镇墩与管端的连接形式有两种：刚性连接和柔性连接（图 12-40）。

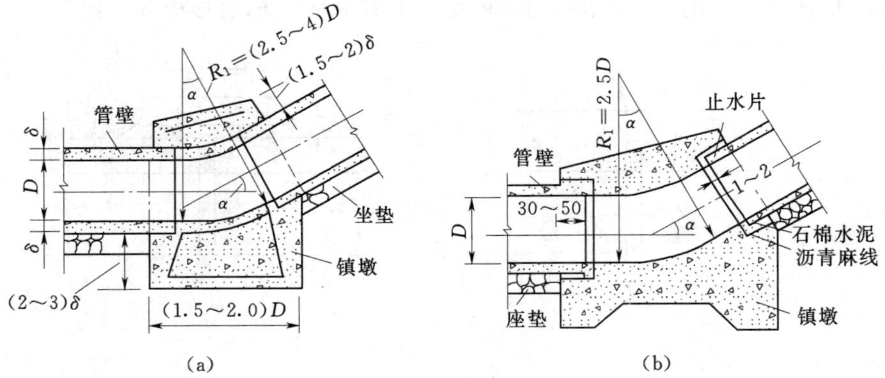

图 12-40　镇墩与管端的连接（单位：cm）

(a) 刚性连接；(b) 柔性连接

刚性连接是把管端与镇墩混凝土浇筑在一起，砌石镇墩是将管端砌筑在镇墩内。这种形式施工简单，但适应不均匀沉降的能力差。由于镇墩的重量远大于管身，当地基发生不均匀沉陷时可能使管身产生裂缝，所以一般多用于斜管坡度大、地基承载能力高的情况。

柔性连接是用伸缩缝将管身与镇墩分开，缝中设止水，以防漏水。柔性连接施工比较复杂，但适应不均匀沉陷能力好，常用于斜坡较缓的土基上。

斜坡段上的中间镇墩，其上部与管道的连接多为刚性连接，下部多为柔性连接。

砌石镇墩在砌筑时，可在管道周围包一层混凝土，其尺寸应考虑施工及构造要求。

(4) 其他结构。在倒虹吸管下应设置连续坐垫，若在较好的土基上修建小型倒虹吸管可不设连续坐垫，而设中间支墩，支墩的间距视地基、管径大小等情况而定，一般采用 2～8m。

为防止温度、冰冻、耕作等不利因素影响，管道应埋设在耕作层以下；在冰冻区，管顶应布置在冰冻层以下；在穿越河道时，管顶应布置在冲刷线以下 0.5m；当穿越公路时，为改善管身的受力条件，管顶应埋设在路面以下 1.0m 左右。

3. 出口段的形式和布置

出口段包括出水口、闸门、消力池、渐变段等。其布置形式与进口段相似。

为运行管理方便，在双管或多管倒虹吸出口应设置闸门或预留检修门槽。为使出口与下游渠道平顺连接，一般设渐变段，其长度常用 4～6 倍的渠道设计水深。同时渐变段下游 3～5m 长度内的渠道还应护砌，以防止水流对下游渠道冲刷。渐变段的底部常设消力池。

倒虹吸管出口水流流速一般较小，消力池的作用主要在于调整出口水流的流速分布，以使水流较平稳地进入下游渠道，防止对下游渠道冲刷。

第四节　桥　　梁

当渠道穿越公路或生产道路时，为了便利生产和交通，需要修建桥梁。此外，在修建水闸等水工建筑物时，为沟通两岸交通，也常把桥梁与水闸等水工建筑物结合布置。

一、桥梁的类型

桥梁的分类方法很多。

按主要承重结构体系可分为梁式桥、拱式桥、刚架桥、斜拉桥、悬索桥、组合体系桥等，前三种比较常见。

按桥梁上部结构的建筑材料可分为木桥、钢桥、圬工桥（包括砖桥、石桥、混凝土桥）、钢筋混凝土桥、预应力钢筋混凝土梁桥等。

按用途可分为有公路桥、铁路桥、公路与铁路两用桥、城市桥、人行桥及其他专用桥梁等。

按制造方法，混凝土桥分为现筑桥和装配式桥两类。

按跨径分，可分为特大桥（$L \geqslant 500$m，$L_0 \geqslant 100$m）、大桥（$L \geqslant 100$m，$L_0 \geqslant 40$m）、中桥（30m$<L<$100m，20m$<L_0<$40m）、小桥（8m$\leqslant L \leqslant$30m，5m$<L_0<$20m）。其中 L 为多孔跨径总长；L_0 为单孔跨径。

二、桥面构造

桥面构造包括行车道铺装、排水防水系统、人行道（或安全带）、缘石、栏杆、护栏、照明灯具和伸缩缝等（图 12-41）。

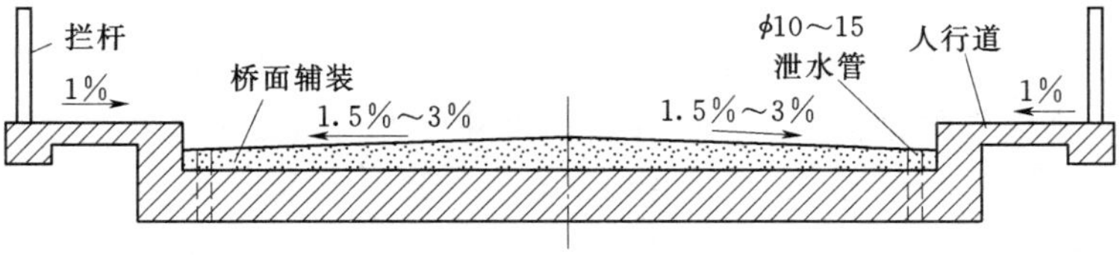

图 12-41　桥面构造

桥面构造直接与车辆、行人接触，它对桥梁的主要结构起保护作用，使桥梁能正常使用。同时，桥面构造多属外露部位，其选择是否合理，布置是否恰当直接影响桥梁的使用功能、布局和美观。由于桥面构造工程量小，项目繁杂，在施工中又多在主体工程结束之后进行，往往在设计和施工中得不到应有的重视，从而造成桥梁使用中的弊病或过早地进行维修、养护，甚至会中断交通。因此，必须认真设计，精心施工。

（一）桥面铺装

桥面铺装即行车道铺装，亦称桥面保护层，它是车轮直接作用的部分。桥面铺装的作用在于防止车辆轮胎或履带直接磨耗行车道板，保护主梁免受雨水侵蚀，并对车辆轮重的集中荷载起分布作用。因此，行车道铺装要求行车舒适、抗滑、不透水、刚度高等。

行车道铺装可采用混凝土、沥青混凝土和泥结碎石等类型。混凝土和沥青混凝土桥面铺装用得较广，能满足各项要求。混凝土铺装的耐磨性能好，适合重车荷载，但后期修补较麻烦。沥青混凝土桥面铺装维修养护方便，但易老化和变形。泥结碎石桥面铺装，耐久性较差，仅在低等级公路桥梁上使用。

为使铺装层具有足够的强度和良好的整体性(能起联系各主梁共同受力的作用)，一般宜在混凝土中铺设直径为 4～6mm 的钢筋网。

（二）排水防水系统

1. 桥面纵横坡

桥面设置纵横坡，以利于雨水迅速排除，防止或减少雨水对铺装层的渗透，从而保护行车道板，延长桥梁使用寿命。

桥面上设置纵坡，首先有利于排水，同时，在平原地区，还可以在满足桥下通航净空要求的前提下，降低墩台标高，减少桥头引道土方量，从而节省工程费用。桥面的纵坡，一般都做成双向纵坡，在桥中心设置曲线，纵坡一般以不超过 3%～4%为宜。

桥面的横坡，一般采用 1.5%～3.0%。

2. 防水层

桥面的防水层，设置在行车道铺装层下边，它将透过铺装层渗下的雨水汇集到排水设备（泄水管）排出。

钢筋混凝土桥面板与铺装层之间是否要设防水层，应视当地的气温、雨量、桥梁结构和桥面铺装的形式等具体情况而定。桥面伸缩缝处应连续铺设，不可切断；桥面纵向应铺过桥台背；截面横向两侧，则应伸过缘石底面从人行道与缘石砌缝里向上叠起 0.10m。如不需设防水层，但考虑桥面铺装长期磨损，如桥面排水不良等，仍可能漏水，故桥面在主梁受弯作用处应设置防水层。

3. 桥面排水系统

为了迅速排除桥面积水，防止雨水积滞于桥面并渗入梁体而影响桥梁的耐久性，在桥梁设计时要有一个完整的排水系统。除在桥面上除设置纵横坡排水外，常常需要设置一定数量的泄水管。

通常当桥面纵坡大于 2%，而桥长小于 50m 时，一般能保证从桥头引道上排水，桥上就可以不设泄水管。此时，可在引道两侧设置排水沟，以免雨水冲刷引道路基。

当桥面纵坡大于 2%，而桥长大于 50m 时，为防止雨水积滞桥面就需要设置泄水管，每隔长 12～15m 设置一个。当桥面纵坡小于 2%时，泄水管就需要设置更密一些，一般每隔 6～8m 设置一个。

泄水管可沿行车道两侧左右对称排列，也可交错排列。泄水管离缘石的距离为 0.10～0.50m。

横向排水孔道。对于一些跨径不大、不设人行道的小桥，有时为了简化构造和节省材料，可以直接在行车道两侧的安全带或缘石上预留横向孔道，用铁管或竹管等将水排出桥外，管口要伸出构件 0.02～0.03m 以便滴水。这种做法虽简便，但因孔道坡度平缓，易于堵塞。

（三）人行道与安全带

人行道（图 12－42）是用路缘石或护栏及其他类似设施加以分隔的专门供人行走的部分。由人行交通量决定，人多的地方需设置人行道；高出行车车道 0.25～0.35m。

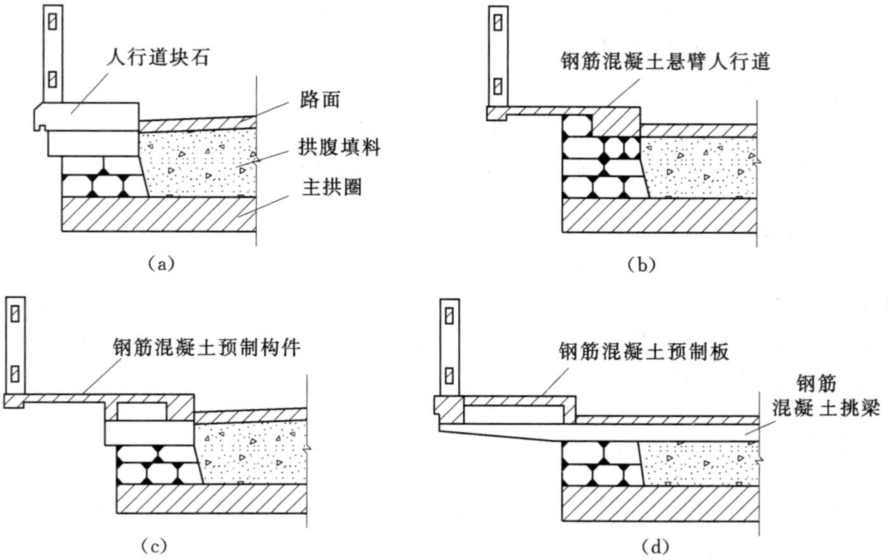

图 12－42　人行道结构示意图

（a）块石人行道；（b）悬臂人行道；（c）预制构件人行道；（d）预制板人行道

人行道顶面一般铺设 20mm 厚的水泥砂浆或沥青砂作为面层，并以此形成人行道顶面的排水横坡。

桥面铺装中若设防水层，就要在人行道内侧设置缘石，以便把防水层伸过缘石底面，从人行道与缘石之间的砌缝里向上叠起。

不设人行道的桥上，两边应设宽度不小于 0.25m，高为 0.25～0.35m 的护轮安全带。为了保证行车安全，安全带的高度不小于 0.4m。

安全带可以做成预制块或与桥面铺装层一起现浇。预制的安全带有矩形截面和肋板式截面两种，如图 12－43 所示，以矩形截面最为常用，现浇的安全带宜每隔 2.5～3m 做一断缝，以免参与主梁受力而被损坏。

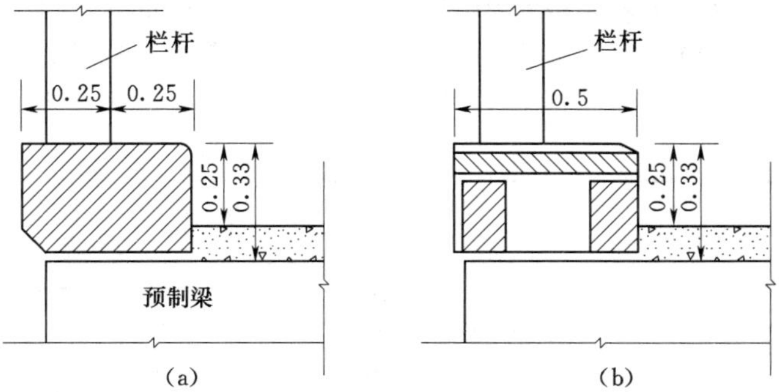

图 12－43　预制的矩形截面安全带

（a）矩形截面安全带；（b）肋板式截面安全带

（四）栏杆

栏杆是桥上的安全设施，要求坚固；栏杆又是桥梁的表面建筑，需要有一个美好的艺术造型。栏杆的高度一般约为 0.8～1.2m，栏杆的间距一般为 1.6～2.7m。

栏杆常用混凝土、钢筋混凝土、钢、铸铁或钢与混凝土混合材料制作。从形式上可分为节间式与连续式。节间式由立柱、扶手及横档（或栏杆板）组成，扶手支承于立柱上。连续式具有连续的扶手，一般由扶手、栏杆板（柱）及底座组成。节间式栏杆便于预制安装，能配合灯柱设计，但对于不等跨分孔的桥梁，在划分上感到困难。连续式栏杆有规则的栏杆板，富有节奏感，简洁、明快，但一般自重比较大。

三、桥梁的荷载

作用在桥梁上的荷载主要有：自重、汽车冲击力、车辆荷载引起的土侧压力、汽车制动力、摩阻力等。习惯上，桥梁按照计算荷载的大小分为汽车—6 级、汽车—10 级、汽车—15 级、汽车—20 级、汽车—超 20 级。

四、板桥

钢筋混凝土板桥一般都是简支的，渠道上的小跨径桥梁常采用。板桥的板厚 t 一般为计算跨度 l 的 1/12～1/18，计算跨度 l 一般采用净跨 l_0 加板厚。它的钢筋、模板及混凝土浇筑工作比 T 形截面梁简单。板桥有现浇整体和装配式两种。现浇整体板桥需在现场搭设脚手架和模板，一次浇筑完成，跨径一般不超过 6m；装配式板桥常先预制成宽 1m 的板（实际宽为 99cm，预留 1cm 作现场安装时的调整裕度）。

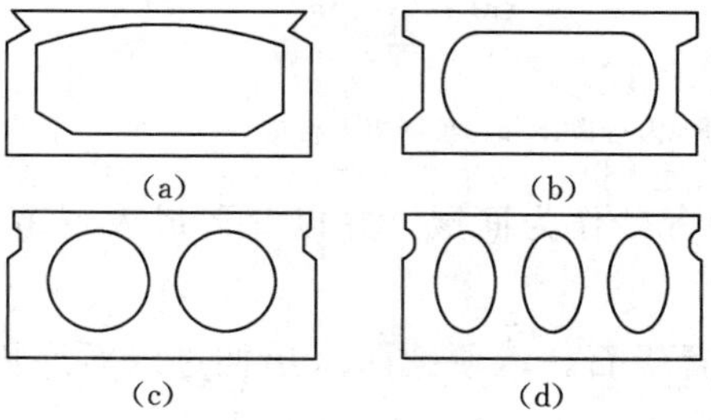

图 12-44 空心板结构示意图

当板的跨径为 6～12m 时，为减轻板的自重和节省混凝土量，常采用空心板（图 12-44）。装配式板桥在板块中间设铰以传递剪应力，使整个桥面承受荷载。

五、梁桥

钢筋混凝土梁式桥是桥梁中最常用的形式之一。它由上部结构和下部结构组成。上部结构（又称桥跨结构）包括行车道板、梁、路面、人行道和栏杆等。下部结构包括桥墩、桥台等（图 12-45）。

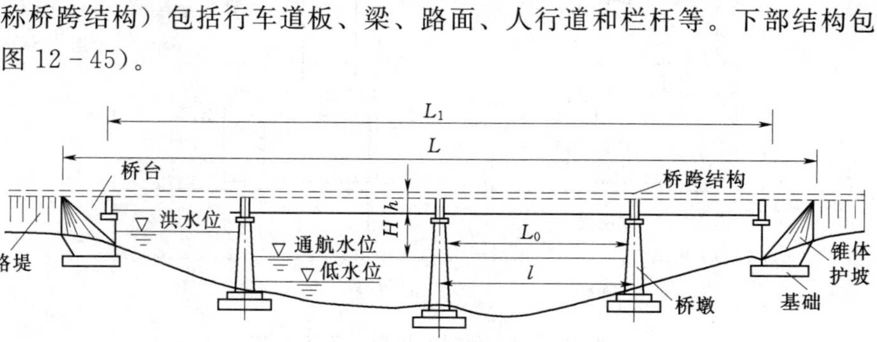

图 12-45 梁桥的基本组成

上部结构两支点的距离 l 称为计算跨径；两个桥台侧墙或八字墙尾端间距 L，称为桥梁全长；两桥台台背前缘间距 L_1 为桥梁总长。设计洪水位线上相邻两桥墩的水平净距 L_0 称桥梁的净跨径；设计洪水位或通航水位对上部结构最下缘高差 H，称为桥下净空高度。桥面对上部结构最低边缘的高差 h 称为桥梁的建筑高度。

（一）装配式钢筋混凝土 T 形梁桥

当跨径大于 8～10m，为了减轻梁的自重，充分发挥混凝土的抗压性能，往往采用 T 形梁桥（图 12－46）。装配式 T 形梁桥的上部结构通常由 T 形截面主梁、横隔板和主梁翼板组成。图中为一净跨 9.5m，由 5 根预制 T 形梁桥装配而成的简支 T 形梁桥。T 形截面主梁的间距应根据荷载大小，桥面宽度及施工吊装能力等综合考虑决定。通常采用 1.3～1.7m。主梁高度 h 视跨径大小、主梁间距及荷载大小等而定。

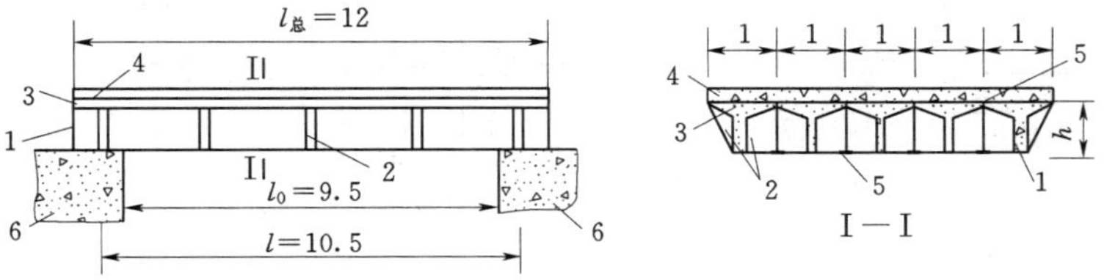

图 12－46 装配式 T 形梁桥（单位：m）

1—主梁；2—横隔板；3—主梁翼板；4—路面；5—连接钢板；6—桥墩

为了保证上部构造的整体性和横向刚度，常在 T 形梁两端及跨径中间设置横隔板。横隔板的厚度可采用 12～15cm，间距为 2.5～5.0m。T 形梁的横向主要是依靠横隔板及翼板的拼装接头连成整体，因此，接头必须保证有足够的强度和刚度，不致因受荷载的反复作用和冲击而松动。对于跨径小于 12m 的装配式 T 形梁桥，为了施工方便，常取消中横隔板，而仅在两端设置端横隔板。这时，主梁主要是依靠翼板间的联结来保证上部结构的整体作用。翼板间的联结常采用图 12－47 的形式，即将 T 形梁翼板内伸出的钢筋向上弯折伸入铺装层，与桥面铺装层中附加的横向短钢筋与纵向钢筋形成钢筋网，再浇灌铺装层混凝土。T 形梁如果不设中隔板而仅由端隔板及翼板连接，则属于铰接形式；当有中横隔板连接时，则属于刚性连接形式。

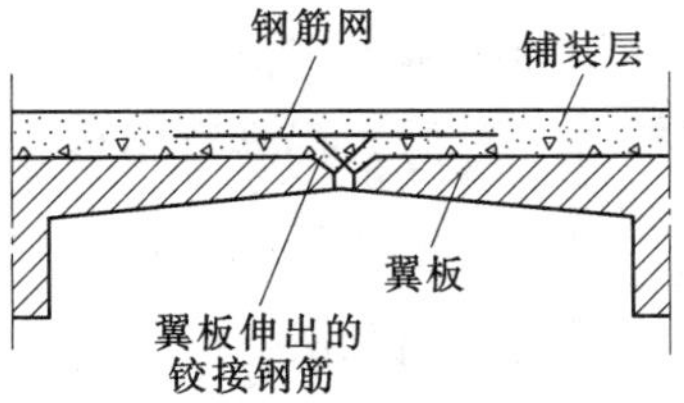

图 12－47 翼板连接图

（二）墩台和支座

1. 墩台

桥梁的墩台是桥梁的承重结构。墩台的形式选择和结构设计关系着桥梁的安全和经济，由于设计和施工中的质量问题，运行后再进行加固和技术改造非常困难。

墩台的形式常用的有重力式、桩柱式等，其构造与渡槽的槽墩相类似。

2. 支座

支座的作用是把上部结构的各种荷载传递到墩台上，并能适应活荷载、温度变化、混凝土收缩与徐变等因素引起的位移。

简支梁桥通常每跨一端设置固定支座，另一端设活动支座。多跨简支梁桥，一般把固定支座设在桥台上，每一个桥墩上布置一个活动支座和一个固定支座，以使各墩台能均匀承受纵向水平力。常用的支座形式有两种。

(1) 在跨径小于 10m 的简支梁桥常采用简单的垫层支座。垫层是用油毛毡或水泥砂浆制成，其厚度要求在压实后不小于 10mm。固定的一端，加设套在铁管中的锚钉，锚钉埋在墩帽内。

(2) 在跨径 12～15m 的简支梁桥中，常采用平面钢板支座。平面钢板活动支座由两块钢板做成，钢板分别固定在墩台和桥跨结构中，两块钢板接触面应平整光滑并涂石墨润滑剂，以减小摩擦力和防止生锈。固定支座用一块钢板做成，在其顶面和底面各焊接锚钉，以固定梁的位置（图 12-48）。

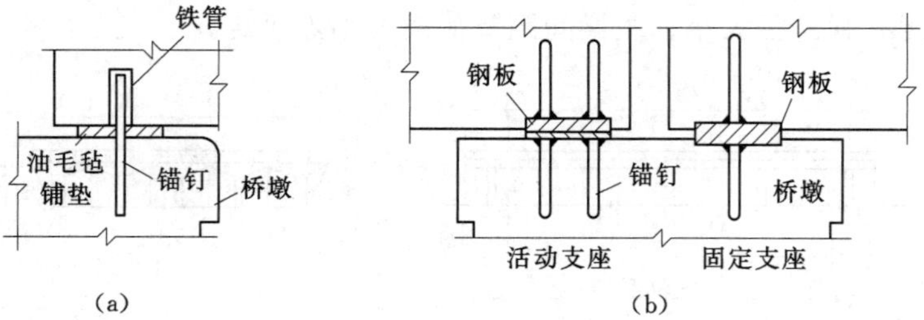

图 12-48　支座的形式
(a) 油毛毡垫层支座；(b) 平面钢板支座

六、拱桥

渠道上的拱桥，在石料丰富的山丘地区，跨径小于 15m 时多采用实腹式石拱桥，跨径较大时常采用空腹式石拱桥。

双曲拱桥被广泛应用，此外还常用桁架拱桥、二铰拱桥、三铰拱桥、微弯板拱及扁壳拱桥等。它们大都具有结构轻、自重小、省材料、造价低、可预制装配等特点。本节仅简要介绍石拱桥和双曲拱桥。

(一) 石拱桥

石拱桥的各组成部分如图 12-49 所示。

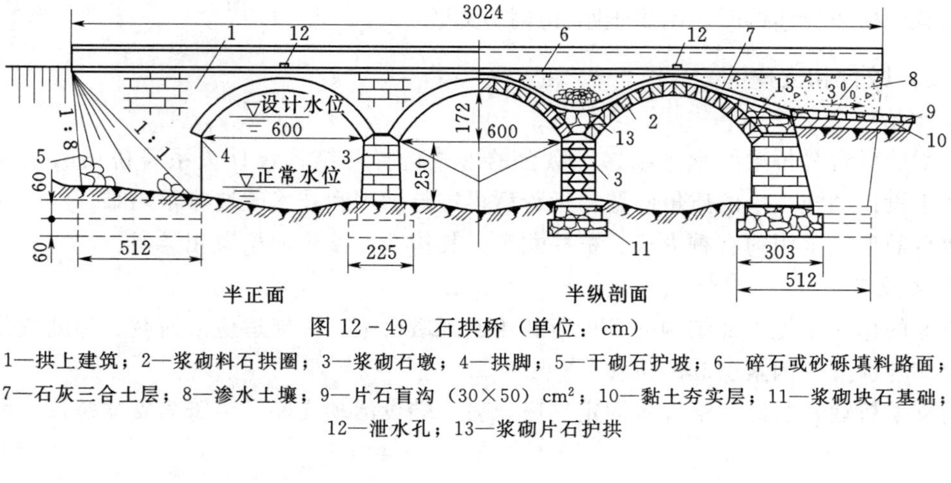

图 12-49　石拱桥（单位：cm）
1—拱上建筑；2—浆砌料石拱圈；3—浆砌石墩；4—拱脚；5—干砌石护坡；6—碎石或砂砾填料路面；7—石灰三合土层；8—渗水土壤；9—片石盲沟 (30×50) cm^2；10—黏土夯实层；11—浆砌块石基础；12—泄水孔；13—浆砌片石护拱

跨度在 20m 以下的石拱桥，主拱圈一般采用等截面圆弧拱。大跨度常采用等截面或变截面悬链线拱。

石拱桥路面与梁桥相同，拱上结构与渡槽相似。

（二）双曲拱桥

双曲拱桥是常见的桥梁之一。它由路面、主拱圈、拱上结构和墩台所组成。除路面构造外，和双曲拱渡槽基本相似，但双曲拱桥在构造和内力计算方面也有一些特点，现简述如下。

（1）桥面构造（图 12-50）：为了分布车轮荷载的集中压力和减小冲击力的影响，主拱圈及腹拱顶部的填料厚度（包括路面），一般为 30～50cm。填料常为透水性较好的砂石料，路面设排水坡，并做好排水设施。

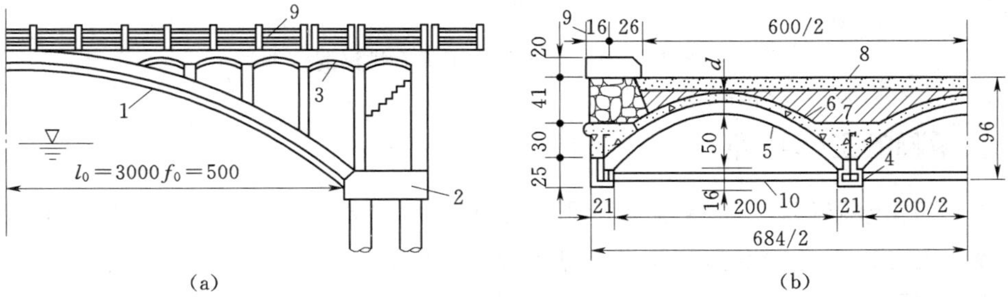

图 12-50　双曲拱桥构造图（单位：cm）

（a）半正面图；（b）拱顶横断面图

1—主拱圈；2—井柱桥墩；3—两铰腹拱；4—拱肋；5—预制拱波；6—现浇拱波；7—填料；8—路面；9—栏杆；10—拉杆

（2）双曲拱桥主拱圈轴线常采用圆弧形和悬链线两种。跨径在 20m 以下时，多选用实腹式圆弧拱；大中跨径多采用空腹式悬链线拱。

（3）由于有车辆荷载的作用，为使主拱圈有较好的整体性，应加强横向联系。对跨径较大的双曲拱桥，在拱顶、1/4 拱跨、腹拱立墙（柱）下面、分段预制拱肋接头等处必须设置横隔板，板厚 15～20cm，间距 3～5m。对于小跨径的双曲拱桥，当桥面较宽时，拱顶处的横隔板应特别加强。

当桥面较宽时，为节省材料，人行道可用悬臂挑出。

第五节　涵　　洞

涵洞是渠系建筑物中较常见的一种交叉建筑物。当渠道与道路、沟谷等障碍物相交时，在道路或填方渠道下面，为输送渠水或宣泄沟谷来水而修建的建筑物称为涵洞。通常所说的涵洞主要指不设闸门的输水涵洞和排洪涵洞，一般由进口、洞身、出口三部分组成。如图 12-51 所示。

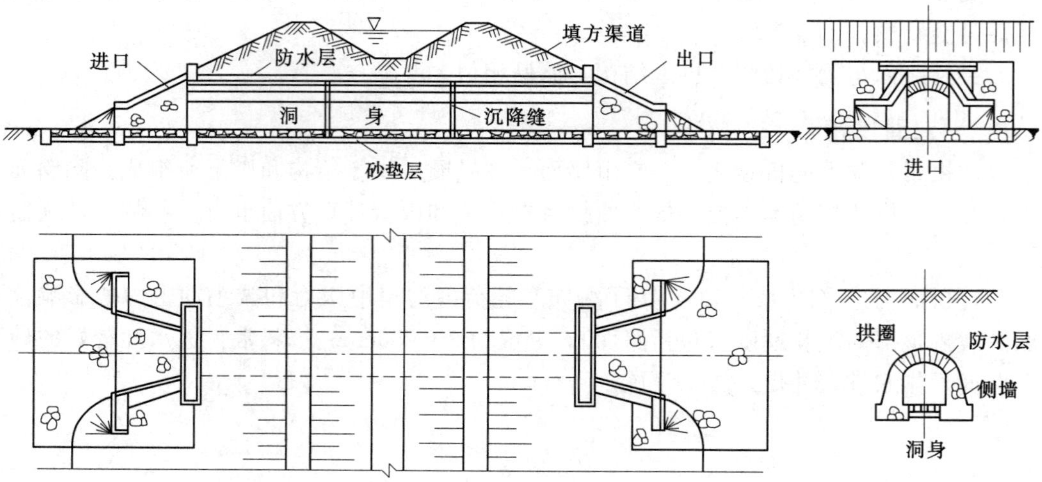

图 12-51 填方渠道下的石拱涵洞

一、涵洞的工作特点

渠道上的输水涵洞，一般是无压涵洞，上下游水位差较小，其过涵流速一般在 2m/s 左右，故一般可以不考虑专门的防渗、排水及消能问题。

排洪涵洞可以设计成有压涵洞、无压涵洞、半有压涵洞。当不会因涵洞前壅水而淹没农田和村庄时采用有压涵洞或半有压涵洞。在布置半有压涵洞时需采用必要措施，保证过涵水流只在进口一小段为有压流，其后的洞身直到出口均为稳定的无压明流。设计时应根据流速的大小及洪水持续时间的长短考虑消能防冲、防渗及排水问题。

二、涵洞的类型

1. 圆涵

水力条件和受力条件较好，能承受较大的填土和内水压力作用，一般多用钢筋混凝土或混凝土建造，便于采用预制管安装，是最常采用的一种形式。其优点是结构简单、工程量小、便于施工。当泄水量大时，可采用双管或多管涵洞，其单管直径一般为 0.5～6m，如图 12-52 所示。

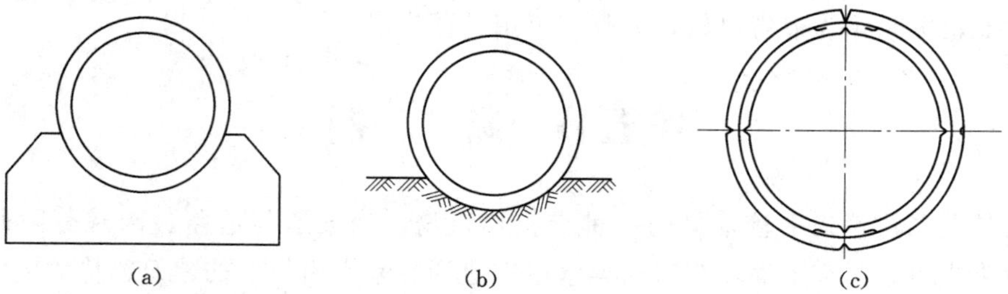

图 12-52 圆涵

(a) 有基圆涵；(b) 无基圆涵；(c) 四铰圆涵

2. 箱涵

多为矩形钢筋混凝土结构，具有较好的静力工作条件，对地基不均匀沉降的适应性好，可根据需要灵活调节宽高比，泄流量较大时可采用双孔或多孔布置。适用于洞顶填土较厚、洞跨较大和地基较差的无压或低压涵洞，可直接铺设于砂石地基、砌石、混凝土垫层上。小跨度箱涵可以分段预制，然后现场安装，如图 12－53 所示。

3. 盖板涵

一般采用矩形或方形断面，由侧墙、底板、盖板组成（图 12－54）。侧墙和底板可用混凝土或浆砌石建造。盖板一般采用预制钢筋混凝土板，盖板一般简支于侧墙上。若地基较好、孔径不大，底板可做成分离式，底部用混凝土或砌石保护，下垫砂石以利于排水。主要用于填土较薄或跨度较小的无压涵洞。

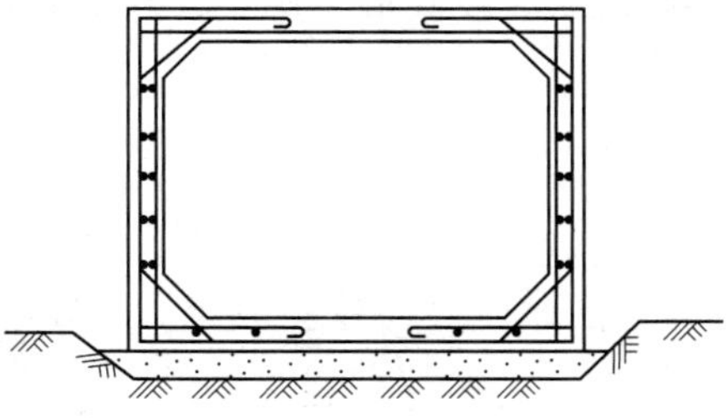

图 12－53　箱涵

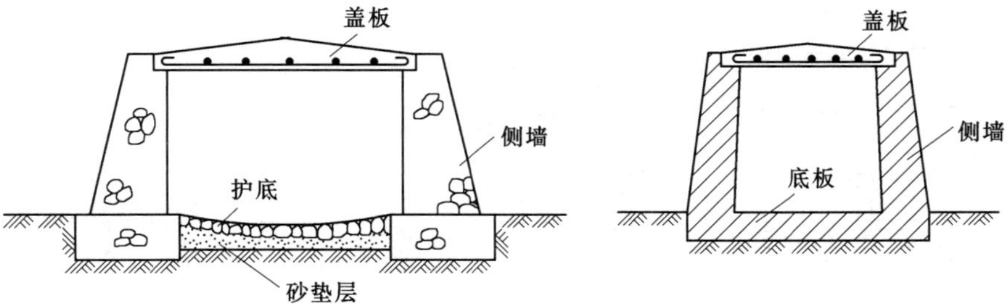

(a)　(b)

图 12－54　盖板涵

(a) 侧墙和底板为浆砌石的盖板涵；(b) 侧墙和底板为混凝土的盖板涵

4. 拱涵

由拱圈、侧墙、底板组成。工程中最常见的有半圆拱、平拱两种形式。拱圈可做成等厚或变厚的，混凝土拱厚一般不小于 20cm，砌石拱厚一般不小于 30cm。拱涵多用于地基条件较好、填土较高、跨度较大、泄量较大的无压涵洞。

拱涵的底板根据跨度大小以及地基情况，可采用整体式、分体式两种形式（图 12－55）。为改善整体式底板的受力条件，工程上常采用反拱底板（图 12－56）。

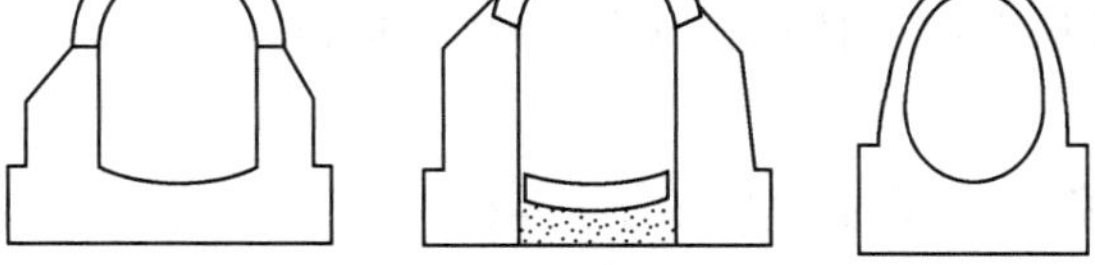

(a)　(b)　(c)

图 12－55　拱涵

(a)、(c) 整体式拱涵；(b) 分离式拱涵

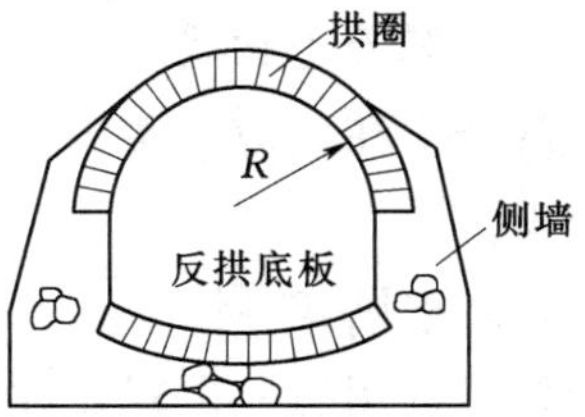

图 12－56　反拱底板

三、涵洞的构造

1. 进出口

涵洞的进出口是用来连接洞身和填方土坡的，也是洞身和上下游渠道之间的连接段。其作用是平顺水流以降低水头损失和防止冲刷，最常见的进出口形式有圆锥护坡式、八字形斜降墙式、反翼墙走廊式、八字墙式、进口段洞顶抬高式，如图 12－57 所示。

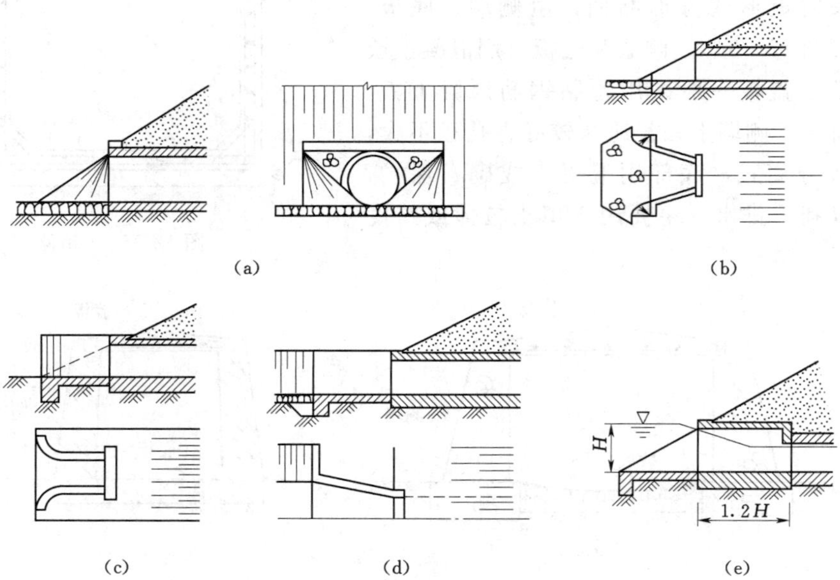

图 12－57 涵洞进出口形式

(a) 圆锥护坡式；(b) 八字形斜降墙式；(c) 反翼墙走廊式；(d) 八字墙式；(e) 进口段洞顶抬高式

(1) 圆锥护坡式 [图 12－57 (a)]。进口、出口设圆锥形护坡与渠堤外坡连接，构造简单、省材料，但进口水流收缩大，与其他形式的进水口相比，在同样条件下，上游壅水时易封住洞顶，这种形式一般用于小型工程。

(2) 八字形斜降墙式 [图 12－57 (b)]。翼墙在平面上呈八字形，八字墙与水流方向成 30°～40°交角，墙顶面随两侧土坡的降低而逐渐降低，进流条件比圆锥护坡式有所改善，但仍易使上游产生壅水而封住洞顶。

(3) 反翼墙走廊式 [图 12－57 (c)]。指涵洞进水口两侧翼墙高度不变以形成廊道，水面降落产生在该段翼墙内，可降低洞身高程，适用于无压涵洞的进口，但工程量较大，采用较少。

(4) 八字墙式 [图 12－57 (d)]。将八字翼墙伸出填土边坡之外，其作用与走廊式相似，若翼墙改用扭曲面式，即成为扭曲面护坡式，水流条件会更好，但施工较麻烦。

(5) 进口段洞顶抬高式 [图 12－57 (e)]。对于无压涵洞，为了保证进口水流不封住洞顶，可将进口 1.2H（H 为洞高）长度范围内洞身高度适当加大，以使进口水面降落位于此段范围内，以免水流封住洞口；对于半有压涵洞，为使水流封住进口洞顶时洞内仍能保持稳定的无压流态，可将进口一小段洞身高度适当减小，并在其后设通气孔，以稳定洞内水面；对于有压涵洞，可将进口段洞身的顶部做成逐渐收缩的曲线形式，使进口有平顺的水流边界和必要的进流能力。

2. 洞身构造

为了适应温度变化引起的伸缩变形和地基的不均匀沉降，涵洞应分段设置沉降缝。对于砌石、混凝土、钢筋混凝土涵洞，分缝间距一般不大于 10m，且不小于 2～3 倍洞高；对于预制安装管涵，按管节长度设缝。常在进出口与洞身连接处及洞身上荷载变化较大处设沉降缝，该缝为永久缝，缝中应设止水，构造要求与倒虹吸管相似。

若涵洞顶部为渠道，则顶部应设一层防渗层，洞顶填土应不小于 1.0m，对于有衬砌的渠道，也应不小于 0.5m，以保证洞身具有良好的工作条件。

无压涵洞的净空高度应大于或等于洞高的 1/6～1/4，净空面积应大于或等于涵洞断面的 10%～30%。

3. 基础

涵洞基础（图 12－58）一般采用混凝土或浆砌石管座，管座顶部的弧形部分与管体底部形状吻合，其包角一般采用 90°～135°。箱涵和拱涵在岩基上只需将基面整平即可；对于在压缩性小的土层上只需采用素土或三合土夯实；在软基上通常用碎石垫层。在寒冷地区，基础应埋于冰冻层以下 0.3～0.5m。

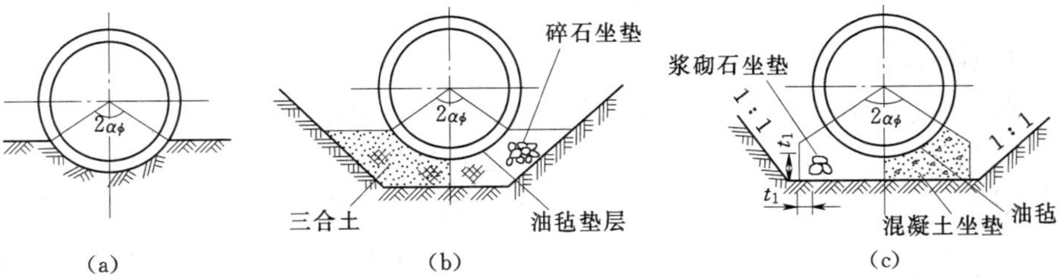

图 12－58　涵洞基础

（a）原状土基础；（b）三合土基础；（c）混凝土基础

第六节　跌 水 与 陡 坡

当渠道通过地面过陡的地段时，为了保持渠道的设计比降，避免高填方或深挖方，往往修建建筑物将水流落差集中，并连接上下游渠道，这种建筑物称落差建筑物。落差建筑物有跌水、陡坡等（图 12－59）。

在落差建筑物中水流呈自由抛射状态跌落于下游消力池的叫跌水；水流受陡槽约束而沿槽身下泄的叫陡坡。

落差建筑物一般采用砖石、混凝土或钢筋混凝土建造，目前多用砌石和混凝土。

布置时应使进口前渠道水流不出现较大的水面降落和壅高，以免上游渠道产生冲刷或淤积，出口处必须设置消能防冲设施，避免下游渠道的冲刷。

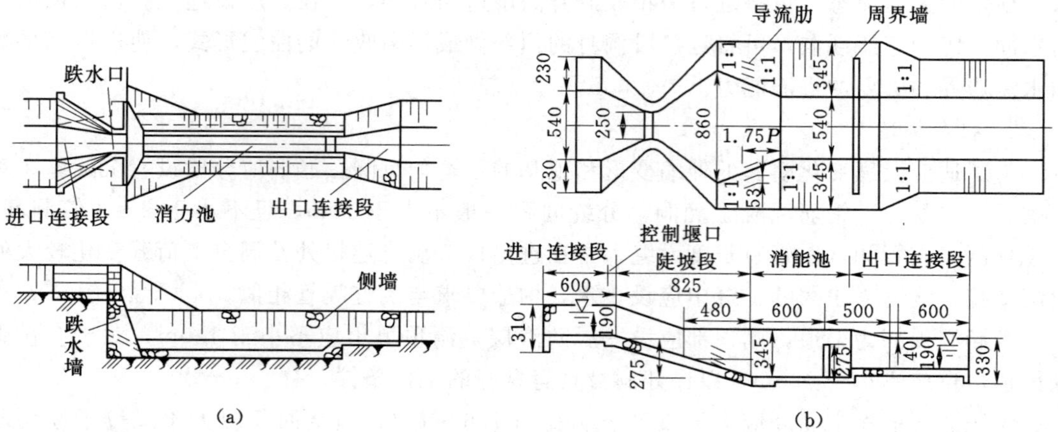

图 12-59 落差建筑物的形式（单位：cm）
(a) 跌水；(b) 陡坡

一、跌水

跌水有单级跌水和多级跌水两种形式，两者构造基本相同。一般单级跌水的跌差小于3～5m，超过此值时宜采用多级跌水。

（一）单级跌水

单级跌水常由进口连接段、跌水口、消力池和出口连接段所组成。

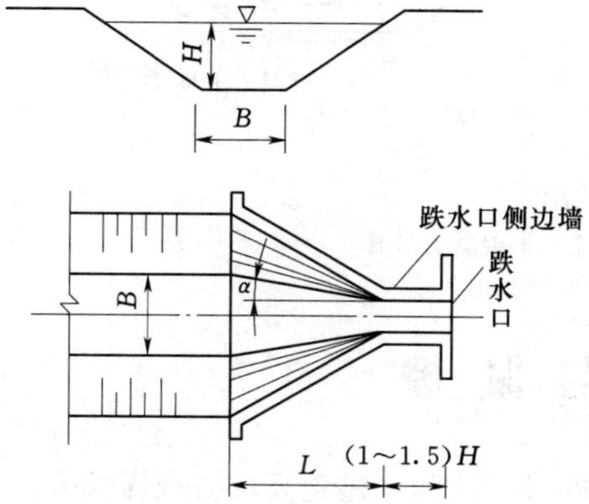

图 12-60 进口连接段

1. 进口连接段

为使渠水平顺进入跌水口，使水流有良好的水力条件，常在渠道与跌水口之间设连接段。其形式有扭曲面、八字墙、圆锥形等。扭曲面翼墙较好，水流收缩平顺，水头损失小，是常用形式。

连接段长度 L 与上游渠底宽 B 和水深 H 的比值有关，B/H 越大，L 越长。连接段底边线与渠道中线夹角 α 不超过 45°（图 12-60）。

连接段常用砌石或混凝土衬砌，以防止水流冲刷和延长渗径，防止绕渗及减少跌水墙后和消力池底板的渗透压力。

连接段翼墙在跌水口处应有一段直线段，墙顶应高出渠道最高水位 0.3m。

为了防止渗漏和延长渗径，进口连接段前的渠道可设置铺盖。

2. 跌水口

跌水口又称控制缺口，是设计跌水的关键。为使上游渠道水面在各种流量下不产生壅高和降落，常将跌水口缩窄，减少水流的过水断面，以保持上游渠道的正常水深。跌水缺口的形式有矩形、梯形和底部加抬堰等形式（图 12-61）。

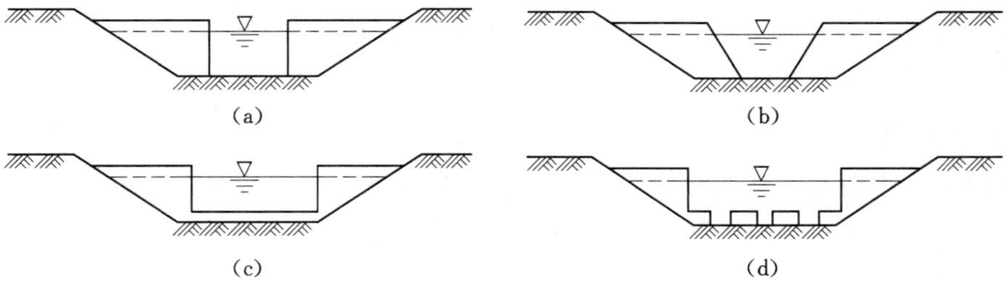

图 12-61　跌水口形式

(a) 矩形跌水口；(b) 梯形跌水口；(c)、(d) 抬堰式跌水口

(1) 矩形跌水口 [图 12-61 (a)]。跌水口底部高程与上游渠底相同。当通过设计流量时，跌水口前的水深与渠道相近。但流量大于或小于设计流量时，上游水位将产生壅高和降落。这种跌水口水流集中，单宽流量大，对下游消能不利。但其结构简单，施工方便，常用于渠道流量变化不大的情况。

(2) 梯形跌水口 [图 12-61 (b)]。跌水口底部高程与渠道相同，两侧做成斜坡。这种形式较矩形跌水口有所改善，在通过各种流量时，上游渠道不致产生过大壅水和降落现象。其单宽流量较矩形为小，减小了对下游渠道的冲刷。常用于流量变化较大或较频繁的情况。梯形跌水口的单宽流量仍较大，水流较集中，造成下游消能困难。

(3) 抬堰式跌水口 [图 12-61 (c)]。在跌水口底部作一抬堰，其宽度与渠底相等。这种跌水口在通过设计流量时，能使跌水口前水深等于渠道正常水深。但通过小流量时，渠道水位将产生壅高，同时抬堰前易造成淤积，对含沙量大的渠道不宜采用。有时为了解决淤积问题，在堰上作矩形小缺口 [图 12-61 (d)]。

3. 跌水墙

跌水墙有直墙和倾斜面两种，多采用重力式挡土墙。由于跌水墙插入两岸，其两侧有侧墙支撑，稳定性较好，设计时常按重力式挡土墙设计，但考虑到侧墙的支撑作用，也可按梁板结构进行计算。

在可压缩性的地基上，跌水墙与侧墙间常设沉陷缝。在沉陷量小的地基上，可不作接缝，将两者固接起来。

为防止上游渠道渗漏而引起跌水下游的地下水位抬高，减小渗流对消力池底板等的渗透压力，应做好防渗排水设施。

4. 消力池

跌水墙下设消力池，使下泄水流形成水跃，以消减水流能量。

消力池在平面布置上有扩散和不扩散形式，它的横断面形式一般为矩形、梯形和折线形。折线形布置为渠底高程以下为矩形，渠底高程以上为梯形。

5. 出口连接段

下泄水流经消力池后，在出口处仍有较大的能量，流速在断面上分布不均匀，对下游渠道常引起冲刷破坏。为改善水力条件，防止水流对下游冲刷，在消力池与下游渠道之间设出口连接段。其长度应大于进口连接段。

消力池末端常用 1∶2 或 1∶3 的反坡与下游渠底相连。扩散角度一般用 30°～48°。

在出口连接段后的渠道仍应用干砌石、浆砌石或混凝土衬砌，以调整水流，防止冲刷，其护砌长度一般不小于三倍下游水深。

(二) 多级跌水

多级跌水的组成和构造与单级跌水相同。只是将消力池做成几个阶梯，各级落差和消力池长度都相等，使每级具有相同的工作条件，并便于施工（图 12-62）。

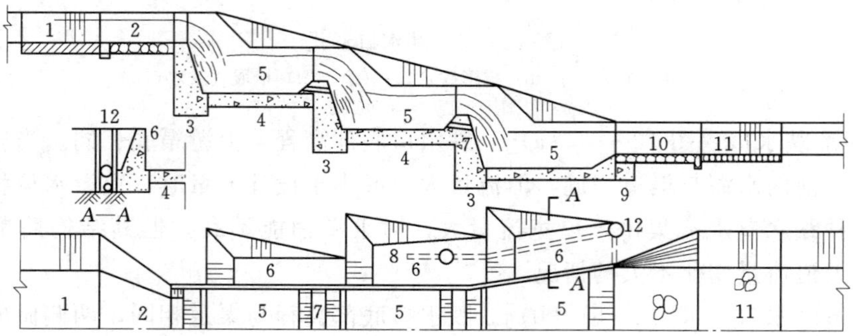

图 12-62 多级跌水

1—防渗铺盖；2—进口连接段；3—跌水墙；4—护底；5—消力池；6—侧墙；7—泄水孔；8—排水管；9—反滤体；10—出口连接段；11—出口整流段；12—集水井

多级跌水有设消力槛和不设消力槛两种形式。一般在上一级消力池末端设置一定高度的尾槛，用来造成淹没水跃，并作为下一级的控制堰口，各级同样布置。消力池的尾槛上常留 10cm×10cm 或 20cm×20cm 的泄水孔，以放空消力池内的积水。消力池的长度一般不超过 20m，所以沉陷缝常设在池的两端，缝内设止水。

多级跌水的分级数目和各级落差大小，应根据地形、地质、工程量大小等具体情况综合分析确定。当受地形地质条件影响较大时，也可修建不连续的多级跌水。工程实践说明，多级跌水的跌水墙工程量与其数目成反比，即增加跌水数目，减小各级落差，在一般情况下，跌水墙的工程量将减小。

有时为了充分利用水资源，可考虑在落差集中处修建小水电站。

二、陡坡

陡坡由进口连接段、控制堰口、陡坡段、消力池和出口连接段组成。

根据不同的地形条件和落差大小，陡坡也可以建成单级或多级。多级陡坡常建在落差较大，且地形有变坡或台阶的渠段上。

陡坡的构造与跌水相似，不同之处是陡坡段代替了跌水墙。由于陡坡段水流速度较高，对进口和陡坡段布置要求较高，以使下泄水流平稳、对称且均匀地扩散，以利于下游消能和防止对下游渠道的冲刷。

在平面布置上，陡坡底可做成等宽形、底宽扩散形和菱形三种。底部等宽度布置形式较简单，但对下游消能不利，常用于小型渠道和跌差小的情况。

陡坡段的横断面常做成梯形或矩形，梯形断面的边墙做成护坡式较经济，常被采用。

1. 扩散形陡坡

陡坡段采用扩散形布置（图 12-63），可以使水流在陡坡上发生扩散，以减小单宽流量，这对下游消能防冲有利。

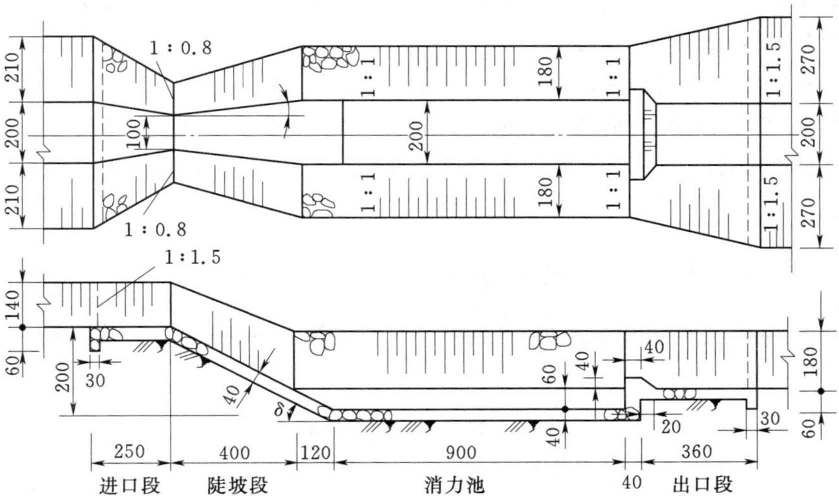

图 12-63　扩散形陡坡（单位：cm）

陡坡的比降应根据修建陡坡处的地形、地质、跌差及流量大小等条件确定。当流量大、跌差大时，陡坡比降应缓一些；当流量较小、跌差小且地质条件较好时，可陡一些。土基上陡坡比降通常取 1∶2.5～1∶5。

对于土基上的陡坡，单宽流量不能太大，当落差不大时，多从进口后开始扩散，扩散角 θ 一般为 5°～7°。

2. 菱形陡坡

菱形陡坡在平面布置上，上游段扩散下游段收缩，在平面上呈菱形（图 12-64）。在

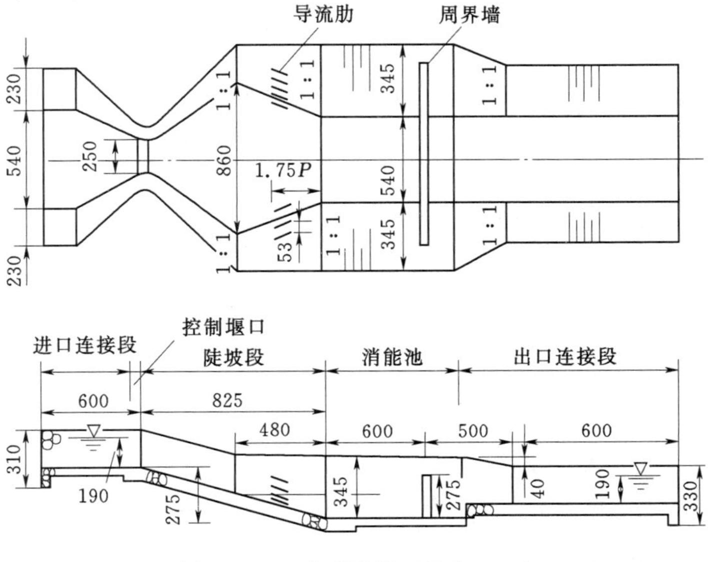

图 12-64　菱形陡坡（单位：cm）

收缩段的边坡上设置导流肋。这种布置使消力池段的边墙边坡向陡槽段延伸，使其成为陡坡边坡的一部分，从而使水跃前后的水面宽度一致，两侧不产生平面回流漩涡，使消能池平面上的单宽流量和流速分布均匀，减轻了对下游的冲刷。

工程实践表明，这种陡坡运用效果良好，一般用于跌差 2.5～5.0m 的情况。

3. 陡坡段的人工加糙

在陡坡段上进行人工加糙，对促使水流紊动扩散、降低流速、改善下游流态及消能均起着重要作用。其作用的大小与人工加糙的布置形式、尺寸等均有密切关系。

常见的加糙形式有双人字形槛、交错式矩形糙条、单人字形槛、棋布形方墩等，如图 12-65 所示。

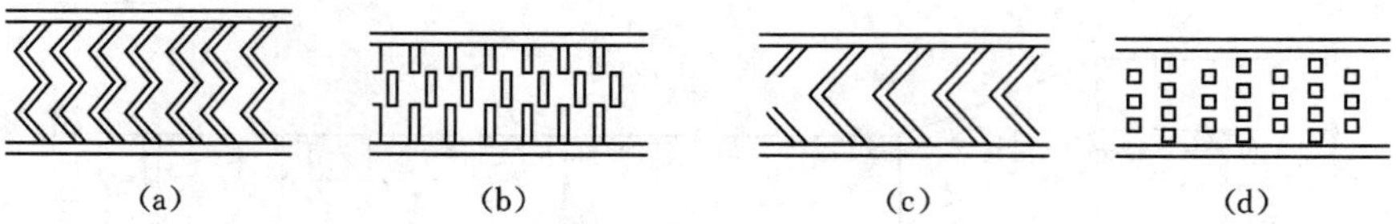

图 12-65 人工糙面的形式

(a) 双人字形槛；(b) 交错式矩形槛；(c) 单人字形槛；(d) 棋布形方墩

陡坡出口消能一般都采用消力池，使水流在池中发生淹没水跃以消减水流能量，其布置形式与跌水相似。为了提高消能效果，消力池中常设一些辅助消能工，如消力齿、消力墩、消力肋及尾槛等。

消力池出口常用连接段与下游渠道连接，当消力池底宽大于下游渠道底宽时，出口连接段为平面收缩形式。消力池末端底部一般用 1∶2～1∶3 的反坡与下游渠道相连。

第十三章 大坝安全管理

第一节 概 述

大坝是人类控制河流、利用水资源的建筑物，它在正常运用时可发挥巨大的效益，但万一失事，将给下游人民生命财产和国民经济建设带来巨大的损失，招致灾难性的后果。因此，保证大坝安全是坝工建设和管理中的头等大事。大坝安全管理就是围绕大坝安全这一目的而进行的各项管理工作。

一、大坝安全管理的必要性

正确的坝工设计及合格的施工质量是保证大坝安全的基本条件。现代坝工技术的发展，筑坝水平的提高，已使大坝失事率日渐降低，但迄今为止，还不能做到完全避免大坝失事，使坝破坏的风险降低为零。根据国际大坝委员会对世界大坝失事的统计，1950 年以前坝的失事率为 2.2%，1951—1986 年间坝的失事率为 0.5%，1986 年以前坝的总失事率为 1.2%。此外，大坝出现恶化、损坏、故障等虽未失事但却对安全产生危害的事故则数量更多、发生更频繁。

现在大坝之所以仍存在失事和事故的风险，主要有以下原因：

（1）坝工设计还难以准确地使所采用的假定及所分析计算的结果与此后出现的实际情况完全吻合。例如所采用的洪水概率数值可能因水文系列不够长或代表性不足而偏低；对地基的处理可能因某些不利地质问题未被发现而导致措施不力；在复杂结构的设计中可能因对温度、渗流、动力等作用的影响估计不足而出现未预料到的情况，对坝的稳定分析因采用的地基及坝体材料物理力学参数不准确而与实际情况发生较大偏差等。

（2）坝在施工中可能出现与设计不符的情况及质量问题，留下隐患与缺陷。

（3）坝的环境因素及坝体、坝基自身条件在运用中可能发生不利的变化。随着时间的推移，坝还会逐渐老化、弱化。

（4）在运行过程中可能发生控制、处理不当的人为失误，使坝体遭到损害。

鉴于上述情况，大坝在竣工投入运行以后，还必须进行严格的安全管理，以防止失事，减少事故，保障安全。

二、大坝安全管理的作用

（1）经常进行动态监测、检查，掌握大坝的实际工作状态，为正确的控制运用提供依据。这样，当坝存在异常时，可及时发现问题，从而采取适当处理措施防患于未然。

（2）进行系统的检查、鉴定，对坝的设计、施工及运行进行复查，评价大坝的安全性，掌握大坝的运行状况，明确大坝监测、维护、加固的方向。

（3）对大坝缺陷进行维护、加固，处理并消除异常，从而提高大坝的安全程度和健康水平。

（4）通过合理控制运用，在保证大坝安全的前提下充分发挥工程效益。

三、大坝安全管理的内容

大坝的安全应贯穿于大坝生命周期的全过程，从设计、施工到运行的每一个环节都应该得到保证，因此广义的大坝安全管理，要引起从主管机关到实施单位的每一个与坝工建设及管理有关部门的重视。

我国大坝的主管部门（国家电力公司、水利部等）负责全国水电厂大坝和水利大坝的安全管理工作。国家电力公司大坝安全监察中心及水利部大坝安全管理中心分别是两个主管部门的大坝安全监察机构，负责拟定有关大坝安全的规章及批准后的监督实施，进行大坝安全巡视和对大坝检查报告进行评价、确认，受部委委托主持重要的大坝加固设计审查，组织大坝监测系统更新改造及自动化的规划等。

业主单位（国家电力公司的各分公司、省电力公司、水电开发公司等）负责设置地区性大坝安全监察机构，组织大坝定期检查、特种检查和鉴定，主持补强加固工程的设计审查和施工验收，对大坝发生的险情采取应急处理措施，组织抢险加固，负责大坝安全监测系统更新改造，审查各年度水库洪水调度方案，对建设中的大坝监督检查其工程质量。

设计单位应使所设计大坝符合国家和行业设计规范的规定要求，特别要注意对涉及大坝安全的项目严格把关，如设计洪水的确定，工程地质条件分析及基础处理设计，抗震设计，滑坡预计及相应的防护措施，坝址、坝型选择，大坝设计参数、荷载、设计方法、结构形式的合理选择，泄水建筑物设计，大坝监测设计，水库调节规划及调洪方案制订等。

施工单位应严格按照设计图纸和招标文件的要求，遵守国家和行业施工和验收规程、规范的规定，进行工程施工，确保施工质量，并做好施工期和第一次蓄水期的大坝监测检查工作及竣工验收、资料移交工作。

直接管理已建成大坝的水电厂或水库管理单位，负责大坝的日常监测、检查、维护、加固及防汛、水情预报、水库调度工作，确保大坝处于正常工作状态；当发现异常现象或险情时，应及时进行处理并报告上级主管单位，努力使大坝恢复正常。

四、我国大坝安全状况

我国大坝的安全情况，总的看来是好的，除个别是险坝、病坝外，绝大多数大坝都能正常运行。尤其是装机容量或库容量较大的骨干水电厂的大坝，如葛洲坝、刘家峡、新安江、龚嘴等水电枢纽的大坝，其安全状况都较好。

一些大坝在运行中出现过不少事故，包括一些严重事故如洪水漫坝、溢流面或消力池大面积冲毁、坝体严重裂缝等，近十余年来这些坝通过维修、补强、加固，消除了缺陷、隐患，安全状况得到了改善，健康水平有了明显提高。

目前，我国水电厂大坝在安全上主要存在下列问题：

（1）部分大坝防洪标准偏低。在 1996 年 2 月底，已完成定期检查的 77 座大坝中，有 30 座坝洪水标准偏低，其中设计时洪水标准偏低的有 16 座。

(2) 不少坝仍存在工程地质、水文地质问题。例如坝基或坝肩缓倾角软弱夹层或裂隙带未得到有效处理，基岩可能在长期浸水后发生软化、泥化，坝基出现扬压力偏高、渗漏量加大现象，坝基存在硫酸盐侵蚀或其他有害侵蚀，渗水析出物较多，坝下基岩中存在承压水等。

(3) 有的库区存在地质构造稳定性问题，如坝邻近地区有新地质构造运动或现代地质活动断层，水库蓄水后出现诱发地震，近坝库区存在不稳定边坡等。

(4) 混凝土坝普遍存在裂缝。据统计，约半数混凝土坝存在较多裂缝，有的坝出现了平行于整个坝轴线的贯穿性裂缝，有的坝下游水平裂缝延伸长达300余米、最大缝深超过5m。总的来看，裂缝危害轻型坝比重力坝大，北方比南方严重。

(5) 部分坝的混凝土结构老化。有的坝受风化、冻融影响表面出现破损，有的坝存在大范围冻害混凝土，有的坝体混凝土碳化已达一定深度，招致钢筋发生锈蚀。

(6) 许多坝监测设施不完备，设备陈旧，观测资料分析不及时。

通过大坝安全定期检查，我国大坝安全状况已基本摸清，一些重大疑难问题得到解决，大坝安全状况得到改善，一些水电厂的效益也得到更好的发挥。大坝存在的问题经过近年来的不断处理已经得到了一定程度的解决或缓解，但大坝需要进行补强加固、更新改造的工作仍很多，加强大坝管理，推进监测、维修技术的进步，确保大坝安全运行仍是一个长期的不容懈怠的任务。

第二节　大坝安全监测

一、大坝安全监测的作用

科学的设计和良好的施工质量是保证大坝安全的前提，但是由于设计中还不能做到对坝的工作条件及承载能力作出完全准确的确定，施工质量也不可能毫无缺陷，大坝在运用过程中还可能发生某些事先未曾预计到的不利变化，因此投入运用的大坝难以完全杜绝不安全问题的出现，这一点已为国内外一些大坝的失事和事故所证实。为了确保大坝安全，就必须对大坝进行监测和检查，及时发现问题和作出判断，从而采取措施防患于未然。

进行大坝安全监测，可以及时获取第一手的资料，从而为了解大坝的工作性态，评价大坝状况和发现异常迹象提供依据，并可以制订适当的水库控制运用计划及大坝维护修理措施，来保障大坝安全，在发生险情时还可据以发布警报，减少、避免事故的损失。

在中国的大坝管理中，通过监测及其资料分析有效地监控大坝安全的事例是很多的。东北松花江上的丰满大坝修建于日伪时期，工程质量极其低劣，20世纪50年代初期渗漏、变形都很大。根据实测资料推算，大坝在遇到百年一遇洪水时即有失去稳定的危险，于是进行了大规模的加固处理，使扬压力、渗流量和位移值明显减小。在多年的运用过程中，还通过监测和检查发现丰满大坝几个坝段下存在较大断层，局部坝基扬压力偏高，有两坝块间纵缝上部未联成整体，大坝顶部垂直位移逐年向上变化，上下游坝面混凝土老化、破损等问题。针对这些缺陷采取了有效的补强维修措施，使先天缺陷严重的丰满大坝保持了长期安全运用。安徽梅山大坝于1962年1月发现右岸山坡渗流量显著增加，当即对大坝进行检查，又发现右岸几个坝段已向左岸倾斜，最大达57mm，坝体也出现长裂缝。经过分析，判定右岸基岩发生了部分错动，大坝处于危险状态，于是立即放空水库进行了加固处理，使大坝转危为安。四川龚嘴大坝投入运用后，因部分纵缝未进行灌浆，大坝未形成整体，实测坝体垂直正应力在缝面处不连续，限制水位运行达8年之久。以后在加强监测与分析的前提下进行了纵缝灌浆，改善了坝的整体性，使水库水位可上蓄到设计水位运行，大大提高了水电厂经济效益。

大坝监测除作为判断安全的依据以外，还是检验设计和施工、发展坝工技术的重要手段。由于大坝监测的项目和测点多、观测频次密、跨越时期长，能体现复杂的现场条件和监测数据的空间分布态势与实时变化历程，因此可以作为检验设计方法、计算理论、施工措施、工程质量、材料性能等的可靠依据，从而改变或深化人们对坝工有关问题的认识，开发更合理的设计准则，改善设计与施工，促进坝工学科的发展。

大坝安全监测已成为大坝设计、施工、运行管理中一个必不可少的组成部分。

二、中国大坝安全监测技术的发展

我国的大坝安全监测起步于20世纪50年代。当时投入运行的丰满、官厅等大坝，开始设置了观测项目，配备了观测人员。但那时观测项目不全，仪器设备比较简陋。到了六七十年代，随着新安江、刘家峡、丹江口、盐锅峡等水电厂的投产，我国大坝安全监测也有了相应的发展，大中型混凝土坝和大型土石坝普遍设置了观测系统，对坝的变形、渗流、应力、温度等进行监测。当时大多数项目都为人工观测，资料分析主要是定性分析。

20世纪80年代是我国大坝监测取得长足进步的十年。水利电力部科技司于1983年成立了“混凝土大坝安全监测技术小组”，制订了《1984—1990年混凝土大坝安全监测科技发展规划》。规划的实施有力地推动了大坝安全监测技术的发展。变形监测方面出现了垂线及引张线遥测坐标仪、真空激光准直系统、遥测静力水准仪等新仪器；应力温度监测方面出现了集中控制的遥测系统；渗流监测方面也开展了一些遥测集控的试验研究；对水工建筑物的监测从坝体及坝基浅层扩展到坝基深处、坝肩及近坝库岸边坡；采用数据库及数学模型对观测资料进行管理及定量分析已渐趋普遍；颁布了差动电阻式观测仪器的六项国家标准、混凝土坝和土石坝观测仪器系列型谱、混凝土大坝安全监测技术规范等国家或行业的技术标准。

进入20世纪90年代以来，我国大坝安全监测技术取得了更快的发展，变形和应力监测自动化开始进入较成熟阶段，渗流监测自动化也在一些大坝上成功实施。我国不仅能生产品类齐全的大坝监测仪器，并且还研制、开发了大坝监测自动化系统。国际上一些先进的仪器或自动化数据采集系统也在我国一些大坝监测中得到采用。监测资料分析方面，除各类数学模型得到更广泛应用外，在监控指标和综合分析方法的研究和应用上也取得了进展。三峡、二滩、小浪底、水口等大型水电工程的水工建筑物监测系统，其规模和复杂性、先进性不仅超过了国内已有的监测系统，而且在国际上也是少见的，它们有力地推动着我国大坝监测设计、仪器埋设、数据采集、信息处理、资料分析及仪器制造等各个环节技术水平的提高。

三、各阶段大坝安全监测工作内容

大坝安全监测工作贯穿于坝工建设与运行管理的全过程。监测工作包括观测方法的研究，仪器设备的研制与生产，监测设计，监测设备的埋设安装，数据的采集、传输和储存，资料的整理和分析，大坝实测型态的分析与评价等。我国的大坝安全监测分为设计、施工、运行等三个主要阶段，各阶段的监测工作一般有以下内容：

（1）在工程设计阶段，提出大坝安全监测系统的设计，绘制监测仪器布置图与施工详图，制定仪器设备清单、仪器埋设安装技术要求、各监测项目的观测频次、监测系统的工程概算等。

（2）在施工阶段，要进行仪器设备的检验、率定、埋设、安装、调试、维护，组织施工期的监测等工作，组织编写施工期监测报告及监测施工的竣工报告等。

（3）在运行阶段，进行日常的及特殊情况下的监测工作，定期采集数据和巡视检查，及时整理和分析监测成果并编写监测报告，建立监测档案，对监测系统进行维护、更新、补充、改造。第一次蓄水期是大坝安全的一个关键时期，通常都专门制订此时期的监测计划，拟订主要的安全监控指标，精心组织监测工作，对大坝工作状态作出评估。在运行期遇地震、大洪水以及大坝工作状态异常时，也作为特殊情况，加强巡视检查和重点部位的监测。

四、主要监测项目

我国对不同级别的大坝，要求监测的项目有所不同。对于一级和二级大坝，仪器监测主要有下列项目。

（1）工作条件监测。包括大坝上、下游水位，库水温，气温，坝前淤积，下游冲淤等监测。

（2）渗流监测。包括渗流量、绕坝渗流、渗水透明度及化学分析、混凝土坝的扬压力、土石坝的浸润线、坝基渗水压力、导渗降压等监测。

（3）变形监测。包括水平位移和垂直位移、接缝和裂缝变化、混凝土坝的挠度和倾斜、土石坝的固结等监测。

（4）应力、应变和温度监测。包括混凝土坝的混凝土应力和应变、钢筋应力、钢管和蜗壳的钢板应力、混凝土温度和坝基温度、土石坝的孔隙水压力和土压力等监测。

此外，还有一些其他监测项目，例如近坝区岸坡稳定、局部结构的应力和应变、坝体地震反应、水力学监测等，各大坝根据具体需要而选设。

五、主要检查项目

施工期和运行期，对各级大坝均应进行巡视检查。

混凝土坝有下列主要检查项目：

（1）坝体。相邻坝段间的错动情况，伸缩缝开合及止水情况，坝面、廊道四周、宽缝内表面的裂缝及渗水情况，混凝土破损、溶蚀及侵蚀现象，排水孔工作状况，渗水量和水质等。

（2）坝基和坝肩。基础岩体有无挤压、错动、松动、鼓出，坝体与基岩结合处有无错动、开裂、脱开、渗水，坝肩有无裂缝、滑坡、溶蚀、绕渗，坝基排水设施工作是否正常，渗水水质和浑浊度有无显著变化等。

（3）引水和泄水建筑物。进水设施有无淤堵、损坏，泄水建筑物有无裂缝和损伤，消能设施有无磨损、冲蚀，下游河床和岸坡淤积冲刷情况等。

（4）其他。近坝岸坡地下水变化情况，岸坡裂缝变化情况，闸门及门槽、支座、止水设备情况，启闭设施能否应急启动，电气控制系统及备用电源是否正常工作等。

土石坝主要检查项目有：坝体有无裂缝、滑坡、塌陷、塌坑、表面冲蚀、坡脚凸起，背水坡及坝脚有无散浸、渗水、管涌、流土、沼泽化现象，泉眼、减压井、反滤排水沟等的渗水有无异常变化，渗水是否浑浊，块石护坡有无松动、翻起、塌陷、垫层流失、架空，表面排水有无损坏或淤积，有无白蚁、鼠、獾等活动痕迹。

六、监测和检查频次

仪器监测的测次因项目和阶段而异。第一次蓄水前及第一次蓄水后头 5 年运行中，一般每旬一次至每月一次；第一次蓄水期一般每天一次至每旬一次；经过第一次蓄水且运行超过 5 年以后，一般每月一次至每季一次。各时期上、下游水位和气温均需每日观测。应力应变及温度监测的传感器在埋设后头一个月内要加密测次，间隔从 4h、8h、24h 到 5d，以后逐渐转入常规频次。如遇地震、大洪水及其他异常情况，还应适当增加测次。自动化监测项目测次应适当加密。经过长期运行后，往往通过鉴定对测次作适当调整。

巡视检查分为日常巡查、年度巡查及特殊巡查三类。日常巡查在施工期每周一次；水库第一次蓄水或提高水位期间每 1～2d 一次，正常运行期间每月不少于一次，汛期特别是高水位期加密检查次数。年度巡查每年 2～3 次，在汛前、汛后及高水位、低气温时进行。特殊巡查在发生有感地震或大洪水以及其他特殊情况下立即进行。

七、对监测工作的要求

1. 基本要求

全面、准确地反映大坝工作状态，及时发现异常迹象，有效地监视大坝安全，为设计、施工和运行管理提供可靠资料。

2. 对监测工作各环节的要求

（1）监测设计的仪器布置能全面反映大坝工作状况，目的明确，重点突出。监测重点放在坝体结构复杂、承荷大或地质条件复杂的部位。

（2）监测仪器设备精确可靠，稳定耐用，便于观测。自动化观测设备有自检、自校功能，可长期稳定工作且具备人工观测条件。

（3）监测施工严格按设计要求精心进行，确保埋设、安装质量，做到竣工报告、竣工图及施工记录齐全。

（4）严格按照规程规范和设计要求进行施工期及运行期观测数据的采集工作，做到记录真实、齐全、整理上报及时。

（5）定期对监测结果作分析研究，对大坝工作状态作出评估。大坝状态按正常状态、异常状态、险情状态三级来评估。当大坝工作状态评为异常或险情状态时，立即向主管部门报告并通报给设计单位。

第三节 混凝土坝的管理

新中国成立60多年来，我国兴建了大量的混凝土坝，由于运行年限的增加，混凝土老化和病害问题日益突出。有的坝的病害已危及安全运行，造成一定的经济损失。1985年，对我国32座大型混凝土坝进行病害调查，发现有混凝土裂缝的占100%，有混凝土渗漏溶蚀的占100%，有冲磨空蚀的占68.7%，有混凝土碳化及钢筋锈蚀的占40.6%，有环境水侵蚀的占31.2%，有冻融破坏的占18.8%，有碱骨料反应的占12.5%，有坝顶升高的占6.2%。

综上所述，由于混凝土坝一旦失事将给国民经济带来重大损失，因此，混凝土坝耐久性和病害修补技术已受到国内外普遍的重视。许多国家以及一些国际会议已将混凝土坝耐久性和病害补修技术列为重要专题进行研究和讨论，以确保混凝土坝安全运行和延长使用寿命。

一、混凝土坝常见缺陷检查

混凝土坝常见病害和缺陷以裂缝、推移质及悬移质的磨损、空蚀破坏、水质侵蚀破坏、冻融破坏、渗漏溶蚀、混凝土碳化、钢筋锈蚀、基础问题等比较普遍。其检查方法有：

（一）外部检查

1. 目测检查

主要检查大坝混凝土裂缝、风化冻融剥蚀、空蚀、冲刷磨损、渗水等。借助望远镜、照相机、摄像机、卷尺、罗盘仪等，对大坝及周围外观进行巡视检查及照相、摄像、绘图，并详细记录。上游面可在测船上检查，裂缝深度和宽度可用刻度放大镜、测针、卡尺、千分表、接触式应变计、裂缝宽度仪等测定，渗水量可用量水堰或容器集水法测定。

2. 经纬仪摄影检查

用摄影经纬仪对坝面进行摄影检查。绘出破损调查图；标出破损面积、边界线，注出平均和最大深度；绘出表面裂缝，标出长度、宽度和深度。

3. 混凝土表面强度的检查

用混凝土回弹法或射钉法测定坝面混凝土表面强度。

4. 混凝土碳化深度和钢筋锈蚀的检测

（1）用1%酒精酚酞溶液进行混凝土碳化测试，电锤打孔后用游标卡尺等量测碳化深度。

（2）用混凝土保护层厚度仪检测保护层厚度。

（3）采用钢筋锈蚀检测仪或用电化学法及破样检查法测定钢筋锈蚀情况。

5. 大坝冻融循环次数的观测

在严寒地区，应采用冻融循环次数记录仪进行混凝土表面冻融循环次数的观测。

（二）内部检查

1. 超声波法

通过测定超声波在大坝混凝土中的传播速度，计算和判定混凝土强度、动弹性模量、裂缝及深度、空洞等。

（1）采用非金属超声波检测仪进行检测。探头有三种布置方法：①平面透声法，探头布置在同一表面上，适用于表层缝或缝深小于 80cm 的表面探测；②钻孔透声法，探头布置在相邻钻孔中，可探测较深裂缝和混凝土内部缺陷位置及范围；③贯穿透声法，探头布置在结构相反的表面上，适用于闸墩或支墩等结构物的缺陷及裂缝探测。

（2）采用混凝土裂缝检测仪检查裂缝深度，有两种规格：一种测深范围 1～10m，主要用于坝体检查；另一种测深范围 0.05～2.5m，适用于坝体及一般混凝土结构物。

2. 弹性波层析检测法

又称大坝 CT，是近年发展起来的先进技术。意大利用此技术检测了 65 座大坝，取得了有效的成果。日本用此技术对丰满大坝检测了 20 个断面。

3. 钻孔检测法

对大坝怀疑有缺陷部位采用特硬或金刚石钻头、大孔径、反循环、双管取芯钻孔。

（1）对取出混凝土芯在室内加工试验，检测混凝土芯容重，静、动弹性模量，抗压强度，抗剪参数，抗渗性，碱骨料反应，抗冻性等。

（2）采用全景式孔内彩色视频系统，对全孔孔壁进行摄像可视检查。

（3）对钻孔进行分段压水试验，了解渗透性。

（4）对全孔进行超声检测，了解该孔混凝土质量情况。

4. 大坝溶蚀情况检测

（1）对大坝混凝土表面白色钙质析出物进行目测调查分析，可定性了解大坝混凝土溶蚀情况。

（2）库水、坝体和坝基排水孔排水、坝下游面渗水，定期定点取样，进行水质化学分析，同时观测排水量、渗水量，可定量了解大坝混凝土和坝基帷幕溶蚀情况。

5. 坝内过水压力钢管、内衬钢管周边浇筑的混凝土空洞缺陷的检测

采用手锤敲击或用核子混凝土质检仪检测，不仅可检测空洞面积，也可检测空洞深度。

（三）水下检查

1. 潜水员水下检查

主要检查上游坝面等水下混凝土有无破损、钢筋裸露、蜂窝、孔洞等，检查水下门槽、导轨及止水设备等有无破损情况及变形。

2. 潜水器检查

（1）1986 年我国从美国引进遥控潜水器和手提式水下电视摄像机，用于黄龙滩大坝迎水面裂缝检查，葛洲坝二江泄水闸底板、侧墙的冲刷等检查，以及红枫大坝迎水面水下施工质量监督等。

（2）水下电视在我国丹江口、官厅、岳城、丰满等大坝现场检查中已得到应用。

3. 水下机器人检查

1985年以来中国科学院沈阳自动化研究所先后研制出海人一号、无缆水下机器人海人二号、海潜一号、瑞康四号等水下机器人，不仅可进行水下调查录像，还可进行水下施工。

二、混凝土坝表面破损及修补

由于混凝土表层损坏，造成表层不平整，混凝土松软，局部剥蚀，并不断扩大。钢筋混凝土保护层减薄或钢筋外露、锈蚀严重时会削弱结构物的强度，甚至会被水流冲走，造成建筑物失稳破坏。水化学侵蚀会向混凝土内部发展，使混凝土强度降低，缩短建筑物的寿命。

（一）破损原因

（1）由于施工质量不好，拆模后混凝土表面有蜂窝、空洞、跑模及接缝不平等。

（2）严寒地区由于冰冻、干湿及冷热交替循环作用，引起混凝土冻融破坏。

（3）水流中挟有大量沙、石等推移质或冰凌漂浮物，引起泄洪建筑物混凝土冲磨破坏。

（4）由于流速大于混凝土表面允许流速，水流边界条件不好，混凝土表面不平整，在高速水流作用下，引起冲刷和空蚀破坏。

（5）由于侵蚀性水的作用，使混凝土产生化学侵蚀破坏。

（6）由于混凝土碳化、钢筋锈蚀，使混凝土大片剥离或崩落。

（二）混凝土坝表面破损补修方法

1. 遭受冻融破坏的混凝土

一般按“凿旧补新”的原则进行修补。凿除破损的混凝土，回填具有高抗冻性能的优质修补材料，必要时还应采取防水、止漏和排水等措施。

2. 遭受空蚀破坏的混凝土

（1）修改体形，改善水流流态。

（2）控制和处理不平整度，必要时还可设置通气设施，掺气减蚀。

（3）改进泄流运行方式。

（4）采用高抗空蚀材料护面。

3. 遭受冲磨破坏的混凝土

混凝土遭受冲磨破坏一般很难避免，只能通过合理设计、精心施工和严格运行管理，衬砌高抗冲磨材料等延缓磨蚀速度，延长维修周期。要密切观测冲磨破坏的发展，发现破坏及时修补，避免造成严重冲毁事故。

4. 碳化和钢筋锈蚀破坏的混凝土

（1）采用凿旧补新措施，适当防护处理，恢复钢筋周围的碱性环境，使锈蚀钢筋重新钝化。

（2）采用涂刷防护涂层，限制或降低混凝土中的氧和水分含量，延缓或抑制混凝土中钢筋的锈蚀。

(3) 采用外加电流阴极保护措施。

(三) 修补工艺

1. 清除破损老混凝土

(1) 当混凝土破损层浅或面积较小时，可用人工凿除。当损坏深度达 5～10cm 且面积较大时，可采用人工风镐凿除。

(2) 当损坏深度大于 30～50cm 且面积较大时，宜采用无声破碎剂或控制爆破为主，结合人工风镐凿除。对不宜采用无声破碎和控制爆破方法时，可采用机械切割方法清除。

2. 新混凝土修补体与老混凝土结合面的处理

(1) 使补修材料强度和性能尽量与老混凝土一致。

(2) 修补体与老混凝土间应用锚筋连接。必要时，在修补体内加设钢筋网，增加结合强度和修补体的抗裂性、耐久性。

(3) 修补体施工前，应凿除老混凝土面松动的骨料，并处理干净。

(4) 对于重要的部位，修补体与老混凝土结合面应涂一层黏结层。

3. 修补材料的浇筑回填

浇筑修补材料可分层施工，层与层间应连续浇筑，下层浇筑时，结合面应处于未凝固状态。如果施工出现延误，应将层面凿毛。恢复施工时，层面间要涂刷或铺设新的黏结层。层厚应在振捣范围内。

浇筑可采用常规浇筑、滑模浇筑、真空模板浇筑、流态或泵送浇筑、预填骨料压浆浇筑、喷射浇筑等方法进行。

三、混凝土坝渗漏溶蚀的处理

(一) 渗漏的危害性

渗漏的危害视建筑物种类、结构形式、工作环境条件和渗漏部位的不同而不同，轻则会加速老化病害的发展，重则造成建筑物的破坏甚至失事。

(1) 渗漏会使大坝混凝土产生溶蚀破坏。渗漏水对混凝土产生溶出性侵蚀，使混凝土钙质析出，造成混凝土性能削弱。据前苏联资料介绍，混凝土中氢氧化钙含量溶出 25% 时，混凝土抗压强度要下降 50%，当溶出量超过 33%时，混凝土将完全失去强度而松散破坏。

(2) 渗漏会引起并加速其他病害的发生和发展，从而破坏大坝的耐久性。渗漏促使环境水侵蚀向混凝土内部发展，加速了破坏的深度和广度；渗漏促进了混凝土冻融破坏；渗漏还加速了钢筋的锈蚀等。这些病害与渗漏形成连锁反应和恶性循环，使大坝耐久性受到严重影响。

(二) 渗漏的分类

(1) 根据渗漏水部位的形状可分为点渗漏、缝渗漏和面渗漏。缝渗漏又可分为裂缝渗漏和接缝渗漏。

(2) 根据渗漏水快慢可分为慢渗、快渗、漏水和射流。

(三) 渗漏的成因

(1) 凡挡水的混凝土建筑物，若混凝土质量不佳、内部空洞、疏松就会出现渗漏现象，有渗漏水时均会产生钙质析出。

(2) 渗漏水量大小与库水位高低、水压力大小成正比关系。

(3) 贯穿性裂缝是渗漏的主要原因。漏水程度与裂缝的形状（宽度、深度、分布）及温度、干湿循环等有关。

(4) 施工质量差，密实度低，存在蜂窝、孔洞，是大坝出现渗漏的常见原因。

(5) 由于设计、施工、材料等方面原因引起的止水结构失效，是产生接缝渗漏的主要原因。

(四) 渗漏的处理方法

1. 点渗漏的处理方法

一般采用直接堵漏、下管堵漏、木楔堵漏或灌浆堵漏等方法。

2. 面渗漏的处理方法

常采用表面覆盖法，包括涂刷防水涂料、涂抹防渗层、粘贴（锚固）高分子防水片材等。也可采用喷射混凝土（砂浆）、加设防渗面板或向混凝土内灌浆等措施。

3. 裂缝渗漏的处理方法

(1) 一般裂缝，水压小于 0.01MPa 时，可直接堵塞，水压大于 0.01MPa 时应先导渗后堵漏。

(2) 伸缩缝处理方法有嵌填、粘贴、锚固、灌浆及补灌沥青等。

四、混凝土坝裂缝的处理

裂缝是混凝土坝最普遍、最常见的病害之一，对大坝的危害程度不一。严重裂缝不仅危害大坝的整体性和稳定性，还会产生大量漏水，使坝的安全运行受到严重威胁，而且还会引起其他病害，如渗漏溶蚀、环境水侵蚀、冻融破坏及钢筋锈蚀等，这些病害与裂缝形成恶性循环，会对大坝耐久性产生很大危害。

(一) 裂缝的分类

(1) 裂缝按产生原因分为温度裂缝、干缩裂缝、钢筋锈蚀裂缝、碱骨料反应裂缝、超载裂缝、施工裂缝、地基不均匀沉陷裂缝等。

(2) 裂缝按性质分为死缝、活缝、增长缝等。

(3) 裂缝按形态分为网状裂缝、表层裂缝、贯通裂缝等。

(4) 裂缝按产生时间分为施工期裂缝、运行期裂缝等。

(二) 裂缝产生的原因

1. 设计方面的原因

(1) 设计考虑不周，如断面单薄、孔洞面积过大、配筋不够及布置不当等，使结构强度不足，抗裂性能降低。

(2) 分缝分块不当，块长或分缝间距过大，错缝分块时搭接长度不够。

(3) 温度控制不当，造成温差过大，使温度应力超过允许值。

(4) 基础处理不善，引起不均匀沉陷或扬压力增大，使建筑物发生裂缝。

(5) 设计不当或模型试验不符合实际，泄水时水流引起建筑物振动开裂。

2. 施工方面的原因

(1) 混凝土养护不当，水分消失过快引起干缩，混凝土硬化前受振动或加荷等。

(2) 基础处理、分缝分块、温度控制或配筋等未按设计要求施工。

(3) 由于施工质量控制不严，使混凝土均匀性、密实性和抗裂性差。

(4) 模板强度不够或振捣不慎，使模板发生变形或位移、渗水漏浆等。

(5) 钢筋保护层厚度不足或被扰动。

(6) 上、下层混凝土间歇期不够或太长，拆模过早。

(7) 混凝土凝结过程中，外温骤降时没采取保温措施，混凝土表面剧烈收缩。

(8) 施工缝及冷缝处理不善或未及时处理。

(9) 使用收缩性大的水泥或高碱水泥，掺活性或不合格骨料，用含有大量碳酸氢离子水，使混凝土过度收缩或膨胀。

3. 运行管理方面的原因

(1) 建筑物超设计荷载运行，承受的应力大于容许应力。

(2) 维护不善，冰冻期未采取防护措施而引起裂缝，或发生火灾，表面过热。

4. 其他方面的原因

(1) 由于地震、爆破、冰凌、台风和超标准洪水等引起建筑物振动，或超设计荷载作用而发生裂缝。

(2) 含碳酸气的空气或含有大量碳酸氢根离子的水，均对混凝土有侵蚀作用，产生碳酸盐，收缩引起裂缝。碳化、氯化物侵入，使内部钢筋锈蚀膨胀产生裂缝。

(三) 裂缝的补修方法

1. 一般裂缝的补修方法

主要有表面喷涂、表面贴补、填充（嵌缝）、灌浆处理、缝合（锚固）、预应力锚固、真空注入、加绷带等方法。

2. 活动裂缝的补修方法

可采用活动接头法，即沿裂缝走向开槽，使嵌缝材料与两侧边黏结，但底部先放多孔弹性或柔软光滑材料，不黏结，使嵌缝材料沿缝宽可自由变形。

3. 大面积裂缝的补修方法

对坝上游面大面积裂缝防渗修补的主要方法有沥青混凝土防渗面板、薄膜防渗、防护涂料等。近年来国内外致力于长效、超长效和特殊功能涂料的开发，多以环氧、聚酯、聚氨酯等高分子材料为主要成膜物质的双组分涂料，并向高固体含量的厚浆型涂料发展。葛洲坝水电厂二江泄水闸底板和护坦表面龟裂缝，应用了高分子聚合物浸渍处理，也取得了较好效果。

补修材料主要有填充材料、灌浆材料、覆盖材料。

第四节 土石坝的管理

由于土石坝是当地材料坝，对地质条件适应性强，施工方便，抗震性能好，造价低，世界各地建造了许多土石坝。新中国成立以来已建成土石坝 8 万多座，其中坝高达 60m 以上的有 60 多座。

这些大坝改善了我国水利资源的开发利用条件，在发电、抗御洪水、灌溉、城乡供水等方面发挥出巨大效益。但一些大坝由于设计不周、施工不良、管理不善以及地震等外在因素的作用，也出现了若干病害和险情。如果不注重维护和加固处理，任其发展，将会导致工程失事。我国曾有一些土石坝失事，其中洪水漫坝占 51.5％，坝体坝基漏水占 24％，坝体滑坡占 2.6％，土石坝构筑物的破坏占 11.9％，其他形式的失事近 10％。从以上分析看，除因设计时对洪水估计不足外，大坝主要失事的原因是坝体、坝基漏水产生管涌造成的，其次是坝体的整体失稳及地震灾害。

我国现有运行中的大坝，也有许多存在不同程度的缺陷和病害。1981 年原水利电力部水管司收集分析土石坝病害，提出土石坝病害的分类和比例为，坝体裂缝占 12.9％，防渗铺盖裂缝占 6.7％，坝体漏水占 7％，坝头山体漏水占 3.1％，沙沸潜蚀占 5.3％，其他建筑物漏水占 9.6％，坝体滑坡、坍塌占 7.8％，岸边塌滑占 3.1％，护坡破坏占 6.5％，冲刷破坏占 11.2％，其他为 14.4％。从中可看出，运行中的土石坝主要病害是大坝的渗漏和裂缝，其次是大坝的滑坡和坍塌。

从上述已失事大坝的破坏原因和运行大坝的病害分析中可看出，土石坝维护与加固重点在于处理大坝渗漏，其次是处理大坝的裂缝和滑坡。

多年来，我国对于有缺陷和发生病害的大坝，采取积极有效的措施，进行了大量的维护和加固工作，使一些病险坝转危为安，发挥了应有的工程效益，并总结出一套切实可行的维护加固原则，指导土石坝维护和加固工程的顺利实施。

一、日常检查

土石坝的日常检查，是土石坝养护维修的基础。日常检查主要靠目测巡视。由于检查范围广、次数多，有异常现象可以及时发现，普遍受到工程管理人员的重视。土石坝日常检查按《土石坝安全监测技术规范》中的有关内容进行。

日常检查中应注意以下方面：

（1）护坡是否完好，有无草皮损坏、砌块松动、塌滑、垫层流失、护坡架空等现象。

（2）大坝的坡面有无裂缝、塌坑、隆起等现象。

（3）大坝下游坡面有无散浸，下游坝脚及坝下埋管出口处有无异常渗漏或管涌、流土现象。排水系统是否通畅，导渗降压设施有无异常或破坏现象。

（4）坝上有无害虫、害兽洞迹，有无杂草丛生、杂物堆积现象。

（5）近坝水面有无冒泡、变浑、漩涡等异常现象。

每次检查都应做好记录，发现异常现象应详细记录并及时上报。

二、定期重点检查

按照大坝安全管理的要求，对土石坝在汛前和汛后都要进行定期的全面检查。在日常检查中发现隐患，当原因或状态不清时要对坝体内部作重点检查。内部检查的主要方法如下。

1. 槽探、井探和注水检查

槽探和井探检查土石坝隐患的方法直观可靠，是常用的勘探隐患手段。但这种方法比较费工费时，破坏坝体局部结构，在必要时才可使用。槽探主要是检查坝体隐患，一般呈长条状，开挖深度在10m以内。井探适用于土坝深层的隐患，如洞穴、管涌、深层裂缝等，探井多由人工开挖，圆形断面，深度在40m以内。

注水检查是利用坝体的测压孔或新钻孔，在孔内注水试验。当发现坝体的渗透系数大于土坝的正常渗透系数，或出现大量漏水时，说明坝体内存在裂缝或其他渗水途径，可配合槽探或井探进一步查明隐患。

2. 同位素检查法

近年来，同位素检查法在大坝的检查中得到广泛的应用。同位素检查方法主要有同位素示踪测速法、同位素稀释法和同位素示踪吸附法三种。该法是在坝体渗漏区孔内投入适当的同位素剂，在附近或下游监测同位素的到达情况，经专门分析可确定渗流速度、流向、渗漏系数等，以检查坝体渗漏通道和渗流量，为大坝消除隐患提供依据。新疆乌拉泊水库曾因大坝渗漏严重而列为全国重点险坝，1981年经用同位素检查，确定坝前铺盖失效渗水通过基岩渗出，排除了黏土心墙和涵洞渗水途径的可能，于是集中对岩基灌浆处理消除了隐患。同位素选择要适当，既满足探测要求，又不污染环境。

3. 甚低频电磁法检查

甚低频电磁波的波长长、功率大、穿透能力强，具有衰减小、传播距离远等特点，多用于坝基础断层破碎带或石灰喀斯特洞的渗水隐患检查。该方法曾用在湖南省方圆水库和新太县东周水库的坝基石灰岩破碎带的渗水隐患检查，查找渗水点准确，确定了坝基的钻孔灌浆位置，消除了隐患。

三、土石坝护坡的养护

护坡的破坏主要原因是雨水和风浪冲刷、渗漏塌陷、坝体不均匀沉陷、人为活动等。土石坝的养护是贯彻以预防为主，防患于未然的重要措施。总结多年经验，土坝护坡养护应注意以下几点：

（1）发现草皮局部破坏，及时整修和补充。

（2）坝顶及坡面有坑洼不平处，及时整平，保持排水坡度，防止积水。

（3）护坡的砌石有翻动、变位时，要按原设计要求整修，对有风化、冻坏的石块要更换。

（4）混凝土护坡或砌石护坡的伸缩缝内的填料流失时，要清理缝内杂物，补充缝内填料。

（5）坝体的排水沟、集水井、截水沟等排水设备，如有裂缝或损坏要及时补修。

当护坡受到较大破坏时，要安排工程及时维修，防止扩大破坏面。

四、土石坝的防渗处理

土石坝的坝体和坝基渗漏是不可避免的，但应控制在一定范围之内。已发生的异常渗漏要查清成因，为选择防渗处理方法提供依据。

（一）渗漏的成因

土坝的渗漏部位是很广泛的，在坝体、坝基、坝体与坝基接触面以及坝体两端的岸坡等处，均可能发现渗漏，渗漏原因也是多种多样的。

（1）水库的水经过坝体在下游坡面或坝脚处渗出称为坝体渗漏。产生坝体渗水有设计原因，如坝体防渗断面薄弱、防渗体材料选择不当等。也有施工方面的原因，如筑坝土层太厚、含水量大、碾压不实、北方冬季施工时冻土处理不彻底等。另外，穿坝管路四周处理不好等，都可能引起坝体渗漏。

（2）水库的水通过坝基的透水层，从坝脚处或以外的地方渗出称为坝基渗漏。产生坝基渗水也有设计原因和施工原因。如设计的垂直防渗措施不能满足防渗要求，坝前水平铺盖厚度、长度不足，施工时防渗铺盖施工质量差，基岩的风化层破碎带处理不彻底，截水墙没有达到设计深度等。另外，在坝的运用期间，对防渗体维护不及时，或坝后任意取土等，也可能增加坝基渗水量。

（3）渗水通过坝体两端的堆积层、岩石裂缝、溶洞等部位，在下游岸坡渗出的水称为绕坝渗水。绕坝渗水的主要原因是岸边岩石破碎层、堆积层在筑坝时清理不彻底，岸边蓄水后风浪淘刷等。

（二）防渗处理

土石坝的防渗处理原则归结为“以堵为主，上堵下排”。即上游防渗、下游导渗相结合。上堵指在坝轴线以上部位进行堵截渗漏途径，减少渗水量，包括垂直防渗和水平防渗两种型式。下排指将渗入到坝体或坝基的水在不带走颗粒的条件下通畅排到下游去，降低坝体浸润线，包括采用反滤和导渗两方面。排渗和防渗一样，设施也分为水平的和垂直的。水平排渗形式主要是在下游坝脚设各种形式的排水体，垂直排渗形式主要是导渗沟、降压井等。

防渗处理是比较复杂的，要结合具体条件采用不同的方法，讲究工程效益，减少工程费用。常用方法列举如下几种。

1. 抛土防渗

当已知土石坝的黏土铺盖或坝体斜墙的渗水部位和渗水原因后水库又不能放空时，可采取临时抢险的抛土防渗措施。此法比较简单，可用船只、浮筏等将土料运到指定地点，抛入水中，对集中漏水部位，先抛砂袋，待孔口堵住后再抛土。一般抛土形成的防渗层厚度不应少于1m。土料应选用在水中容易崩解的黏性土。

2. 加厚黏土铺盖、黏土斜墙

对坝基或坝体渗水严重，有放空水库条件，又有黏土材料时，可采用加厚黏土铺盖或斜墙的方法。选用黏土材料和施工方法都应按碾压土石坝设计与施工的有关规定进行。黏土铺盖的有效长度为水头的5～8倍，渗水严重的加长到8～10倍，其前端厚度1～2m，靠近坝址逐渐加厚到4～5m。

加厚黏土斜墙法在坝体或坝岸坡上进行。加厚的范围要大于渗漏面范围，防止绕渗。加厚的厚度随水头增加而增加，最低不小于0.5m，最厚可达3m。

施工时要特别注意将原有铺盖或斜墙的损坏部位处理好，对于集中漏水处或塌坑，要采用开挖削坡、埋管灌浆等方法进行特殊处理。

3. 建造黏土截水墙

放空水库后在上游坝脚处建造黏土截水墙。截水墙的底宽不少于水头的1/5，截水墙深入到不透水层0.5～1.0m。回填用黏性土，夯实密度同黏土斜墙，比较深时可分段施工。

4. 坝脚导渗

导渗是下排的一种常见方法，在坝脚处增加排水设施和改善原来的排水体，它应能增加坝体或坝基的排水功能而不致引起渗透破坏。导渗体分坝体导渗和坝下游导渗两种形式。坝体导渗采用导渗沟或导渗砂槽，坝下游导渗常采用导渗明沟和导渗暗沟。导渗明沟垂直于坝轴线，导渗暗沟平行于坝轴线。不论哪种形式，都要在充分论证的基础上确定。

5. 减压井和压渗

减压井也是一种有效的增加排水、减少压力的措施。技术比较复杂，只有在坝基有较强的透水层，其渗水又不能顺利地排出时，才采用减压井进行导渗。减压井由过滤层、引水和排水设施等部分组成。

压渗方法是坝脚处增加排水和加压重以利于坝脚稳定的一种措施。在坝脚渗水露出地面的范围内，清除杂物做反滤层，在此铺填一定厚度的土料或石料。压渗的厚度和范围视渗漏情况确定。

6. 建造黏土防渗帷幕

采用灌浆方法在坝体或坝基上建造防渗帷幕，灌浆帷幕应与土坝防渗体连在一起。用于建造土坝防渗帷幕的灌浆材料有以下三种：

(1) 黏土灌浆（包括掺入少量水泥混合浆）。适于土石坝坝体和砂砾石坝基防渗帷幕。

(2) 水泥灌浆。适用于破碎岩基和石灰岩地基的防渗帷幕。

(3) 化学灌浆。适用于透水性比较弱的地层。化学灌浆材料的种类比较多，有聚氨酯、丙凝、丙强等。化学浆液黏度低，可灌性强，浆液的固结时间可控制，便于施工。但化学灌浆施工工艺较复杂，成本高，有的材料对环境有一定污染。采用化学灌浆要做好前期准备工作，从严掌握。

7. 混凝土防渗墙

混凝土防渗墙是在坝体或坝基防渗部位利用机械造槽、泥浆固壁而浇筑的混凝土连续墙。它的防渗效果好，但技术较复杂，成本高，一般在其他措施不能满足时采用。防渗墙的厚度一般为0.6～0.8m。防渗墙造孔要保证竖直，孔间应搭接。造孔过程中要不断向孔内充填泥浆，防止塌壁。浇筑混凝土多用导管法。

8. 砂浆板桩防渗墙

砂浆板桩防渗墙是利用机械将工字钢制成的钢板桩打入到设计防渗深度，然后缓缓拔起钢板桩，同时通过钢板桩上的灌浆管向钢板桩拔起后的空腔灌入水泥砂浆。边拔边灌，水泥砂浆凝固后即形成砂浆板桩防渗墙。

砂浆板桩防渗墙施工比较简单，材料用量少，施工快。但砂浆板桩厚度小，承受水压力低，一般板桩深度在7～8m，最大达25m，多用于低坝或地基的防渗除险工程。

9. 高压喷射灌浆防渗

高压喷射灌浆防渗技术是利用高压喷射作用，将坝基原结构切割掺搅，改变结构状态，同时灌入水泥浆。水泥浆与搅拌后的结构形成新的胶结体，从而起到坝基加固和防渗作用。利用高压设备可将10～50MPa的砂浆从喷嘴中喷出。使灌入的浆液与被切割破坏土体掺搅混合，改善和提高浆液灌注的密实度和胶结强度。高压喷射灌浆可以使浆液向切割破坏以外的土体渗透，在切割范围外形成浆液凝固的挤压层，扩大了防渗效果。

高压喷射灌浆的施工可分为钻孔、下喷射管、喷射灌浆、管路清洗、充填灌浆封孔等阶段，如图13-1所示。

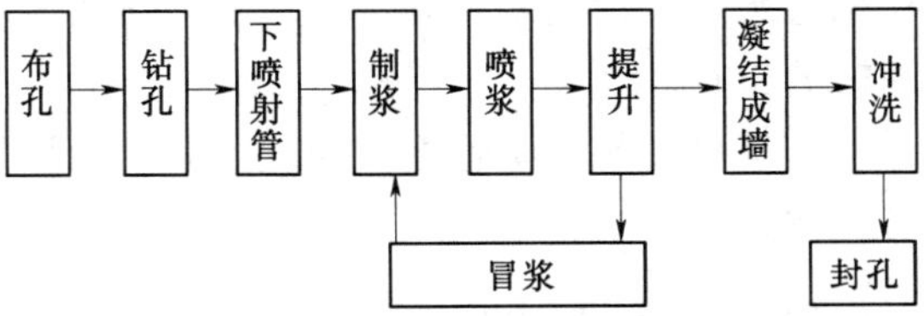

图13-1　高压喷射灌浆施工程序图

施工设备主要由六部分组成：

(1) 钻孔用钻机，分冲击式和回转式两种形式，要根据土层的特点和深度选用。

(2) 浆液系统，由搅拌机和灌浆泵组成。搅拌机有卧式搅拌机和立式搅拌机两种。

(3) 风水系统，包括空压机和高压水泵。空压机的排风压力为0.7～0.8MPa，高压水泵压力要求达到20～50MPa。

(4) 提升系统，包括升降车、卷扬机、旋摆机构等设备。用于起、下喷射管，使喷射装置产生旋转和摆动，控制高压喷射。目前，国内已研制专用高压喷射灌浆施工的液压台车，以提高作业的自动化水平。

(5) 喷射系统，主要由高压水龙头、喷射管和喷头等组成。喷射系统是高压喷射灌浆的核心装置，其作用是输送高压浆液，使土体产生切割、掺搅和置换作用。

(6) 浆液回收系统，由振动筛、储浆池、回浆泵组成。将灌浆过程中井口发生的冒浆回收并输入搅拌机利用。

高压喷射灌浆的施工要根据工程需要和现场作业条件选择施工工艺。施工工艺参数包括水压和水量、气压和气量、浆压和浆量、提升和旋摆速度等。工艺参数选择适宜才能保证工程质量。在施工中对确定的施工参数进行监控，设置高压喷射灌浆自动检测台，以提高自动监控的水平。

五、土石坝的滑坡处理

当土石坝局部失去稳定时，将导致上部坍塌、下部隆起而发生滑坡。我国已有多座土石坝因滑坡导致溃坝，发生滑坡而没有溃坝的数量更多。对土石坝的滑坡一定要查清原因，及时处理，防止事故的扩大。

(一) 滑坡的原因

土石坝产生滑坡，有设计、施工、筑坝材料、外界破坏等多方面的原因：

(1) 坝坡太陡，坝体抗剪强度不够引起坝体滑坡。

(2) 坝基础有淤泥和高压缩性的软土没有清除，基础沉陷引起坝体滑坡。

(3) 施工用土料不当，排水不畅，在大坝蓄水后坝内形成含水量过高的软弱夹层，引起滑坡。

（4）库水位降落太快，上游坝体中的水分不能随之排出，渗透压力超标，使迎水面坝坡失去稳定。

另外，坝后排水不畅、坝体浸润线增加及暴雨对坝坡的冲刷等，都可能引起坝体的滑坡。

坝体的上游面或下游面都可能出现滑坡现象，按其性质可分为剪切性滑坡、塑性滑坡、液化性滑坡等形式。有些坝体在滑坡时事前有前兆，如坝体出现纵向裂缝，有些没有前兆，突然发生，因此对土坝滑坡预防和检查非常重要。除正常检查外，应特别注意对水库初期蓄水时、特大暴雨袭击后、发生强烈地震后、水库水位骤降期间以及北方春天坝面化冻时的检查。

土石坝滑坡的预防着重在管理方面，除加强检查和看护外，应尽量避免水库急骤消落的运行方式。

（二）土石坝滑坡的处理

土石坝滑坡后，在条件允许时要采取措施进行紧急抢修。抢修时基本方法是对滑体上部消坡减载减少滑动力，下部压重，增加抗滑力。对于上游面由于水库水位骤降引起滑坡时，应停止放水；对于高水位引起滑坡，应降低水位（控制水位下降速度）；对于下游面渗漏引起的滑坡，除降低水库水位外，还要增强导渗功能和坝脚压重等措施，阻止坝坡继续滑动。

在坝体滑坡形成后，除临时性抢修外，还要进行永久性加固处理。加固一般在低水位时期或降低库水位时进行。加固的原则仍然是上部减载、下部压重及前截后排。在加固设计时，一定要弄清滑坡原因，做好稳定分析，根据施工条件确定合理的加固方法。

土石坝滑坡处理的常用方法有以下几种：

（1）开挖回填。凡坝体中有软弱夹层或坝基中有淤泥层、液化的细砂层等时，都应采用开挖回填的办法。首先将已松动的滑坡体清除，再将软弱夹层彻底清除，然后按土石坝碾压规范施工要求，恢复原坝的断面尺寸。

（2）防渗加固。凡坝体滑坡是由于库水位骤降或坝体浸润线过高引起时，应采取防渗加固措施。除清除杂物外，应根据施工条件在上游增设防渗体，在下游改善排水设施或增加导渗沟，降低坝体内浸润线，增加坝坡稳定性。

（3）放缓坝体，压重坡脚。凡是因坝体单薄、坝坡较陡而引起的滑坡，应加厚坝体、放缓坝坡，并在滑动的坝脚压重增加防滑力，增强坝坡的稳定性。

（三）地震滑坡及处理

我国是多地震国家，因地震导致土坝滑坡事故已发生多次，如密云白河大坝、石门大坝、王屋大坝、黄山大坝都发生过地震滑坡。已蓄水的土石坝上游坝面土体处于饱和状态。在地震过程中，饱和的土体受地震水平剪切和垂直振动的反复作用，发生变形，颗粒重新排列，孔隙率变小，土体变密实。又因地震历时很短，排水不畅，引起土体孔隙压力增加，当孔隙水压力达到或超过原有静压力时，土体的抗剪强度丧失，使坝体出现液化，进而产生滑坡。

受地震作用已经发生滑坡的大坝，对滑坡体的处理必须彻底，满足设计地震时的抗滑能力。一般是放空水库将滑动体全部开挖清除，重新建造坝面。

对于施工质量不佳的土石坝，要进行筑坝质量的检查，分析在地震时产生土体液化、地震滑坡的可能性。过去采用静力法分析饱和土体的地震稳定性是不够的，近来采用的总动应力判别法和有效应力分析法比较可靠。当确定大坝蓄水后在设计地震条件下可能产生地震液化滑坡时，要及时采取预防地震滑坡的措施。

（1）加密法。对于施工碾压不实、土体密度不足、稳定性差的坝坡，主要处理方法是人工加密，如用振动水冲击法、振动碾压法、爆破加密法等，对坝坡进行人工加密，防止地震时产生强孔隙水压力，增加坝坡的稳定性。

（2）压重法。在坝脚处或坝坡上抛石压重，增加土体的有效压力，改善土体内部的应力状态，增加抗震液化能力。如坝坡较陡时，可同时放缓坝体坡度，以提高坝坡的稳定性。

（3）防渗排水法。当坝体浸润线过高时，可采用上游防渗技术，减少渗漏量。在下游坝脚处增加排水减压设施，降低坝内浸润高度，减少地震时坝坡土体液化的范围和程度。

六、土石坝的裂缝处理

土石坝的裂缝是最常见的病害。裂缝可能成为渗漏的途径，在渗流作用下发生管涌、渗透变形，引起大坝失事。裂缝是滑坡的前兆，可引起坝坡失稳，发展成大坝失事。因此，土石坝上一旦发现裂缝，都要弄清原因、部位及发展趋势，采取有效的措施，及时消除、补强。

土石坝产生裂缝后一定要及时处理，控制发展，避免造成重大损失。目前处理土石坝裂缝的方法如下。

1. 开挖回填

开挖回填是处理裂缝比较彻底的方法，施工简单，效果好，多适用于2m以内表层裂缝和防渗斜墙的裂缝。开挖回填断面多为梯形，有的是楔入型，沿缝方向应为十字形。

开挖的长度要超出缝长至少1m，深度要超出缝深至少0.5m，开挖底部宽要大于0.5m。回填用土料要优选，对不均匀沉陷裂缝要选用塑性大的土料，对于干缩、冻胀的裂缝要选用含水量低的土料。回填土料要严格控制质量，分层夯实。开挖处理裂缝最好在枯水季节进行。

坝体表面由于冻胀或干缩而出现龟纹裂缝，可以用较简单的翻松夯实的方法处理。处理时可将裂缝区域的土料翻松，加水润湿并夯实。翻松土料的深度要超过裂缝深度。夯实后坝面要达到设计规定的标准，不足的部位要补充新土。

2. 坝体充填灌浆

当开挖回填工程太大，影响水库运用时，可用坝体充填灌浆方法处理。坝体裂缝部位较深时，裂缝上部用开挖回填，下部用充填灌浆方法相结合进行。在用充填灌浆方法处理坝体裂缝时，可参照《土坝灌浆技术规范》（DL/T 5238—2010）的工艺规定进行。具体要求如下：

（1）布孔。要考虑坝体裂缝的深度和裂缝的密集情况进行，沿缝或在缝的附近布孔；在缝的转折处，缝的两端都要布孔；在缝的密集处要加密布孔。孔距一般为3～5m。布孔时要与反滤层保持一定的距离，避免串浆时影响反滤层的效果。

（2）造孔。造孔时要尽量保持垂直，用干法造孔，严禁用水循环钻进。孔深要超过缝底 2～3m。一般孔深在 15m 以内用人工造孔，超过 15m 用机械冲击造孔。

（3）制浆。坝体裂缝灌浆要求流动性好，充满裂缝；析水性好，可快速固结成型；浆液收缩性小，与坝体结合好。坝体的裂缝灌浆液用黏土浆或黏土与水泥的混合浆。黏土浆取料方便，可灌性好，但析水慢，固结时间长，适于表层裂缝；黏土水泥浆析水性好，固结快，适于黏土防渗墙或坝体浸润线以下的裂缝灌浆。

（4）灌浆。灌浆方法有重力灌浆和机械灌浆两种方法。重力灌浆靠浆液本身的自重压力将浆液注入裂缝中，一般孔深在 10m 以内采用，较深孔用泥浆泵等机械灌浆。

施工时注意：①灌浆的孔序要由外向里，逐渐加密；②浆液的稠度要先稀后浓，逐渐加稠；③孔内灌注要分段实施，由深到浅；④当灌浆已到孔口时，要用浓浆封孔。

（5）用化学材料修补大坝面板裂缝。如浙江省某干砌石溢流坝，高 20m，长 73.2m，面板采用钢丝网喷浆。在 1984 年检查时发现坝体面板出现两条裂缝，第一条裂缝水平走向长 16～17m，缝宽 1～2mm；第二条长 20m，缝宽 1～2mm。分析坝体开裂原因，是由于干砌石体沉陷引起的。裂缝处理采用防腐化学材料，先将裂缝及两侧清理干净，用毛刷将丙烯酸酯共聚乳液嵌入裂缝内和涂在裂缝两侧砂浆面上，在其上涂刷 0.5～2cm 的丙乳水泥砂浆，经修补后坝面没有看到裂缝，漏水量也明显减少。

3. 坝体的劈裂灌浆

在大坝防渗能力比较差、坝体裂缝多、裂缝深、用充填灌浆达不到满意效果时，可用坝体劈裂灌浆方法加固坝体。坝体劈裂灌浆是我国发展的灌浆理论和施工工艺，在土坝的加固工程中取得良好效果。依靠灌注泥浆压力，将坝体按设计要求劈开一条平行于坝轴线的裂缝。向缝内灌浆可起到两方面作用：一是通过按设计劈开的裂缝灌浆，可以形成一道防渗帷幕，减少坝体的渗漏；二是借助灌浆压力对缝壁的挤压力，增加坝体的密实度，有利于坝体的变形稳定。

坝体劈裂灌浆技术比较复杂。实施前一定要做充分的准备。如坝体土料的可灌性分析、坝体裂缝及松散体部位的确定、坝体应力应变的理论计算、灌浆压力对坝体应力的影响，灌浆压力与劈开裂缝的关系、坝体劈开裂缝的控制等要充分的分析，做好布孔和灌浆设计。要布置观测设备，随时掌握灌浆压力及对坝体的作用。

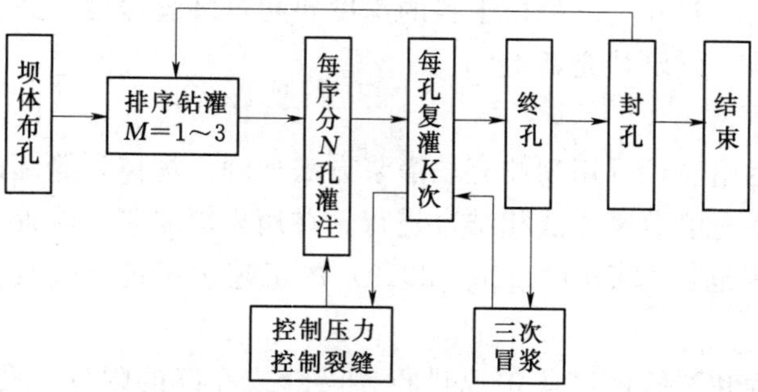

图 13－2　坝体劈裂灌浆施工程序图

坝体劈裂灌浆施工简述如下：

（1）施工程序。坝体劈裂灌浆的施工程序包括布孔、钻孔、制浆、灌注、封孔等，其程序如图 13－2 所示。

（2）布孔。一般布置在坝轴线或在坝轴线稍上游处。已有纵缝时可沿纵缝或纵缝附近布孔。布孔排数按加固需要确定，最多 3 排。

（3）钻孔。孔深在25m以内可用冲击式造孔，孔深超过25m时要用回转式钻机钻孔。孔径多在25～130mm，孔深应深于隐患1～2m。

（4）制浆。主要用泥浆，特殊需要才掺入水泥。制浆用专用机械搅拌，要求能够自动过滤、自动搅拌、连续制浆。

（5）灌注。灌注时要孔口下套管，孔底注浆全孔灌注。孔底劈裂，由下而上，泥浆浓度由稀变稠，依次渐进。灌注时要按设计要求控制灌浆压力，满足灌浆量要求。

（6）终孔。灌注时坝体表面冒浆，说明泥浆已灌满。要在各次序孔无压状态下反复三次冒浆，三次灌满，才可终封。

（7）封孔。常用浓度大的泥浆封孔，方法简单，但强度低，有时效果不理想。也可用黏土泥浆加砂子封孔，强度可提高。山东省西庄宽心墙土坝采用坝体劈裂灌浆，取得良好效果。

参 考 文 献

［1］ 祁庆和．水工建筑物．第三版．北京：水利电力出版社，1986.
［2］ 祁庆和．水工建筑物．北京：水利电力出版社，1981.
［3］ 张光斗，王光纶，等．水工建筑物（上册）．北京：水利电力出版社，1992.
［4］ 张光斗，王光纶，等．水工建筑物（下册）．北京：中国水利水电出版社，1994.
［5］ 吴媚玲．水工建筑物．北京：清华大学出版社，1991.
［6］ 王宏硕，翁情达．水工建筑物（基本部分）．北京：水利电力版社，1991.
［7］ 王宏硕，翁情达．水工建筑物（专题部分）．北京：水利电力出版社，1991.
［8］ 武汉水利电力学院．水工建筑物（供农田水利工程专业）（下册）．北京：水利出版社，1981.
［9］ 潘家铮．水工建筑物设计丛书——重力坝．北京：水利电力出版社，1983.
［10］ 毛昶熙．渗流计算分析与控制．北京：水利电力出版社，1990.
［11］ 陈椿庭．高坝大流量泄洪建筑物．北京：水利电力出版社，1988.
［12］ 潘家铮．水工建筑物设计丛书——拱坝．北京：水利电力出版社，1982.
［13］ 华东水利学院．水工设计手册（5）——混凝土坝．北京：水利电力出版社，1987.
［14］ 能源部，水利部水利水电规划设计总院．碾压式土石坝设计手册．北京：水利电力出版社，1989.
［15］ 潘家铮．水工建筑物设计丛书——土石坝．北京：水利电力出版社，1992.
［16］ 谈松曦．水闸设计．北京：水利电力出版社，1986.
［17］ 华东水利学院．水工设计手册（6）——泄水与过坝建筑物．北京：水利电力出版社，1987.
［18］ 水利部．SL 203—97．水工建筑物抗震设计规范．北京：中国水利水电出版社，1997.
［19］ 电力部．DL 5077—1997．水工建筑物荷载设计规范．北京：中国电力出版社，1998.
［20］ 电力部．DL/T 5057—1996．水工混凝土结构设计规范．北京：中国电力出版社，1997.
［21］ 水利部水利水电规划设计院．GB 50286—98 堤防工程设计规范．北京：中国计划出版社，1998.
［22］ 中华人民共和国水利部．SL/T 225—98 水利水电工程土工合成材料应用技术规范．北京：中国水利水电出版社，1998.
［23］ 水利部水利水电规划设计院．SL 319—2005 混凝土重力坝设计规范．北京：中国水利水电出版社，2005.
［24］ 中华人民共和国水利部．SL 274—2001 碾压式土石坝设计规范．北京：中国水利水电出版社，2002.
［25］ 水利部水利水电规划设计院．SL 228—98 混凝土面板堆石坝设计规范．北京：中国水利水电出版社，1999.
［26］ 水利部水利水电规划设计院．SLJ 01—88 土石坝沥青混凝土面板和心墙设计准则．北京：水利电力出版社，1989.
［27］ 水利部水利水电规划设计院．SL 25—91 浆砌石坝设计规范．北京：水利电力出版社，1991.
［28］ 水利部水利水电规划设计院．SLJ 03—88 橡胶坝技术指南．北京：水利电力出版社，1989.
［29］ 水利部水利水电规划设计院．SL 253—2000 溢洪道设计规范．北京：中国水利水电出版社，2000.
［30］ 水利部水利水电规划设计院．SL 265—2001 水闸设计规范．北京：中国水利水电出版社，2004.
［31］ 水利部水利水电规划设计院．SD 303—88 水电站进水口设计规范．北京：水利电力出版社，1989.

[32] 水利部水利水电规划设计院. SDJ 134—84 水工隧洞设计规范. 北京：中国水利水电出版社，2002.
[33] 杨邦柱，焦爱萍. 水工建筑物（第一版）. 北京：中国水利水电出版社，2005.
[34] 陈德亮. 水工建筑物（第四版）. 北京：中国水利水电出版社，2005.
[35] 任德林，张志军. 水工建筑物（第二版）. 南京：河海大学出版社，2004.
[36] 郭宗闵. 水工建筑物（第二版）. 北京：中国水利水电出版社，1998.
[37] 焦爱萍. 水利水电工程水工建筑物毕业设计指南（第一版）. 郑州：黄河水利出版社出版，2003.
[38] 陈胜宏. 水工建筑物（第四版）. 北京：中国水利水电出版社，2004.
[39] 麦家煊. 水工建筑物（第一版）. 北京：清华大学出版社，2005.
[40] 郑万勇，杨振华. 水工建筑物（第一版）. 郑州：黄河水利出版社，2003.